Dr. Reinhard Sagner

Johannes Winkler in den Junkers-Werken und die Dessauer Raketen

Impressum

Bibliografische Information der Deutschen Nationalbibliothek Die Deutsche Nationalbibliothek verzeichnet diese Publikation in der Deutschen Nationalbibliografie; detaillierte bibliografische Daten sind im Internet über http://dnb.d-nb.de abrufbar

Machtwortverlag * Orangeriestraße 31 * 06847 Dessau
Tel.: 0340-511558

Satz, Cover und Layout: Grafikstudio Lückemeyer, Dessau

1. Auflage

ISBN: 978-3-86761-172-5

Inhalt

Zum Geleit

Heute ist die Raumfahrt zu einer Selbstverständlichkeit geworden und kaum Einem ist heute überhaupt bewusst, in welchem enormen Ausmaß diese unser alltägliches Leben, Tun und Handeln ermöglicht.
New Player wie Elon Musk und Jeff Bezos bauen eine neue Generation von Super-Weltraumraketen, die uns zurück zum Mond und darüber hinaus zum Mars und ins Sonnensystem bringen werden.
Die Reise zu unseren Nachbarplaneten begann vor nunmehr einem Jahrhundert mit der Drucklegung des Buches „Die Rakete zu den Planetenräumen“ im Jahre 1923 im Münchner R. Oldenbourg-Verlag.
Dieses Werk von Hermann Oberth, einem Gymnasiallehrer aus Siebenbürgen, ermunterte Johannes Winkler in Breslau, sich in die Thematik intensiver zu vertiefen. Dieser Johannes Winkler sollte der Herausgeber des ersten Fachorgans „Die Rakete“ (1927 – 1929) werden und auch der erste Vorsitzende des im Juli 1927 in Breslau gegründeten „Verein für Raumschiffahrt“. Winkler sollte diese Position bis in Jahr 1930 innehaben. Ab Ende 1929 bis 1945 sollte er Raketenmotoren entwickeln, getragen durch Eigenmittel, Förderer, die Industrie und letztlich in Braunschweig an einer Forschungsstelle der Luftwaffe.
Johannes Winkler war es beschieden, nach dem Amerikaner Robert. H. Goddard, als zweiter eine Flüssigkeitsrakete erfolgreich zum Steigen zu bekommen.
Warum aber ist sein Name nur Fachleuten ein Begriff?
Trotz seiner hervorragenden Leistungen gelang es Winkler nicht, seine Erkenntnisse in einem Buch „Der Strahlmotor“ zu veröffentlichen.
Das nun vorliegende Werk von Herrn Dr. Sagner greift auf eine Vielzahl bisher unberücksichtigter Dokumente zurück und erlaubt erstmals eine umfassende Darstellung des Werdegangs

und der Lebensleistung von Johannes Winkler, passend zu seinem diesjährigen 125. Geburtstag.
Dem Autor und seinem Werk ist zu wünschen, dass Johannes Winkler einer breiteren Öffentlichkeit bekannt wird und er damit aus dem Schatten der Vergessenheit heraustritt.

Feucht, den 24. Januar 2022

Karlheinz Rohrwild
Hermann-Oberth-Raumfahrt-Museum e.V.

Einführung

Die mehrjährigen Recherchen über Johannes Winkler (1897 – 1947) haben bestätigt, dass er weltweit zu den herausragenden frühen Raketenpionieren des 20. Jahrhunderts zählt. Frühere Historiker haben bereits zu seinen Lebzeiten einzelne praktische Erfolge und wissenschaftliche Beiträge erkannt, eine Gesamtübersicht ergab sich erst jetzt durch die Auswertung neuer Dokumente.

Die Veröffentlichungen über Johannes Winkler vor 2002 beruhen zumeist auf Erinnerungen von Zeitzeugen und Einzeldokumenten und sind daher einseitig und lückenhaft.

Darüber hinaus existieren Veröffentlichungen, die das technische Erbe von Johannes Winkler in Abrede stellen bzw. verzerrt darstellen.

Das vorliegende Buch ist eine Zusammenfassung der langjährigen Recherchen zu Johannes Winkler für allgemein technisch interessierte Leser, aber keine populärwissenschaftliche Interpretation des anspruchsvollen Stoffes.

Quellen für das vorliegende Buch waren vor allem Originaldokumente:

- die Biografie von Rudolf Guder über Johannes Winkler 2002 „Astris – zu den Sternen, Der Raketenbauer Johannes Winkler – eine Biographie nach den Quellen“
- die Versuchsprotokolle der Forschungsanstalt „Prof. Junkers“ 1929/31 bzw. 1933/35
- die Transkription in Maschinenschrift des handschriftlichen Briefwechsels zwischen Johannes Winkler und Hugo A. Hückel
- der Nachlass Winkler im Deutschen Museum München und
- das Archiv Ingenhaag/Winkler im Hermann-Oberth-Raumfahrtmuseum Feucht. Die Fotos, die im Buch als Quelle den Hinweis auf das Privatarchiv Dr. Guder haben, sind zwischenzeitlich größtenteils ebenfalls im Nachlass Winkler im Archiv des Deutschen Museums München zu finden.

Selbstverständlich wurde auch die teilweise umfangreiche Sekundärliteratur in die Forschungsarbeit einbezogen, wie das Literaturverzeichnis belegt.
Während der Recherchen wurde immer deutlicher, dass eine Betrachtung des technischen Erbes von Johannes Winkler ohne die Einbeziehung der anderen frühen Raketenforscher bzw. ohne die Raketenforschung der Junkers-Werke nicht möglich ist. Die Ursache dafür ist darin zu sehen, dass in den 1920/1930er Jahren bis 1933 ein fast ungehinderter Gedankenaustausch zur Raketentechnik stattgefunden hat. Änderungen traten erst ein, als sich Wirtschafsunternehmen (Ufa, Junkers-Werke, Heylandt) für die Raketentechnik interessierten. Diese Tatsache kann durch die Veröffentlichungen in der Zeitschrift „Die Rakete" nachvollzogen werden. Mit dem wachsenden Interesse der Militärs war dem freien Gedankenaustausch ein völliges Ende gesetzt.
In der umfangreichen Literatur über Prof. Junkers und seine Werke bzw. die Junkers Flugzeug- und Motorenwerke AG (JFM) spielt die Forschungstätigkeit über die Raketentechnik fast keine Rolle.[1] Andeutungen sind nur vereinzelt festzustellen, darunter bei Wolfgang Wagner und Reinhard Müller. Anders sieht es mit der Entwicklung der Strahlturbinen aus, die hier aber nicht einbezogen werden. Auch in den „Junkers-Nachrichten" wurden, soweit vorhanden, keine Informationen über die Entwicklung der Raketentechnik übermittelt.
Entgegen bisherigen Darstellungen ist aber eindeutig festzustellen, dass sich die Junkers-Werke ab 1914 mit Pulverraketen und ab Juli 1928 mit Brennstoff-Rückstoßern auseinandergesetzt haben. Nach Darstellung von Philipp von Doepp wurde die Weiterentwicklung der Raketentechnik in der Junkers Flugzeug- und Motorenwerke AG 1938 abgebrochen, da dafür das „Amt" kein Geld mehr zur Verfügung stellte.
Das vorliegende Buch beinhaltet folgende Schwerpunkte:

In einem Vorwort erfolgt eine kurze Darstellung seiner Kindheit sowie zur Jugendzeit im Krieg und sein erstes Studium des Maschinen-Ingenieurwesens an der Technischen Hochschule Danzig.
Historisch interessierte Leser werden sicher mit Aufmerksamkeit das Nachwort zur Kenntnis nehmen, das der religiösen und politischen Entwicklung der Anschauungen von Johannes Winkler gewidmet ist.
Die Kapitel eins und zwei widmen sich der Frage, wie der studierte Theologe Johannes Winkler in den Kreis der frühen Raketenpioniere hineingewachsen ist. Der erste Gesprächspartner von Winkler war Hermann Oberth, der in Europa mit seiner theoretischen Veröffentlichung „Die Rakete zu den Planetenräumen“ den Raumfahrtgedanken revolutionierte. Mit Hilfe seiner Zeitschrift „Die Rakete“ fand Winkler bald Anschluss an Max Valier und andere Raketenpioniere im In- und Ausland.
Die Kernkapitel des Buches beinhalten die Forschungsergebnisse von Johannes Winkler von 1929 – 1931 bei den Junkers-Werken bzw. die Ergebnisse der gemeinsamen Forschungsarbeit mit dem böhmischen Hutfabrikanten Hugo A. Hückel in einer Arbeitsgruppe, die von Hückel finanziert wurde. In diesem Rahmen wurden die HW 1 als erste europäische Raketen mit flüssigen Treibstoffen am 14.3.1931 gestartet. Es folgten Nachfolgetypen der HW 1 und die Entwicklung von Modell 2. Die konzipierter Höhenrakete unter Verwendung von Methan und Sauerstoff beinhaltete zwar viele technische Neuerungen, doch ihr Start misslang am 6.10.1932 aus unterschiedlichen Gründen.
Nach einem Jahr der Arbeitslosigkeit mit vielen, aber wenig erfolgreichen Aktivitäten zur Arbeitsbeschaffung, folgte 1933 der zweite Arbeitsvertrag mit den Junkers-Werken/der JFM.
Von 1933 bis 1938 entwickelte Winkler dort mehrere Antriebe für einen Flugzeugjäger. Seine Arbeit schloss er mit gebündelten Antrieben bzw. einem damals beachtlichen Einzelantrieb mit einem Schub von 1.000 kp ab. Die Arbeiten wurden 1938

abgebrochen, weil keine Finanzierung durch das „Amt" erfolgte. Winkler wechselte 1939 in die Luftfahrtforschungsanstalt Braunschweig.
Mit dem vorliegenden Buch werden zwar große Lücken in der Bewertung des technischen Erbes von Johannes Winkler geschlossen, doch sind weitere Recherchen notwendig. Dazu zählen die umfassende Auswertung der Versuchsprotokolle 1929/1931 bzw. 1933/1935 von Winkler in Sütterlin, die Suche nach den Protokollen der Versuche in den JFM 1935 – 1938 und vor allem die Auswertung seiner Forschungsarbeit in der Luftfahrtforschungsanstalt in Braunschweig.
Es ist geplant, die vorliegenden Forschungsergebnisse in drei weiterführenden e-books in einem größeren Umfang zu publizieren.

- Die Geschichte der Raketenforschung in den Junkers-Werken von 1914 bis 1939 – Erwartungen, Versuche, Ergebnisse
- Johannes Winkler und die Dessauer Raketen HW 1 und HW 2 1931/32
- Ergebnisse der Forschungsarbeit von Johannes Winkler in der Luftfahrtforschungsanstalt Braunschweig bis 1945 und danach

Diese werden unter der ISBN 978-3-86761-173-2 erhältlich sein.
Schon jetzt können Informationen über Johannes Winkler im Internet unter
www.winkler-raketenforschung.de
nachgelesen werden.

Hamburg im März 2022

Vorwort

Johannes Winkler wurde am 29.5.1897 als sechstes von acht Kindern des selbständigen Tischlermeister Robert Winkler und seiner Ehefrau Rosina, geb. Dude in Bad Carlsruhe in Schlesien (heute Pokoi) geboren. (siehe Abb. 1)

Abb. 1: Geburtshaus von Johannes Winkler in der Schlossallee 6 - 8
Quelle: Privatarchiv Dr. Guder

Sein Elternhaus wurde wesentlich durch den altlutherischen Glauben bestimmt. König Friedrich Wilhelm III hatte 1817 zwar den Versuch unternommen, alle Gemeinden in der preußischen Union zu vereinen, doch einige Gemeinden weigerten sich trotz Verfolgung. Die Leitung der Kirche, das Oberkirchenkollegium" befand sich derzeit in Breslau.
Johannes war bereits in frühen Jahren an technischen Fragen interessiert und hatte eine ausgeprägte musische Begabung.

Abb. 2: Vater und Mutter mit ihren Kindern
Quelle: Privatarchiv Dr. Guder

Seine Schulzeit verbrachte er in Bad Carlsruhe bzw. ab 12 Jahren in der Kreisstadt Oppeln. Ab 1911 besuchte er das humanistische Gymnasium in Liegnitz. Er blieb dort, bis er 1915 mit einem Zeugnis der Reife der Prima als Kriegsfreiwilliger am 1. Weltkrieg teilnahm. Sein Vater wurde am 27.3.1916 ein Opfer des Krieges.

Im März 1916 wurde er am Oberschenkel so schwer verletzt, dass sein Bein zeitlebens verkürzt blieb.
Nach einem siebenmonatigen Lazarettaufenthalt, besuchte er ein Vierteljahr wieder das Gymnasium, wurde dann aber zum Bürodienst beim Landsturm beordert.
Tagsüber war er im Konstruktionsbüro der Kaiserlichen Werft im U-Boot-Bau tätig. Durch die Ablösung von Danzig vom Deutschen Reich 1920 gingen dort der U-Boot-Bau und sein Studium zu Ende.

Abb. 3: Johannes Winkler im Lazarett
Quelle: Privatarchiv Dr. Guder

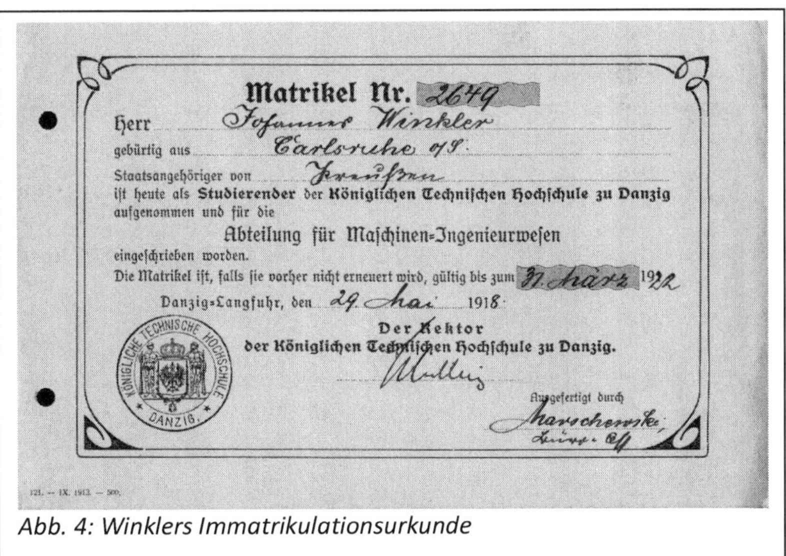

Matrikel Nr. 2649

Herr Johannes Winkler

gebürtig aus Carlsruhe O/S.

Staatsangehöriger von Preußen

ist heute als **Studierender** der **Königlichen Technischen Hochschule zu Danzig** aufgenommen und für die

Abteilung für Maschinen-Ingenieurwesen

eingeschrieben worden.

Die Matrikel ist, falls sie vorher nicht erneuert wird, gültig bis zum 31. März 1922

Danzig-Langfuhr, den 29. Mai 1918.

Der Rektor
der Königlichen Technischen Hochschule zu Danzig.

Ausgefertigt durch
Marschewski

121. — IX. 1913. — 500.

Abb. 4: Winklers Immatrikulationsurkunde

Information zur Danziger Schiffswerft aus Wikipedia am 14.12.2021 (Auszug)

Die wechselvolle Geschichte der Danziger Schiffswerft begann 1844 als Korvettendepotplatz (1844-1849) unter dem preußischen Finanzministerium. Ab 1849 wurde sie Marinedepot (1849-1854) unter Leitung des Kriegsministeriums bzw. später unter der Technischen Abteilung der Admiralität. Ende 1853 wurde sie in Königliche Werft Danzig (1854-1871) umbenannt, mit Ausrufung des deutschen Kaiserreichs 1871 wurde sie dann Kaiserliche Werft Danzig (1871-1918).

Gegenüber den leistungsfähigen kaiserlichen Werften in Kiel und Wilhelmshaven hatte die Danziger Werft stets den Nachteil, dass der Werftausbau durch den schwierigen Zugang durch das enge und flache Fahrwasser der Toten Weichsel sowie durch städtische Restriktionen behindert wurde. Der Neubau größerer Kriegsschiffe wurde 1909 mit dem Kleinen Kreuzer Emden abgeschlossen.
Die Schiffe hatten zu dieser Zeit bereits Dimensionen erreicht, für welche die Hellinge der Werft nicht mehr ausreichten. Erschwerend kam hinzu, dass die Werft nicht über Fertigungseinrichtungen für Dampfturbinen verfügte, die ab etwa 1910 vermehrt zur Anwendung kamen. Die Kaiserliche Werft Danzig beschäftigte Ende des Ersten Weltkriegs deshalb auch nur etwa 7.000 Mitarbeiter, die Kaiserliche Werft Wilhelmshaven zur selben Zeit etwa 21.000. Nach 1909 beschränkte sich die Werft daher auf den Bau kleinerer Hilfsschiffe sowie auf Reparaturarbeiten an Kreuzern und der Betreuung der Reserveflotte.
Größere Aktivitäten und vermehrte Investitionen erfolgten noch einmal für den Bau von U-Booten ab 1908 bis 1915. Insgesamt wurden von der Werft jedoch nur 23 Boote abgeliefert, womit der Anteil an der gesamten U-Boot-Produktion gegenüber anderen Werften vergleichsweise gering war.
Während des Ersten Weltkrieges wurden ebenso wie in den anderen kaiserlichen Werften in geringem Umfang Wasserflugzeuge für die Kaiserliche Marine gebaut. gewartet und repariert.

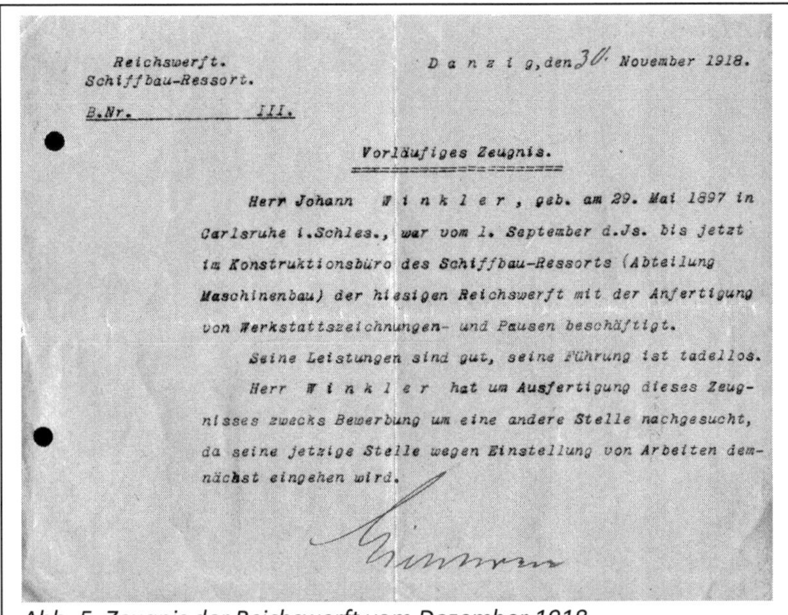

Reichswerft.
Schiffbau-Ressort.

Danzig, den 30. November 1918.

B.Nr. III.

Vorläufiges Zeugnis.

Herr Johann Winkler, geb. am 29. Mai 1897 in Carlsruhe i.Schles., war vom 1. September d.Js. bis jetzt im Konstruktionsbüro des Schiffbau-Ressorts (Abteilung Maschinenbau) der hiesigen Reichswerft mit der Anfertigung von Werkstattszeichnungen- und Pausen beschäftigt.

Seine Leistungen sind gut, seine Führung ist tadellos.

Herr Winkler hat um Ausfertigung dieses Zeugnisses zwecks Bewerbung um eine andere Stelle nachgesucht, da seine jetzige Stelle wegen Einstellung von Arbeiten demnächst eingehen wird.

Abb. 5: Zeugnis der Reichswerft vom Dezember 1918
Quelle: Archiv Ingenhaag/ HORM

Die Kaiserliche Werft Danzig beschäftigte Ende des Ersten Weltkriegs rund 7000 Arbeiter und wurde in der Nachkriegszeit ein kommunaler Betrieb unter der Führung der Siegermächte. Mit je 30 Prozent Beteiligung Großbritanniens und Frankreichs sowie je 20 Prozent Anteilen von Polen und Danzig wurde „The International Shipbuilding and Engineering Company Limited - Danziger Werft" gegründet. Im November 1919 übernahm Ludwig Noé die Leitung der Werft, die noch 2500 Beschäftigte hatte.

Nr. 5 .....

Königliche Technische Hochschule zu Danzig

Herr Johannes Winkler

wohnhaft zu Danzig Nr. .....

ist gestattet worden, im Sommer-/Winter-Halbjahr 191.. an einzelnen Vorträgen oder Übungen teilzunehmen. Genannte hat für das genannte Halbjahr folgende Unterrichtsgegenstände angenommen:

Nummer der Vorlesung	Unterrichtsgegenstand	Dozent	Betrag des Honorars	Vermerk der Dozenten über Vorlegung der Quittung
78a				
220				
222				

zusammen ordentlicher Unterricht

dazu für Privat-Dozenten

ferner für unentgeltl. Vorlesungen zur Krankenkasse

Einschreibegebühr 1 –

Summe 1 –

erhalten.

Rendant.

118 – X. 1917 – 2000

Königliche Technische Hochschule zu Danzig

Abgangs-Zeugnis

Herr Johannes Winkler

geboren den 29. Mai 1897 zu Carlsruhe O/S. ist auf Grund des Zeugnisses der Reife des Abiturientenkursus für Kriegsbeschädigte zu Danzig vom 28. Mai 1918 am 29. Mai 1918 als Studierender der Königlichen Technischen Hochschule unter Nr. 2649 eingeschrieben worden und hat der Abteilung für Maschineningenieurwesen und Elektrotechnik bis jetzt angehört.

Er hat an der Technischen Hochschule zwei Halbjahre studiert.

Das nach dem vorgelegten Anmeldebogen von dem Sekretariate beglaubigte Verzeichnis der benutzten Vorträge und Übungen ist umstehend beigefügt. – Über die Führung des Herrn Studierenden ist nichts Nachteiliges zur Anzeige gekommen.

Danzig-Langfuhr, den 8. Februar 1919

Der Rektor

Abb. 6: Diese Dokumente musste Johannes Winkler in den kommenden Jahren des Öfteren vorlegen, um nachzuweisen, dass er tatsächlich eine naturwissenschaftliche Ausbildung hatte.

1. Hermann Oberth und Max Valier aktivieren die Raketenforschung in Deutschland

Hermann Oberth veröffentlichte 1923 seine Dissertation unter dem Titel „Die Rakete zu den Planetenräumen“ im Oldenbourg Verlag, die 1925 durch Max Valier mit dem Buch mit dem Titel „Der Vorstoß in den Weltenraum“ in einer populären Fassung erläutert wird.
Damit war für eine wissenschaftliche Auseinandersetzung zur Entwicklung der Weltraumfahrt in Europa die Basis geschaffen und die meisten frühen Raketenpioniere führen ihre theoretische Auseinandersetzung mit den Fragen der Raketentechnik auf die Veröffentlichung von Hermann Oberth 1923 zurück. Die Grundidee von Hermann Oberth bestand unter anderem darin, mithilfe von Flüssigkeitsraketen, die in Stufen angeordnet sind, in den Weltraum zu gelangen. Alle frühen Anhänger dieser Vision führten mit Hermann Oberth einen intensiven Briefwechsel. Johannes Winkler begann seinen Briefwechsel 1926. Der Gedankenaustausch mit Max Valier war nicht sehr ausgeprägt, da er zunächst durch spektakuläre Projekte mit Pulverraketen die mögliche Anwendung von Raketen bekannt machen wollte. Pulverraketen verschiedener Art wurden in Europa vor allem als Signalraketen und zur Seenotrettung verwendet.[2] Produzenten in Deutschland waren unter anderem Friedrich Wilhelm Sander und die Firma Eichsfeld im Harz.
Eine hohe Qualität hatten auch die Pulverraketen von Wilhelm Theodor Unge aus Stockholm. Sein Patent vom 6.3.1904 war auch der Ausgangspunkt für die Forschungen von Prof. Junkers an der Versuchsanstalt in Aachen 1914. Er suchte auch durch die Korrespondenz mit der Kunstfeuerwerkerei Berckholtz in Hamburg Anregungen für neue militärische Pulverraketen zu bekommen.[3]
Der Brief von Prof. Junkers vom 12.12.1914 legt folgende Zusammenhänge dar:

Abb. 7: Johannes Winkler, Hermann Oberth, Max Valier
Quelle: Archiv Ingenhaag /HORM

Er arbeite seit langem auf dem wärmetechnischen und aerodynamischen Gebiet, wie aus seinen Patenten hervorgeht. Er habe dafür eine Versuchsanstalt für Verbrennungsmotoren und eine Versuchsanstalt für aerodynamische Untersuchungen eingerichtet. Seine bisherigen Arbeiten hätten ihn veranlasst, auch den bei Raketen auftretenden dynamischen Verhältnissen näherzutreten. Er wäre davon überzeugt, dass die Energie der Pulvergase sich in einem wesentlich höheren Maße nutzbar machen ließe. Er verfolge in erster Linie vaterländische Zwecke und gehe davon aus, dass auch die Firma Berckholtz ein geschäftliches Interesse an der Förderung der Arbeiten haben wird. Er verfolge dabei keine Konkurrenzzwecke und würde dazu jede gewünschte Erklärung abgeben.
Die Kunstfeuerwerkerei Berckholtz antwortet am 4.1.1915, das Unternehmen könne mit Zeichnungen des Leinengeschützes, aber nicht mit Angaben der dynamischen Leistung der Raketen dienen, da diese Raketen in den staatlichen Betrieben in Spandau hergestellt werden. Es fehle in der ganzen Brache an Berechnungen, da die Branche ihre Kenntnisse geheim hält. Letzt-

endlich hatte das Kriegsministerium aber daran kein Interesse, da Raketen gegenüber der Artillerie eine zu geringe Treffsicherheit hätten.-
Obwohl zwischen Max Valier und Johannes Winkler unterschiedliche Auffassungen zu Grundfragen der Raketentechnik und deren Anwendung bestanden, schlug er Johannes Winkler als Vorsitzenden des „Vereins für Raumschifffahrt - VfR" vor.[4] Winkler hatte sich durch eine eigene Publikation mit dem Titel „Deutsche Jugend-Zeitung" einen Namen gemacht. Als Zeitschrift „Die Rakete" wurde sie später das Organ des VfR, die er bis Ende 1929 auch mit eigenen Beiträgen veröffentlichte.[5]
Max Valier suchte 1925 und 1928 eine Verbindung zu den Junkers-Werken und scheiterte.
Anfang 1925 schreibt Hermann Oberth an Max Valier, dass es vielleicht besser wäre, mit der Raketensache an die Junkers-Werke oder sonst eine Flugzeugfabrik heranzutreten. Valier greift diese Anregung dankbar auf. Im März unterbreitet er in einem Rundschreiben Hermann Oberth, Prof. Wolf, Dr. von Hoefft und Ingenieur Hohmann die Vision, ein Raumschiff aus einem Junkers-Flugzeug heraus zu entwickeln. Wie bekannt, kann sich Oberth dafür nicht erwärmen, trotzdem bleibt Valier auf der Spur und berichtet über eine zweistündige Zusammenkunft mit Flugzeugindustriellen am 7.9.1925 in Berlin.[6] Die Flugzeugindustriellen hätten aber nur prinzipielles Interesse geäußert, solange die Raketen motortechnisch nicht entwickelt sei. Valier berichtet zwar auch von einer dort anwesenden anderen Interessengruppe, doch wird diese Angelegenheit hier nicht weiterverfolgt. Zu dieser Unterredung soll eine Aktennotiz existieren, die bisher jedoch nicht aufgefunden wurde. Sie soll lt. Ilse Essers folgenden Wortlaut haben:
„... ***Die Frage lautete, ob ein Raketenmotor zum Einbau in eines der jetzt gebräuchlichen Flugzeuge gelangen und wirtschaftliche Vorteile erbringen könnte. Das praktische Beispiel, an dem diese Frage untersucht wird, ist das gebräuchliche Junkers-Großflugzeug von 6 Tonnen Gesamtgewicht, dass die***

Strecke Berlin - Moskau, ca. 1.200 km zu fliegen hat. Das Leergewicht eines 6 t-Flugzeuges incl. Motoren beträgt etwa 3,5 t, davon die Motoren ca. 900 kg. Brennstoff ca. 900 kg für 1.200 km. Es wäre Ihre Sache auszurechnen, wie sehr man das Flugzeug verstärken muß, damit es die enorm gesteigerten Stirnwiderstände aufnehmen kann. ... Heutzutage beträgt die zahlende Nutzlast ungefähr 1/6 des Gesamtgewichts. Sollte dies bei Verwendung von Raketenmotoren günstiger werden, so würde trotzdem meine Firma erst dann einer Überlegung dieser Frage nähertreten, wenn der Motor, vielleicht in kleinerem Umfange, vorher irgendwo einmal von Ihnen praktisch erprobt worden ist. Ich glaube annehmen zu dürfen, daß Herr Valier für diesen Versuch von uns befreundeter Seite Unterstützung finden wird."

Damit hatte sich die Sache zunächst erledigt, denn zu diesem Zeitpunkt existierte noch nicht einmal ein funktionsfähiges Triebwerk für flüssige Treibstoffe.
Allerdings hatte die Erprobung von Pulverraketen an Segelflugmodellen deutliche Fortschritte gemacht. In einem Junkers-Protokoll vom 3.8.1928 berichte Philipp von Doepp von der Forschungsanstalt „Prof. Junkers“ erstmals über die Versuche von Lippisch und Stamer in der Rhön. Zwei solcher Pulverraketen, die über drei Sekunden einen Schub von 360 kg geleistet hätten, würden den Schub der F-13 mehr als verdoppeln. Eine Variante zur Montage der Pulverraketen am Schwanzende einer F-13 ist in dem Protokoll enthalten. (siehe Abb. 8)
In den Junkers-Werken begannen nun systematische Untersuchungen über die Realisierung dieser Idee an Wasserflugzeugen. Zuvor jedoch wurden bei der Firma Eisfeld in Silberhütte (Harz) Pulverraketen an Schienenfahrzeugen getestet. Parallel dazu wurden auch die Pulverraketen der Firma Sander erprobt, die Max Valier im März 1929 in Dessau vorgestellt hatte. Er versuchte daraufhin, sich in die Versuche „einzuklinken“, wie ein Protokoll vom 4.4.1929 zeigt.

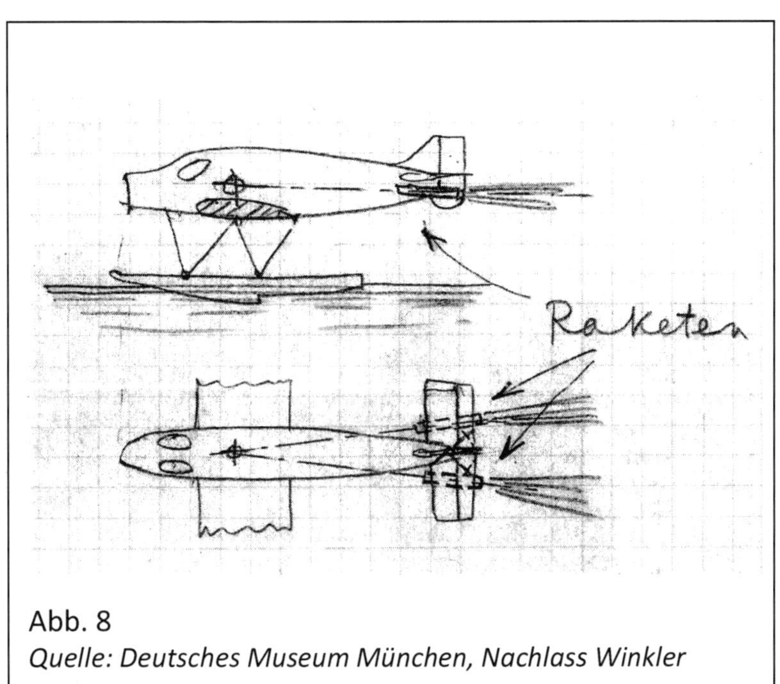

Abb. 8
Quelle: Deutsches Museum München, Nachlass Winkler

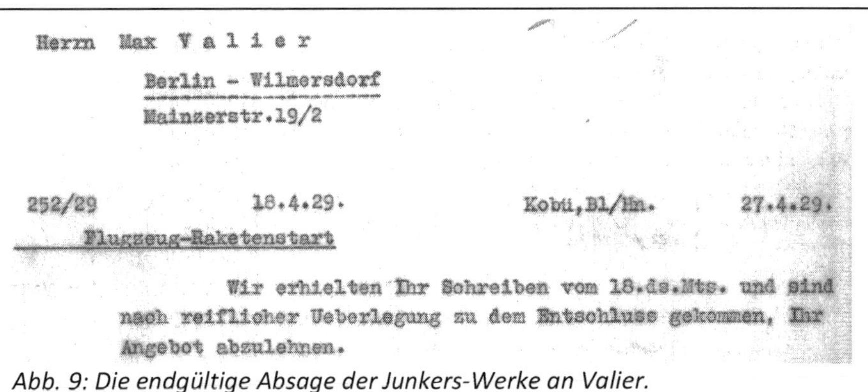

Herrn Max V a l i e r

Berlin - Wilmersdorf

Mainzerstr.19/2

252/29 18.4.29. Kobü,Bl/Hn. 27.4.29.

Flugzeug-Raketenstart

Wir erhielten Ihr Schreiben vom 18.ds.Mts. und sind nach reiflicher Ueberlegung zu dem Entschluss gekommen, Ihr Angebot abzulehnen.

Abb. 9: Die endgültige Absage der Junkers-Werke an Valier.
Quelle: Deutsches Museum München, Archiv; Nachlass Winkler

Aufgrund der Einschätzungen von Philipp von Doepp wurde die Hilfe durch Max Valier nicht angenommen.

Im Forschungsprogramm der Forschungsanstalt vom 2.4.1929 waren unter anderem Versuche von Reaktionsstart und die

Reaktionsbremsung an Modellen von Verbrennungsrückstoßern eingeordnet. In seinem Bericht vom 4.4.1929 schlägt Philipp von Doepp Startversuche mit Eisfeld-Raketen an einer W 33, Versuche mit Sander-Raketen in Wesermünde und (!) die Entwicklung von Brennstoffrückstoßern vor. Versuche mit sechs paarweise angeordneten Pulverraketen an einer W 34 erfolgten Anfang August 1929. Dazu existiert die folgende Skizze (siehe Abb. 10).

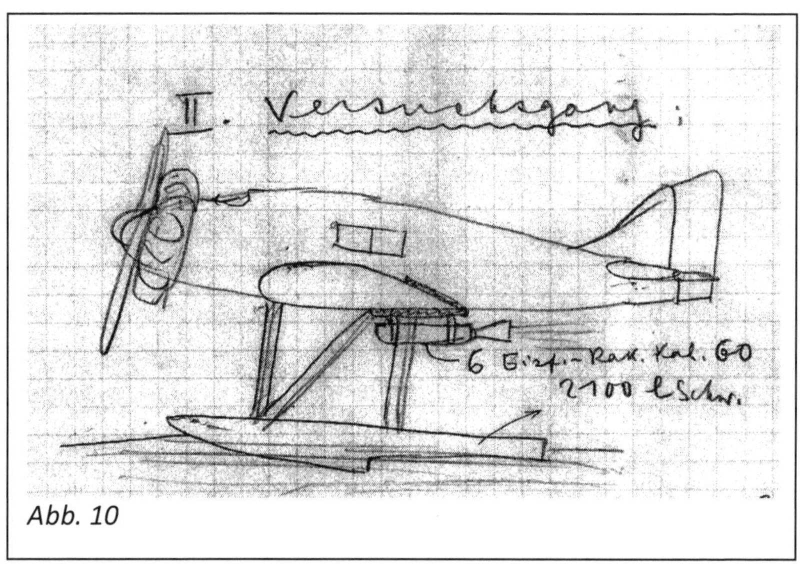

Abb. 10

Über die Versuche auf der Elbe erschienen auch Berichte in der ausländischen Fachpresse.

Hermann Oberth und Max Valier veröffentlichten 1928 bzw. 1929 neue Bücher zur Entwicklung der Raumfahrt.
Bereits 1928 erschien unter neuem Namen die 5. Auflage des ersten Buches von Max Valier (siehe Abb. 10 bis 14).
Es ist vor allem eine Widerspiegelung der diversen praktischen Versuche, Fortschritte in der Raumfahrt zu erzielen. Eine Rezension ist nicht bekannt.
Er berichtet über die Versuche im Erzgebirge, vergisst aber die

Versuche seines Kollegen Winkler in Breslau im ersten Halbjahr 1928.[7]

MAX VALIER

RAKETENFAHRT

5. AUFLAGE

VON

VORSTOSS IN DEN WELTENRAUM

EINE TECHNISCHE MÖGLICHKEIT

Abb. 11

Dies mögen die vielen alle bedenken, die mit Ungeduld das Erscheinen des vorliegenden Werkes erwartet haben.

Wenn das Buch ebenfalls erst auf Grund eines Entschlusses in letzter Stunde seinen früheren Haupttitel abgesetzt hat und nun unter dem Namen »Raketenfahrt« erscheint, so geschah dies hauptsächlich aus dem Grunde, weil wir jetzt tatsächlich bereits in das Zeitalter der Raketenfahrt eingetreten sind, wie die Erfolge der Raketenwagen und Raketenflugzeuge inzwischen bewiesen haben. So ist das Grundmotiv, das uns heute beseelt, nicht soseht der reine »Vorstoßwille zur Bezwingung des Weltenraums«, sondern der »Wille, den Raketenmotor zu schaffen«, der die Voraussetzung zu allem übrigen ist.

Friedrichsbrunn a. Harz, den 5. Sept. 1928.

Max Valier.

Abb. 12

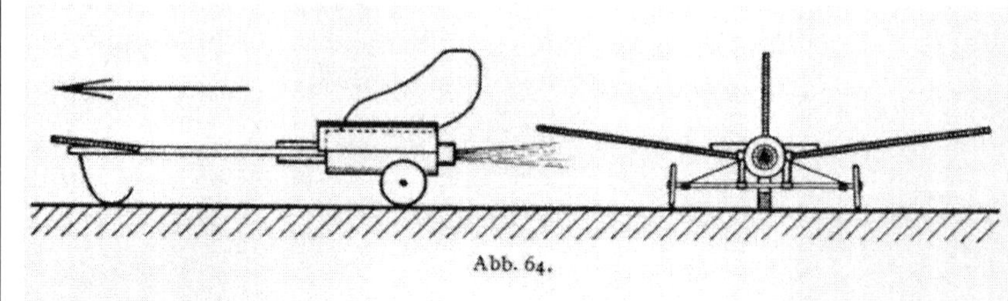

Raketenflugzeugmodell nach dem Typ Ente der Ingenieure H. Beck und O. Tautenhahn, Dezember 1927, Erzgebirge.

Abb. 13: Raketenflugzeugmodell nach dem Typ „Ente“

WEGE
ZUR RAUMSCHIFFAHRT

VON

HERMANN OBERTH

MIT 4 TAFELN UND 159 ABBILDUNGEN

3. AUFLAGE
VON
„DIE RAKETE ZU DEN PLANETENRÄUMEN“

MÜNCHEN UND BERLIN 1929
VERLAG VON R. OLDENBOURG

Titelblatt von *Wege zur Raumschiffahrt* (1929), Oberths Hauptwerk, welches der französische Luft- und Raumfahrtpionier Robert Essnault-Peltérie als *die Bibel* der wissenschaftlichen Astronautik bewertet.

Abb. 14: Oberths zweites Buch

Etwa zur gleichen Zeit im Herbst 1928 hat Hermann Oberth sein zweites Buch dem Lektor des Oldenbourg Verlages mit dem Titel „Wege zur Raumschiffahrt“ übergeben. Es erschien 1929 (siehe Abb. 14).
Es kann hier nicht das Ziel der Darlegungen sein, den gesamten Inhalt des neuen Buches von Hermann Oberth aus dem Jahre 1929 auch nur andeutungsweise darzustellen und zu interpretieren. Das wurde bereits vielfach auch für Raketenspezialisten durchgeführt.
Johannes Winkler war mit Sicherheit der erste Raumfahrt- und Raketenspezialist, der zu diesem Buch eine Rezension geschrieben hat. Sie wird auf einer der Folgeseiten wiedergegeben.
Bekannt ist die Einleitung zur Dissertation von Oberth, die wie folgt beginnt:

1. Beim heutigen Stande der Wissenschaft und der Technik ist der Bau von Maschinen möglich, die höher steigen können, als die Atmosphäre reicht.

2. Bei weiterer Vervollkommnung vermögen diese Maschinen derartige Geschwindigkeiten zu erreichen, dass sie - im Ätherraum sich selbst überlassen - nicht auf die Erdoberfläche zurückfallen müssen und sogar imstande sind, den Anziehungsbereich der Erde zu verlassen.

3. Derartige Maschinen können so gebaut werden, dass Menschen (wahrscheinlich ohne gesundheitliche Nachteile) mit emporfahren können.

4. Unter den heutigen wirtschaftlichen Bedingungen wird sich der Bau solcher Maschinen lohnen.

In der vorliegenden Schrift möchte ich diese vier Sätze beweisen.

Der Briefwechsel zwischen Johannes Winkler und Hermann Oberth vom 1926 bis 1929

Der Briefwechsel zwischen Hermann Oberth und Johannes Winkler umfasst über 75 Briefe, Karten und Protokolle und durchläuft fünf verschiedene Phasen.[8]
Der Briefwechsel ist auch deshalb interessant, da sich darin die

Probleme des VfR bis 1929 widerspiegeln, die hier aber ausgeklammert werden. Schwerpunkte sind nachfolgend das Verhältnis beider Raketenpioniere zueinander und zu den Junkers-Werken.

Abb. 15: Hermann Oberth 1894 -1989

Abb. 16: Johannes Winkler 1897 - 1947

Die erste Phase des Briefwechsels beginnt mit dem Schreiben von Winkler am 6.10.1926. Nach einer längeren Pause informiert Winkler Oberth darüber, dass sein Bild und sein Lebenslauf im Heft 10/1927 der Zeitschrift „Die Rakete" erscheinen werden und seine vom „Verein Deutscher Ingenieure e. V. – VDI" abgelehnte Erwiderung gegen Prof. Lorenz im Folgeheft erscheinen wird. Herbert Oberth und Hohmann werden Mitglieder des Vorstandes des Vereins für Raumschifffahrt (VfR). In der zweiten Phase erfolgt ein Gedankenaustausch zu technischen Fragen und Problemen des VfR. Winkler informiert zunächst zu den Versuchen mit Feuerwerksraketen, worüber später in der Zeitschrift „Die Rakete" 1/1928 berichtet wird. Oberth wird später mitteilen, dass er diese Ergebnisse erwartet hätte.

Nachdem Winkler informiert hatte, dass er jetzt mit Gasen arbeiten wolle, ermahnt ihn Oberth zur Vorsicht. Winkler bittet Oberth des Weiteren, in seinem neuen Buch nicht so kritisch über Valier und seine Vision der Raketenflugzeuge zu schreiben. Valier wäre auch nicht der Erfinder von Raketenflugzeugen (siehe Abb. 17).

Das Raketenflugzeug haben Sie in den betr.Kapiteln nicht geringschätzig behandelt,nur an einer Stelle,die ich nicht mehr genau anzugeben vermag,schien es mir so. Ob Valier als Erfinder des Raketenflugzeuges gelten kann,ist mir neuerdings zweifelhaft geworden.Ich habe erst kürzlich in einem Buch aus der Zeit vor dem Kriege ein Kapitel gelesen,in welchem Raketen zum Antrieb von Modellen empfohlen wurden.Auch gehört zu einem Erfinder,dass es nicht bloß eine Anregung gibt,sondern dass er seine Erfindung durchkonstruiert und ein Patent nimmt.Wie weit letzteres bei Valier zutrifft,vermag ich nicht zu sagen.

Abb. 17

Indirekt ergibt sich daraus, dass sich Winkler selbst ebenfalls nicht als Erfinder des Raketenflugzeuges sieht. – Valier müsse seine Ideen aber durchrechnen und ein Patent anmelden. Dr. Hoefft wäre jetzt im Vorstand. Winkler fühlt sich durch seine Arbeit als Vorsitzender und Herausgeber der Zeitschrift für die Forschungsarbeit kaltgestellt (Brief vom 30.4.1928). Er würde lieber an der TH Breslau arbeiten. Winkler informiert darüber, dass Hückel ihn in Breslau besucht hätte. Winkler wäre im Reichsverkehrsministerium – RVM wegen einer Beihilfe für ein Raketenflugzeug in Höhe von 20.000 RM gewesen.
Winkler setzt sich nochmals gegenüber Oberth für eine Mäßigung in der Auseinandersetzung mit Valier ein. Valier wäre ein Schriftsteller und als Mitglied des Vorstandes ein erfolgreicher Propagandist in der Raketenfrage. Das Raketenflugzeug wäre eine Anwendung des Reaktionsmotors, der sicher noch Jahre

braucht, um seine Kinderkrankheiten abzulegen. Die folgenden Monate stehen im Zeichen der Teilnahme von Oberth an der Tagung des Vereins für Luftfahrt in Danzig Anfang Juni 1928. Oberth will Winkler vor Pfingsten und auf der Rückreise dann Hückel besuchen. Der Vortrag von Oberth an der TH Breslau am 25.5.1928 wird ein voller Erfolg. Am 6.6.1928 schildert Oberth sein Auftreten in Danzig. Er hätte alle Kritikpunkte von Prof. Lorenz in 15 Minuten entkräftet und 50 Professoren und Ingenieure hätten sich anschließend bei ihm vorgestellt. Oberth schreibt dann zu den Brennversuchen von Winkler an der TH Breslau, entscheidet sich gegen die Anwendung von Raketentriebwerken an einem Motorrad und spricht sich gegen die Konstruktion einer Raketendüse zum jetzigen Zeitpunkt aus, da erst Fragen des Gegenspritzens zu lösen wären.[9] Oberth teilt Winkler am 16.10.1928 mit, dass er bis Februar 1929 in Berlin bleiben wird und ihn Ende Oktober besuchen will.
Die Zusammenarbeit zwischen Oberth und Winkler hatte sich 1928 bewährt.
Der Briefwechsel zwischen Winkler und Oberth vom Dezember 1928 bis September 1929 ist die dritte Phase.
Sie kann unter vier Gesichtspunkten betrachtet werden:

- Hermann Oberth beginnt mit dem Schreiben vom 9.12.1928 eine regelrechte Kampagne gegen den bisherigen 1. Vorsitzenden Johannes Winkler zur Klärung der finanziellen Lage des VfR und zur Durchsetzung einer harten Linie gegen alle Raketenfreunde, die nicht seiner Auffassung sind (Schaffung einer „Kritischen Ecke“).
- Oberth reicht Anfang 1929 sein Patent ein, das am 7.3.1929 unter der Nummer 570 511 bestätigt wird. Es ist bisher keine Postalie bekannt, in der Oberth Johannes Winkler darüber informiert.
- Hermann Oberth erhält für sein neues Buch „Wege zur Raumschiffahrt“ Anfang 1929 aus Frankreich den REP-Hirsch-Preis mit doppeltem Preisgeld (10.000 Fr.).

- Oberth beginnt gegen Franz von Hoefft in der „kritischen Ecke“ einen Theoriestreit, der weit in den persönlichen Bereich hineingeht.
- Oberth war seit Juli 1928 Berater bei Fritz Lang zum Film „Frau im Mond“ und erhielt am 9.7.1929 einen Vertrag für die Schaffung einer echten Rakete mit einem Honorar von 10.000 RM.

Hermann Oberth befindet sich durch diese Erfolge auf einem vorläufigen Höhepunkt seiner bisherigen wissenschaftlichen und persönlichen Entwicklung und will diese Erfolge auch in der praktischen Arbeit umsetzen.
Mit dem Brief vom 23.9.1929 kann der Beginn einer vierten Phase festgemacht werden. Oberth beschreibt darin anschaulich seinen Unfall mit einem Doppeldochtbrenner. Er hätte nun eine Düse ohne den verwünschten Doppeldocht gebaut. Zum Wärmeübergang fährt Oberth wörtlich fort:

Ich finde, die Sache mit dem Wärmeübergang ist nicht so schlimm, wenn man die Düse nur unter den nötigen Druck setzt. Der kritische Druck beträgt ja für Benzin nur 27-28 atm., und wenn man die Sache auf 30 atm. hält, so braucht das Benzin eigentlich ja überhaupt nicht mehr zu verdampfen, um es auf Entflammungstemperatur zu bringen. Daher fallen dann auch alle Siedeverluste fort.

Damit war das Thema offenbar für ihn erledigt. Versuche waren nicht notwendig und Wernher von Braun griff in seiner Dissertation 1934 auf die Werte von Winkler zurück.
Oberth kommt dann auf den Artikel in der Zeitschrift „Die Rakete“ zurück und fragt Winkler, wodurch er lt. dem eingereichten Patent den Wärmeübergang auf das 120fache vermehren könne. Tatsächliche hatte Winkler in der August-Nummer geschrieben, dass jetzt von Prof. Oberth und von Johannes Winkler je ein Patent angemeldet worden sei.

Winkler antwortet am 8.10.1929 erstmals aus Dessau. Für die nächsten Ziele hätte er wegen des Wärmeübergangs bei einem Druck von 30 at. und hohen Temperaturen keine Bedenken. Er wäre nun seit dem 19.9.1929 in Dessau bei den Junkers-Werken. Es geht dabei um Rückstoßer. Er wolle Oberth zur Erprobung hinzuziehen, wenn weitere Fortschritte erreicht sind. Er soll diese Information aber vertraulich behandeln, denn die Konkurrenz soll nicht auf die Beine gebracht werden. Die Übernahme der Zeitschrift hätten bis jetzt Fritz von Opel, der Verlag Julius Springer und der Oldenbourg Verlag abgelehnt. Am 30.9. wäre seine Tochter in Breslau geboren worden. Er konnte wegen der Arbeit in Dessau nicht dort sein.

Die folgende Bücherbesprechung von Johannes Winkler zu dem Buch von Oberth „Wege zur Raumschiffahrt" in der Zeitschrift „Die Rakete" findet interessanter Weise keine Widerspiegelung im Briefwechsel. Winkler bewertet das Buch insgesamt als wertvoll und grundlegend und kritisiert im Detail nur die Darstellung des Wärmeübergangs durch Oberth. Sie hat folgenden Wortlaut:

<u>Bücherbesprechung</u>

Prof. Hermann Oberth: Wege zur Raumschiffahrt. (3. Auflage von „Die Rakete zu den Planetenräumen") 442 Seiten, 159 Abbildungen, 4 Tafeln 8°; 1929. Brosch. 17,50, geb. 20,-RM Verlag R. Oldenbourg, München und Berlin).

Mit diesem Buch, für das dem Verfasser der Internationale Preis für Weltraumwissenschaft (REP.-Hirsch-Preis) der Société Astronomique de France-verliehen wurde, ist der Raumfahrtwissenschaft ein überaus wertvolles, grundlegendes Werk geschenkt worden. Der Umfang ist gegenüber der 2. Auflage vier- bis fünfmal größer. Es enthält eine schon ziemlich vollständige Raketentheorie. Man ist geradezu erstaunt, welche Fülle von Einzelmaterial hier bereits zusammengetragen ist.

Im Einzelnen ist das Werk folgendermaßen angelegt. Nach einigen Vorbemerkungen über das Rückstoßprinzip und über den allgemeinen Aufbau sind zunächst die physikalisch-technischen Fragen der Ausströmgeschwindigkeit, des idealen Antriebs, der günstigsten Geschwindigkeit, des erhöhten und verminderten Andrucks, des Luftwiderstandes, des Synergieproblems, der Steuerung und der Landung unter besonderer Berücksichtigung der dabei bedingten Erwärmung eingehend behandelt. Besonders lesenswert sind auch die Ausführungen über mit Tragflächen versehene Ruckstoßflugzeuge und das Kapitel energetische Betrachtungen, in denen sich höchst bemerkenswerte Ausführungen über den Wirkungsgrad unter Berücksichtigung der Energie der Lage finden, die schlaglichtartig zeigen, wie mit fortschreitender Entwicklung voraussichtlich noch mancher Vorteil aufgefunden werden wird.
In einem weiteren Abschnitt werden dann Fragen konstruktiver Art näher besprochen. Was hier mitgeteilt wird, ist allerdings stets so gehalten, daß man nicht in der Lage ist, nach diesen Angaben einen Rückstoßapparat zu bauen. Wie aus einer Bemerkung hervorgeht, will der Verfasser dadurch verhindern, daß sein geistiges Eigentum von anderen für ihre Zwecke ausgenutzt wird, wodurch freilich auch andererseits dokumentiert wird, daß die Erbauer brauchbarer Raketenapparate unabhängig von ihm durch selbständige Arbeit ihr Ziel erreicht haben. Viel neues und wertvolles Material enthält der nächste Abschnitt über die Verwendungsmöglichkeiten von Rückstoßapparate. In diesem Zusammenhang wird auch in sehr anschaulicher Weise die Frage untersucht, welche Temperatur ein im Weltraum fliegender Körper hat, in wie weit die verschiedenen Strahlenarten im Weltenraum dem Raumfahrer gefährlich werden können und was wir auf den einzelnen Himmelskörpern zu erwarten haben. Das letzte Kapitel ist dem elektrischen Raumschiff gewidmet, das uns neue große Ausblicke bietet.
Die für die Konstruktion von Rückstoßern entscheidende Frage des Wärmeübergangs in der Raketendüse ist allerdings nicht ihrer Bedeutung entsprechend behandelt, auch vermißt man die Berechnungsgrundlagen für die Verbrennungstemperatur und dergl., zu-

mal die mitgeteilten Ergebnisse sich mit den nach den sonst in der Technik üblichen Methoden errechneten nicht immer ganz in Einklang bringen lassen, während zuweilen recht selbstverständliche Dinge erklärt werden.
Letzteres entspringt nun freilich dem Willen, das Buch für einen großen Kreis lesbar zu gestalten. Das Buch ist im Gegensatz zur zweiten Auflage bei voller Wissenschaftlichkeit z. T. recht ausführlich und dadurch gut verständlich geschrieben, so daß auch der Laie große Partien mit Gewinn lesen kann, was erfahrungsgemäß auch Fachleuten zuweilen ganz erwünscht ist. Es steht zu hoffen, daß die neue Auflage mehr als die frühere dazu beitragen wird, daß endlich die Grundlagen der Raumschiffahrt mehr verstanden werden und in Zukunft nicht so viel aneinander vorbeigeredet wird.
Im Ganzen ist das Werk das beste und reichhaltigste, das bisher über die Raumschiffahrt erschienen ist, und kann daher jedermann aufs allerwärmste empfohlen werden.

Ein Gedankenaustausch zum Wärmeübergang hat bereits, wie dargestellt, vor der Rezension stattgefunden. Interessant ist die Bemerkung von Winkler (!), dass die Ausführungen so gehalten sind, dass die Erbauer brauchbarer Apparate unabhängig von ihm ihr Ziel erreicht haben. – Der Brief vom 18.10.1929 gehört technisch zu den interessantesten Postalien. Es geht um nicht weniger als die Schilderung der Entstehung der „Spalt- bzw. Kegeldüse", die nur in diesem Brief vorhanden ist. Oberth will Winkler die Gegenüberstellung der Patente in der Zeitschrift „Die Rakete" gerne verzeihen, da ***dadurch eine so wertvolle Arbeitskraft, wie die Ihrige, ganz für unsere Sache frei geworden ist.***

Er will sich bei Winkler durch eine andere Gegenüberstellung revanchieren. Er hätte beobachtet, dass ein Tropfen brennender Flüssigkeit, der in ein flüssiges Oxydationsmittel fällt, fast augenblicklich zerrissen wird und verbrennt. Während vor dem Tropfen die Flammenschicht ausgelöscht wird, entsteht dahinter viel Gas, das den Tropfen flachdrückt und zerreißt. Er hätte das funkphotographisch festgehalten. Die gleiche Erscheinung würde auftreten, wenn beide Flüssigkeiten gegen eine Wand spritzen. Er hätte daher einen Raketenofen gebaut, bei dem Benzin und Sauerstoff in ein enges flaches Loch spritzen, das mit Asbest ausgekleidet ist. Dieser Ofen bewährte sich, und er hätte das Prinzip als Patent angemeldet. Nun hätte er sich eine neue Versuchsapparatur für 20 Liter Sauerstoff und 10 Liter Benzin gebaut. Winkler möge diese Mitteilung vertraulich behandeln, damit die Franzosen davon nichts erfahren. Auch hätte er sich an das Kriegsministerium gewandt, damit das Patent nicht öffentlich ausgelegt wird.

Der folgende Briefwechsel beinhaltet kaum noch technische Aussagen.

Die Untersuchung des Briefwechsels bis Ende 1930 wird jedoch weitergeführt, um später herauszuarbeiten,

- welch hohen „Preis" Winkler für die Entscheidung bezahlt hat, die Herausgabe der Zeitschrift als Einzelperson zu übernehmen;
- dass der Austausch von technischen Problemen zwischen Winkler und Oberth nur kurze Episoden waren;
- die technischen Entscheidungen von Winkler bei der HW 1 und HW 2 sehr oft im Abgleich mit den theoretischen Erkenntnissen von Oberth erfolgten;
- dass das Verhältnis zwischen Winkler und Oberth mehrfach Gegenstand des Briefwechsels zwischen Winkler und Hückel war;
- warum sich Winkler trotz aller Anfeindungen und Demütigungen von Seiten Oberths letztendlich dafür eingesetzt hat, dass Oberth eine Anstellung bei den Junkers-Werken bekommt;
- aus welchen Gründen sich Winkler sehr schnell entschlossen hat, zu den Junkers-Werken nach Dessau zu gehen.

In seinem Brief vom 18.10.1929 äußert sich Oberth zu seinen Beziehungen zur UfA, die ihn mit ihrem „Geklapper" geärgert hätten. Sie würde ihn am liebsten zu einem selbständigen Unternehmen machen, doch dafür tauge er nicht.

Ich wäre also ganz zufrieden, wenn mich irgendwie eine Fabrik einstellen würde.

Es folgt der erste Hinweis auf das Interesse von Oberth an einer Arbeit bei den Junkers-Werken.

Falls es den Junkers-Werken ernst sein sollte mit der Absicht, mich einzustellen, so würde ich bitten, mir bald Bescheid zukommen zu lassen, denn ich (will) die Maschinenfabriken, die mir Angebote gemacht haben, nicht... hinhalten. Im Übrigen glaube ich, wird diejenige Fabrik auf raketentechnischem Gebiet führen, der ich mich anschließe.

Das Protokoll der Unterredung zwischen Hermann Oberth, Johannes Winkler und RA Wurm vom 3.11.1929 ermöglicht einige Rückschlüsse auf deren Verhältnis zueinander und wird hier in einer Zusammenfassung wiedergegeben.

- Winkler erklärt, dass weder er noch Oberth vor die Öffentlichkeit treten können, da Prof. Oberth von der UfA und er durch Junkers beschlagnahmt wären. Winkler wäre zu absolutem Stillschweigen verpflichtet.
- Beide sehen als erste Aufgabe die unbemannte Rakete, dann schnellfliegende Flugzeuge und dann das Raumschiff.
- Oberth sieht darin (in der Veröffentlichung von Details der Konstruktionen) eine Gefahr, da man Raketen auch zu Fernprojektilen verwenden kann (1929 – RS).

Wenn die Franzosen erfahren, wie leicht das geht, bekommen wir leicht Giftgasbomben auf den Kopf.

Winkler sagt dazu:

Lange wird es nicht mehr dauern, dann wird die Sache so wie so bekannt, es ist unvermeidlich. Aber ich sehe das sehr wohl, was die Anregung bedeutet für Kriegszeiten. Wir bekommen Kontrollkommissionen.

- Winkler wendet sich am Anfang Dezember 1929 an Oberth und bittet ihn unter anderem, den Vorsitz zu übernehmen.

Die abschließende fünfte Phase im Briefwechsel Oberth/ Winkler reicht vom Dezember 1929 bis Dezember 1930. Der Gedankenaustausch in diesem Zeitraum ist jedoch Gegenstand von Kapitel 4.

Die vorliegenden Briefe von Max Valier an Johannes Winkler

Es war nicht die Absicht des Autors, in einer Recherche den gesamten Briefwechsel zwischen Johannes Winkler und Max Valier zu erfassen bzw. später auszuwerten. Trotzdem sind bei den Untersuchungen in verschiedenen Archiven bisher unbekannte Briefe aufgefunden worden. Die Briefe stammen vor allem aus dem Archiv Ingenhaag aus dem Hermann-Oberth-Raumfahrtmuseum in Feucht. Dabei handelt es sich fast ausschließlich um Briefe von Max Valier, die sich mit der Zeitschrift „Die Rakete" beschäftigen. Zwei Briefe an Winkler sind jedoch grundsätzlicher Natur, werden aber chronologisch eingeordnet. Die möglichen Antwortbriefe von Winkler sind generell nicht bekannt und harren weiterer Recherchen.
Die folgenden Briefe von Max Valier sind an die „Schriftleitung" der Zeitschrift „Die Rakete", Johannes Winkler gerichtet, obwohl Valier natürlich wusste, dass Winkler als Herausgeber der Zeitschrift auch deren Finanzierung vorgenommen hat.-

Die im Archiv Ingenhaag /HORM vorgefundenen Briefe beginnen mit dem 8.7.1927 (siehe Abb. 18).

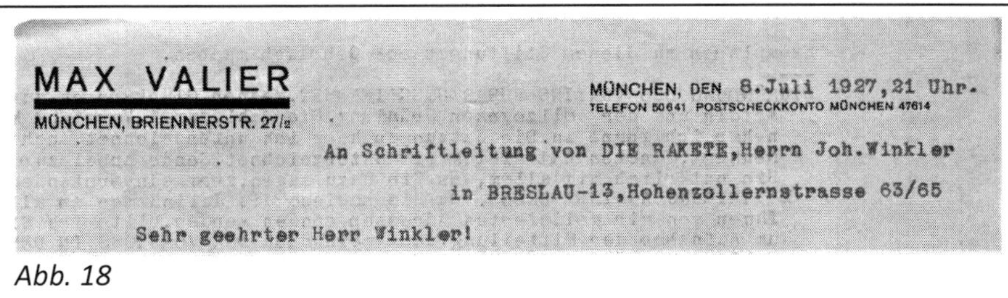
MAX VALIER
MÜNCHEN, BRIENNERSTR. 27/II

MÜNCHEN, DEN 8.Juli 1927,21 Uhr.
TELEFON 50641 POSTSCHECKKONTO MÜNCHEN 47614

An Schriftleitung von DIE RAKETE,Herrn Joh.Winkler
in BRESLAU-13,Hohenzollernstrasse 63/65

Sehr geehrter Herr Winkler!

Abb. 18

Valier freut sich über die Aufnahme seines Artikels „Fahrt ins All“ und gibt einige Anregungen zur Gestaltung. Er schlägt vor, dass in jeder Nummer ein Porträt der „Raumfahrtleute“ erscheint. Dieser Vorschlag wurde von Winkler auch umgesetzt. Außerdem regt er Prämien für die Werbung neuer Leser an. Weiterhin gratuliert er Winkler zur Gründung des „Vereins für Raumschiffahrt“. Interessant sind die geplanten Versuche mit Dr. von Langsdorff, der auf einer Udet Colibri ein „Raketenaustauschrohr“ montieren und fliegen will.

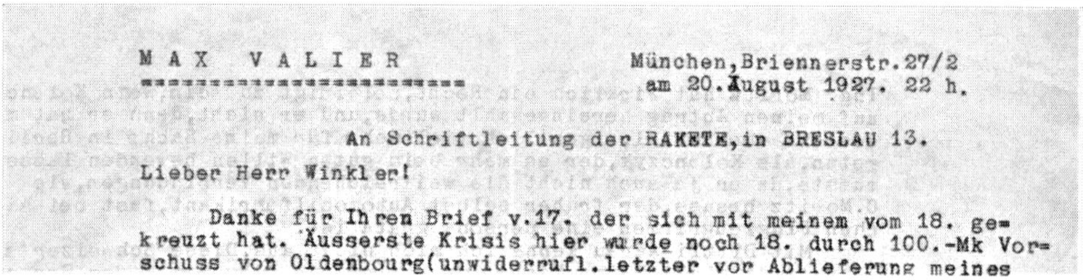

M A X   V A L I E R — München, Briennerstr.27/2
am 20.August 1927. 22 h.

An Schriftleitung der RAKETE, in BRESLAU 13.

Lieber Herr Winkler!

Danke für Ihren Brief v.17. der sich mit meinem vom 18. gekreuzt hat. Äusserste Krisis hier wurde noch 18. durch 100.-Mk Vorschuss von Oldenbourg(unwiderrufl.letzter vor Ablieferung meines

Abb. 19

Der Brief vom 20.8.1927 (siehe Abb. 19) macht deutlich, dass zwischen beiden Raketenpionieren zumindest 1927 ein Briefwechsel bestanden hat.
Valier will für seine Raketenflugzeuge Dornier-Typen als Basis nehmen und den rückwärtigen Tandemmotor durch die Pulverraketen ersetzen. Für September-Heft empfiehlt er Ulinski mit dem Aetherschiff. Valier stimmt für die Aufnahme von Oberth in den Vorstand des VfR, will aber auch von Hoefft reinnehmen. Außerdem schlägt er Ulinski und Walter Hohmann vor, um die Majorität im Streitfall für sich zu sichern.
Der Brief vom 26.8.1927 (siehe Abb. 20) beinhaltet vor allem die Zustimmung von Franz von Hoefft zur Vereinigung mit dem VfR.

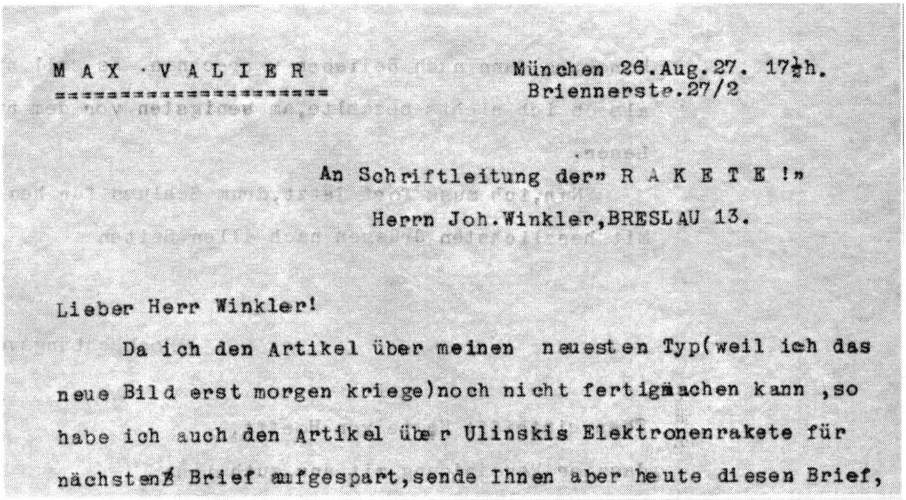

MAX · VALIER
=======================

München 26.Aug.27. 17½h.
Briennerstr.27/2

An Schriftleitung der» R A K E T E !»

Herrn Joh.Winkler,BRESLAU 13.

Lieber Herr Winkler!

Da ich den Artikel über meinen neuesten Typ(weil ich das neue Bild erst morgen kriege)noch nicht fertigmachen kann ,so habe ich auch den Artikel über Ulinskis Elektronenrakete für nächsten Brief aufgespart,sende Ihnen aber heute diesen Brief,

Abb. 20

Am 9.12.1927 (siehe Abb. 21) informiert Valier darüber, dass er mit Fritz von Opel ein Abkommen geschlossen hat. Diese Mitteilung wäre jedoch streng vertraulich.

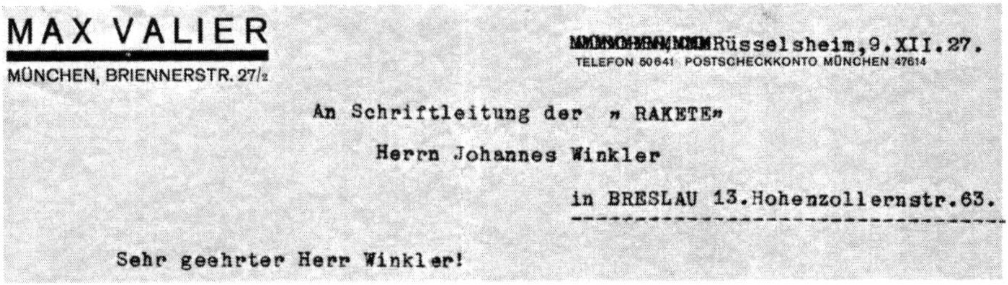

MAX VALIER

MÜNCHEN, BRIENNERSTR. 27/2

Rüsselsheim,9.XII.27.

TELEFON 50641 POSTSCHECKKONTO MÜNCHEN 47614

An Schriftleitung der » RAKETE»

Herrn Johannes Winkler

in BRESLAU 13.Hohenzollernstr.63.

Sehr geehrter Herr Winkler!

Abb. 21

Er sendet Winkler auch seine Tourneestatistik zur eigenen Planung. Durch seinen Vortrag in Breslau wird er gegenüber Winkler einen schönen Betrag abzahlen können.

Für sein Schreiben vom 16.12.1927 (siehe Abb. 22) verwendet Valier den Kopfbogen von Fritz von Opel.

Er wäre noch nicht bereit, mit Winkler ein Abkommen zu schließen, überweist jedoch 300 RM für den weiteren Druck.

Max V a l i e r, im Hause

DIPLOM-INGENIEUR

z. Zt RÜSSELSHEIM A.M., DEN 16. Dezember 1927

Abb. 22

1928

Die Empfehlungen Max Valiers vom 2.1.1928 für die Gestaltung der Januar Ausgaben 1928 waren sehr konkret und fast zwingend (siehe Abb. 23).
Valier sendet in der Anlage außerdem Fotos von Ziolkowski und Ganswindt zur Veröffentlichung in der Zeitschrift. Befremdlich ist der Valiers Vorschlag, einen Artikel über einen Walter Neubert zu bringen, der zwar der Freund Valiers war, aber kaum etwas mit der Raketentechnik zu tun hatte. Winkler hat sie nur teilweise umgesetzt!

MÜNCHEN, DEN 2. Januar 1928. 19h.
TELEFON 50641 POSTSCHECKKONTO MÜNCHEN 47614

An Schriftleitung von DIE RAKETE

Herrn Joh. Winkler, BRESLAU 13,

Hohenzollernstrasse 63/65.

Abb. 23

Das Foto von Ziolkowski wurde veröffentlicht, jedoch sind in seinem Geleitwort keine Aussagen zu neuen Höhenweltrekorden und Geschwindigkeiten von 1.000 km/h, aber das Schubdiagram der Pulverrakete aufgeführt. Aus dem Jahre 1928 sind keine weiteren Briefe von Valier bekannt.

1929

Der Brief vom 4.1.1929 von Valier beinhaltet zunächst Informationen zur Januar-Ausgabe 1929 (siehe Abb. 24).
Valier bedauert die von ihm festgestellte Abhängigkeit von Oberth, obwohl Winkler und Oberth in der Tragflächenfrage und im Gegengasbremsen doch unterschiedliche Meinung hätten. Er will dazu in einem Artikel Stellung nehmen. Der Wortlaut dieser Passage ist folgender:

Ich freue mich über Ihre Erfolge, wie überhaupt über jeden Fortschritt im Raketenproblem, auch wenn wir jetzt gewissermaßen als Konkurrenten im Wettkampf stehen. Nur darüber wundere ich mich einigermaßen, daß Sie jetzt in so starke Anhängigkeit von Herrn Prof. Oberth geraten zu sein scheinen, während Sie doch vorher als selbständiger Forscher aufgetreten sind. Auch gehen doch in vielen Punkten Ihre Anschauungen denen Oberths entgegen, so in der Tragflächenfrage und der Gegengasbremsung, worüber übrigens auch ich in meinem morgen an sie abzusendenden Artikel Stellung werde nehmen müssen.
Also bis auf Morgen! Mit besten Neujahrsgrüßen
gez. Max Valier

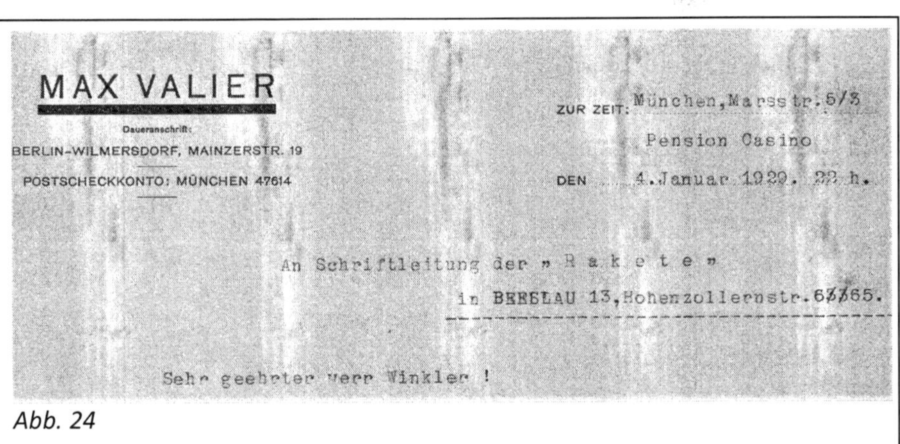

MAX VALIER

Daueranschrift:
BERLIN-WILMERSDORF, MAINZERSTR. 19
POSTSCHECKKONTO: MÜNCHEN 47614

ZUR ZEIT: München, Marsstr. 5/3
Pension Casino
DEN 4. Januar 1929. 22 h.

An Schriftleitung der » R a k e t e «
in BRESLAU 13, Hohenzollernstr. 63/65.

Sehr geehrter Herr Winkler !

Abb. 24

Der etwas längere Brief von Valier vom Anfang 1929 beinhaltet einige Klarstellungen gegenüber Winkler.

Einige Randbemerkungen zum Raketen-Antriebs-Problem

Die Ausführungen Winklers im letzten Heft des vergangenen Jahres - S. 178-182 - veranlassen mich, einige Klarstellungen über meine Ansichten und Absichten zu gewissen Teilfragen des Raketenfluges und der eigentlichen Weltraumfahrt vorzunehmen. Ich selbst habe nämlich, gleich Winkler, von jeher stets den Standpunkt vertreten, daß das spätere Raumschiff aus dem Raketenflugzeug (mit Tragflächen) herauswachsen muß und nicht aus tragflächenlosen Registrierraketen...

Im Brief sind folgende Kernaussagen enthalten:

- Er geht von der Feststellung aus, dass Winkler und er selbst den Standpunkt vertreten haben, dass das spätere Raumschiff aus einem Raketenflugzeug herauswachsen müsse.
- Valier hätte nur von 1923-1926 geglaubt, dass Tragflächen überflüssig wären, als er unter dem Einfluss von Oberth stand.
- Von der Entwicklungsreihe „vom Tragflächenflugzeug zur reinen Rumpfform" wäre er 1927/28 abgekommen. Er wäre jetzt bei Stabraketen mit Flügeln.
- Er hielt jetzt den Raketenschlitten für den richtigen Ausgangspunkt für Raketenflugzeuge.

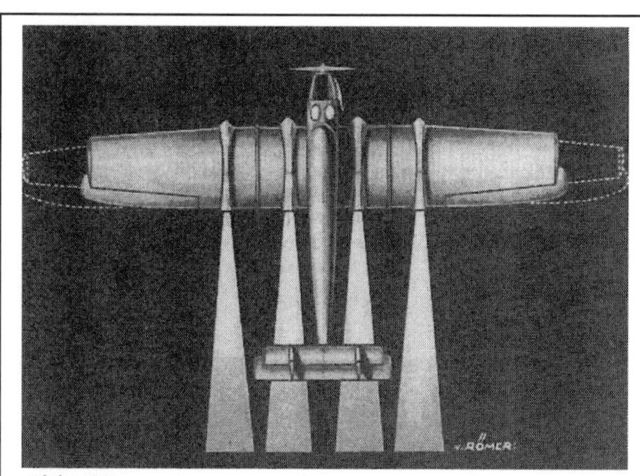

Abb. 25

So etwa hat sich Valier seinen »fliegenden Prüfstand« gedacht. Fiktives Modell einer Junkers F 13 mit zusätzlichen Raketentriebwerken (Modell: Kelka; Fotos: Kusch).

Abb. 26

Herr Ingenhaag fasst seine Erkenntnisse in einem Artikel zusammen, der in der Zeitschrift „Luftfahrt international“ 1980 Nr. 5, Seite 211 erschienen ist (siehe Abb. 25, 26, 27, 28).

Karl-Heinz Ingenhaag

Die Raketenflugzeug-Entwürfe von Max Valier

Max Valier, der wohl aktivste unter den frühen Raketenpionieren, schrieb 1928 im Vorwort zu seinem Hauptwerk, daß sein Grundmotiv »nicht so sehr der reine ›Vorstoßwille zur Bezwingung des Weltraumes‹ (sei), sondern der ›Wille, den Raketenmotor zu schaffen‹, der die Voraussetzung zu allem übrigen ist.« Für die Entwicklung des Raketenmotors hatte Valier einen durchaus realistischen Stufenplan vorgesehen. Die letzte Entwicklungsstufe vor der bemannten Rakete sollte vom »fliegenden Prüfstand« zum reinen Raketenflugzeug führen. Dafür hat Valier zwischen 1926 entworfene Skizzen aus der Tasche, aus denen dann erst vernünftige technische Lösungen ausgearbeitet werden mußten. So entstand eine Reihe von Entwürfen, die, nach Valiers Grundidee, den stufenweisen Übergang vom Flugzeug zur Weltraumrakete darstellen soll-

Abb. 27

Der Brief vom 7.8.1929 dokumentiert nicht nur die Abgrenzung von Fritz von Opel, sondern beinhaltet auch zwei Beiträge für das August-Heft 1929. Der Briefkopf hatte sich geändert (siehe Abb. 29), doch die Anrede „an die Schriftleitung“ war geblieben. Die beiden Zuarbeiten liegen dem Autor aus dem genannten Archiv Ingenhaag ebenfalls vor.

Am 10.12.1929 schreibt Valier an Herrn Joh. Winkler im Forschungsinstitut Prof. Junkers in der Junkersstr. 2. Valier wohnt jetzt in der Badensche Str. 17p in Berlin-Wilmersdorf (siehe Abb. 30). Dieser Brief erläutert seine Aktivitäten zur Bezahlung ausstehender Rechnungen.

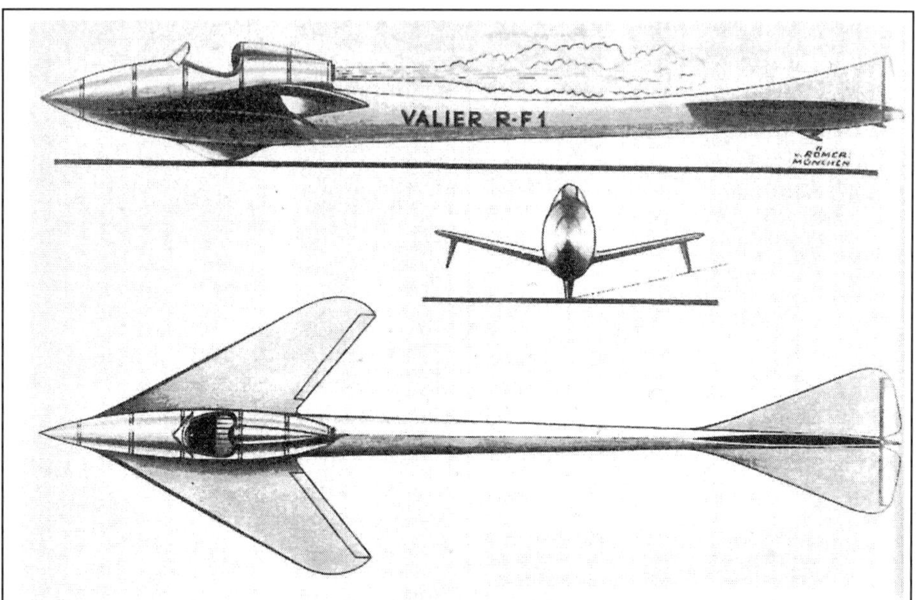

Typ 7 (1928): Entwurf des Raketen-Flugzeugs RF 1, das Espenlaub ausführen sollte (Zeichnung: v. Römer).

Abb. 28: Die Skizze zeigt den Typ 7 des Raketenflugzeuges RF 1 aus dem Jahr 1928, das Espenlaub bauen sollte (Zeichnung Römer).

Der Brief vom 21.1.1930 geht vor allem auf den Leitartikel von Winkler im letzten Heft der Zeitschrift „Die Rakete" ein (siehe Abb. 31). Valier schreibt wörtlich unter anderem:

Mit großem Interesse habe ich Ihren Leitartikel im letzten Heft der Rakete gelesen. Sie schreiben da von einer Rakete mit flüssigen Treibstoffen, die tatsächlich noch im Jahr 1929 gestiegen sein soll.

Meinen Sie damit nun die Benzin-Salpetersäure-Raketen Sanders, die am 10./12 April 1929 bei Wesermünde gestiegen sind und über welche ich in der Neuauflage meines Buches ausführlich berichtet habe oder meinen Sie eine Rakete mit flüssigen Treibstoffen nach Ihrem System? Wenn Sie das geschafft haben, dann allerdings müsste man Ihnen gratulieren, denn das würde voraussetzen, daß Sie Ihren Raketenapparat (durch geschickte und neuartige Anwendung des an sich längst bekannten Gegeneinsprit-

zungs-Prinzips, wie Sie es in Ihren Leitartikel beschrieben) bereits soweit vervollkommnet haben, daß die Rückstoßwirkung mindestens das Doppelte des Startgewichts erreicht. Nach Ihren Angaben auf Seite 124 erscheint es gar, daß Sie bereits Rückstoßkräfte von mindestens 50 kg erreicht haben. Eigentlich schade, daß unsere Einstellung zum Raketenproblem eine so verschiedene ist und daß wir aus verschiedenen Gründen uns nicht zu einer praktischen Zusammenarbeit finden können, denn wenn Sie einen derartigen Raketenmotor bereits haben, so dürfte es doch nicht so schwerfallen, einen Weltrekord-Wagen zu bauen, für dessen äußere Formbildung mein diesbezügliches Patent (das ich wohl in Kürze erhalten werde, da die Auslegung in den nächsten Tagen erfolgt und Einspruch kaum zu erwarten ist) in Frage käme."[10]

Rückstoß-Meßapparat System Valier

Max Valier
Forschungslaboratorium für
RAKETEN-ANTRIEB

Berliner Büro: Berlin Wilmersdorf Mainzerstr. 19/2 / Telefon Uhland 7904
Münchener Büro: München Briennerstraße 27/2 / Telefon 50641
Postscheck-Konto: München 47614

Ihr Zeichen: ZUR ZEIT: BOCHUM;HOTEL MONOPOL
Unser Zeichen: 517/29 DEN 7.August 1929, 12h.

Abb. 29

Valier möchte im Weiteren die maximale Schubkraft des Raketenmotors, die Dauer des Schubes und den sekundlichen Betriebsverbrauch wissen. Ein Antwortbrief von Johannes Winkler ist nicht bekannt, was aus Geheimhaltungsgründen nachvollziehbar ist.

Der Valier-Brief vom 8.4.1930 (siehe Abb. 32) enthält die Bestätigung der Zuwahl von Wurm und Nebel in den Vorstand, beinhaltet aber auch eine deutliche Kritik an Ley, da er in einem

Vortrag Philipp von Opel, Sander und Valier als Raketenforscher nicht genannt hat. Seine Bereitschaft zur Mitarbeit würde dadurch nicht gefördert. Auch dieser Brief beinhaltet keine Information über seine Versuche bei der Firma Heylandt.
Am 17.5.1930 verstirbt Valier bei einem Triebwerksversuch.

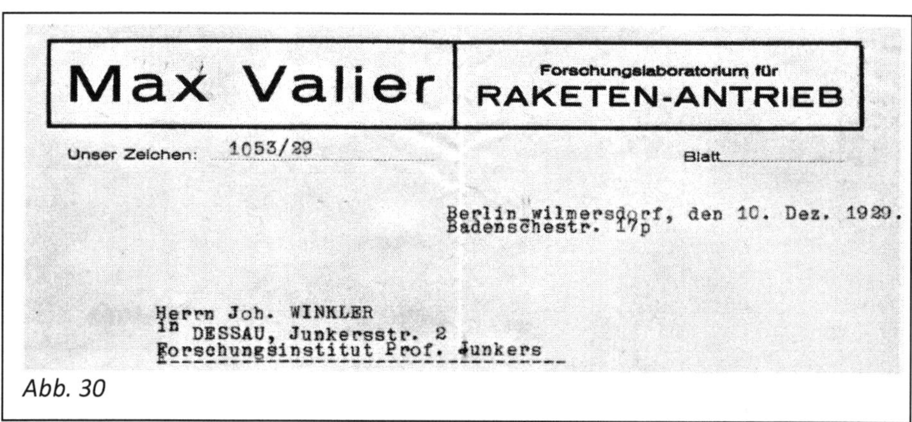

Max Valier | Forschungslaboratorium für RAKETEN-ANTRIEB

Unser Zeichen: 1053/29 Blatt

Berlin-Wilmersdorf, den 10. Dez. 1929.
Badenschestr. 17p

Herrn Joh. WINKLER
in DESSAU, Junkersstr. 2
Forschungsinstitut Prof. Junkers

Abb. 30

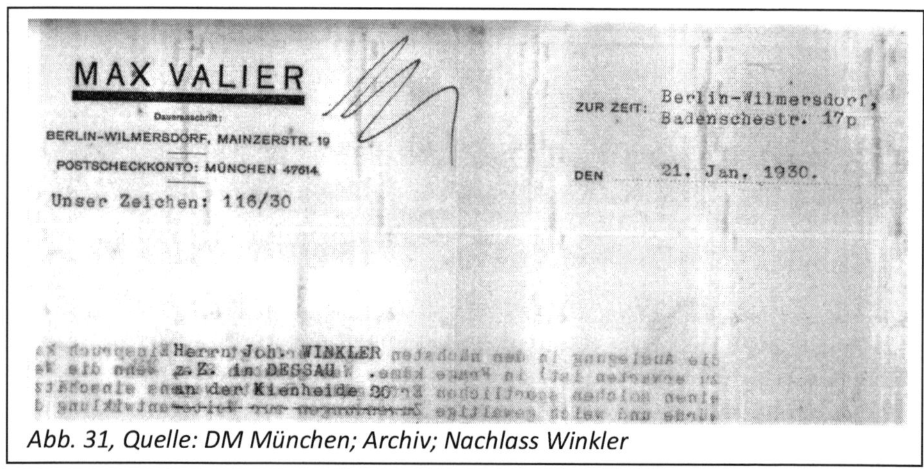

MAX VALIER

BERLIN-WILMERSDORF, MAINZERSTR. 19

POSTSCHECKKONTO: MÜNCHEN 47614

Unser Zeichen: 116/30

ZUR ZEIT: Berlin-Wilmersdorf,
Badenschestr. 17p

DEN 21. Jan. 1930.

Herrn Joh. WINKLER
z. Z. in DESSAU
an der Kienheide 20

Abb. 31, Quelle: DM München; Archiv; Nachlass Winkler

MAX VALIER

Daueranschrift:

~~BERLIN-WILMERSDORF, MAINZERSTR. 19~~

POSTSCHECKKONTO: MÜNCHEN 47614

ZUR ZEIT: BERLIN S 59.
Lenaustrasse 1-4

DEN 8.April 1930.

U.Z. 375/30

Herrn Johannes Winkler
zzt.Dessau,an der Mienheide 20

Sehr geehrter Herr Winkler!

Ihr Rundschreiben an die Vorstandsmitglieder vom 31.März ist mir mit kleiner Verspätung zugestellt worden. Der Zuwahl der Herren Dipl.Ing.E.Wurm und

Abb. 32

2. Johannes Winkler mit seinen ersten Erkenntnissen zur Raketentheorie und seinen ersten Versuchen in Breslau

Eine erste Auswertung der Zeitschrift „Die Rakete“ und des Vereins für Raumschiffahrt wurde durch Karlheinz Rohrwild 2001 auf einem Kolloquium in Dessau vorgenommen.[11] Er gab darin einen allgemeinen Überblick über die Zeitschrift „Die Rakete“ und ihre Nachfolger. Darin enthalten ist auch eine Analyse der Ursachen für den frühen Niedergang der Zeitschrift. In dem Folgeabschnitt analysiert Rohrwild die Autoren der Zeitschrift. Interessant ist dabei das Diagramm (siehe Abb. 33) über

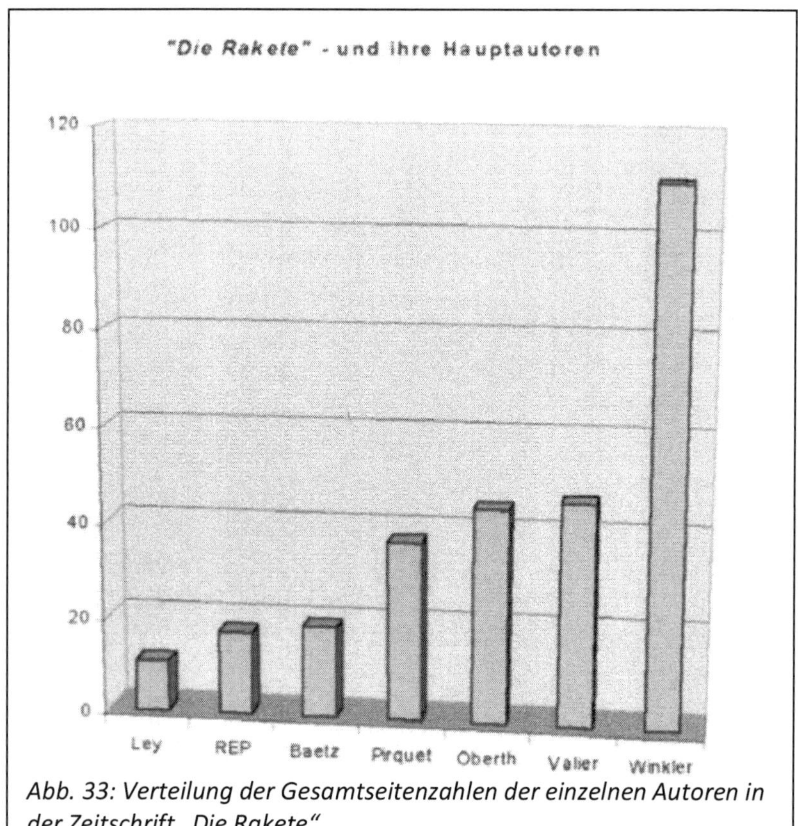

Abb. 33: Verteilung der Gesamtseitenzahlen der einzelnen Autoren in der Zeitschrift „Die Rakete“

die Beiträge der Hauptautoren nach ihren Seitenzahlen. Die Tabelle bestätigt die überragende Rolle von Johannes Winkler.

Abb. 34: Fotos einiger Autoren, die in der Zeitung veröffentlicht worden sind vlnr. oben: Willy Ley, Robert Esnault-Pelterie, Fr. W. Sander, G. v. Pirquet Unten: W. Hohmann, H. Oberth, Max Valier, J. Winkler

Eine zweite Tabelle zeigt die zeitliche Verteilung der Artikel der genannten Autoren für 1927-1929.

Karlheinz Rohrwild machte dazu folgende Bemerkungen:

1. Der Grafik ist deutlich zu entnehmen, daß lediglich Johannes Winkler während der gesamten Erscheinungsdauer für beinahe alle Ausgaben Artikel für die Zeitschrift „Die Rakete" beigetragen hat. In der Anfangszeit ist vor allem Max Valier hervorzuheben, jedoch handelte es sich bei seinen Beiträgen hauptsächlich um populäre Artikel und um Auszüge seiner Bücher „Vorstoß in den Weltenraum" und „Raketenfahrt" und einer kosmischen Fantasie Valiers „Die Fahrt ins All", die alleine schon aus 24

Seiten bestand. Hermann Oberth findet sich mit zwei theoretischen Artikeln Ende 1927 und Mitte 1928, die im Zusammenhang mit Prof. Hans Lorenz stehen. Ab Mitte 1929 tritt Oberth mit seinen theoretischen Beiträgen zur „Kritischen Ecke" massiv in Erscheinung. Zwei weitere theoretische Abhandlungen bedürfen der besonderen Erwähnung. Zum einen der Artikel von Robert Esnault-Pelterie, von Johannes Winkler aus dem französischem übersetzt, und die Fortsetzungsserie von Baron Ing. Guido von Pirquet. Pirquets Artikel sind deswegen etwas Besonderes, da es ihm leider nicht gelang, für sein diesbezügliches Manuskript einen Verleger zu finden. Seine Arbeiten bezüglich der Flugbahnen zu den Himmelskörpern stellen, nach dem Buch von Walter Hohmann, die bedeutendsten jener Tage dar.

2. Über praktische Ergebnisse der Raketenexperimente berichtete nur Johannes Winkler. Seine Beiträge über Treibstoffe, Wärmeübergang, Rückstoßmessungen von Feststoffraketen und über die Kohlensäurerakete gaben viele Anregungen für seine Mitstreiter. So kann Valiers Rak 4-6 als direkte Folge von Winklers Artikel über die Kohlensäurerakete angesehen werden, was Winkler auch selbst so einschätze. Sein Artikel vom Mai 1929 über den Wärmeübergang zeigt erstmals öffentlich das Prinzip der Gegenstromeinspritzung. Dieses Prinzip wurde von Hermann Oberth für seine Spalt- und Kegeldüse übernommen.[12]

Generell ist festzustellen, dass durch das Vereinsorgan „Die Rakete“ neben den Monografien von Hermann Oberth („Die Rakete zu den Planetenräumen“ 1923 bzw. „Wege zur Raumschiffahrt“ 1929), Max Valier („Der Vorstoß in den Weltenraum“ 1924 bzw. „Raketenfahrt“ 1928) und Walter Hohmann („Die Erreichbarkeit der Himmelskörper“ 1925) eine monatliche Informationsbasis zu den Fortschritten in der Erforschung des Weltraums und zur Entwicklung der Raketentechnik entstand. Fasst man die Artikel von Johannes Winkler zusammen, ergibt sich ein Script von über 80 Seiten. Nach einer Überarbeitung und Systematisierung wäre das eine solide Basis für ein eigenes

Buch geworden. Doch dazu kam es nicht. Winkler begann ein Buch für Ingenieure unter dem Titel „Die Rakete für flüssige Treibstoffe". Ein erster Entwurf lag 1929 vor und wird später zusammen mit der Fassung von 1932 unter dem Titel „Der Strahlmotor" ausgewertet.

Die Zeitschrift nahm zunächst mit dem Wachstum der Mitglieder im VfR einen erheblichen Aufschwung, doch liegen über die Verkaufszahlen keine Angaben vor. Informationen gibt es jedoch über die Gestehungskosten, die Preisentwicklung und die zahlreichen Aufrufe zur Begleichung der Beiträge für den VfR.

Die Zeitschrift „Die Rakete" wurde Ende 1929 eingestellt. Dieser Zeitschrift folgten die „Mitteilungen des VfR", die Mitteilungen des Raketenflugplatzes Berlin-Tegel „Raketenflug" und ab April 1934 die Zeitschrift des Vereins „Fortschrittliche Verkehrstechnik" unter dem Namen „Das Neue Fahrzeug".

Eine umfassende Auswertung der Beiträge von Johannes Winkler zur Raketentheorie ist für einen späteren Zeitpunkt vorgesehen.

Die nachfolgenden Ausführungen wurden in zwei Abschnitte unterteilt. Anfangs werden die Beiträge von Johannes Winkler zu Grundfragen der Raketentheorie dargestellt. Im Kapitel 2.2 werden seine ersten praktischen Versuche analysiert.

2.1. Zusammenfassung der Artikel von Johannes Winkler in der Zeitschrift „Die Rakete" zu Grundfragen der Raketentheorie

Bereits die erste Nummer der „Deutschen Jugend-Zeitung" von Johannes Winkler lässt im Januar 1927 eine Zuwendung zur Raumfahrt erkennen, denn der 1. Artikel trägt die Überschrift „Der Flug zum Monde, seine astronomischen und technischen Grundlagen".[13] Im März wendet sich Winkler den Anfängen der Raumschifffahrt zu und im April wird die Vereinigung seiner Jugendzeitung mit der Zeitschrift „Die Rakete" verkündet. Das angestrebte Niveau wird durch den Artikel „Die Einsteinsche

Relativitätstheorie“ verdeutlicht. Eine aktivierende Rolle hatte auch die kritische Betrachtung des Kreisbaurates a. D. Lau aus Breslau über die Möglichkeit des Weltraumfluges gespielt. Er gewann dadurch 30 Leser.

Ab Juli 1927 erschien die Zeitschrift „Die Rakete“ mit einem Foto (siehe Abb. 36) auf der Umschlagseite, das wie folgt erläutert wird (siehe Abb. 35).

Unser Titelbild

das Herr Valier freundlichst zur Verfügung gestellt hat, zeigt den wichtigsten Teil einer Rakete, nämlich den Verbrennungsraum, in dem sich die Gase entwickeln, die dann mit ungeheuerer Geschwindigkeit durch die unten gezeichneten sich erweiternden Düsen hinausströmen. An der Wandung des Ofens sieht man die Zuleitungen für den flüssigen Brennstoff und den zur Verbrennung nötigen flüssigen Sauerstoff. Durch die von der Wandung ins Innere des Ofens hineinragenden Spitzen wird der Brennstoff und die nötige Menge Sauerstoff in fein zerstäubtem Zustande hineingepresst. Die Spitzen enthalten gleichzeitig die Zündkerzen. Um die Wandung des Verbrennungsraumes und zwischen den Düsen befinden sich ferner die Zuleitungen für das Kühlwasser, welches die Wandung gegen zerstörende Einflüsse der hohen Temperatur im Verbrennungsraum schützt.

Abb. 35

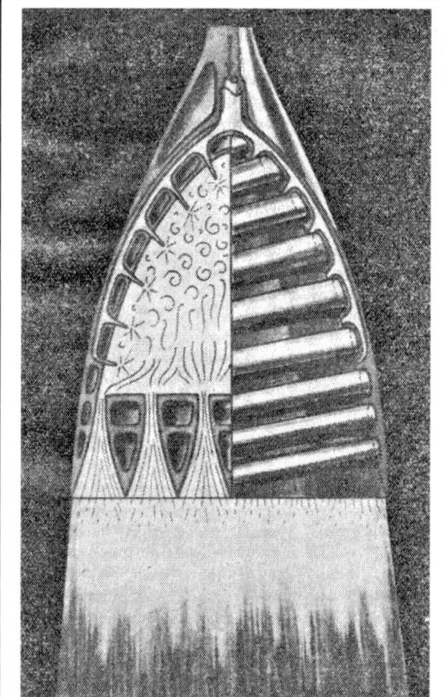

Abb. 36

Die Zeichnung (Abb. 36) wird später bei einem Vergleich der Visionen der frühen Raketenpioniere noch einmal eine Rolle spielen.

Johannes Winkler veröffentlichte in den folgenden Monaten mehrere nomografische Tafeln, aus denen beliebige Werte einer Gleichung zu entnehmen sind. (siehe Abb. 37)

Nomographische Tafeln zur Raumschiffahrt.

Das graphische Rechnen hat den großen Vorzug, daß es mühelos beliebige Werte einer Gleichung zu finden gestattet. Es leistet besonders da gute Dienste, wo es auf große Genauigkeit nicht sehr ankommt. Da bei der Raumschiffahrt Rechnungen zunächst nur zur Orientierung gebraucht werden, wird man sich mit Vorteil dieses Verfahrens bedienen.

Abb. 37

Derartige Tafeln erschienen zum Luftwiderstand (8/1927), beschleunigte Bewegung 9/1927), der zulässige Andruck (10/1927) und zur Beschleunigung durch die Schwere (11/1927).

Johannes Winkler schreibt im August 1927 über „Treibstoffe" folgende Gedanken auf:

Von entscheidender Bedeutung für die Entwicklung der Raumschiffahrt ist die Wahl eines geeigneten Triebstoffes. Für die ersten Aufstiege dürften gewöhnlich Schießpulver, wie es bei der bekannten Feuerwerksrakete zur Anwendung kommt, hinreichen. Für einen wirtschaftlichen Betrieb wird man sich jedoch nach Treibmitteln umsehen müssen. Feste Triebstoffe haben den Nachteil, daß sie entweder ohne Unterbrechung abbrennen oder sich nicht kontinuierlich in den Verbrennungsraum einführen lassen. Zudem sind sie nicht ungefährlich und besitzen eine nur geringe Energie. Es kommt dies daher, weil sie Bestandteile enthalten, die für den Verbrennungsprozeß wertlos sind.

Bedeutend günstiger gestaltet sich der Betrieb bei der Verwendung flüssiger Brennstoffe. Nicht nur, daß sie es ermöglichen, die Brennstoffzufuhr und damit den Betrieb beliebig zu regeln, sie besitzen auch in konzentrierter Form hohe Energien und lassen sich rein genug herstellen. Die wichtigsten Brennstoffe sind Wasserstoff und reine Kohle. Von den bekannten Stoffen haben sie den größten Heizwert, d.h. 1 kg dieses Stoffes liefert bei vollständiger Verbrennung die meisten Kalorien.

Im weiteren Text hebt er die Bedeutung von Benzol und Benzin hervor und berechnet den Energiegehalt einzelner Treibstoffe und deren Auspuffgeschwindigkeit.
Im September-Heft 1927 sind gleich zwei Artikel zu Fragen der Raumfahrt enthalten.

Das Schnellflugzeug in der Stratosphäre (Seiten 114 – 118)

Die Septemberausgabe der Zeitschrift 1927 steht ganz im Zeichen des Stratosphärenflugzeuges. Bemerkenswert ist die großzügige Verteilung dieser Vorstellungen von Winkler durch einen Sonderdruck für 0,10 Mark.

Der Flug im leeren Raum

Dieser Aufsatz ist als Sonderdruck als erste Orientierung für Werbezwecke zum Preis von 10 Pf. erhältlich. Bei 10 Stück erfolgt die Zusendung portofrei.
In jüngster Zeit ist auf dem Gebiete des Flugwesens eine Erfindung grundsätzlicher Art gemacht worden. Während die bisherigen Flugzeuge an das Vorhandensein von Luft gebunden sind, soll dieses neue Flugzeug uns auch durch den Luftleeren Raum tragen. Die Vorteile, welches es damit bietet, sind erheblich. Da der Luftwiderstand fortfällt, vermag es ganz andere Geschwindigkeiten zu erreichen und daher größte Entfernungen in wenigen Minuten zurückzulegen, zu denen das bekannte Flugzeug ungefähr ebenso viele Standen braucht. Zum anderen ist es geeignet, auch die Kluft zu überbrücken, die uns von benachbarten Himmelskörpern trennt, ein Projekt, das an Großartigkeit kaum seinesgleichen findet.
Für den Flug im leeren Raum kommen in der Hauptsache zwei Methoden in Betracht, die nach Bedarf angewendet werden: der freie Flug, resultieren aus dem Beharrungsvermögen und der allgemeinen Massenanziehung, und der Flug mit Antrieb gemäß dem Prinzip der Erhaltung des Schwerpunktes.

1. Der freie Flug

Daß eine Durchfliegung des leeren Raumes dadurch möglich ist, daß man einen Körper, z. B. ein flug-

zeugähnliches Fahrzeug, durch den Raum schleudert, dürfte jedem ohne Beweis einleuchten. Der Flug im leeren Raum beruht in diesem Falle in erster Linie auf dem Beharrungsvermögen, d. h. der Körper behält die ihm einmal erteilte Bewegung bei, und zwar gradlinig und gleichförmig, solange sie nicht durch eine andere Kraft beeinflusst wird. An der Erdoberfläche wirkt der Luftwiderstand als eine solche Kraft, welche die gleichförmige Bewegung vermindert. Der freie Flug im leeren Raum ist also nicht nur möglich, sondern er kann gerade im leeren Raume am besten vor sich gehen.

Im weiteren Text erscheinen Zeichnungen über die Flugbahnen einer Rakete, die er einprägsam erläutert (siehe Abb. 38, 39).

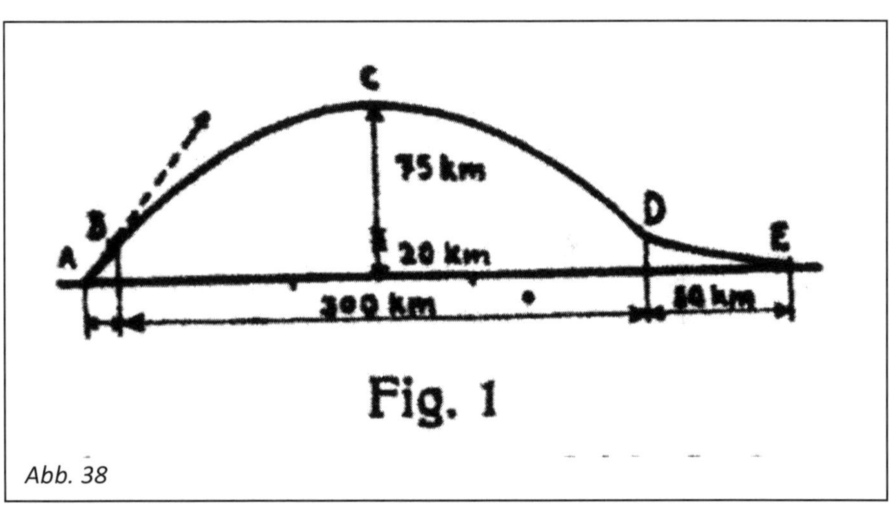

Abb. 38

Johannes Winkler stellte am 14.9.1927 einen Antrag auf einen Eintrag in die Gebrauchsmusterrolle mit dem Titel „Schnellflugzeug“, der am 29.9.1927 vollzogen wurde. Er befand sich 1931 immer noch in der Gebrauchsmusterrolle. Wie oben bereits erläutert wurde, erhob Winkler damit keinen Anspruch, der Erfinder des Raketenflugzeuges zu sein (siehe Seite 27, Abb. 17).

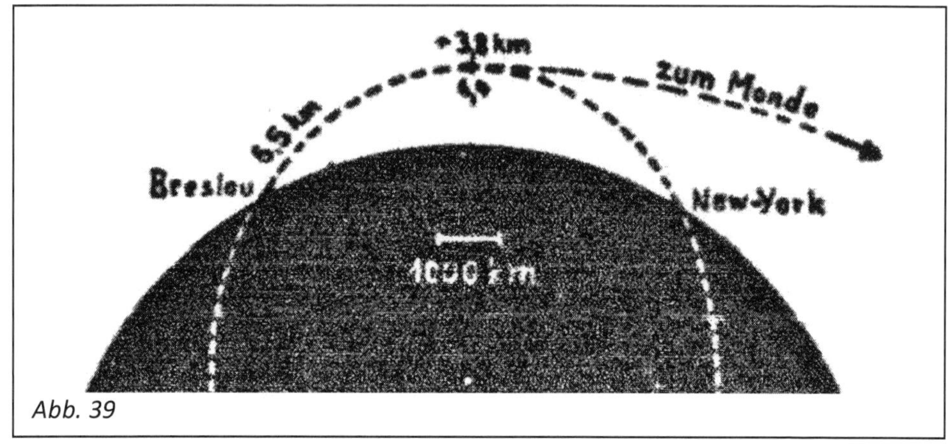

Abb. 39

Das regulierbare Triebwerk bei der Landung* (Seite 120/21)
Beachtlich ist der Weitblick von Winkler, der bereits 1927 sehr praktisch über eine Mondlandung nachdachte, die viele von uns 1969 mit Apollo 11 am Fernseher erlebt haben (siehe Abb. 40, 41).

Raketenapparat mit Rückstoßbremsung.

Die Landung auf einem Himmelskörper ohne Atmosphäre (z. B. auf dem Monde) kann nur mit Hilfe des Rückstoßes ausströmender Explosionsgase bewirkt werden. Um sich die Methode dieser Bremsung klar zu machen, ist in untenstehender Figur ein einfacher Fall dieser Art dargestellt, ein Raketenapparat, der einen Menschen zirka 1000 m emporträgt und wohlbehalten wieder auf die Erde zurückbringt. Es sind zwei Raketensysteme vorgesehen, welche bei einer Brenn-

Abb. 40

* *Winkler spricht hier von einem Raketenantrieb mit Rückstoßbremsung, meint aber ein regulierbares Triebwerk, das eine planmäßige Landung ermöglicht und seit langem in der modernen Raumfahrt Praxis ist.*

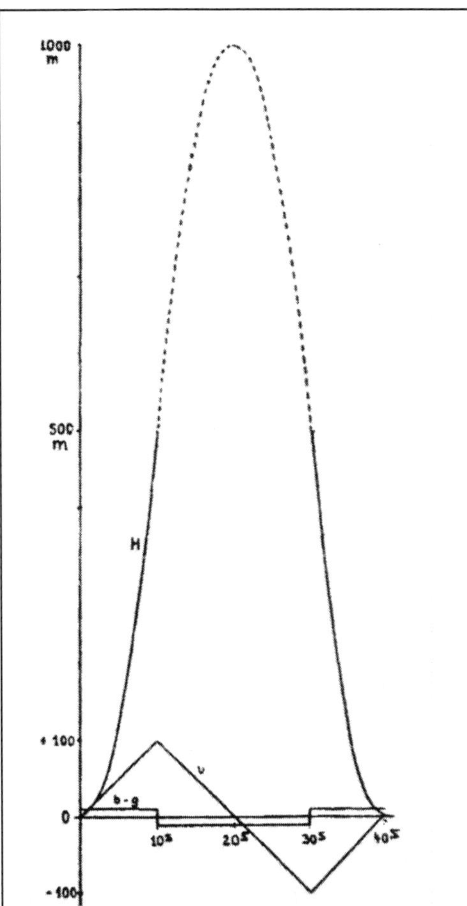

Abb. 41: Die Zunahme und Abnahme der Geschwindigkeit ist durch die v-Linie gekennzeichnet.

Oktober/November-Heft 1927 - Die Raumfahrttheorie von Hermann Oberth

Nachdem im Oktober-Heft 1927 eine Porträtzeichnung von Hermann Oberth veröffentlicht wurde, erfolgte im November-Heft die Erwiderung zur Rede von Prof. Lorenz in Danzig. Raumfahrthistoriker können diesen Artikel in seiner Gänze gerne dort nachlesen. Johannes Winkler wendet sich im Gegensatz zu Oberth an dieser Stelle der sehr praktischen Frage der Entwicklung eines Raketenmotors zu und findet seinen Ausgangspunkt in der Gasturbine.

Dezember 1927 - Die Gasturbine als Ausgangspunkt für ein Triebwerk mit flüssigen Treibstoffen (Zitat der Seiten 159–162)

Die Gasturbine
In ihrer Bedeutung für die Raumschifffahrt

Die große Bedeutung, welche die Dampfturbine gewonnen hat, legte den Gedanken nahe, auch in Bezug auf die Gasmaschinen die hin- und hergehenden Bewegungen durch eine rotierende Bewegung abzulösen. Die diesbezügliche Literatur findet man unter dem Kennwort „Gasturbine". Wenn auch die Bestrebungen, eine brauchbare Gasturbine zu schaffen, im großen Ganzen erfolglos geblieben sind - es wird weiter unten ausgeführt werden warum - so sind doch die hier geleisteten Arbeiten von großem Wert für die Schaffung der „Rakete für flüssige Triebstoffe"

Bei der „Rakete für flüssige Triebstoffe" liegen die Dinge ganz anders. Bei ihr sollen keine Schaufelräder getrieben werden, sondern die Verbrennungsgase strömen einfach durch die Düse ins Freie. Die erwähnten schädlichen Wirkungen der hohen Temperatur fallen somit fort. Auch der Vergleich mit den anderen Kraftmaschinen fällt zugunsten der Rakete aus, sofern es sich darum handelt, einem Körper im leeren Raume einen Antrieb zu geben; hier versagen auch die besten der gebräuchlichen Motoren und die Rakete arbeitet auf diesem Gebiet wirtschaftlicher als diese, denn es sind ja höchstens die ausströmenden Abgase, welche einen gewissen Impuls zu erteilen fähig sind. Schließlich arbeitet die Rakete gerade dann noch billiger, wenn nicht die billigen Treibstoffe (wie ein Kohlenwasserstoff und atmosphärische Luft), sondern teure hochwertige Stoffe (reiner Wasserstoff und Sauerstoff in flüssiger Form) zur Anwendung kommen, weil sich mit ihnen die 2-3fache Ausströmgeschwindigkeit bei erträglichen Temperaturen und Drücken erreichen lässt und eine große Ausströmgeschwindigkeit eine weit größere Ersparnis an Triebstoffen bedingt...

Von der Gasturbine können nun die Erfahrungen mit dem Verbrennungsraum und der Ausströmdüse direkt

übernommen werden; sie arbeiten im Allgemeinen zufriedenstellend. Ebenso arbeiten die Triebstoffzuführungen zuverlässig, sie müssen jedoch für die Raketen zweckmäßig abgeändert werden.
Die Figur zeigt den Verbrennungsraum, wie er bei der Gleichdruck-Gasturbine von Lemale verwendet wurde. (siehe Abb. 42)

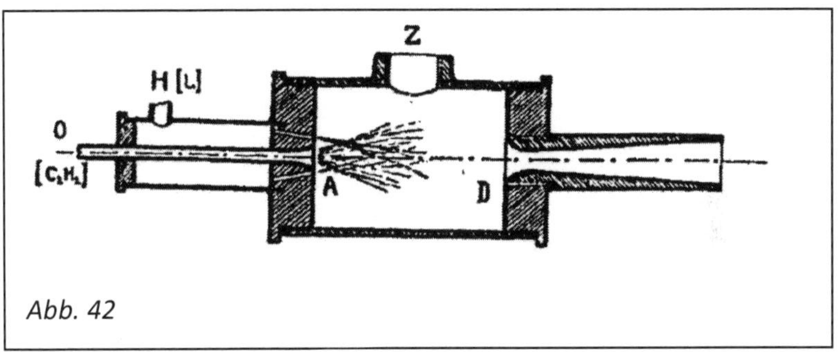

Abb. 42

Bei A strömt durch eine weite Düse Luft in den Verbrennungsraum V ein, desgleichen durch die darinnen angeordnete kleine Düse der Brennstoff; durch die Zündkerze bei Z wird das brennbare Gemisch entzündet und strömt nun mit großer Geschwindigkeit durch die Düse D hinaus. Der Verbrennungsraum für die Rakete kann ähnlich gebaut werden, doch dürfte von der Vollkommenheit der Zerstäubung die Leistungsfähigkeit in starkem Maße abhängen.

Diesen allgemeinen Feststellungen folgen dann mathematischen Ableitungen. Der große Optimist Winkler schließt diesen Artikel mit der Feststellung in Abb. 43 (siehe auch Seite 371).

der Raumschiffahrt. Nach den reichen Erfahrungen, die bei der Gasturbine gesammelt wurden, dürfte die Lösung dieser Aufgabe in nicht zu ferner Zeit zu erwarten sein, es wird jedenfalls intensiv daran gearbeitet. J. W.

Abb. 43

Bei der Durchsicht der Zeitschrift „Die Rakete“ wird vielfach der folgende Artikel über die Bündelung von Triebwerken übersehen, der wie folgt beginnt:

Was kostet das Weltraumschiff.

Das Weltraumschiff ist heute kaum ein technisches, sondern mehr ein finanzielles Problem. Auf Grund des Raketenprinzips ist es möglich, ein Raumschiff zu bauen, welches die zur Überwindung der Schwerkraft erforderliche Geschwindigkeit zu erreichen vermag. Eine einzelne große Rakete dürfte bei den uns bekannten Triebstoffen nicht ausreichen, weil die Hüllen für den Triebstoff schwerer sind als ein Bruchteil der startenden Maschine, welcher die Erdschwere überwindet. Die Brennstoffbehälter müssen daher abwerfbar sein. Mit Rücksicht auf die veränderlichen Düsenverhältnisse zu Beginn und gegen Ende des Aufstieges ist vorgeschlagen worden, mehrere immer größer werdende Raketen übereinander zu stellen, wobei die jeweils untere Rakete die darüberstehenden als Nutzlast emporträgt, so daß sie erst mit frischer Kraft zu arbeiten beginnen, wenn schon eine bestimmte Geschwindigkeit erreicht ist. Bei dieser Anordnung setzt man große Raketen in Rechnung, die noch nicht praktisch erprobt sind. Es lässt sich aber dasselbe erreichen durch eine große Zahl kleinerer Raketen, da z. B. 5 kleinere Raketen von der Kraft 1 ebensoviel leisten, wie eine Rakete von der Kraft 5. Diese Anordnung bietet den Vorteil, daß man angeben kann, wieviel Raketen von bereits vorliegender Form für eine bestimmte Leistung erforderlich sind.

Damit war unübersehbar der Gedanke der Bündelung von Triebwerken bereits 1927 geboren.[14] Nachfolgend vertieft Winkler den Grundgedanken wie folgt:

Bei dieser Zahl dürfte mithin eine Fahrt zum Monde in einem Raumschiff von 20 Zentnern Gewicht kaum mehr als ein Zeppelin-Luftschiff kosten. Doch sind wir noch nicht an der Grenze des Erreichbaren angelangt. Die wichtigsten Bestrebungen für die Schaffung des Weltraumschiffes gehen dahin, das Gewicht

der Hüllen noch weiter herabzusetzten, indem nicht die ganze Triebstoffhülle dem hohen Druck des Verbrennungsraumes ausgesetzt wird, sondern indem ein kleinerer Verbrennungsraum vorgesehen wird, in welchem die Triebstoffe durch Pumpen und der gleichen eingebracht werden. In diesem Falle können die Triebstoffbehälter bedeutend leicht sein. Der Bau des Raumschiffes aus kleinen Raketen-Elementen bietet den großen Vorteil, daß man jederzeit angeben kann, wieviel das Raumschiff nach den bisher erreichten Verbesserungen voraussichtlich kosten wird, und daß sich weitere Kreise an der Schaffung des Raumschiffes praktisch beteiligen können, weil die Arbeiten nicht kostspielig sind. Um in dieser Richtung zur Mitarbeit anzuspornen, ist in Aussicht genommen, für die Schaffung von Raketen kleinerer Dimensionen mit einer bestimmten Leistungsfähigkeit einige größere Preise auszusetzen.

1928

Im Jahre 1928 wurde der größte Teil der Artikel von Johannes Winkler zur Raumfahrt von ihm der Artikelserie „Einführung in das Raumfahrtproblem" zugeordnet. Des Weiteren gibt es Artikel, die nicht in die Serie eingefügt wurden, darunter der Artikel zum Rückstoßdiagramm einer Feuerwerksrakete. Der Anlass dafür ist höchstwahrscheinlich, dass hier eine Zusammenarbeit mit Hermann Oberth vorlag. Dieser Artikel wird in Auszügen dem folgenden Abschnitt über die ersten Versuche von Winkler zugeordnet, da es um die Auswertung seines Versuches geht. Die Gesamtübersicht über die Artikel, die Winkler zur „Einführung..." zählte, erschließt sich für 1928 nur über das Inhaltsverzeichnis:

Johannes Wi r: Einführung in das Raumfahrtproblem S. 5—7, 22—25, 42—43, 56—6 . 06—107, 123—124, 141—142, 153—155, 162—168, 178—183. —

Abb. 44: Verzeichnis der Artikel, die 1928 zur Serie „Einführung in das Raumfahrtproblem" gehören

Die astronomischen Grundlagen (Januar – April 1928)

Die Artikelserie „Einführung in das Raumfahrtproblem" beginnt im Januar 1928 mit astronomischen Fragestellungen, die hier ausgeklammert werden. Die astronomischen Darlegungen setzen sich auch im Februar-Artikel fort. Doch lässt der Schluss aufhorchen, da er die obigen Feststellungen zur Bündelung von Triebwerken wiederholt.

Der Treibkörper des Raumschiffes aus Raketenelementen

Man hat gegen die Möglichkeit der Weltraumfahrt eingewandt, daß die Treibstoffbehälter schwerer sind als der Massenbruchteil der startenden Maschine, welcher bestenfalls die Erdschwere überwindet. Bei einer ungeteilten Rakete wäre dies allerdings ein entscheidender Einwand gegen die Möglichkeit der Weltraumfahrt. Der Ausweg aus dieser Schwierigkeit ist in der November- und Dezember-Nummer des vorigen Jahres ausführlich behandelt worden. Man hilft sich dadurch, daß man eine Hilfsrakete vorsieht, welche das Weltraumschiff zunächst auf eine bestimmte Geschwindigkeit beschleunigt, so daß es erst mit frischer Kraft zu arbeiten beginnt, wenn die Hilfsrakete ausgebrannt ist und bereits eine bestimmte Geschwindigkeit erreicht ist. Es ist ohne weiteres klar, daß es bei dieser Anordnung eine größere Geschwindigkeit zu erreichen vermag. Reicht eine Hilfsrakete nicht aus, so sieht man weitere Hilfsraketen vor.

Es gibt nun noch einen anderen Beweis für die Möglichkeit der Weltraumfahrt, der noch zwingender ist, weil er nicht mit unbekannten Größen rechnet, sondern von dem Boden des bereits Gegebenen ausgeht. Es läßt sich nämlich zeigen, daß man auch aus einer großen Zahl unserer heutigen Raketen den Treibkörper des Raumschiffes erbauen kann.

Im Folgenden soll der mathematische Ausdruck für die Zahl der Raketenabgeleitet werden, welche zur Erreichung der parabolischen Geschwindigkeit von 11,2 km/Sek. erforderlich ist.

Die mathematischen Betrachtungen werden hier wieder ausgeklammert und werden erst in einer späteren Arbeit betrachtet.

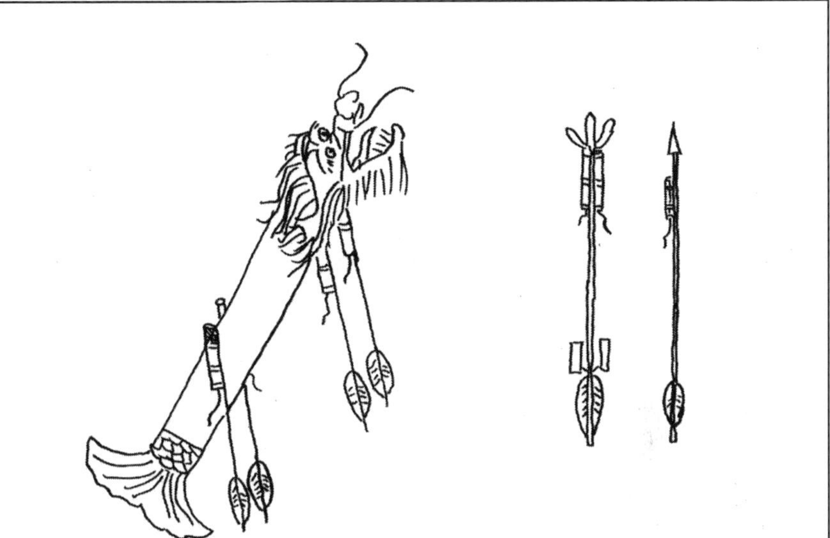

Abb. 45: Die Bündelung von Pulverrakete wurde bereits im China des 14. Jahrhunderts vorgenommen. Die militärische Anwendung der Pulverraketen gelangte auf verschiedenen Wegen nach Europa, wie in mehreren Quellen nachgewiesen wird. Siehe dazu u. a. : Needham, Joseph; "Science and Civilisation in China"; Cambridge University Press; 1986; Kapitel 30

In den Ausgaben März und April 1928 der Zeitschrift „Die Rakete" setzt sich Winkler mit Kepler und den Raketenbahnen auseinander. Auch diese Artikel werden hier ausgeklammert.

Die technischen Grundlagen ab Juli 1928

Im Juli 1928 vollzieht Winkler den Übergang zur technischen Seite des Weltraumproblems und wendet sich dem Gravitationsflugzeug zu.

Einführung in das Raumfahrtproblem.

(Fortsetzung)

Es ist selbstverständlich, daß man in der Praxis nicht mit Weltraumfahrten beginnen wird, sondern zunächst nur kleinere Gravitationsbahnen fliegen wird. Im Interesse der Einheitlichkeit sehen wir hier von dem Raketenflugzeug ab, das nach alter Methode nur mit einem anderen Motor fliegt, zu unse-

rem Thema gehört nur das Gravitationsflugzeug, das unabhängig von der Luft sich nur vermöge des Beharrungsvermögens und der Massenanziehung in der Schwebe hält. Auch von dem Luftwiderstand soll hier zunächst nicht abgesehen werden. Er wird später in einem besonderen Kapitel behandelt werden. Wir betrachten auch hier wieder zunächst nur die reine Wurfbahn. Zu einer bestimmten Zeit t_0 habe das Flugzeug eine bestimmte Geschwindigkeit v_0 erreicht, die Richtung der Bewegung sei um den Winkler „alpha" gegen die Erdoberfläche geneigt. Dann ist seine Höhe über dem Anfangspunkt nach dem Beharrungsgesetz gegeben durch...

Die weiteren mathematisch-physikalischen Darlegungen werden hier wieder ausgeklammert.

Die technischen Grundlagen des Raumfahrtproblems in der Zeitschrift „Die Rakete" im August 1928 (Seite 123-124)

Einführung in das Raumfahrtproblem

(Fortsetzung)

Aus den bisherigen Ausführungen dürfte klar geworden sein, worauf es bei der Weltraumfahrt in jedem Falle ankommt: Es gilt stets, dem Raumschiff eine bestimmte hohe Geschwindigkeit zu erteilen und der Antrieb muß auch im leeren Raume wirksam sein. Es muß gleich noch eine 3. Bedingung hinzugefügt werden: Die Geschwindigkeitszunahme muß in für den Menschen erträglichen Grenzen erfolgen. Nach Erreichung der bestimmten Geschwindigkeit fährt das Raumschiff frei gravitierend in der durch die Geschwindigkeit bedingten Bahn. Es bedarf auf dem weitaus größten Teil der Reise keines Antriebes, wie ja auch die Planeten auf ihrer Reise um die Sonne keines Antriebes bedürfen. Es ist auch gut, sich einmal deutlich zu vergegenwärtigen, daß der leeren Raum als solcher trägt, daß der Normalzustand in ihm der Schwebezustand ist und daß nur die Anwesenheit von Himmelskörpern ein „Fallen" verursacht, daß aber auch dies dem Raumschiff nicht gefährlich werden kann, wenn seine Bahn die Oberfläche des Himmelskörpers nicht schneidet, was ja in der Regel auch nicht der Fall sein wird, und daß es selbst beim senkrechten Absturz in genügender Ent-

fernung durch einen geringen Treibstoffverbrauch möglich ist, die Bahn entsprechend umzugestalten. Dies muß man sich vergegenwärtigen, um ein Gefühl dafür zu bekommen, dass die Navigation im Weltraum weit weniger gefährlich ist als man gemeinhin annimmt.

Die theoretischen Ableitungen von Winkler werden erst zu einem späteren Zeitpunkt untersucht.

Im September 1928 (Seite 130; 141-142) geht Johannes Winkler vor allem auf konkrete Versuche ein, die im folgenden Abschnitt 2.2. „Versuche" eingeordnet sind.

Die Oktober-Ausgabe setzte die August-Darlegungen fort und werden ebenfalls hier ausgeklammert.

Pulverraketentriebwerk/Reaktionsmotor (November 1928; Seiten 162-163)

Johannes Winkler beginnt im November-Heft seine Ausführungen mit den Pulverraketen, um dann zu einem Triebwerk mit flüssigen Treibstoffen überzugehen.

Die Pulverrakete ist im Gebrauch bequem. Wegen ihrer geringen Betriebssicherheit, der mangelnden Regierbarkeit und schließlich, weil sie im Betrieb zu teuer ist, kommt die Pulverrakete für ernsthafte Arbeit am Raumfahrtproblem kaum in Betracht. Das Bestreben geht deshalb dahin, flüssige Treibstoffe zu verwenden, die sich wie bei unseren bewährten Verbrennungskraftmaschinen durch geeignete Ventile und sonstige Einrichtungen nach Wunsch in den Verbrennungsraum einbringen lassen, auch einer selbsttätigen Regulierung zugänglich sind. Nach den Ausführungen im Novemberheft wissen wir bereits, daß sich durch Erhöhung der Ausströmgeschwindigkeit das Verhältnis der Anfangsmasse zur Endmasse, das heißt der Treibstoffverbrauch, verringern läßt. Auch aus konstruktiven Gründen wird man darnach trachten, das Massenverhältnis zu verkleinern. Wollte man Flüssigkeiten, z. B. Wasser ausströmen lassen, so müßte man sie durch Anwendung sehr hoher Drücke hinauspressen. Der Ausfluß von Flüssigkeiten folgt näherungsweise dem Gesetz $c = 14\sqrt{p}$, *wobei p den auf der Flüssigkeit lastenden Druck in Atmo-*

sphären bedeutet. Selbst bei 100 Atmosphären würden wir auf diesem Wege erst auf Ausströmgeschwindigkeiten von etwa 140 m/Sek. kommen, was viel zu wenig ist. Bedeutend größer sind die Ausströmgeschwindigkeiten im Allgemeinen bei Gasen.
Es würde im Rahmen dieser Einführung zu weit führen, die sehr wichtige Formal für den Ausfluss von Gasen abzuleiten. Es muß hier auf die Lehrbücher der Thermodynamik verwiesen werden (z. B. von Schüle)…
Die Ausströmgeschwindigkeit wächst mit dem Druckgefälle bis zu einem bestimmten Grenzwert. Sie ist dabei etwas größer für ein kleineres k. Die Ausströmgeschwindigkeit wächst ferner mit der absoluten Temperatur und mit der Gaskonstante. Die Erhöhung der Ausströmgeschwindigkeit durch Steigerung des Druckverhältnisses und der Temperatur sind durch das verwendete Baumaterial Grenzen gesetzt…

Die vollständige Erläuterung dieser Zusammenhänge erfolgt zu einem späteren Zeitpunkt.
Winkler hebt dann hervor, dass auch bewährte Fachleute den Fehler machten, indem sie die Steigerung der Ausströmgeschwindigkeit vom Auffinden energiereicher Systeme abhängig machten. Das große Verdienst Oberths wäre aber der Hinweis, *daß die Ausströmgeschwindigkeit bedeutend höher sein kann, als sie sich bei vollständiger Verbrennung unseres energiereichsten Brennstoffes mit reinem Sauerstoff ergibt.*

Im weiteren Text folgt die folgende Kernaussage:
Bei der Konstruktion einer Rakete für flüssige Treibstoffe handelt es sich um die Aufgabe, rasch große Mengen von flüssigen Treibstoffen möglichst gleichmäßig, verlustlos und nach Bedarf in den gasförmigen Zustand zu überführen. Die ersten Schritte zu diesem Ziel sind bereits getan.
Winkler kam dann zur Erläuterung der Skizze eines Kleinmodells eines Triebwerkes für flüssige Treibstoffe (Seiten 165 /166):

Einen solchen Apparat zeigt das Titelbild (der Zeitschrift „Die Rakete"). In der Mitte befindet sich die eigentliche Rakete für flüssige Treibstoffe, (RS – gemeint ist der Raketenantrieb), *rechts und links die Tanks für Brennspiritus, flüssigen Sauerstoff und Wasser...* (siehe Abb. 46)

Abb. 46, Quelle: Privatarchiv Dr. Guder

In den Zuleitungen befinden sich die Anstellhähne und die Ventile für die Mengenregulierung. Die Einleitung der Verbrennung erfolgt in der Weise, daß zunächst mit Hilfe gasförmigen Brennstoffes und Sauerstoffes ein zündfähiges Gemisch erzeugt wird, das durch eine Zündkerze entzündet wird. In diese Flamme werden fortschreitend flüssige Treibstoffe eingespritzt. Der gasförmige Sauerstoff wird dem Sauerstofftank entnommen, wo unaufhörlich Sauerstoff von selbst verdampft. Der dampfförmige Brennstoff wird wie bei der Lötlampe, und zwar in einem besonders kleinen Behälter erzeugt. Die Förderung des flüssigen Treibstoffes gegen den Druck im

Verbrennungsraum ist aus untenstehender Figur 3 ersichtlich. (siehe Abb. 47)

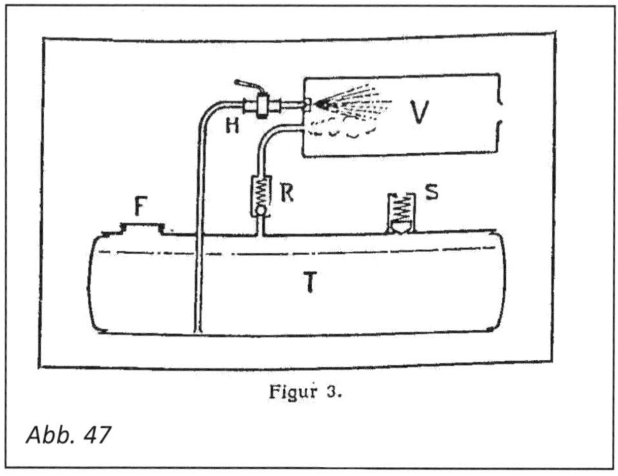

Figur 3.

Abb. 47

In dem Tank T befindet sich flüssiger Sauerstoff, die Verdampfung erfolgt schon bei normalen Temperaturen verhältnismäßig rasch, jedoch bei weitem nicht, in dem Maße, wie sie für die beabsichtigte Wirkung erforderlich ist. Der sich entwickelnde Dampf strömt, soweit der Druck von 6 Atmosphären überschritten wird, durch das Rückschlagventil R in den Verbrennungsraum V bzw. in die Vorkammer, wo er zur Zündung dient. Durch den Druck auf die Oberfläche der Flüssigkeit steigt diese in dem Steigrohr empor bis zum Hahn H. Wird dieser geöffnet, so strömt die Flüssigkeit in den Verbrennungsraum. Die Verdampfung im Sauerstofftank reicht völlig aus, auch (um) den Druck in den Wassertanks und im Brennstofftank zu erzeugen. Da jedoch der gasförmige Sauerstoff mit den Brennstoffdämpfen ein explosives Gemisch bildet, so wird der Brennstoff besser mittels Kohlensäure unter Druck gesetzt.
Erst wenn Flüssigkeiten in den Verbrennungsraum eintreten, sind die Mengen vorhanden, welche die Ausströmdüse füllen können. Durch langsames Öffnen der Hähne läßt sich die Maschine allmählich auf volle Kraft bringen. Diese Vorrichtung zur Förderung der Treibstoffe gestattet, die rasche Gasent-

wicklung nach Belieben zu unterbrechen, ohne daß die Tanks gefährdet werden. Durch das Rückschlagventil bleibt die Spannung vom Tank zum Verbrennungsraum stets gleich, z. B. 6 Atmosphären, steigt jedoch der Druck im Verbrennungsraum über den normalen Druck, z. B. 4 Atmosphären, so strömt der überschüssige Sauerstoffdampf nicht mehr durch das Rückschlagventil R, sondern durch das Sicherheitsventil S ins Freie. Die Druckdifferenz vom Tank zum Verbrennungsraum wird kleiner und damit strömt weniger Flüssigkeit durch die Einströmdüse, so daß der Druck von selbst zurückgeht. Zuweilen erfolgen die Drucksteigerungen jedoch derart plötzlich, daß auch diese selbständige Regelung versagt. Die Behebung dieser Drucksteigerung kann nur durch die Beseitigung ihrer Ursache erfolgen, vor allem durch eine gleichmäßige und feine Zerstäubung der Flüssigkeiten. Eine gute Zerstäubung der Flüssigkeiten ist auch deshalb erforderlich, weil die Tröpfchen nur kurze Zeit (etwa 1/100 Sek.) im Verbrennungsraum verweilen; sind die Tröpfchen zu groß, so wandern sie z. T. ungenutzt durch die Düse oder sammeln sich Verbrennungsraum an und geben zu den erwähnten Drucksteigerungen Anlass.
Es gibt verschiedene Methoden der Zerstäubung. Die rein mechanische Zerstäubung empfiehlt sich aus verschiedenen Gründen, wenn auch die erforderliche Drücke hierbei relativ hoch sind und die Zerstäubung bei weitem nicht so fein wird, wie wenn eine Vernebelung durch einen Gasstromerfolgt. Ich möchte darüber nichts Näheres mitteilen, weil mir von Professor Oberth hier einiges Material zur Verfügung gestellt wurde.[15]

Im abschließenden Artikel der Serie wendet sich Johannes Winkler der äußeren Form des Raumschiffes zu.

Die äußere Form des Raumschiffes (Dezember 1928, Seiten 178-183)

Einführung in das Raumfahrtproblem

(Schluß)

Es ist noch einiges über die äußere Form des Raumschiffes zu sagen. Sie ist bedingt durch die Verhältnisse an der Erdoberfläche, insbesondere durch das Vorhandensein einer Lufthülle. Die Frage, ob der Luftwiderstand für die Weltraumfahrten einen wesentlichen Nachteil bildet, ist unbedingt zu verneinen; im Gegenteil, der geringe Nachteil beim Start wird durch den großen Vorteil bei der Landung vielfach aufgewogen. Ohne die Lufthülle wäre die Verwirklichung der Weltraumfahrt außerordentlich schwierig, wenn nicht gar praktisch in Frage gestellt. Bis zur ersten Weltraumfahrt werden ja noch einige Jahre vergehen, und bis dahin werde noch manche Gesichtspunkte für die Form des Raumschiffes auftauchen, es läßt sich aber immerhin bereits heute einiges mit Sicherheit sagen und da eine Reihe unzweckmäßiger Formen im Umlauf sind, ist es nötig, kurz auf diese Frage einzugehen.

Der Gedanke, daß für den Flug im leeren Raume Tragflächen nicht erforderlich sind, hat dazu verleitet, dem Raumschiff die reine Rumpfform oder Geschoßform zu erteilen, und für den Start ist dies ja auch einerlei, wenn nur der Luftwiderstand gering ist. Auch Valier, der stets mit Vorliebe für den Raketenflug eingetreten ist, stellt den Übergang vom Raketenflugzeug zum Weltraumschiff durch Stutzen der Tragflächen dar, bis die reine Rumpfform übrigbleibt.

Demgegenüber hat der Verfasser mit Rücksicht auf die Landung von jeher den Standpunkt vertreten, daß auch das Weltraumschiff, oder wenigstens der auf die die Erde zurückkehrende Teil, ein flugfähiges Flugzeug sein muß (Vergl. z.B. „Die Rakete" 1927, Ergänzungsheft S. 5). Die Tragflächen sind im leeren Raume keineswegs hinderlich. Für den Start können sie als Treibstoffbehälter ausgebildet werden. Der Luftwiderstand pro Volumeneinheit ist bei der Tragfläche kaum größer als bei der der Rumpfform,

aus statischen Gründen wird man jedoch eine zusammengeraffte gedungene Form wählen. Man kann wohl sagen, daß diese Erkenntnis sich im Laufe des Jahres 1928 durchgesetzt hat.

Die mathematischen Darlegungen dazu werden hier ausgeklammert.

Johannes Winkler schließt seine Artikelserie mit folgenden Worten:

Es ist eine der wichtigsten Erkenntnisse. Die uns das Jahr 1928 gebracht hat, daß es zur Realisierung der Weltraumfahrt genügt, die Fahrt zur Außenstation zu realisieren, so daß wir nicht mehr die parabolische Geschwindigkeit von 11,2 km, sondern nur die zirkuläre Geschwindigkeit von 7,91 m/Sek. der Beweisführung zugrunde zu legen brauchen. Der Gedanke ist zum ersten Mal von Prirquet im Septemberheft dieser Zeitschrift in die Beweisführung für die Möglichkeit der Weltraumfahrt aufgenommen worden. Freilich wird man eine Außenstation kaum zwei Erdhalbmesser über der Erdoberfläche errichten, wenn diese Höhe auch für die Fernfahrten ab Außenstation günstig ist, sondern man wird sie möglichst dicht über der Erdoberfläche kreisen lassen, um sie mit möglichst geringem Energieaufwand zu erreichen. Damit sind wir am Schluß dieser Einführung. Das große Gebiet konnte nur flüchtig durchwandert werden, aber dies dürfte auch genügen, um zu erkennen, dass die Zeit für den großartigen Gedanken durchaus reif ist. Im Jahre 1928 sind denn auch praktisch die ersten Schritte auf dem gefahrvollen Wege unternommen worden, der uns in unermeßliche Fernen führt.

Winkler

Kurzinformation zur Patentanmeldung von Johannes Winkler

Johannes Winkler reicht am 3.1.1929 sein Patent beim Reichspatentamt ein. Seine Bezeichnung lautet: Rakete für flüssige Treibstoffe. Nach mehrfachem Schriftwechsel wird im April 1931 die Patentanmeldung komplett zurückgewiesen. Nähere Einzelheiten dazu siehe Kapitel 4.

Artikel von Johannes Winkler zu den technischen Grundlagen der Weltraumfahrt in der Zeitschrift „Die Rakete" im Jahre 1929

Johannes Winkler beginnt im Januar-Heft das Jahr 1929 mit einem Wort zum Jahreswechsel

Zum Jahreswechsel

Für die Verwirklichung des Raumfahrtgedankens bedeutet das Jahr 1928 einen gewaltigen Fortschritt. Die Fahrten des Raketenautos und der erste Flug eines bemannten Flugzeuges mit Raketenkraft sind der breiten Öffentlichkeit bekannt geworden. Mit diesen immerhin nicht mehr ganz bescheidenen Anfängen klopfte zum ersten Mal das Raumschiff an, denn für ein konkurrenzfähiges Raketenauto sind an der Erdoberfläche die Bedingungen ja nicht gegeben. Auch die Arbeit an der Rakete für flüssige Treibstoffe, welche den Zentralpunkt des ganzen Problems bildet, ist nunmehr aufgenommen. Daß diese Arbeiten nicht so rasch von statten gehen, ist nicht verwunderlich. Es sind zurzeit nur wenige, die daran arbeiten. Und es ist ein Stück Neuland, das wir hier betreten. Über den Wärmeübergang und die Verbrennungsgeschwindigkeit bei frei schwebenden Tröpfchen sind in der Literatur nur wenig Anhaltspunkte zu finden, insbesondere fehlen Versuchsergebnisse für flüssigen Wasserstoff und flüssigen Sauerstoff; eine genaue Kenntnis der Verbrennungsvorgänge ist aber für die Konstruktion hinreichend leichter Apparate unerläßlich. Es ist dies der Punkt, an dem voraussichtlich die Entscheidung über das Raumfahrtproblem fallen wird, man kann heute noch nicht mit völliger Sicherheit sagen, ob es möglich sein wird, die großen Mengen flüssiger Treibstoffe in der zur Verfügung stehenden kurzen Zeit in hinreichend kurzer Zeit in hinreichend leichten Apparaten zu verdampfen und zur Verbrennung zu bringen. Die hiermit zusammenhängenden Arbeiten müssen daher vor allen andern geleistet werden.

Auch für den Verein war das Jahr 1928 ein Jahr des Fortschritts. Die Mitgliederzahl hat sich im Laufe des Jahres verdreifacht. Sie hätte jedoch noch weit

mehr wachsen können, wenn alle, die Gelegenheit hatten für den Verein zu werben, dies immer getan hätten. Einen Massenzulauf von Mitgliedern haben wir auch im Jahre 1928 nicht erlebt. Es sind nur die wirklichen Freunde des Gedankens, die sich uns angeschlossen haben.
Die mannigfachsten Wünsche sind an die Vereinszeitschrift gestellt worden. Sie durchlaufen die ganze Skala von einer wissenschaftlichen Zeitschrift bis zur völlig populären. Alle Wünsche sind berechtigt, aber nicht erfüllbar. Mit Rücksicht auf die öffentliche Geltung wäre es zweckmäßig, sie rein wissenschaftlich zu halten. Demgegenüber haben wir das allergrößte Interesse daran, sie auf eine möglichst breite Basis zu stellen, denn mit der Größe der Mitgliederzahlen wachsen unsere Einnahmen für den Versuchsfonds, und das ist nicht minder wichtig als unsere öffentliche Geltung. Diese beiden Gesichtspunkte sind für die Gestaltung der Zeitschrift von ausschlaggebender Bedeutung. Es ist oft im Leben so, daß Konzessionen gemacht werden müssen. Das wollen unsere Leser freundlichst bedenken. Daneben muß die Zeitschrift es sich angelegen sein lassen, den verschiedensten Bildungsstufen entsprechend, in die Probleme der Raumschiffahrt einzuführen. So wird jeder sich aus der Zeitschrift das herausholen können, was seiner Vorbildung und seinem Geschmack entspricht. Die Tagesereignisse müssen bei einer Monatsschrift naturgemäß etwas in den Hintergrund treten, auch ist unsere Beurteilung der Dinge oft eine andere als die der Tagespresse.
Auch im Jahre 1929 haben wir nach den vorliegenden Meldungen mit einem gewaltigen Fortschritt zu rechnen. Jedenfalls ist aus der augenblicklichen Stille in keiner Weise auf ein Abflauen der Arbeit zu schließen. Vielmehr ist dies nur eine Zeit der Vorbereitung großer Ereignisse. Auch sollen in nächster Zeit erstmalig Vereinsmittel für praktische Versuche eingesetzt werden.
Aufs Ganze gesehen hat man den Eindruck, daß nunmehr die praktische Arbeit endgültig in Fluß gekommen ist, wenn auch die Zahl der Forscher noch immer klein ist und vor allem die Hochschulen, die doch gerade für Zwecke der Forschung Staatsmittel erhal-

ten, sich noch nicht genügend an der Lösung des Problems beteiligen.

Bestandteil des Artikels ist ein Raketenschlitten von Max Valier.

Valier: Raketenschlitten.

Abb. 48 Raketenschlitten

Johannes Winkler untersucht in diesem Heft außerdem die Kosten eines Raketenantriebes und nimmt dabei den Start des ersten Raketenautos in Rüsselsheim als Ausgangspunkt.

Seine Schlussfolgerung ist eindeutig:

Man erkennt aus diesen Zahlenbeispielen, daß es keinen Zweck hat, Raketenautos zu entwickeln, auch bei der Verwendung der Rakete für flüssigen Treibstoff nicht, denn es dürfte schwerlich gelingen, für derartige Fahrzeuge geeignete Fahrbahnen herzustellen, auch wird der Luftwiderstand bei der Grenzgeschwindigkeit schon außerordentlich groß. Fahrgeschwindigkeiten von 3.000 m/Sek. aufwärts kommen allein in den höheren Luftschichten in Frage, wo der Luftwiderstand gering ist. Da ferner der Wirkungsgrad des Benzinmotors mit zunehmender Höhe abnimmt, kommt der Raketenantrieb dort um so mehr zur Geltung. Das eigentliche Feld der Rakete liegt noch höher, jenseits der Atmosphäre. Dort kommen noch die großen reibungsfreien Auslaufstrecken hin-

zu, die zuweilen unendlich groß werden können, wodurch die Treibstoffkosten pro Kilometer Fahrstrecke unendlich klein werden.

Das Februar-Heft 1929 ist vor allem wegen seines Versuches zum Wärmeübergang bei freischwebenden Tröpfchen interessant (Seiten 19 – 23). Dieser Versuch verschaffte ihm den Eingang zum Vorwort der Dissertation von Wernher von Braun 1934. Details dieses Versuches werden Abschnitt 2.2 über die ersten Experimente von Winkler niedergelegt.

Im März-Heft 1929 setzt sich Winkler mit der Frage der Dimensionen des Brennraumes auseinander (Seite 35 – 38). Seine Kernaussage bringt Winkler bereits in der Einführung unter. Er schreibt:

Da alle Teile der Rakete tunlichst leicht gehalten werden müssen, wird man keine Möglichkeit, den Verbrennungsmotor klein zu gestalten, unbenutzt lassen dürfen. Ein wirksames Mittel, den Verbrennungsraum zu verkleinern, besteht darin, daß man die flüssigen Treibstoffe nicht in der allgemeinen Strömungsrichtung, sondern der Strömung entgegen vom Düsenende her einspritzt. Die Tröpfchen verweilen dann mehr als doppelt so lange im Verbrennungsraum, woraus sich eine erhebliche Gewichtsverminderung ergibt.

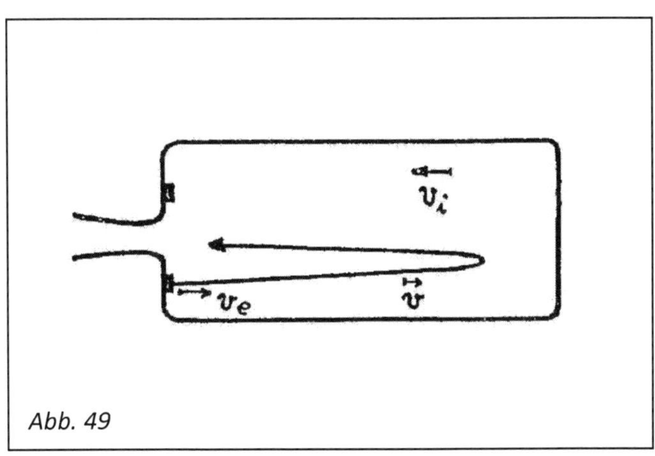

Abb. 49

Abbildung 49 ist allgemein bekannt und veranschaulicht seine vorher genannte Kernaussage.
Die mathematisch-physikalische Beweisführung wird zu einem späteren Zeitpunkt veröffentlicht.
Im April-Heft 1929 beschäftigt sich Johannes Winkler mit der Berechnung der Störung in der Bahn eines Raumschiffes (Seite 51-54). Warum er diese Frage an dieser Stelle behandelt, ist unklar. Da der Artikel für die Entwicklung des Raketenmotors nur indirekt Bedeutung hat, wird er ausgeklammert.[16]
Der Artikel über das Triebwerke in der Mai-Ausgabe der Zeitschrift hatte für Max Valier eine sehr praktische Bedeutung, da er auf dieser Grundlage tatsächlich ein Triebwerk gebaut und getestet hat.

Die Kohlensäure-Rakete

Von Johannes Winkler.

Die einfachste Form der Rakete für flüssige Treibstoffe ist die Kohlensäure-Rakete. Sie hat den Vorzug einer vollkommenen Regierbarkeit, sie ist nicht feuergefährlich und außerdem im Betrieb billiger als die Pulver-Rakete. Der Siedepunkt der flüssigen Kohlensäure (CO_2) liegt normalerweise bei -79° C, die kritische Temperatur bei +31,25° C. Oberhalb der kritischen Temperatur ist die Kohlensäure im flüssigen Zustand nicht möglich. Unterhalb dieser Temperatur läßt sie sich durch Druck verflüssigen. Der erforderliche Druck ist um so geringer, je niedriger die Temperatur ist. In den Handel kommt die Kohlensäure in Stahlflasche. Sie ist darin zum größten Teil im flüssigen Zustand, nur ein kleiner Teil ist gasförmig. Es stellt sich in der Flasche von selbst der Druck ein, welcher der Temperatur entspricht. Bei der kritischen Temperatur ist der Druck 72 at, bei 0° C ist die Kohlensäure schon bei 38 at. flüssig, bei -78° C ist sie auch bei Atmosphärendruck flüssig. Wird das Ventile der Kohlensäureflasche geöffnet, so strömt dampfförmig Kohlensäure mit großer Gewalt aus, im Innern der Flasche stellt sich jedoch stets von selbst der zur Temperatur gehörende Druck ein, indem die flüssige

Kohlensäure verdampft. Man erkennt, daß eine solche Rakete einfach durch Öffnen des Ventils in Betrieb gesetzt wird. An den im Handel befindlichen Flaschen hat das Ventil nur einen geringen Durchlaß. Sorgt man durch eine wenig kleinere Ausströmdüse dafür, daß ein geordnetes Ausströmen erfolgt, so vermag eine auf ein gutes Wagengestell gelagerte Kohlensäureflasche sich nebst Wagen in Bewegung zu erhalten. Dieser Versuch ist vom Verfasser in den Räumen der Firma Autobauer Carlowitz gemacht worden. Schaltet man ein Reduzierventil ein, so läßt die Kraft dieser Rakete in gewissen Grenzen regeln.

Der verbalen Darstellung der Grundidee folgen die mathematischen Berechnungen, die hier ausgespart werden. Johannes Winkler kommt abschließend zu folgender Aussage:
Bei der Kohlensäure-Rakete sind die Gesetze des Wärmeüberganges wie bei jeder Flüssigkeits-Rakete zu beachten. Die zur Verdampfung erforderliche Wärme entnimmt die Kohlensäure dabei Ihrer eigenen Flüssigkeitswärme, sowie der Stahlflasche, die beide kühlen sich dabei sehr stark ab. Man muß zuweilen noch durch geeignete Vorrichtungen dafür sorgen, daß die erforderliche Wärmemenge rasch genug zugeführt wird. Der Wärmeübergang aus der umgebenden Luft erfolgt für unsere Zwecke viel zu langsam. Für größere Leistungen kommt die Kohlensäure-Rakete wegen des hohen Gewichts der Behälter eben so wenig in Betracht wie die Pulver-Rakete. Dagegen ist sie für kleinere Leistungen und für Experimentierzwecke die billigste und ungefährlichste Raketenform. Für große Leistungen ist nur die Rakete für flüssige Treibstoffe verwendbar, die auf der Verbrennung eines Brennstoffes mit Sauerstoff beruht.

Die Verbrennung bei Triebwerken mit flüssigen Treibstoffen (Juni 1929; Seiten 75/76)

Aus diesem Artikel werden die mathematischen Darlegungen wie bisher auch ausgeklammert und nur der Beginn und das Ende des Artikels wiedergegeben.
Kommt es nicht so sehr auf das Gewicht des Apparates an, sondern handelt es sich lediglich darum,

Reaktionsmaschinen für flüssige Treibstoffe mit Verbrennung zu bauen, so bietet sich uns hierfür zunächst folgende einfachste Form an.
In einem gut schließenden Verbrennungsraum werden drei Näpfe aufgestellt für den Brennstoff, für den flüssigen Sauerstoff und den Kühlstoff. Um die Verdampfung der flüssigen Treibstoffe in dem richtigen Verhältnis zu bewirken, müssen die Oberflächen entsprechend gewählt werden...
Die Rückstoßkraft ist also im Verhältnis zu dem vermutlichen Gewicht des Apparates sehr gering, dürfte aber, wenn der Apparat auf Rädern montiert ist, ausreichen, denselben in Bewegung zu erhalten. Für Flugzwecke aber wäre die Wirkung im Vergleich zum Gewicht viel zu gering. Es wird darauf ankommen, rapider wirkende Apparate zu konstruieren. Wir werden solche noch in späteren Nummern der Zeitschrift kennen lernen.
Der Wert des hier beschriebenen einfachsten Apparates liegt nicht in seiner Leistung pro kg Eigengewicht. Er gestattet aber eine Prüfung, ob die theoretischen Werte für die Oberflächen, die Temperaturen usw. sich in der Praxis bewähren. Die Variation der Oberflächen läßt wertvolle Rückschlüsse zu, die sich für andere Konstruktionen mit Vorteil verwerten lassen.

Das Wärmediagramm für eine Brennkammer mit flüssigen Treibstoffen (7/1929; S. 83/85)

Die Rakete für flüssige Treibstoffe Darstellung im Wärmediagramm

Von Johannes Winkler

Die Rakete für flüssige Treibstoffe ist eine neue Art der Wärmekraftmaschine. Es ist daher lohnend, die bei den sonstigen Wärmekraftmaschinen gebräuchliche zeichnerische Darstellung der thermischen Vorgänge auch auf die Rakete für flüssige Treibstoffe anzuwenden. Die Methode ist für die Berechnung solcher Maschinen bequem und gibt einen guten Einblick in ihre Arbeitsweise. Da es in der Technik immer mehr auf eine zuverlässige Schätzung ankommt, als auf eine sehr genaue Berechnung, weil viele

Faktoren eine gewisse Unsicherheit hineinbringen und genaueste Berechnungen illusorisch machen, sind die Ergebnisse am Allgemeinen auch hinreichend genau.

Den thermischen Wirkungsgrad leitet Winkler aus einem Diagramm mit 0,48 ab. Das Diagramm und die Berechnungen werden hier ausgeklammert.

Veränderungen deuten sich an (August 1929; Seiten 99/100)

Im Folgeheft sind die Informationen aus dem „Nachrichtendienst" von Interesse.

Nachrichtendienst

Rückstoßer-Versuche in Dessau. In diesem Monat wurden von den Junkerswerken in Dessau Versuche mit Raketen unternommen, die zu einem befriedigenden Ergebnis führten. Diese Versuche hatten im Gegensatz zu unseren Bestrebungen nur den Zweck, den Start von schwerbelasteten Wasserflugzeugen zu erleichtern. Es ist bekannt, daß ein Flugzeug für den Start größere Kräfte braucht, als für den übrigen Flug. Es ist daher im Allgemeinen erforderlich, den Motor mit Rücksicht auf den erhöhten Kraftbedarf zu konstruieren. Es wird daher während des normalen Fluges ein unnötig schwerer Motor durch die Luft geführt. Dem lässt sich nun in der Weise vorbeugen, dann man für die wenigen Sekunden des Startes eine leichtere Zusatzkraft vorsieht, die uns die Rakete liefert. Das Flugzeug vom Bremen-Typ (2,1 t Startgewicht) startete mit abgedrosselten Motoren. Es zeigte sich, daß bereits verhätnismäßig kleine Raketen genügten, die erforderlichen Zusatzkräfte zu liefern.[17]

Wissenschaftliche Raketenversuche in Berlin.

Wenn es uns auch nicht gestattet ist, nähere Einzelheiten zu veröffentlichen, so können wir doch die erfreuliche Mitteilung machen, daß zurzeit in Berlin mit großen finanziellen Mitteln ernstzunehmende Raketenversuche stattfinden, die eine neue Epoche in der Entwicklung des Raumfahrtgedankens heraufzuführen geeignet sind.

Ein Hindernis in der Entwicklung des Raumfahrtgedankens

Über ein Jahr scheint die Arbeit am Raketenproblem nach außen hin nicht recht vorwärts gekommen zu sein. Es hatte dies seinen Grund in einem technischen Hindernis, das sich der praktischen Arbeit entgegenstellt: Der Wärmeübergang ging zu langsam vonstatten. Die Wärmeübergangszahl war mit etwa

$$6\,\frac{\text{kg cal}}{\text{m}^2\,\text{h}\,1^0}$$

Abb. 50

zu niedrig, als daß sich die Apparate leicht genug bauen ließen. Man mußte Mittel finden, den Wärmeübergang erheblich zu beschleunigen, und solche sind gefunden worden. Zwei wichtige Patente sind in dieser Richtung angemeldet worden. Das eine von Prof. Oberth, das eine Beschleunigung des Wärmeübergangs um etwas das 30fache bringt, das andere von Johannes Winkler, durch das eine Beschleunigung des Wärmeüberganges um das 120fache bewirkt wird. Es bedeutet dies, daß der Verbrennungsraum sich etwa 120mal leichte bauen läßt. Und man kann ruhig behaupten, daß damit das Hindernis in der Hauptsache überwunden ist.[18]

Die Besprechung des Buches von Hermann Oberth durch Johannes Winkler im September 1929 (Seiten 107/108) wurde bereits in das Kapitel 1 aufgenommen, worauf hiermit verwiesen werden soll.[19]

Eine neue Epoche! (Oktober 1929; Seite 115/116)

Winkler berichtet darin von dem erfolgreichen Versuch von Fritz von Opel am 30.9.1929 auf dem Frankfurter Flugplatz. Das Neue an diesem Start bestand darin, dass das Flugzeug nur mit Hilfe einer Rakete startete und flog. Am 11.6.1928 flog Stamer auf der Wasserkuppe eine Strecke von 1,5 km mit einem Entenflugzeug, doch der Start erfolgte durch ein Gummiseil. Im Juli wurden auf der Elbe bei Dessau nur Starthilfsraketen eingesetzt.

Aber es ist ja nur eine Vorübung. Es ist bekannt, daß Sander inzwischen auch an der Rakete für flüssige Treibstoffe erfolgreich gearbeitet hat. Desgleichen ist Prof. Oberth bereits seit Anfang September dieses Jahres beim Experimentieren auf dem Ufa-Gelände in Neubabelsberg. Und plötzlich wird es bekannt, daß noch im Oktober - es ist der 19. Oktober 1929 dafür in Aussicht genommen - auf einer kleinen Insel bei Greifswald an der Ostsee eine 10 m lange, 10 cm dünne Versuchsrakete aufstiegen soll, ähnlich wie sie in dem Buche „Wege zur Raumschiffahrt" näher beschrieben ist. Sie vermag etwa 1 ½ Ctr. Treibstoffe zu fassen und soll eine Geschwindigkeit von etwa 1.000 m/Sek. erlangen, womit sie eine Höhe von etwa 50 km erreichen kann. Ob nach den kurzen praktischen Erfahrungen alles klappen wird, ist allerdings zweifelhaft, man wünscht es sich nicht einmal, denn aus einem mißglückten Experiment lernt man im Allgemeinen mehr als aus zehn geglückten. Und wir müssen alle im Dunkeln lauernden Gefahren kennenlernen, denn Menschleben sollen diesem neuen Motor einmal anvertraut werden. Ferner ist Max Valier in diesen Tagen in Essen mit einem Raketenwagen hervorgetreten, bei welchem die zwar geringe, aber daher völlig ungefährliche und billige Rückstoßkraft von verflüssigten Gasen unterhalb der kritischen Temperatur benutzt wurde. Die wissenschaftliche Grundlage dafür enthält der Aufsatz im Mai-Heft dieser Zeitschrift über die Kohlensäurerakete.

Der aufmerksame Leser wird aus dem folgenden letzten Abschnitt leicht erkennen, dass es sich bei dem Vorstandsmitglied um Johannes Winkler handelte.

Es sei noch erwähnt, daß eine wichtige Stelle in Deutschland, die wie keine andere berufen erscheint, Träger des Raumfahrtgedankens zu werden, sich mit der Rakete für flüssige Treibstoffe befaßt, und daß ein Vorstandsmitglied des Vereins für Raumschiffahrt mit der Bearbeitung dieser Frage betraut ist. Leider verhindert eine strenge Schweigeverpflichtung jede Veröffentlichung. Unsere Sache ist jetzt in den allerbesten Händen. Die Entwicklung schreitet nunmehr unaufhaltsam vorwärts, und

mit dem ersten öffentlichen Aufstieg einer Rakete wird eine neue siegreiche Epoche der Raumschiffahrt beginnen.

Das Gegenspritzverfahren von Winkler (November/Dezember Seiten 123/124)

Nachdem Winkler informiert, dass 1929 die erste Rakete für flüssige Treibstoffe aufgestiegen wäre, gibt er einen Überblick über den motorentechnischen Fortschritt 1929. Allerdings lässt er offen, wer diese Rakete gestartet haben soll. Er geht dabei vom schlechten Wärmeübergang zwischen einem Gas und einer Flüssigkeit aus, der zu relativ kleinen Leistungen führe. Er führt eine Berechnung einer Schubkraft durch und fährt fort:

Es wirkte daher wie eine Erlösung von einem Alptraum, als aus der praktischen Beschäftigung mit diesen Problemen die Erleuchtung kam, daß bei dem Einspritzen der Treibstoffe entgegengesetzt der allgemeinen Strömungsrichtung sich beträchtliche Vorteile ergeben. Dieser Gedanke, der dann in der März-Nummer dieses Jahres mathematisch näher untersucht wurde, bildete den Gegenstand einer Patentanmeldung vom 3. Januar 1929.

Winkler berechnet dann, dass der Vorteil dieses Verfahrens beim Faktor 120 liegen würde.

Die Tragweite der folgenden Sätze wird nur deutlich, wenn man den konkreten Schriftverkehr zwischen den Junkers-Werken (Philipp von Doepp) und Johannes Winkler sowie die ersten Versuchsprotokolle von Johannes Winkler untersucht (Kapitel 4).

Die jüngsten praktischen Versuche scheinen diese bereits sehr günstigen Ergebnisse sogar noch zu übertreffen, so daß vermutlich alles weit besser gehen wird, als wir es je zu hoffen wagten. Es mag an dieser Stelle noch erwähnt werden, daß wiederum ein neuer enormer Vorteil für den Aufstieg, soweit er innerhalb der Atmosphäre liegt, erkannt worden ist. Der Gewinn, den diese Vorrichtung bietet, ist bereits bei kleinen und mittleren Raumschiffen be-

deutend größer als der Verlust, der sich aus dem Luftwiderstand ergibt.

Da die Treibstoffe im Sinne der allgemeinen Strömungsrichtung im Verbrennungsraum eingespritzt wurden, war die Relativgeschwindigkeit nahezu

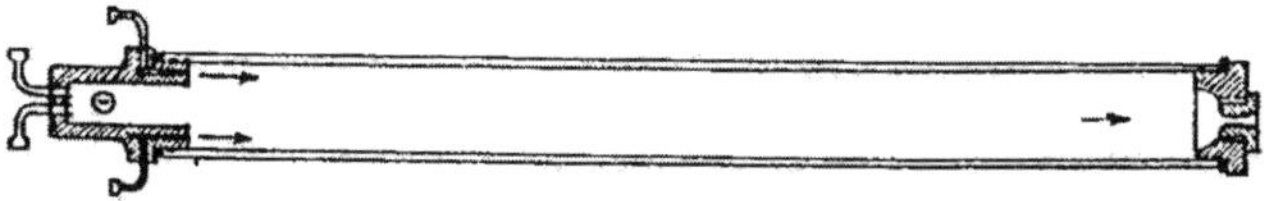

Null, und damit die Wärmeübergangszahl bei einem Druck von 4 Atm. im Verbrennungsraum etwa 7,5 kg cal/m² h u. 1° C. Bei einer verfügbaren Wandfläche von etwa $^{2}/_{100}$ m² war die sekundlich übergehende Wärme bei 2000° Verbrennungstemperatur $Q = 7{,}5 \cdot \frac{1}{3600} \cdot 0{,}02 \cdot 2100 = 0{,}09$ Kal. Dies reichte hin, um etwa 2 g Treibstoff zu verdampfen, die bei einer Ausströmgeschwindigkeit von 2000 m/Sek. einen Rückstoß von 0,4 kg zu liefern vermögen, eine minimale Leistung.

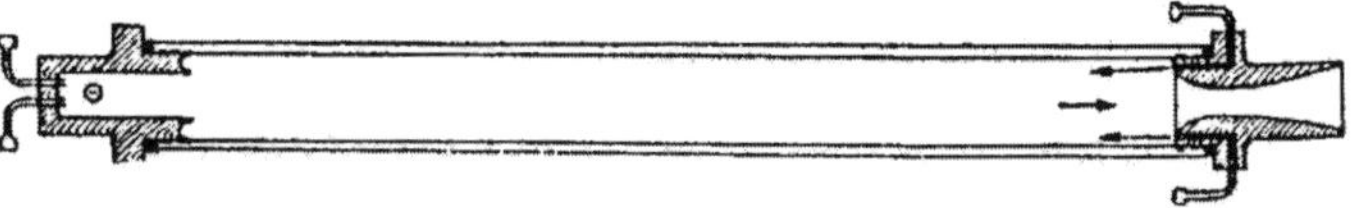

Abb. 51 Auszug aus dem Artikel zu den motortechnischen Fortschritten in der Rückstoßerfrage 1929

2.2. Die ersten Versuche von Johannes Winkler zu Entwicklung der Raketentechnik

Wie eingangs gesagt, werden die nachvollziehbaren praktischen Versuche von Johannes Winkler in diesem Abschnitt zusammengefasst und somit hervorgehoben.

Die Untersuchung des Rückstoßes einer Feuerwerksrakete Anfang 1928

Johannes Winkler veröffentlicht hier das Rückstoßdiagramm einer Feuerswerksrakete, die am 3.1.1928 im Maschinenlabor der Technischen Hochschule Breslau getestet wurde, wie er im folgenden Text ausführt:

„Rückstoßdiagramm

einer Feuerwerksrakete

Zur Ermittlung der Leistungsfähigkeit einer Rakete bedarf es einer genauen Messung des Rückstoßes. Hierbei leistet ein Indikator, wie er sonst zu Messungen von Dampfspannungen u. dergl. verwendet wird, gute Dienste, da er während der ganzen Brenndauer den jeweiligen Rückdruck genau aufzeichnet. Man gewinnt so ein lückenloses Bild von der Arbeitsweise einer Rakete.

Das nachstehende Rückstoßdiagramm ist am 3. Januar d. J. im Maschinenlaboratorium der Technischen Hochschule zu Breslau vom Herausgeber dieser Zeitschrift aufgenommen worden (Vergl. Auch das Titelbild) (siehe Abb. 52).

Bei der Aufnahme vor Rückstoßdiagrammen
im Maschinenlaboratorium der Technischen Hochschule zu Breslau.

Abb. 52

Untersucht wurde eine Feuerwerksrakete (Sternrakete, Preis 1 RM, Gewicht einschl. Versetzung 120 g, Treibsatz 15 g, Gewicht der Treibsatzhülse 40g). Zum Schutz wurde eine Stahlhülse auf den Indikator aufgeschraubt und die Rakete mit der Auspuffdüse

nach oben nach oben lose hineingesetzt. Die Federzeichnung war 25 mm (d. h. 25 mm für 1 kg/cm² Dampfspannung), maximale Beanspruchung 2 kg.
Da es bei der Rückstoßmessung nicht auf kg/cm² ankommt, mußte durch aufgelegte Gewichte eine besondere Eichung auf dem Papierstreifen vorgenommen werden.

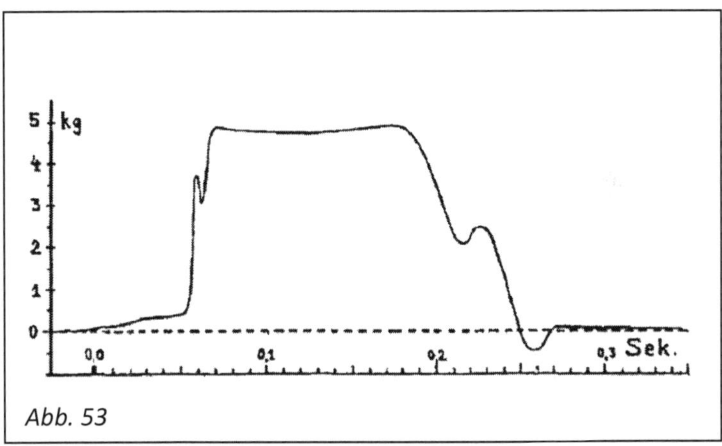

Abb. 53

Der Ausschlag betrug für 1 kg 7 mm. Durch einen Elektromotor wurde der Papierstreifen mit großer Geschwindigkeit ca. 40 cm/Se. abgerollt. Die Sekunden wurden dabei in üblicher Weise vom Sekundenpendel auf einen Elektromagneten übertragen, der von Sekunde zu Sekunde einen besonderen Schreibstift anzog und die Sekunden auf dem abrollenden Papierstreifen markierte. Die 1/1000 Sek. wurde also durch eine Strecke von 0,4 mm dargestellt, so daß eine genaue Verfolgung der Druckkurve noch in diesem winzigen Zeitraum von 1/1000 Sek. möglich ist. Das Diagramm zeigt den Verlauf der Druckkurve in einem Zeitraum von 0,35 Sek., während die gesamt Brenndauer mehrere Sekunden betrug. Da jedoch der Rückstoß während der übrigen Zeit kaum noch 1 % betrug, wurde dieser Teil weggelassen... (siehe Abb. 53)

Die Auswertung des Diagramms wird hier ausgespart und wird später an anderer Stelle vorgenommen.[20]

Die Erprobung von Segelflugzeugmodellen mit Pulverraketen in Breslau

Auch Johannes Winkler beschäftigte sich mit der praktischen Erprobung von Segelflugzeugen mit Pulverraketen und berichtet darüber in der Zeitschrift „Die Rakete" im März, Mai und Juni 1928.[21]

Abb. 54: Titelbild der Zeitschrift „Die Rakete" vom 15. März 1928

Im März-Heft sind die Gesichtspunkte für die Konstruktion eines schwanzlosen Raketenversuchsmodells und „Betrachtungen zum Raumfahrtproblem" von Gerhard Pusch veröffentlicht (Siehe Abb. 54). Überliefert ist auch der Briefwechsel zwischen Johannes Winkler und Gerhard Pusch, dem Vorsitzenden des Seglervereins „Schlesischer Adler", Breslau.

Die beiden Raketenkollegen von Johannes Winkler, Oberth und Valier, halten es aber nicht für notwendig, über diese Versuche in Breslau in ihren neuen Büchern zu berichten.

Der Briefwechsel zwischen Johannes Winkler und dem Chef des Breslauer Modell- und Seglervereins Gerhard Pusch 1927

Überliefert ist auch ein Teil des Schriftwechsels zwischen dem Chef des „Breslauer Modell- und Segelflugvereins „Schlesischer Adler", Gerhard Pusch, und Johannes Winkler aus dem Jahr 1927 (siehe Abb. 55, 56).

Breslauer Modell- und Segelflug-Verein
„Schlesischer Adler" E. V.

Geschäftsstelle: Dipl.-Ing. E. Conn
Buddestr. 11, Telefon: St. 36338

Postscheckkonto des Vereins: Breslau 67803

Breslau, den 26. 12. 1927.

Lieber Herr Winkler! Besten Dank für Ihren Weihnachtsgruß. Es wird Sie vielleicht interessieren über den derzeitigen Stand der Raketenmodellversuche etwas zu hören.
Vor 8 Tagen kam Ing. Bauer aus [illegible] hier nach H. Da ein Leitzeug für das Segelflugzeug nicht richtig [illegible] worden war, - wurde mit dem Segelfliegen nichts. Bauer entwarf eine neue Segelmaschine und wir ließen dann zwei Raketenmodelle steigen.

Abb. 55, Quelle: DM München, Archiv; Nachlass Winkler

Der Text darunter vorhandene Text ist kaum lesbar, wurde aber wie folgt transkribiert:

Form c: Pfeileindecker: Erstmalig von Dune (England)als Flugzeug ausprobiert - später Lippisch - Espenlaub Segelflugpreis „ ." - ähnlich schwanzloser Weltensegler - Segelflugzeuge in der Rhön
Vorteil: Wegfallen jeglichen Leitwerkwiderstandes - große Richtungsstabilität durch Pfeilform
Nachteil: Geringe Auftriebsstabilität durch Pfeilform

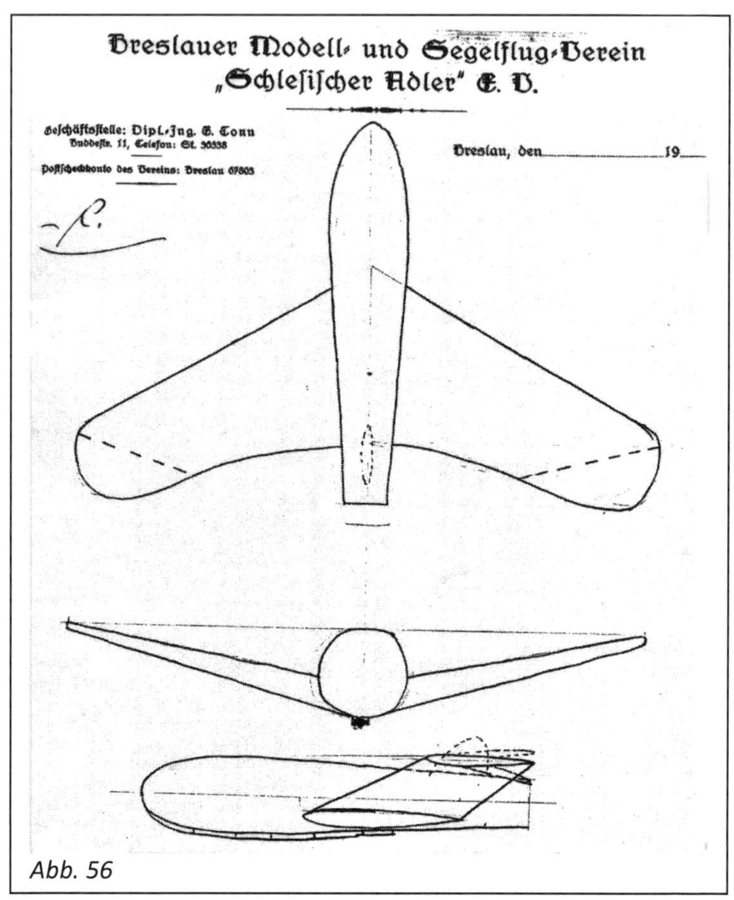

Abb. 56

Im Dezember-Heft 1927 wird außerdem berichtet, dass ein Doppeldecker mit Pulverraketen erfolgreich getestet wurde.

Aufstieg von Raketenflugmodellen

Der Breslauer Modell- und Segelflugverein Schlesischer Adler e. V. Breslau-Gandau hat am 23. November in Heidewilxen bei Obernigk ein Flugmodell aufsteigen lassen. Das Modell war ein Doppeldecker mit einem Gewicht von ca. 200 Gramm. Als Antrieb dienten einfache Feuerwerksraketen (Preis 1 RM) mit einem Gewicht von insgesamt 120 Gramm einschließlich Versetzung (zirka 60 Gramm). Die Rakete wurde vorn unterhalb der Tragflächen befestigt. Es entstand

dadurch beim Aufstieg ein Drehmoment, welches zunächst zu Loopings Veranlassung gab. Bei den weiteren Aufstiegen wurde die Rakete noch weiter vorn befestigt, um eine größere Kopflastigkeit zu erzielen. Die Anordnung zwischen den Tragdecks war wegen des Seitensteuers nicht möglich. Das Modell flog sehr schön mit großer Kraft. Besonders gut gelang immer der Start. Die diesbezüglichen Befürchtungen erwiesen sich als unbegründet. Das Modell wurde auf ein etwas schräg aufwärts gerichtetes Brett (ca. 20°) aufgesetzt. Eine ca. 30 cm lange Zündschnur ohne Hülle bot genügend Zeit, sich zu entfernen. Die Sicherheit, mit der das Modell durch die Raketenkraft emporgetragen wurde, übertraf alle Erwartungen. Der Flug mit Antrieb dauerte etwa 10 Sek. Dann ging das Modell im Gleitflug nieder.

Abb. 57: Überliefert ist das nebenstehende Foto, das Johannes Winkler mit einem Segelflugzeugmodell zeigt. Quelle: Archiv Ingenhaag /HORM

Im September 1928 weist eine kleine Mitteilung in der Zeitschrift „Die Rakete“ darauf hin, dass die Versuche zum Raketenmotor von Johannes Winkler systematisch fortgesetzt werden. Die Mitteilung nennt auch die Firma Breslau-Carlowitz als einen Unterstützer.

Abb. 58 : Titelbild der Zeitschrift „Die Rakete"

Raketenmotor mit flüssiger Luft

Unter dieser oder anderer Überschrift ging im vergangenen Monat eine Pressenotiz über Raketenversuche des Vereins für Raumschiffahrt durch die Zeitungen. Wir sind unseren Mitgliedern wohl eine kurze Erklärung hierzu schuldig. Ohne auf alle Unrichtigkeiten der Darstellung einzugehen, möchten wir nur soviel feststellen, daß die Versuche nicht vom Verein, sondern von einem Vorstandsmitglied unternommen worden sind, dem die Firma Autobauer, Breslau-Carlowitz, in liebenswürdiger Weise die Maschinen ihres Betriebes zur Anfertigung von Versuchsapparaten zur Verfügung gestellt hat und dessen Inhaber tatkräftig dabei mitgewirkt hat. Daß hier ein neuer Motor erfunden worden sei, trifft keineswegs zu. Es handelt sich um nichts anderes als um die

praktische Arbeit an der Rakete für flüssige Treibstoffe, die auf dem Papier längst erfunden ist. Für die Versuche wurde nicht flüssige Luft, sondern flüssiger Sauerstoff verwendet.
Wer einmal experimentiert hat, weiß, wie unendlich zeitraubend solche Versuche sind und wie froh man ist, wenn eine Schwierigkeit nach der anderen durch zähe Arbeit allmählich überwunden wird. Unsere Mitglieder werden zur gegebenen Zeit Näheres darüber erfahren. Einstweilen nur ein Einblick in die stille Arbeit. (Vergleiche das Titelbild.)

Abb. 59: Im September-Heft 1928 wird auch ein Foto mit dem Artisten Wittkuhn gezeigt, der in dem Cyklonrad das 4,3-fache der Erdbeschleunigung überstanden hatte.
Hier wird wegen der besseren Qualität ein Foto aus dem Privatarchiv von Dr. Guder gezeigt.

Versuche zur Frage des Wärmeübergangs bei frei schwebenden Tröpfchen (Februar 1929; Seiten 19 – 22)

Winkler geht von der zentralen Fragestellung aus, ob es möglich sein wird, ***die großen Mengen flüssiger Treibstoffe in genügend kurzer Zeit und in hinreichend leichten Apparaten zu verdampfen und zu verbrennen.*** Der Verfasser würde dazu im Maschinenlabor der TH Breslau Versuche durchführen und zeigt die entsprechende Versuchsanordnung. Winkler beschreibt über drei Seiten die Versuchsanordnung und stellt die Versuchsergebnisse vor.
Sie werden später von Wernher von Braun in seiner Dissertation 1:1 übernommen.
Diese interessanten Versuche werden hier aber nicht weiter ausgewertet und werden Gegenstand späterer Veröffentlichungen.

Abb. 60: Versuchsanordnung zur Frage des Wärmeüberganges bei frei schwebenden Tröpfchen

Abschließend bedankt sich Winkler bei allen, die ihn bei den Versuchen unterstützt haben, insbesondere Dipl.-Ing. Wagener.

3. Die Junkers-Werke suchen einen Raketenspezialisten und finden den Theologen und Autodidakt Johannes Winkler

Eine der interessantesten Fragen der Tätigkeit von Johannes Winkler vor dem September 1929 bei den Junkers-Werken besteht darin, wann die Annäherung von Winkler an die Junkers-Werke begann und in welchen Schritten sich die Annäherung vollzogen hat. Nach dem gegenwärtigen Stand war für beide Seiten offenbar die „XVII. Tagung der Wissenschaftlichen Gesellschaft für Luftfahrt e.V. - WGL in Danzig/Zopot" der Ausgangspunkt. Es kann aber nicht ausgeschlossen werden, dass auch die zahlreichen Veröffentlichungen über die Flüge von Segelflugzeugen mit Pulverraketen ein Anstoß gewesen waren, sich mit der Raketentechnik im Flugzeugbau auseinanderzusetzen.

Auf Wunsch seiner Mutter setzte Johannes Winkler sein Studium auf einem völlig anderen Gebiet fort. Er begann ein Studium der Theologie in Leipzig und Breslau. Rudolf Guder schreibt dazu in „Astris" auf Seite 33:

Trotzdem entschloß er sich bald darauf, Theologie zu studieren. In erster Annäherung wird das trotz der „natürlichen technischen Begabung" verständlich aus seinem Aufwachsen in einer sehr gläubigen Umgebung. Gleichwohl bleibt diese Entscheidung erstaunlich, denn es ist sicher, daß er sein Studium mit erheblichen Zweifeln an der kirchlichen Rechtgläubigkeit mindestens begonnen hat. Das Fazit der erwähnten Schriften und Notizen ist etwa: Gott ist hauptsächlich erkennbar in der Natur und im Gewissen des Menschen. Die Kodifizierung (Dogmatisierung) des Glaubens - einschließlich so wesentlicher Aussagen wie Sohn Gottes für Jesus, Sündenvergebung durch dessen Opfertod und das Abendmahl als Konsubstantation (Transsubstantation) - wird entschieden abgelehnt.[22]

Darauf wird im Nachwort noch einmal eingegangen.

Nachdem der Kandidat der Theologie Herr Johannes Winkler aus Carlsruhe in Schlesien die erste theologische Prüfung bestanden und dabei die Censur II (gut bestanden) erhalten hat, wird ihm hierdurch die Erlaubniß zu predigen und die Aufnahme in die Zahl der Kandidaten der evangelisch-lutherischen Kirche in Preußen ertheilt. Als solchem wird ihm Treue gegen das Bekenntniß unserer Kirche und ein dem geistlichen Stande entsprechender Wandel zur Pflicht gemacht. Er wird angewiesen, sich bei dem Superintendenten, in dessen Diözese er sich aufhalten wird, zu melden und dessen Weisungen hinsichtlich seiner theologischen Studien und weiteren Ausbildung im practischen Kirchendienst nachzukommen.

Breslau, den 13. Oktober 1922

DAS OBER-KIRCHEN-KOLLEGIUM ZU BRESLAU

Das Ober-Kirchen-Kollegium
der evangelisch-lutherischen Kirche in Preußen.

Gottfr. Nagel.

Zeugniß
für den Kandidaten der Theologie
Herrn Johannes Winkler
über die ihm ertheilte Erlaubniß
zum Predigen.

No. 1977.22

Abb. 61: Winkler Abschlusszeugnis für Theologie trägt das Datum vom 13.10.1922, Quelle: Archiv Ingenhaag /HORM

Vierzehn Tage nach dem Examen wurde er von seiner Kirchenbehörde als Kandidat der Theologie nach Witten an der Ruhr geschickt. Als Hilfsprediger hatte er gute Kontakte zur Gemeinde, darunter auch dem Jünglingsverein.
Herausragend war die Schaffung einer „Zinkwährung" seit dem 23.8.1923. Eingezahlte Geldbeträge wurden sofort in Hüttenrohzink angelegt. Bei Bedarf erhielten die Gemeindemitglieder 80% des aktuellen Tagespreises. Dadurch wurden die Folgen der Inflation abgemildert.
Rudolf Guder schrieb 2002 darüber:[23]
Diese Wohlfahrtseinrichtung diente dem Zweck, sonst nutzlos verfallendes Geld der Gemeinde zu erhalten. Die Gemeindeglieder zahlten Geldbeträge ein, die sofort in Hüttenrohzink angelegt wurden. Der Gegenwert dieses Geldes wurde ihnen als eine bestimmte Menge dieses Zinks nach Tagespreis gutgeschrieben. Wenn sie später Geld abheben wollten, bekamen sie 80% des aktuellen Tagespreises von Hüttenzink zurück, so daß die Folgen der schnellen Geldentwertung für sie abgemildert waren. Nach einer kurzen Anlaufzeit brauchte kaum noch Zink gekauft oder verkauft zu werden, weil sich Einzahlungen und Auszahlungen etwa die Waage hielten. Die restlichen 20% - später waren es 30% - kamen nach Abzug der Geschäftsunkosten den Armen der Gemeinde zugute, die von der Geldentwertung naturgemäß am schlimmsten betroffen waren. Die Unterstützung der Armen (ursprünglich nur, um diesen Winterkartoffeln und Heizmaterial für den Winter besorgen zu können) war das Hauptziel der Maßnahme. Aber auch die Finanzen der Kirchengemeinde kamen so in Ordnung, weil deren Bargeldbeträge ebenfalls auf diese Weise „gerettet' wurden. Im "Friedensboten", berichtete er über die Erfolge.

Das Oberkirchenkollegium berief ihn deshalb nach Breslau, wo er als Rendant (Finanzverwalter der Kirche) arbeitete. Johannes Winkler blieb bis zum Sommer 1929 auf diesem Posten. In diese Zeit fiel auch die Eheschließung mit Elisabeth Froböß am 23.4.1926. Sie war die Tochter des verstorbenen Direktors des

Oberkirchenkollegiums der evangelisch-Lutherischen Kirche in Preußen und sieben Jahre älter als Johannes Winkler.
Die ältere Tochter Dietlinde wurde 1927 geboren, die jüngere Elisabeth Sabine 1929.

Abb. 62: Winklers Ehefrau, Quelle: Privatarchiv Dr. Guder

1927 und 1931 begann Winkler wieder in Breslau bzw. Berlin ein Teilstudium im Maschinenbau, wie die Kopien der Anmeldebögen zeigen (siehe Abb. 63-66).
Damit sind die Selbstauskünfte von Johannes Winkler zu seiner naturwissenschaftlichen Ausbildung ausreichend belegt.

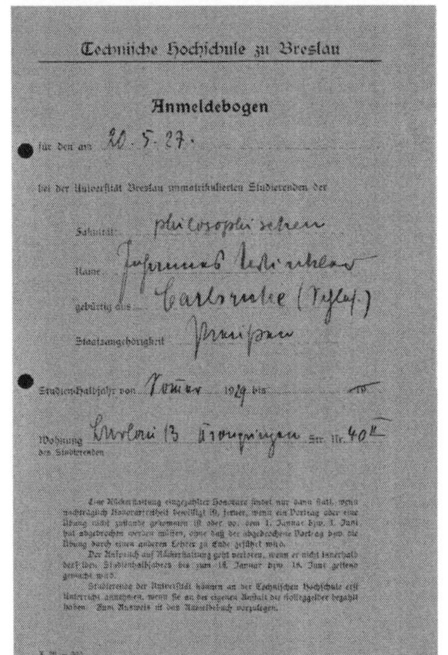

Technische Hochschule zu Breslau

Anmeldebogen

für den am 20. 5. 27.

bei der Universität Breslau immatrikulierten Studierenden der

Fakultät: philosophischen

Name: Johannes Winkler

gebürtig aus Carlsruhe (Schles.)

Staatsangehörigkeit Preußen

Studien-Halbjahr von Winter 1929 bis 19

Wohnung des Studierenden [illegible] 13 [illegible] Str. Nr. 40 II

Eine Rückerstattung eingezahlter Honorare findet nur dann statt, wenn nachträglich Honorarfreiheit bewilligt ist, ferner, wenn ein Vortrag oder eine Übung nicht zustande gekommen ist oder vor dem 1. Januar bzw. 1. Juni hat abgebrochen werden müssen, ohne daß der abgebrochene Vortrag bzw. die Übung durch einen anderen Lehrer zu Ende geführt wird.

Der Anspruch auf Rückerstattung geht verloren, wenn er nicht innerhalb desselben Studienhalbjahres bis zum 15. Januar bzw. 15. Juni geltend gemacht wird.

Studierende der Universität können an der Technischen Hochschule erst Unterricht annehmen, wenn sie an der eigenen Anstalt die Kolleggelder bezahlt haben. Zum Ausweis ist das Anmeldebuch vorzulegen.

Abb. 63, Quelle: Archiv Ingenhaag /HORM

Technische Hochschule zu Breslau

Anmeldebogen

für den am 20. 5. 27

bei der Universität Breslau immatrikulierten Studierenden der

Fakultät: Rechts- u. Staatswissenschaft

Name: Johannes Winkler

gebürtig aus Carlsruhe O.S.

Staatsangehörigkeit Preußen

Studien-Halbjahr von Winter 1928 bis 19

Wohnung des Studierenden [illegible] 13 Hohenzollernstr. Nr. 63/65

Eine Rückerstattung eingezahlter Honorare findet nur dann statt, wenn nachträglich Honorarfreiheit bewilligt ist, ferner, wenn ein Vortrag oder eine Übung nicht zustande gekommen ist oder vor dem 1. Januar bzw. 1. Juni hat abgebrochen werden müssen, ohne daß der abgebrochene Vortrag bzw. die Übung durch einen anderen Lehrer zu Ende geführt wird.

Der Anspruch auf Rückerstattung geht verloren, wenn er nicht innerhalb desselben Studienhalbjahres bis zum 15. Januar bzw. 15. Juni geltend gemacht wird.

Studierende der Universität können an der Technischen Hochschule erst Unterricht annehmen, wenn sie an der eigenen Anstalt die Kolleggelder bezahlt haben. Zum Ausweis ist das Anmeldebuch vorzulegen.

Abb. 64, Quelle: Archiv Ingenhaag /HORM

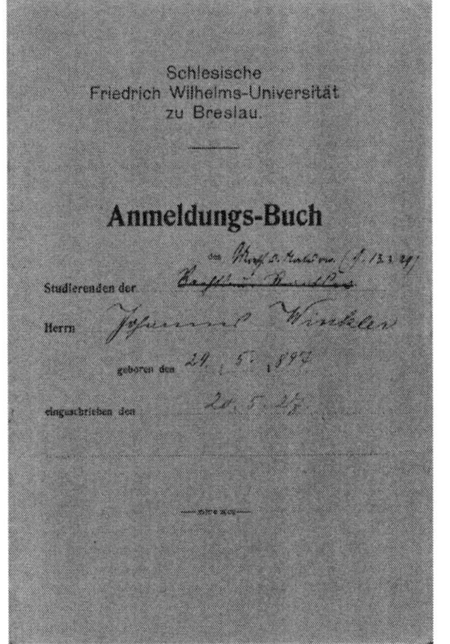

Schlesische Friedrich Wilhelms-Universität zu Breslau.

Anmeldungs-Buch

des [illegible]

Studierenden der [illegible]

Herrn Johannes Winkler

geboren den 29. 5. 1897

eingeschrieben den 20. 5. 27.

Abb. 65, Quelle: Archiv Ingenhaag /HORM

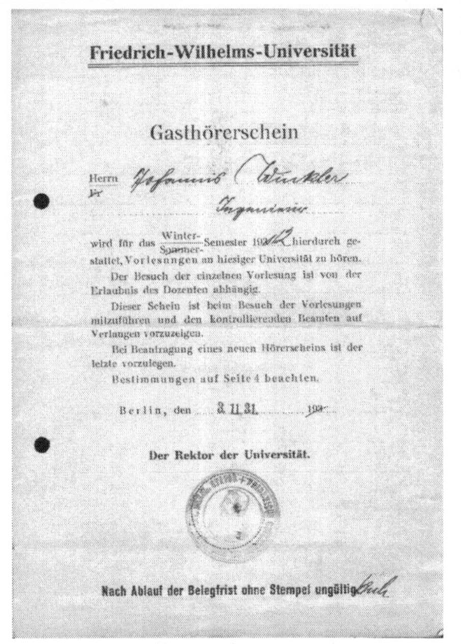

Friedrich-Wilhelms-Universität

Gasthörerschein

Herrn Johannes Winkler

Ingenieur

wird für das Winter-Semester 1931/32 hierdurch gestattet, Vorlesungen an hiesiger Universität zu hören.

Der Besuch der einzelnen Vorlesung ist von der Erlaubnis des Dozenten abhängig.

Dieser Schein ist beim Besuch der Vorlesungen mitzuführen und den kontrollierenden Beamten auf Verlangen vorzuzeigen.

Bei Beantragung eines neuen Hörerscheins ist der letzte vorzulegen.

Bestimmungen auf Seite 4 beachten.

Berlin, den 3. 11. 31.

Der Rektor der Universität.

Nach Ablauf der Belegfrist ohne Stempel ungültig.

Abb. 66, Quelle: Archiv Ingenhaag /HORM

Da seine technische Ausbildung im Weiteren aber immer wieder in Zweifel gezogen wurde, wird hier eine Episode aufgenommen, die bereits von R. Guder in „Astris..." geschildert wurde. Johannes Winkler hatte in der Geburtsurkunde seiner 2. Tochter, die am 30.9.1929 geboren wurde, als Berufsbezeichnung *„Wissenschaftlicher Mitarbeiter an der Forschungsanstalt Prof. Junkers in Dessau"* eingetragen. Am 2.11.1929 schrieb ihm der Direktor der Junkers-Werke den folgenden Brief:

Sehr verehrter Herr Winkler,
wie ich höre, bezeichnen Sie sich als wissenschaftlicher Mitarbeiter an der Forschungsanstalt Prof. Junkers in Dessau. Bei unserem Hauptbüro konnte ich auf Rückfrage nicht feststellen, daß solch eine Beziehung zu Ihnen vorhanden ist. Zur Aufklärung der Angelegenheit bitte ich um Mitteilung, wie Sie zu der von Ihnen angenommenen Bezeichnung kommen.
Mit vorzüglicher Hochachtung
Ihr ergebenster
Paul Spaleck

Abb. 67

Winkler antwortete darauf wie folgt:
Dessau, den 6. November 1929
Herrn Direktor Spaleck, Dessau.
Sehr verehrter Herr Spaleck.
Wenn ich Ihr Schreiben vom 2. Des Monats recht verstehe, so nehmen Sie an der Bezeichnung „wissenschaftlicher Mitarbeiter an der Forschungsanstalt Prof. Junkers", die ich gelegentlich der Geburt meines Töchterchens gewählt habe, Anstoß.
Es ist mir nicht bekannt, daß diese Bezeichnung mit einer offiziellen Berufsbezeichnung in der Forschungsanstalt kollidiert. Ob sie sachlich berechtigt ist, das mögen Sie nach dem geführten Schriftwechsel, den ich hier beilege, selbst entscheiden. Das Wort „Mitarbeiter" ist zwar nur von mir gebraucht worden, doch ist diesem Ausdruck nicht widersprochen worden, vielmehr ist meine Arbeit auch seitens der Forschungsanstalt als „Mitarbeit" bezeichnet worden. Daß diese Mitarbeit an der „Forschungsanstalt Professor Junkers" stattfindet, entspricht den Tatsachen. Bleibt noch das Wort „wissenschaftlich". Man kann im Zweifel sein, ob

die Arbeit in der Forschungsanstalt wissenschaftlichen Charakter trägt. M. E. ist es sie, nur die Vertreter der Dozentenschaft pflegen die Arbeit außerhalb der Hochschulen nicht als wissenschaftlich gelten zu lassen. M. E. entscheiden hier allein die Methoden. Aus demselben Gesichtspunkt kann es allerdings auch zweifelhaft sein, ob über die wissenschaftliche Qualifikation ein abgeschlossenes Hochschulstudium oder die Zugehörigkeit zur Dozentenschaft entscheidet.

Welcher Art meine Tätigkeit hier ist, erfahren Sie am besten aus dem Privatschreiben des Herrn von Doepp. Aus diesem Briefe glaubte ich allerdings entnehmen zu können, daß meine Auffassung der Dinge auch in der Forschungsanstalt geteilt wird. Ohne diese Auffassung würde ich jedenfalls die Arbeit nicht aufgenommen haben, die von mir meine Kräfte übersteigende finanzielle Opfer fordert. Aus diesem Brief geht auch hervor, daß es sehr wohl möglich ist, daß das Hauptbüro die Sache einstweilen noch anders beurteilt.

Eine offizielle, meinem tatsächlichen Arbeitsverhältnis entsprechende Berufsbezeichnung existiert hier nicht, es blieb mir daher gar nichts anderes übrig, als selbst eine Berufsbezeichnung zu wählen, die meine Arbeit richtig kennzeichnet. Ich wüßte auch heute keinen präziseren Ausdruck. Im Übrigen habe ich die Bezeichnung nur verwendet, wo eine Berufsbezeichnung nicht zu umgehen war, und nicht, um mir Fähigkeiten anmaßen zu wollen, die ich nicht besitze. Vielmehr habe ich gerade die Bezeichnung „Ingenieur", die hier zum Beispiel in Ermangelung einer offiziellen Bezeichnung für die Anmeldung bei der Krankenkasse benutzt wurde, nicht verwendet, da sie mir m. E. nicht zukommt. Die in dem Schriftwechsel enthaltenen Privatbriefe bitte ich Sie als vertraulich anzusehen, und mir die Anlagen alsbald wieder zurücksenden zu wollen.

Ich hatte die Absicht, Ihnen an einem der nächsten Sonntage meinen Besuch zu machen, doch will es mir augenblicklich nicht recht möglich erscheinen.

Mit dem Ausdruck vorzüglicher Hochachtung
Ihr Ihnen sehr ergebener
Johannes Winkler.

JOHANNES WINKLER
INGENIEUR

Telephon: Dessau 2730
Postscheck: Magdeburg 577

DESSAU, den ....
Brunnenstr. 70

Lebenslauf.

Ich bin geboren am 29.Mai 1897 zu Carlsruhe in Schlesien.Mein Vater war Tischlermeister.Vom 6. bis 11.Lebensjahr besuchte ich die Volksschule meines Heimatortes,von Ostern 1909 bis Ostern 1911 die Realschule zu Oppeln,sodann das humanistische Gymnasium Johanneum zu Liegnitz.

Am 18.Juni 1915 trat ich als Kriegsfreiwilliger in den Heeresdienst.Ende August 1915 rückte ich ins Feld. Am 26.März 1916 wurde ich bei einem Sturmangriff am Naroczs-See verwundet und nach einer 7-monatigen Lazarettzeit Ende 1916 aus dem Heeresdienst entlassen. Im Sommer 1917 wurde ich zum Landsturm für den Bürodienst eingezogen,dem ich bis zum Sommer 1918 angehörte. In dieser Zeit wurde mir Gelegenheit geboten,in Danzig an einem Abiturientenkursus teilzunehmen, im Anschluss daran bestand ich im Mai 1918 die Reifeprüfung.

Ich studierte sodann zwei Semester Maschinenbau an der Technischen Hochschule zu Danzig und war im Wintersemester 1918/19 gleichzeitig auf der Kaiserlichen Werft in Danzig im U-Bootbau tätig.

In erster Linie dem Wunsche der Eltern folgend studierte ich vom Frühjahrszwischensemester 1919 bis zum Sommer 1922 an den Universitäten Breslau und Leipzig acht Semester evangelische Theologie und soviel mir noch Zeit blieb Naturwissenschaften.Im Oktober 1922 bestand ich das theologische Examen und war 1924-1928 im kirchlichen Verwaltungsdienst tätig.

Meiner natürlichen Veranlagung folgend wandte ich mich 1929 wieder der Technik zu.Bereits seit 1924 hörte ich,soweit dies mit meinen Berufspflichten vereinbar war,an der Universität und Technischen Hochschule zu Breslau,später auch an der Technischen Hochschule Berlin Vorlesungen,um die Kenntnisse,die mir durch die Nicht-Teilnahme an einem ordentlichen Studium des Maschinenbaus versagt blieben,im Notwendigsten zu ergänzen.

Vom Sept.1929 bis März 1931 arbeitete ich in der Forschungsanstalt Professor Junkers in Dessau an der Entwicklung des Rückstossantriebes für Flugzeuge.Vom April 1931 bis Oktober 1932 arbeitete ich selbständig an diesem Problem weiter unter finanzieller Förderung von privater Seite bis die sich verschärfende Wirtschaftskrise auch dieser Arbeit ein Ende machte.Seit August 1933 bin ich im Konstruktionsbüro der Junkers Flugzeug-und Motorenwerke A.G.Dessau mit technischen Versuchen betraut.

Dessau,November 1936.

Johannes Winkler

Abb. 68: Johannes Winkler fasste 1936 sein bisheriges Leben wie hier aufgezeigt zusammen. In der Anlage befindet sich ein Lebenslauf aus dem Jahre 1945 unter der Abb. 266

Spaleck antwortet auf Winkelers Brief vom 6.11.1929 wie folgt:

Sehr verehrter Herr Winkler,
für Ihr freundliches Schreiben und die gesandten Unterlagen danke ich Ihnen bestens. Nach den von Ihnen gemachten Darlegungen habe ich nichts mehr gegen die von Ihnen angenommene Bezeichnung einzuwenden.
Ich würde es begrüßen, wenn ich Sie gelegentlich sprechen könnte. Vielleicht haben Sie die Freundlichkeit, mich einmal anzurufen, damit wir einen Termin vereinbaren können.
Mit vorzüglicher Hochachtung
Ihr ergebenster
P. Spaleck

Doch nun zurück auf Anfang!

Die WGL-Tagung in Danzig am 3.6.1928

Demnach hat am 3.6.1928 ein Herr der Junkers-Werke einen Vortrag zum Thema „Über die Einheit von Triebwerk und Flugwerk“ gehalten (siehe Abb. 69). Anschließend war der Vortrag von Geheimrat Prof. Lorenz über „Die Weltraumfahrt und der Raketenflug in der Stratosphäre“ mit der Aussprache und der Erwiderung von Prof. Oberth.
Dem folgte der Vortrag von Geheimrat Prof. Lorenz über „Die Weltraumfahrt und der Raketenflug in der Stratosphäre“ mit der Aussprache und der Erwiderung von Prof. Oberth.
In der Aussprache hätten Dr. Schrenk, Prof. Hermann Oberth, Dr. Joseph Kölzer, Prof. von Karman und Prof. Pröll das Wort ergriffen. Hermann Oberth schreibt am 6.6.1928 an Winkler über der 17. Tagung, dass er in einer 15-minütigen freien Rede alle Kritikpunkte von Prof. Lorenz widerlegt hätte.[24] Darüber ist mit Sicherheit Prof. Junkers in Dessau berichtet worden.
Tatsache ist, dass lt. Aussage von Philipp von Doepp im Juli 1928 die Forschungsanstalt „Prof. Junkers“ mit Berechnungen für den Bau eines Brennstoff-Rückstoßers begonnen hat. Es ist aber auch nicht ausgeschlossen, dass die Berichte über ein Ra-

ketenflugzeug von Sander, das von Fritz von Opel finanziert werden und eine Höhe von 15 km erreichen sollte, den Ausschlag für den Beginn der Forschungsarbeit gegeben hat. Das Flugzeug hat nie funktioniert.

Vorm. 9^{15} *–* 1^{00} *Uhr:*

ALLGEMEINE VORTRÄGE.

9^{15}–10^{15}: 1. Ministerialdirigent Brandenburg: „Gedanken über den Stand der deutschen Luftfahrt im Jahre 1928".

10^{15}–10^{45}: Aussprache.

10^{45}–11^{30}: 2. Ein Herr der Junkerswerke: „Über die Einheit von Triebwerk und Flugwerk".

11^{30}–12^{00}: Aussprache.

12^{00}–12^{45}: 3. Geheimrat Prof. Lorenz: „Die Weltraumfahrt und der Raketenflug in der Stratosphäre".

12^{45}–1^{15}: Aussprache.

Abb. 69: Auszug aus der Tagesordnung der XVII. Tagung der „Wissenschaften Gesellschaft für Luftfahrt e. V."
Quelle: Hermann-Oberth-Museum Feucht

Der Vortrag von Günter Bock wurde noch im gleichen Jahr im Oldenbourg Verlag als Sonderdruck aus dem Jahrbuch der Wissenschaftlichen Gesellschaft für Luftfahrt veröffentlicht. Der Umfang beträgt 12 Seiten mit 25 Abbildungen.
Über Günter Bock liegen unter anderem folgende biografische Angaben vor:

Er tritt am 1. Mai 1923 bei Prof. Junkers im Privatsekretariat bzw. im Hauptbüro ein (Bearbeitung prinzipieller Festigkeitsfragen des Leichtbaues, theoretische Untersuchungen zum Schwingenflug, Höhenflug, usw.). Ab 1.10.1924 wechselt er zur Forschungsanstalt und ab 1. Januar 1926 ist er bei den Junkers-Flugzeug-Werk A.-G. angestellt, wo er 1930 der Leiter des Büros für Statik ist. Am 1.9. 1931 übernimmt er eine Professur an der TH Danzig und wechselt ab 1933 als Chefingenieur in das Reichsluftfahrtministerium. Von dort übernimmt er 1934 eine Professur der Aerodynamik an der TH Aachen. Ab 1936 ist er Leiter der Direktion Flugzeugwerk bei der DVL in Adlershof und von 1941 bis 1945 Wissenschaftlicher Leiter der DVL. Nach Kriegsende ist er im ZAGI-Institut in Ramenskoje bei Moskau beschäftigt. 1954 kehrt er zusammen mit Prof. Baade aus der UdSSR zurück, wird dann aber Inhaber des Lehrstuhles für Luftfahrtechnik an der TH Darmstadt und 1958 bis 1959 Rektor an der TH Darmstadt. Von 1959 bis 1963 wird er Vorsitzender der Gesellschaft für Luft- und Raumfahrt. 1965 erfolgt seine Emeritierung und er wird Vorstandsmitglied für das Forschungszentrum Oberpfaffenhofen der DVL.-

Hermann Oberth schickte Winkler im Nachhinein den Aufsatz von Prof. Lorenz und seine Erwiderung. Sie wurde in der Juni-Ausgabe 1928 veröffentlicht und hatte folgenden Anfang:

Raketenflug und Raumschiffahrt.

Antwort auf den vorhergehenden Vortrag, von Professor H. Oberth.

Zunächst begrüße ich es, daß sich ein so bedeutender Gelehrter wie Herr Geheimrat Lorenz der bisher arg vernachlässigten Raketentheorie angenommen hat.

Weiter danke ich Herrn Geheimrat Lorenz für die offene und freimütige Art, in der er zugegeben hat, erst mir persönlich und schließlich der ganzen Versammlung*) gegenüber, daß ihm die Konstruktionsvorschläge, die bisher von An-

*) Wir bringen hier das Manuskript zum Abdruck, welches der Antwort von Prof. Oberth an Prof. Lorenz zugrunde lag. Vor der Versammlung hat Lorenz indessen das Oberth gemachte Geständnis nicht wiederholt.

82

Abb. 70, Quelle: Zeitschrift „Die Rakete" 6/1928 im Stadtarchiv Dessau

Die Erwiderung von Hermann Oberth hat Winkler, der aber nur die Berichte kannte, dermaßen beeindruckt, dass er darüber Hückel noch am 30.11.1930 Folgendes geschrieben hat.

Oberth hat gewiß seine Schwächen. Seine blinde Eifersucht gegenüber erfolgreichen Mitarbeitern am Problem der Raumschiffahrt ist bekannt und seine praktischen Fähigkeiten sind nicht besonders ausgeprägt. Aber m. E. ist er ein außerordentlich scharfer Denker. Er hat manchen Gedanken ohne praktische Versuche ausgesprochen, auf die man nur durch längere Versuche kommen würde. Er ist ein guter Theoretiker und Mathematiker, der es mutig und tüchtig mit Gegnern dieser Art (z.B. Lorenz) aufnimmt.

Die wachsende Verschuldung und die Offenlegung seiner finanziellen Manipulationen als Rendant in Breslau

Aus der Biografie von Rudolf Guder „Astris..." ist zu entnehmen, dass sich die finanzielle Lage der Zeitschrift „Die Rakete" und somit von Johannes Winkler immer mehr verschlechterte. Umfasste der Seitenumfang der Zeitschrift Anfang 1929 noch 16 Seiten, reduzierte sie sich ab Juli 1929 auf 8 Seiten. Die Ursachen waren die wachsenden Austritte aus dem „Verein für Raumschifffahrt" und die schlechte Zahlungsmoral aufgrund der Auswirkungen der Weltwirtschaftskrise. Winkler schrieb deshalb im März 1929 einen Brief an den Kämmerer der Stadt Breslau. Darin stellt er den Antrag, für die Schaffung eines Labors 10.000 RM pro Jahr zu erhalten.

Die Antwort war klar und deutlich: Dem Wunsch von Winkler zur finanziellen Unterstützung der Entwicklung der Raumschifffahrt kann nicht Rechnung getragen werden.[25]

Wie die Verschuldung der Zeitschrift und somit von Winkler ständig wuchs, hat er in seinen Memoiren 1944 geschildert, die R. Guder auf den Seiten 72-74 seiner Winkler-Biografie zitiert. Daraus folgen einige Abschnitte:

Die Führung des Vereins, die Herausgabe der Monatsschrift, die Durchführung von Versuchen und die Auswertung in Aufsätzen stellten eine bedeutende Arbeit dar, die nebenberuflich geleistet werden

mußte, aber die Freude an einer so bedeutenden Sache an hervorragender Stelle mitwirken zu können, wog alles wieder auf:
So ging alles eine Weile ganz gut. Allmählich jedoch ließ der Zuzug an neuen Beziehern etwas nach. Die Wirtschaftskrise kroch langsam heran. Die bisher nur langsam zunehmende Verschuldung, die durch Bereitwilligkeit für Stundung überbrückt werden konnte, wurde stärker, und manchmal verdüsterte sich der Blick von Johannes Winkler. Ein Einstellen der Zeitschrift hätte die sofortige Fälligkeit der Rückstände zur Folge gehabt, was ihn in eine peinliche Lage gebracht hätte und ihn jeder Aussicht beraubt hätte, durch die Zeitschrift selbst den Fehlbetrag zu decken. So schleppte sich das Übel, immer verhängnisvollere Formen annehmend...
So gestand er eines Abends seiner Frau seine Not und daß er gewillt sei, es seinem Vorgesetzten zu melden und alle Folgen zu tragen. Durch Abzahlung von seinem Gehalt wollte er die Schulden abtragen. Es war ein schwerer Schlag für seine Frau, aber sie stand zu ihm, sie wußte, daß damit ein schweres Verhängnis abgewendet wurde, daß es die allerhöchste Zeit war, sollte nicht schweres Unheil die Folge sein...
So brach eine schwere Zeit an, die Johannes Winkler die besten Jahre seines Lebens kostete. Es ging schmal zu im Hause Winkler. Die Zeitschrift wurde eingestellt, Schulden wurden nicht gemacht, und wenn es nur trockene Kartoffeln gegeben hätte. Die Vereinsarbeit wurde abgegeben. Nach einem kurzen Übergang in technischen Vertretungen, die ihn notdürftig über Wasser hielten, trat Johannes Winkler bei einem bekannten Flugzeugwerk ein, um dort am Rückstoßantrieb zu arbeiten. Sein Gehalt war nur halb so groß, wie er es vordem bezogen hatte, auch die Pensionsberechtigung war fortgefallen. Dazu die regelmäßigen Abzahlungen. Man mag daraus ersehen, welcher Belastungen Johannes Winkler fähig war einer großen Idee wegen, die ihn nach wie vor beherrschte. Zum ersten Mal in seinem Leben war Johannes Winkler im Beruf in Harmonie mit seinem Wollen und mit seiner natürlichen Begabung. Das war schon etwas.

Die Kirchenleitung hatte damals nur seine sofortige Entlassung bewirkt und sich mit der allmählichen Rückzahlung abgefunden. Winkler schrieb aber am 28.4.1930 folgenden Brief:

An das hochwürdige Oberkirchenkollegium, Breslau
Wie dem hochwürdigen Oberkirchenkollegium bekannt ist, war meine Anstellung in der Forschungsanstalt Prof. Junkers in Dessau nur für ein halbes Jahr vorgesehen.
Da die Lage bei Junkers-Motorenbau, von dem unsere Abteilung in der Forschung unterhalten wird, z.Z. sehr schwierig ist, war aus formellen Gründen ein weiteres Verbleiben nicht zulässig. Ich hatte auch bereits mein Zeugnis erhalten, von dem ich eine Abschrift beifüge. Nur dem persönlichen Eingreifen von Herrn Professor Junkers habe ich es zu verdanken, daß ich einstweilen weiter hier verbleiben kann, an eine Gehaltsaufbesserung ist jedoch, solange die Fabrikation nicht aufgenommen werden kann, bei der augenblicklichen Lage nicht zu denken. Versuche für den Startrückstoßer haben in verhältnismäßig kurzer Zeit zum Erfolg geführt.
Seit dem 6. März des Jahres haben wir hier diesen neuen Verbrennungsmotor.
Der Verbrennungsvorgang ist außerordentlich gleichmäßig, und der Rückstoß völlig nach Wunsch regierbar. Bis zur... (Der Brief bricht hier ab.)

Das Oberkirchenkollegium antwortete am 3. Mai 1930:[26]
Von Ihrer Zuschrift haben wir gern Kenntnis genommen. Es fehlt uns aber noch immer eine Mitteilung darüber, ob Sie inzwischen irgendeinen Weg zur Deckung Ihrer Restschuld von ca. 10.000,-RM bei uns bis zur kommenden Generalsynode gefunden haben. Die uns monatlich bisher überwiesenen 25.--RM, welche eine Verzinsung Ihrer Schuld von nur 3% p.a. darstellen, können wir selbstverständlich als Rückzahlungen nicht ansehen. Nur in dem Falle, daß eine Deckung von Ihnen bis zur Synode beschafft wird, können wir eine Erörterung Ihrer Angelegenheit auf der Generalsynode ausschalten.
Das Oberkirchenkollegium
Gottfr. Nagel

Es kann davon ausgegangen werden, dass Johannes Winkler sich aufgrund der Entlassung als Rendant in der Evangelisch-Lutherisch Freikirche und der Informationen über die Tagung in Danzig vom Juni 1928 bereits entschlossen hatte, sich bei den Junkers-Werken zu bewerben. Die Bewerbung erfolgte jedoch erst am 31.7.1929 unter Berufung auf eine Flugschau am 24.7.1929.
Nachfolgend wird der gesamte verfügbare Schriftsatz zum Einstieg von Winkler in die Junkers-Werke ausgewertet, da nur dadurch einige Passagen im Schriftwechsel Winkler/Hückel und der weiteren Triebwerksentwicklung bei den Junkers-Werken verständlich werden. Die einzelnen Briefe stammen aus dem DM München Nachlass Winkler bzw. dem Archiv Ingenhaag/HORM.

Die Bewerbung von Johannes Winkler bei den Junkers-Werken vom 31.7.1929

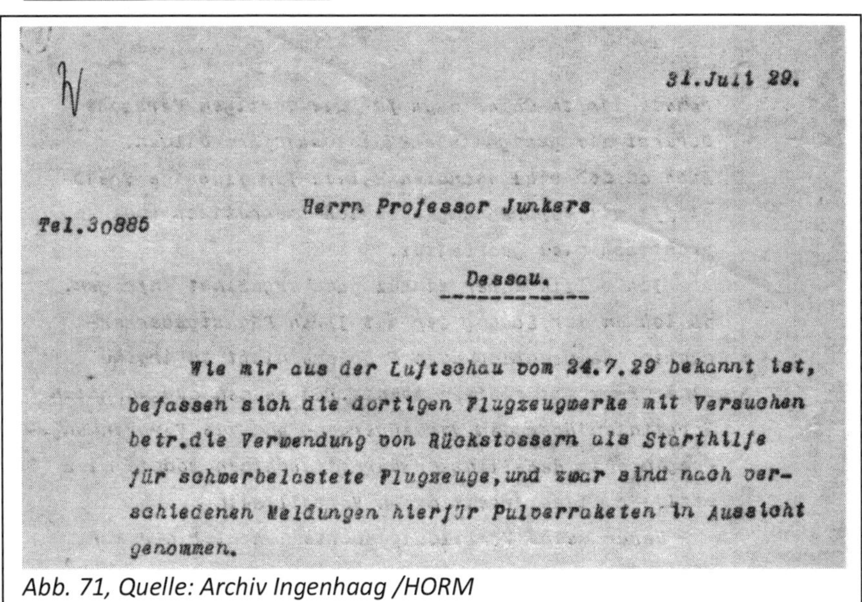

31.Juli 29.

Herrn Professor Junkers

Tel.30885

Dessau.

Wie mir aus der Luftschau vom 24.7.29 bekannt ist, befassen sich die dortigen Flugzeugwerke mit Versuchen betr.die Verwendung von Rückstossern als Starthilfe für schwerbelastete Flugzeuge,und zwar sind nach verschiedenen Meldungen hierfür Pulverraketen in Aussicht genommen.

Abb. 71, Quelle: Archiv Ingenhaag /HORM

In seiner Bewerbung nimmt Winkler die Luftfahrtschau vom 24.7.1929 als Ausgangspunkt. Weitere Themen sind:

- Sein Vorschlag der Verwendung von Kohlensäure im Mai 1929 wäre auch für Starthilfsraketen anwendbar.
- Seine Versuche zum Wärmeübergang und die Überlegungen zu den Verbrennungsvorgängen in Triebwerken könnten auch vorteilhaft sein.
- Zu seiner Vorbildung erwähnt er die Semester Maschinenbau an den TH Breslau und Danzig und seine Arbeit auf der Kaiserlichen Werft zu Danzig.
- Außerdem wäre er auch im Flugzeugbau einigermaßen bewandert, wenn er auch keine Raketenautos gebaut hätte.

Ob die Information über die Junkers-Werke von Winkler in der August- Nr. 1929 in seiner Zeitschrift „Die Rakete“ auf den Antwortbrief der Forschungsanstalt einen Einfluss hatte, ist nicht bekannt. Der Wortlaut dieser Nachricht wird hier als Kopie wiedergegeben (siehe Abb. 74).

Bekannt ist jedoch das Antwortschreiben von Philipp von Doepp vom 5.9.1929 (siehe Abb. 72 und Abb. 73).

Der Arbeitsstand bei den Junkers-Werken im August 1929

Von Philipp von Doepp liegt ein 7-seitiger Bericht über die Arbeiten zur Entwicklung des Rückstoßerstarts vom 8.8.1929 vor.[27] Darin wird als ideale Lösung eine Düse (?) mit zwangsläufig gesteuerter innerer Verbrennung von flüssigem Brennstoff angesehen. Parallel dazu wird auch die Anwendung von Pulverrakete diskutiert. Philipp von Doepp geht dann auf die Vorarbeiten zur Schaffung eines Brennstoff-Rückstoßers ein. Als besonders zweckmäßig wurde die Kombination Benzin-Sauerstoff-Wasser gefunden.

FORSCHUNGSANSTALT PROF. JUNKERS
DESSAU

POSTANSCHRIFT: Forschungsanstalt Prof. Junkers, Dessau, Junkersstraße
DRAHTWORT: Forschung Dessau
FERNRUF 3116
GESCHÄFTSZEIT: ½8–½5, Sonnabends ½8–1 Uhr
CODE: Mosse Code

Herrn
Johannes W i n k l e r ,

B r e s l a u 13
=.=.=.=.=.=.=.=.=
Hohenzollernstrasse 63/65

IHRE ZEICHEN | IHRE NACHRICHT VOM | In der Antwort anzugeben UNSERE ZEICHEN v.Dp./Gwd. | TAG 5. Sept.1929

Betrifft:

Sehr geehrter Herr Winkler!

Ihr Schreiben vom 31. 7. d.J. an Herrn Professor Junkers ist uns heute zur Erledigung übergeben worden. Wir entnehmen darauf, dass Sie den Wunsch haben, in der Rückstosser-Sache in irgendeiner Form mit uns zusammen zu arbeiten. Da wir uns mit der Entwicklung eines Sauerstoff-Benzin-Rückstossers befassen, so käme Ihre tatsächliche Mitarbeit in Frage und zwar unter folgenden Bedingungen:

Sie treten für eine beschränkte Zeit - zunächst ein halbes Jahr - als unser Angestellter hier ein und bearbeiten im Hauptberuf die Rückstosserfrage unter Leitung des Unterzeichneten; zwischendurch werden Sie auch zur Erledigung sonstiger in unser Arbeitsgebiet fallender Aufgaben herangezogen. Im Verlauf dieser Zeit wird sich über

Abb. 72

Da die Vorarbeiten für die ersten Rückstosserversuche schon recht weit gediehen sind, so ist die Richtung, in welcher Ihre Arbeit sich zunächst bewegen wird, ziemlich vorgezeichnet, worauf wir Sie zur Vermeidung späterer Enttäuschungen rechtzeitig aufmerksam machen wollen.

Was Ihr Gehalt anbelangt, so sind wir für die ersten Monate an die tariflichen Bestimmungen gebunden.

Hochachtungsvoll

Forschungsanstalt
Professor Junkers
Ph. Doepp.

Abb. 73

Nachrichtendienst.

Rückstoßer-Versuche in Dessau. In diesem Monat wurden von den Junkerswerken in Dessau Versuche mit Raketen unternommen, die zu einem befriedigenden Ergebnis führten. Diese Versuche hatten im Gegensatz zu unsern Bestrebungen nur den Zweck, den Start von schwerbelasteten Wasserflugzeugen zu erleichtern. Es ist bekannt, daß ein Flugzeug für den Start größere Kräfte braucht als für den übrigen Flug, es ist daher im allgemeinen erforderlich, den Motor mit Rücksicht auf den erhöhten Kraftbedarf zu konstruieren, es wird daher während des normalen Fluges ein unnötig schwerer Motor durch die Luft geführt. Dem läßt sich nun in der Weise vorbeugen, daß man für die wenigen Sekunden des Startes eine leichtere Zusatzkraft vorsieht, die uns die Rakete liefert. Das Flugzeug vom Bremen-Typ (2,1 t Startgewicht) startete mit abgedrosselten Motoren, es zeigte sich, daß bereits verhältnismäßig kleine Raketen genügten, die erforderlichen Zusatzkräfte zu liefern.

Abb. 74: Ob die Information über die Junkers-Werke von Winkler in der August- Nr. 1929 in seiner Zeitschrift „Die Rakete“ auf den Antwortbrief der Forschungsanstalt einen Einfluss hatte, ist nicht bekannt. Der Wortlaut dieser Nachricht wird hier als Kopie wiedergegeben.

Es wurde deshalb ein kleiner Rückstoßer mit stark in die Länge gezogenem Verbrennungsvorgang entworfen (welcher von Hand regelbar ist) und teilweise ausgeführt, an welchem Vorversuche gemacht werden sollen. Außerdem wurde die Verwendung von flüssigem Sauerstoff und komprimierter Luft in Erwägung gezogen. Sehr konkret ist die Auflistung der Schwierigkeiten:
Die bisher ausgeführten sehr umfangreichen Rechnungen und konstruktiven Überlegungen auf diesem Gebiet haben gezeigt, daß der Lösung des Brennstoff-Rückstoßerproblems eine Fülle von Schwierigkeiten entgegensteht, wie Gewicht der Gasbehälter, Förderung der flüssigen und gasförmigen Körper und richtige Mischung derselben in der sehr kurzen Zeitdauer, Vergasung, Zündung, Kühlung, Dimensionierung und Formung der Düse.
Es folgen dann die aktuellen Probleme bei der Erprobung der Pulverraketen mit einer J 34 am 30.8. 1929.
Für den Brennstoffrückstoßer sieht Philipp von Doepp folgende Etappen vor:
- Versuche mit Benzin und flüssigem Sauerstoff
- Untersuchungen der zweckmäßigsten Düsenform
- Versuche mit komprimierter Luft, falls flüssiger Sauerstoff zu schwierig
- Vorversuche mit Druckluft-Benzin
- Bau und Erprobung eines brauchbaren Rückstoßers
- Einbau in ein Flugzeug und Startversuche.

Der Arbeitsstand bei der Entwicklung von Rückstoßern in der Forschungsanstalt „Prof. Junkers“ wird in einer Kurzfassung vom 9.8.1929 wiedergegeben. Dort heißt es, dass im Juli 1928 die Vorarbeiten zur Ausbildung eines Brennstoffrückstoßers begonnen wurden. Sie umfassten rechnerische und konstruktive Arbeiten für einen kleinen Rückstoßer mit Benzin und flüssigem Sauerstoff. Versuche wären aber wegen Dosierungs-, Mischungs-, Zündungs- und Gewichtsfragen nicht durchgeführt worden.
Winkler reagiert mit dem Schreiben vom 8.9.1929.

An die
Forschungsanstalt Professor Junkers
Dessau

Für Ihr wertes Schreiben (v. Dp. /Gwd.) vom 5. ds. Mts. danke ich Ihnen bestens. Der von Ihnen vorgeschlagene Weg erscheint mir gangbar, ich bin daher bereit, die Mitarbeit zunächst in dieser Form aufzunehmen.

Weitere Themen seiner Antwort sind:

- Mit den Festlegungen zu den Patenten wäre er einverstanden, soweit es nicht seine eigene Anmeldung vom 3.1.1929 und sonstigen Schutzrechte betrifft.
- In seinem Buch „Die Rakete für flüssige Treibstoffe" will er die Konstruktionen, die vor seinem Eintritt konkrete Gestalt angenommen haben, verwenden dürfen.
- Er bittet außerdem um die Information zu der Höhe seines Gehaltes.
- Für seine ehrenamtliche Tätigkeit im Verein wird er hin und wieder einige Tage Urlaub erbitten.
- Der Arbeitsbeginn kann eine Woche nach dem endgültigen Bescheid erfolgen.

Die Forschungsanstalt antwortet am 10.9.1929 (siehe Abb. 75). Der offizielle Brief beinhaltet in kühler Form außerdem folgende Aussagen:

- Zusage von 12 Urlaubstagen im Laufe des ersten halben Jahres.
- Winkler soll in großen Umrissen schriftlich niederlegen, was er in seinem Buch veröffentlichen will. Alles was darüber hinausgeht, darf nur mit Genehmigung der Werksleitung veröffentlicht werden.
- Anmeldungen vor Dienstantritt sind natürlich das Eigentum von Winkler.

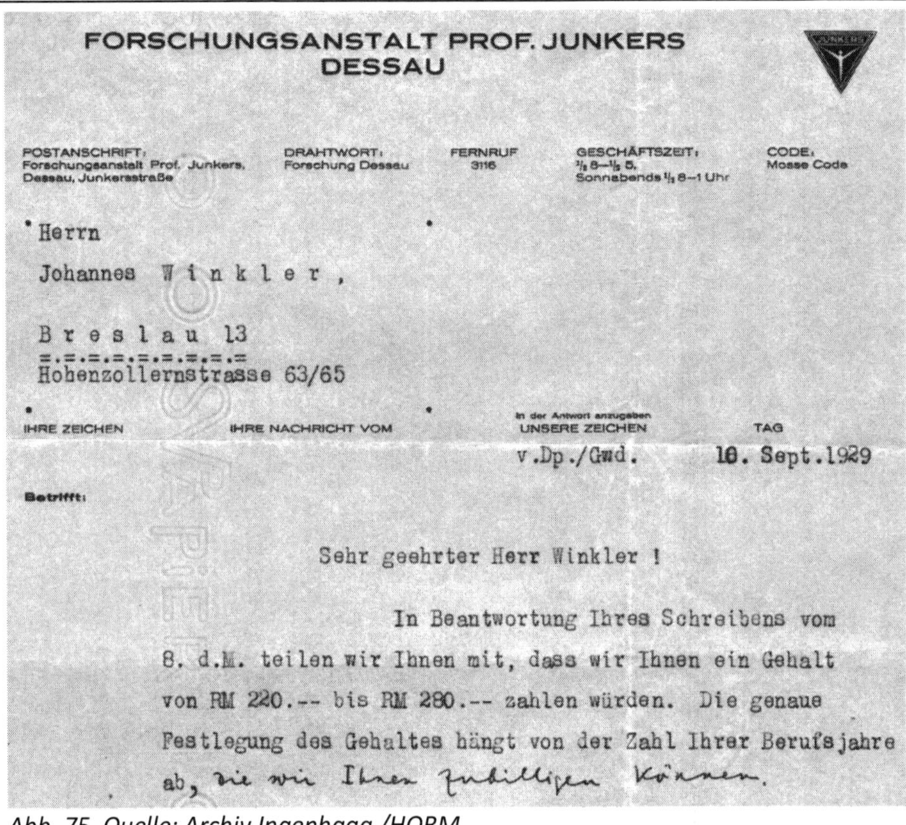

FORSCHUNGSANSTALT PROF. JUNKERS
DESSAU

POSTANSCHRIFT: Forschungsanstalt Prof. Junkers, Dessau, Junkersstraße
DRAHTWORT: Forschung Dessau
FERNRUF 3116
GESCHÄFTSZEIT: ½8–½5, Sonnabends ½8–1 Uhr
CODE: Mosse Code

Herrn

Johannes W i n k l e r ,

B r e s l a u 13
=.=.=.=.=.=.=.=.=
Hohenzollernstrasse 63/65

IHRE ZEICHEN — IHRE NACHRICHT VOM — UNSERE ZEICHEN: v.Dp./Gwd. — TAG: 16. Sept.1929

Betrifft:

Sehr geehrter Herr Winkler !

In Beantwortung Ihres Schreibens vom 8. d.M. teilen wir Ihnen mit, dass wir Ihnen ein Gehalt von RM 220.-- bis RM 280.-- zahlen würden. Die genaue Festlegung des Gehaltes hängt von der Zahl Ihrer Berufsjahre ab, die wir Ihnen zubilligen können.

Abb. 75, Quelle: Archiv Ingenhaag /HORM

Philipp von Doepp schreibt des Weiteren am 10.9.1929 eine inoffizielle Ergänzung zur offiziellen Korrespondenz und macht damit deutlich, dass er persönlich nicht die offizielle Meinung der Forschungsanstalt akzeptiert:

- Die Reaktionen von Winkler auf den wenig entgegenkommenden Ton hätten gezeigt, dass es ihm nur um die Arbeit selbst und weniger um Geld und Ehre gehen würde.
- ***Innerhalb der Firma und sogar beim Chef selber wird der Startrückstoßer noch nicht richtig gewürdigt.*** Deshalb stehen nur geringe Mittel zur Verfügung. Die Sache könne ein großer finanzieller Erfolg werden.

- Winkler bringe viel guten Willen und gediegene Kenntnisse mit. Er müsse aber in kurzer Zeit die Aufgabe vom richtigen Ende angreifen.
- Die Hilfe vieler Kräfte der FA wird zur Verfügung stehen, er muss es nur richtig gebrauchen.
- Die Veröffentlichung des Buches solle er hinausschieben. Mit dem Besuch der Werksleitung und anderer hervorragender Persönlichkeiten bei den Versuchen lt. Brief an Hückel vom 3.10.1930 dürfte die Anerkennung von Winkler deutlich geworden sein.

Johannes Winkler antwortet Philipp von Doepp am 15.9.1929 [28] wie folgt:

Sehr verehrter Herr von Doepp.
Besten Dank für Ihre freundlichen Zeilen vom 10. ds. Mts. Ich dachte es mir schon, daß Sie zunächst bis ein erster Erfolg vorliegt, die größte Sparsamkeit walten lassen müssen.

Wie er den doppelten Haushalt bewältigen soll, wäre ihm aber nicht klar.
Ihm wäre an der Technischen Hochschule verübelt worden, dass er sich mit rohen Versuchsergebnissen begnügte. Um eine Maschine zu schaffen, bei der fast alle Konstruktionsgrundlagen fehlen, kann man sich nicht so lange bei Einzelfragen aufhalten. Da nur geringe Geldmittel zur Verfügung standen, hat man schon gelernt, die Apparate billig zu bauen.
Mit der Aufnahme der Arbeit in Dessau ändert sich die Lage grundlegend und er könne sich mit Veröffentlichungen zunächst noch zurückhalten. Eine fruchtbare Zusammenarbeit wird sehr wohl möglich sein.
Eine Übersicht über seine Gehaltsentwicklung besteht jedoch nicht. Im Anschluss an eine Scheinkündigung wurde ihm jedoch am 27.1.1931 ein reduziertes Monatsgehalt von 331,00 RM angeboten (vorher 350 RM). Dieses Angebot war für ihn der Grund, die Kündigung anzunehmen und in die AG mit Hugo A.

Hückel zu gehen. Dazu gibt es einen Briefwechsel zwischen Winkler und Hückel.
Sein Einkommen 1933 betrug 500 RM, wie aus dem Fragebogen der britischen Behörden vom 21.2.1946 ausweist.

Philipp von Doepp ermöglicht finanziell den Umzug der Familie Winkler von Breslau nach Dessau

Winkler schreibt am 25.1.1931, dass sein Abteilungsleiter Philipp von Doepp ihm ein Darlehen von 600 Mark gegeben hätte, um ihm den Umzug zu ermöglichen. Dieses Darlehen müsste abgelöst werden.
Das eindeutige Dokument für das Engagement von Philipp von Doepp und von Hugo A. Hückel für Johannes Winkler ist das Schreiben der Anhaltisch-Dessauischen Landesbank vom 31.3.1931, das dem Autor vorliegt, aber nicht reproduzierbar ist. Demnach hatte Philipp von Doepp 1.000 RM für den Kredit verpfändet. Hückel hat dafür eine selbstschuldnerische Bürgschaft in Höhe von 600 RM incl. der Zinsen übernommen.
Der Brief vom 19.9.1929 bestätigt den Arbeitsbeginn per 19.9., verpflichtet zur Schweigsamkeit und nennt das Gehalt mit 245 RM/Monat (!). Winkler bestätigt handschriftlich auf der Rückseite am 20.9.1929.
Sein Zeugnis vom 20.3.1930 war ausgezeichnet und wurde per 10.8.1931 bestätigt (siehe Abb. 76).
Johannes Winkler wohnte zunächst „An der Kienheide 20“ (siehe Abb. 77) und beklagte sich über seine Wohnverhältnisse später bei Hugo A. Hückel.
Nicht weit von der Kienheide und der Brunnenstraße in Ziebigk entfernt befand sich das Restaurant „Das Kornhaus“ an der Elbe, das offensichtlich auch von ihm gern besucht wurde, wie die Karte auf Abb. 78 zeigt.

Zeugnis - Abschrift.

Dessau, den 20. März 1930.

Herr Johannes Winkler, geb. am 29. Mai 1897 zu Carlsruhe i. Schlesien, ist vom 19. September 1929 bis zum 20. März 1930 bei uns als Versuchsingenieur tätig gewesen. Seine Anstellung erfolgte für eine fest umrissene Aufgabe - Entwicklung eines Startrückstossers für Flugzeuge - und zunächst für die Dauer eines halben Jahres.

Herr Winkler hat seine schwierige Aufgabe trotz der geringen zur Verfügung gestellten Hilfsmittel in der kurzen Zeit in ausgezeichneter Weise gefördert. Er war hierzu in hohem Masse geeignet nicht nur durch seine vollkommene Beherrschung dieses Sondergebietes und seine hervorragenden Charaktereigenschaften, wie Gründlichkeit, Ausdauer, Selbstdisziplin und Anpassungsfähigkeit an die jeweilig auftretenden sachlichen Anforderungen, sondern auch insbesondere durch seine Erfindungsgabe und sein hochgradiges Interesse für die ihm gestellten Aufgaben.

Infolge Ablaufes der Anstellungsfrist müssen wir uns zu unserem grössten Bedauern von Herrn Winkler trennen, da die allgemeine Geschäftslage z.Zt. die Entlassung auch fest angestellter Herren notwendig macht. Wir wünschen ihm das Beste für seinen ferneren Lebensweg.

Forschungsanstalt Professor Junkers
Abt. Strömungstechnik
gez. von Doepp

Ergänzungszeugnis.

Herr Johannes Winkler, geb. 29. Mai 1897 zu Carlsruhe i. Schlesien, war vom 20. September 1929 bis 20. März 1930 und weiterhin bis zum 7. März 1931 bei uns als Versuchsingenieur tätig.

Herr Winkler verlässt seinen Dienst auf eigenen Wunsch, da er sich einem anderen Anwendungsgebiet des Rückstossers zuwenden will.

Im übrigen wird auf das Herrn Winkler bereits am 20. März 1930 gegebene Zeugnis verwiesen.

Dessau, den 10. VIII. 1931.

Forschungsanstalt Prof. Junkers
Abt. Strömungstechnik.

gez. von Doepp.

Daß vorstehende Abschrift mit dem Originalzeugnis übereinstimmt wird hiermit amtlich beglaubigt.

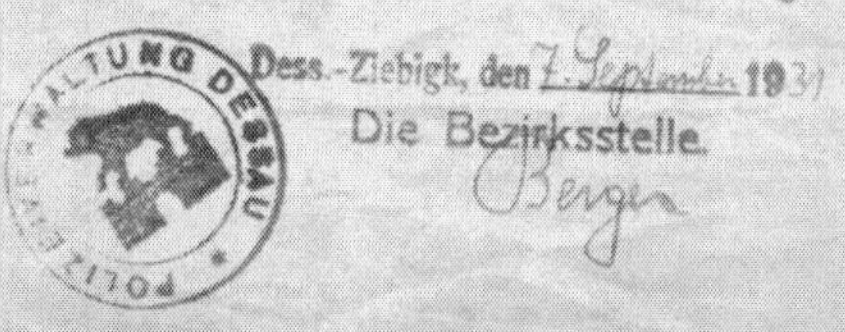

Abb. 76: Die amtlich beglaubigten Zeugnisse der Junkers-Werke

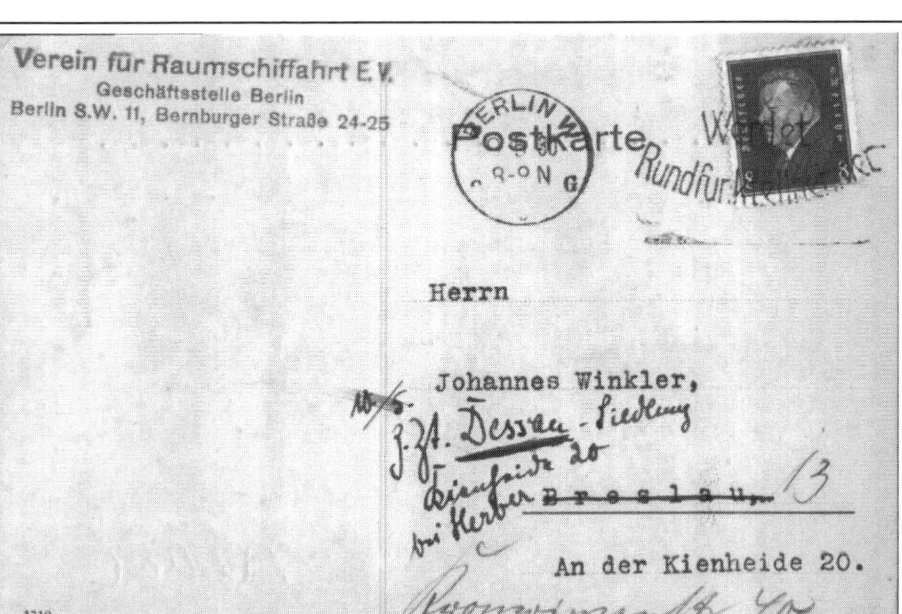
Verein für Raumschiffahrt E.V.
Geschäftsstelle Berlin
Berlin S.W. 11, Bernburger Straße 24-25
Postkarte
Herrn
Johannes Winkler,
Breslau,
An der Kienheide 20.
1710

Abb. 77

KORNHAUS

Abb. 78

Abb. 79: Das spätere Wohnhaus der Familie Johannes Winkler in Dessau-Ziebigk, Brunnenstr. 70
Fotos: Brunnenstraße 70 im Jahre 1929 (Quellen: Privatarchiv Dr. Guder, Archiv Ingenhaag /HORM) und heute (Quelle: Foto des Autors)

Abb. 80: Winkler Privat

Abb. 81: Winkler Privat

Abb. 82: Winkler bei der Arbeit

Abb. 83: Einer der vielen Kartengrüße seiner Frau an ihn

4. Johannes Winkler entwickelt bei den Junkers-Werken ab 1929 den bahnbrechenden Raketenantrieb

Einleitung

Aus der Literatur ergibt sich, dass vier Raketenpioniere mit ihren Helfern fast gleichzeitig die ersten Brennkammern für flüssige Treibstoffe fertiggestellt haben. Es ist aber bekannt, dass von der Entwicklung von ersten Brennkammern zu Triebwerken mit Treibstoffbehältern, Zuleitungen, Ventilen und Kühlsystemen weitere Schritte notwendig waren. Viele Jahre sollten vergehen, bis tatsächlich eine erste Höhenrakete flugfähig war. Die Zeitabstände zwischen den erfolgreichen Brennkammerversuchen der einzelnen Raketenpioniere sind gering und taugen nur für eine Polemik zu der Frage, wer denn nun der erste gewesen sei. Aufgrund fehlender Unterlagen wird diese Frage möglicherweise auch nie zu klären sein.

Die Quellen für die nachfolgende Übersicht sind von unterschiedlicher Qualität. Sie beruhen teilweise nur auf Erinnerungen und haben sehr lückenhafte Belege. Nimmt man die bekannten Daten als Grundlage ergibt sich lt. Tabelle folgende Arbeitsstand:

Namen	Datum	Treibstoffe	Schub	Erste Bemerkungen
Sander, Friedrich-Wilhelm	Zum Lebenslauf von Sander liegen recht viele Unterlagen vor, leider jedoch nicht zu seinen Ergebnissen bei Triebwerken mit flüssigen Brennstoffen. Sie gingen sicher während der Auseinandersetzungen mit der SA verloren.			
Max Valier, Walter (!) Riedel, Arthur Rudolph	4.3.1930	Benzin, fl. Sauerstoff	3.200 g	Versuche bei der Fa. Heylandt; Tod Valier 17.5.1930; Patent Heylandt 13.4.1930

Johannes Winkler	6.3.1930	Benzin, fl. Sauerstoff	2,6 kg	Versuchsprotokoll der Forschungsanstalt „Prof. Junkers" vom 8.3.1930; Patent abgelehnt
Rudolf Nebel, Hermann Oberth	23.7.1930	Benzin, fl. Sauerstoff	Spaltdüse: 2,5 kg Kegeldüse: max. 7,7kg	Spaltdüse und Kegeldüse in Chemisch-technischer Reichsanstalt; 3 eigene Patente
R. Nebel, Klaus (!) Riedel	August 1930	Benzin, fl. Sauerstoff	0,4 bis 3,5 kg	Erste Versuche in Bernstadt, keine Protokolle; Patent 13.6.1931
Forschungsanstalt Prof. Junkers	ab Juli 1928	k. A.	Keine Erprobung	Vorgabe für Winkler

Bemerkenswert: für die Gruppen/Personen 2 bis 4 waren die Betriebsstoffe Benzin und Sauerstoff der Zugriff der ersten Wahl. Erst danach erfolgte der Umstieg auf Paraffin (Valier) bzw. Methan (Winkler). Durch den verfrühten Übergang von Winkler zu flüssigem Methan bzw. die Versuche mit Paraffin (Unfalltod von Valier) traten erhebliche Rückschläge bei der Entwicklung leistungsfähiger Triebwerke auf.
Nachfolgend werden chronologisch nach den Erstversuchen einige Bemerkungen zu den Versuchen gemacht, die von Max Valier, Nebel/Oberth und Nebel/Riedel durchgeführt worden sind. Informationen über Johannes Winkler und die Forschungsanstalt Prof. Junkers folgen ab Seite 132.

1. Max Valier/Walter Riedel/Arthur Rudolph

Zur eigenen Überraschung musste der Autor feststellen, dass Max Valier am 4.3.1930 der erste war, der erfolgreich eine Brennkammer getestet hat. Es kann vermutet werden, dass es vielen Lesern ähnlich ergeht, da sich die historischen Darstellungen über Max Valier zumeist auf seine Artikel über Raketen-

flugzeuge, Raketenautos und Raketenschlitten beziehen. Mit dem Beginn der Arbeit bei der Firma Heylandt begannen jedoch ernsthafte und belegbare Triebwerksversuche, die lt. Tabelle zu dem erfolgreichen Ergebnis führten.
Welchen Anteil dabei Friedrich Sander und die dortigen Versuche von Valier hatten, ist gegenwärtig nicht feststellbar, obwohl dazu mehrere Artikel vorliegen. Es kann nur erwartet werden, dass Olaf Przybilski seine Untersuchungen weiterführt.
Aus der Tabelle ergeben sich die Angaben gemäß Abbildung 84. Die Fotos aus dem Archiv des Deutsches Museum München, die Max Valier bei seinen Versuchen und die Skizzen seiner Triebwerke zeigen, werden zu einem späteren Zeitpunkt ausgewertet.

Zusammenstellung der Versuchswerte vom 4.III.30 – 1.IV.30.

Datum	Düse ø in mm.	Ofen Bezeichnung.	Drücke in atü: O_2	Br.	Ofen	Rückstoß R in gr.	Meßdauer t sek.	Treibstoffverbrauch in gr: O_2	Br	G = Summe	Spezifisch. Verbrauch $\varsigma = \frac{G}{t \cdot R}$	$C = \frac{9{,}81}{\sigma}$ m/sek
4.3.30	15	12 L [illegible]	5,6	4,5	–	3200	300	3250	5200	8450	8,8	1115
■ ■ ■												
1.4.30	17 ø [illegible]	[illegible]	4,4	5,0	3,7	10000	250	8000	10000	18000	7,05	1390
1.4.30	"	"	4,8	4,8	3,7	10000	250	10000	8500	18500		
1.4.30	17 ø 60°	"	5,6	4,4	3,7	10000	250	7250	8500	15750	6,2	1580
" "	22 ø 24°	"	10–8,5	9	3,6	18000	200	4000	14200	18200	7,55	1300
" "	22 ø 40°	"	10	9	4,2	21000						

Von hier ab beginnen die Versuche mit dem 1. [illegible]

Abb. 84 Quelle: Riedel, Walter; „Die Entwicklungsarbeiten mit Flüssigkeitsraketen bei der Fa. Heylandt in Berlin-Britz 1930-33“

2. Die gemeinsame Forschungstätigkeit von Hermann Oberth (1894 – 1989) und Rudolf Nebel (1894 – 1978)

Hermann Oberth hat nach bisherigem Stand 1929 folgende Patente zur Raketentechnik angemeldet:

- Patent vom 7.3.1929 über eine „Vorrichtung zum Antrieb von Fahrzeugen durch den Rückstoß ausströmender Verbrennungsgase“
- Patent vom 25.6.1929 über ein „Verfahren und Vorrichtung zum Verbrennen von Brennstoffen, zum Beispiel für Rakete“ (Doppeldochtbrenner)
- Patent vom 16.10.1929 über ein „Verfahren zur schnellen Verbrennung von Brennstoffen“

Letzteres Patent beruhte auf seinen Beobachtungen über das Verhalten der Tröpfchen beim Einspritzen in eine gemeinsame Öffnung, so wie Oberth das in einem Brief vom 18.10.1929 an Winkler beschrieben hat. Aus den Unterlagen ist nicht zu entnehmen, wann die ersten Versuche mit 20 Litern Sauerstoff und 10 Litern Benzin erfolgten. Nach den Überlegungen von Herrn Rohrwild hat die Versuchsanordnung erstmals am 24. oder 25.9.1929 gebrannt. Es liegen aber keine Angaben über den erreichten Schub und die Dauer der Verbrennung vor.
Bei dem amtlichen Test in der Chemisch-Technischen Versuchsanstalt am 23.7.1930 erreichte die Kegeldüse in den ersten 50,8 sec. einen Schub von 7 kg, dann über weitere 45,6 sec. einen Schub von 6 kg. Darüber stellt Dr. Ritter ein Zeugnis aus, das den Weg zum Raketenflugplatz Tegel ebnete.[29] Unterstützung erhielt er dabei von Rudolf Nebel. Er wurde am 18.10.1929 eingestellt.[30]
Eine Versuchsanordnung ist in dem Zeugnis nicht enthalten. Oberth schätzte ein, dass ein Schub von 80 kg möglich wäre. Eine Simulationsrechnung von Prof. Epple erbrachte einen Schub von 70 kg bei 19 bar.
Nach Aussage von K. Rohrwild liegen zu den Versuchen von Hermann Oberth neue Dokumente vor, die der Autor jedoch

noch nicht auswerten konnte. Die Prioritätsfrage bleibt also spannend, ist aber letztendlich sekundär, da durch die Übersicht deutlich wird, dass sieben Jahre Diskussion, Konstruktion und Bauversuche seit der ersten Veröffentlichung von Hermann Oberth notwendig waren, um aus der Theorie Realität werden zu lassen!

3. Die Raketenforschung von Rudolf Nebel und Klaus Riedel (1907 – 1944)

Über die gemeinsame Arbeit von Nebel und Riedel liegen dem Autor vier Quellen vor. Das sind das Buch von Rudolf Nebel „Raketenflug“ 1932, sein Buch „Die Narren von Tegel“ 1972, die Broschüre von Harald Tresp „Klaus Riedel – der Macher im Hintergrund“ 1995 sowie das Buch von Klaus Werner Günzel „Raketenpionier Klaus Riedel“ 2005.-
Hermann Oberth reiste am 21.12.1929 aus Berlin ab und hinterließ eine Vollmacht für Rudolf Nebel. Danach konstruierte Nebel und Riedel die kleine Flüssigkeitsrakete „Mirak“. Am 23.7.1930 kam in der Chemisch-Technischen Reichanstalt Berlin die erste Raketendüse zum Brennen und erbrachte ein Gutachten.[31] Anschließend führten Nebel und Riedel die Arbeiten an der Minimumrakete in Bernstadt i. Sa. fort. Dazu liegen nur die Eigendarstellung von Rudolf Nebel bzw. die Informationen von Klaus Werner Günzel vor.
Im August 1930 gelang es zum ersten Mal, das Triebwerk zum Brennen zu bringen. Am 11.9.1930 explodierte die Rakete jedoch vor einer großen Anzahl von Zuschauern. Zur Fortführung der Arbeiten wurde durch Nebel der erste Raketenflugplatz der Welt am 27.9.1930 in Tegel gegründet. Auf dem Raketenflugplatz wurde von Anfang an mit Benzin und flüssigen Sauerstoff gearbeitet. Im März 1931 begann der Bau der ersten Flüssigkeitsrakete bei einem Schub von 25 kg und die Herstellung eines Raketenmotors für 64 kg Schub. Am 14.5.1931 startete die erste Flüssigkeitsrakete in Tegel und erreichte eine Höhe von

60 m.[32] Die Treibstoffbehälter fassten 1 l flüssigen Sauerstoff und 0,33 l Benzin. Später ging man zur Achsenstabrakete über, bei der der Raketenmotor an der Spitze und der Fallschirm am Schwanzende war. In der Zeit vom Winter 1931 bis zum März 1932 wurde ein Apparat mit drei Litern flüssigem Sauerstoff und 0,8 Liter Benzin in Arbeit genommen. Damit erreichte man Steighöhen von 3.000 und 4.000 m.

Informationenvon Philip von Doepp zum Arbeitsstand bei den Junkers-Werken 1929

Über die Forschung auf dem Gebiet der Brennstoff-Rückstoßer liegen mehrere Dokumente vor. In einem Bericht von Philipp von Doepp über die „Derzeitige Situation der Raketenstartfrage" vom 4.4.1929 informiert er, dass in der Abt. Strömungstechnik solche Rückstoßer in verschiedenen Varianten durchgerechnet sind und ein Versuchsapparat im Maßstab 1 : 4 im Bau ist. ***Zur Zeit erscheinen die technischen Schwierigkeiten noch sehr groß und die Entwicklung dürfte noch mindestens 1 Jahr dauern.*** Diese Information lag Prof. Junkers am 6.4.1929 vor. Aus einem weiteren Bericht vom 9.8.1929 geht hervor, dass sich die Junkers-Werke seit Juli 1928 mit Brennstoff-Rückstoßern beschäftigten.

Die Brennkammern von Johannes Winkler von 1929 bis 1938

Nachfolgend konzentrieren sich die Darlegungen auf die Forschungsarbeiten von Johannes Winkler, die sich bereits 1927 auch dem Bau von Brennkammern für flüssige Treibstoffe zuwandte.

Folgende Entwicklungsetappen sind ab 1929 festzustellen:

A) Die Ideen zum Gegenspritzen lt. Patent vom Januar 1929

B) Die ersten Triebwerke mit Benzin und Sauerstoff bei den Junkers-Werken 1930/31

C) Die Brennkammerversuche mit Lachgas Ende 1930/Anfang 1931

D) Die Triebwerke mit flüssigem Methan und flüssigem Sauerstoff von 1931 bis 1932 in der AG mit Hugo A. Hückel und danach bis 1935

E) Die leistungsfähigen Triebwerke Benzin – Sauerstoff bei der JFM AG bis 1938

A) Die Idee vom Gegenspritzen und sein Patent vom Januar 1929

Im Januar 1929 schrieb Winkler in seiner Zeitschrift, dass die genaue Kenntnis der Verbrennungsvorgänge für die Konstruktion leichter Apparate unerlässlich ist. Der entscheidende Punkt für die Raumfahrt ist, **ob es möglich sein wird, die großen Mengen flüssiger Treibstoffe in der zur Verfügung stehenden kurzen Zeit in hinreichend leichten Apparaten zu verdampfen und zur Verbrennung zu bringen.**

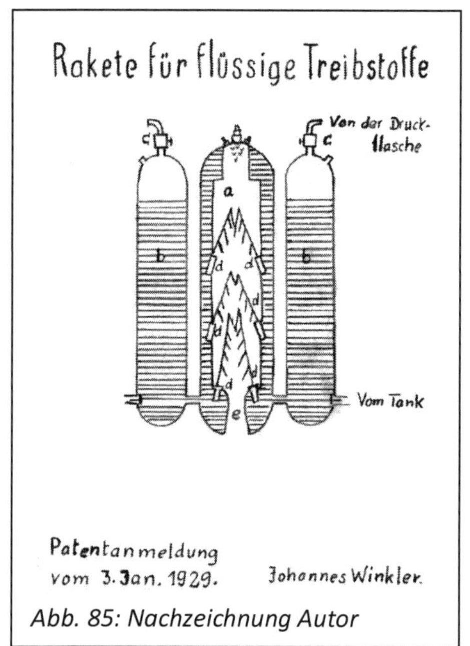

Abb. 85: Nachzeichnung Autor

Bereits am 3.1.1929 reichte Johannes Winkler sein Patent beim Reichspatentamt ein. Seine Bezeichnung lautet: Rakete für flüssige Treibstoffe. Die beigefügte Skizze (Abb. 85) erläutert Winkler wie folgt: ***Mit der eingereichten Erfindung wäre es möglich, den Verbrennungsraum wesentlich kleiner und leichter zu halten. „Es wird dies in der Hauptsache dadurch erreicht, daß die Einspritzung des Treibstoffes entgegen der Strömung der Gase im Verbrennungsraum erfolgt. Dabei wird der Druck in den Vorkammern durch Reduzierventile konstant gehalten. Der Verbrennungsraum wird von einem Mantelraum zur Kühlung und Vorwär-***

mung umgeben. Der Treibstoff wird durch die Zerstäuberdüsen entgegen der Ausströmdüse eingespritzt"

Winkler formuliert drei Ansprüche:

1) ***Raketen für flüssige Treibstoffe mit „Gegenspritzen"***
2) ***Vorrichtung zur selbständigen Regelung des Druckes***
3) ***Anfängliche Einleitung der Verbrennung durch gasförmige Treibstoffe.***

Das Reichspatentamt äußerte sich am 27.5.1929 verheerend über die Patentanmeldung von Johannes Winkler vom 3.1.1929. Er müsse seinen Anspruch 1 näher erläutern, Anspruch 2 würde in keinem Zusammenhang mit Anspruch 1 stehen und Anspruch 3 wäre bereits in Nr. 11 der Zeitschrift „Die Rakete" vom 15.11.1928 veröffentlicht worden. Winkler antwortet am 10.8.1929 mit einem Einspruch, in dem er Anspruch 1 erläutert, Anspruch 2 und 3 jedoch zurückzieht. Zu der Veröffentlichung in der Zeitschrift „Die Rakete" verweist er darauf, dass es sein eigener Artikel gewesen war. Nach mehrfachem Schriftwechsel wird im April 1931 die Patentanmeldung komplett zurückgewiesen.-

Die 1931 bekannten Einspritzdüsen für Flüssigkeitstriebwerke von Oberth/Riedel, Nebel/Riedel und Valier/Rudolph

Hermann Oberth erhielt am 16.10.1929 ein Patent auf eine Kegeldüse. Die tatsächliche Kegeldüse, die auch in der Reichsanstalt zur Verfügung stand, hatte nach der Erinnerung von Scherschewsky das Aussehen nach Abb. 86. Als Punktlinie eingezeichnet ist der Strömungsverlauf lt. Dr. Olaf Przybilski.[33]

Die von Nebel/Riedel entwickelte Kugeldüse hatte lt. Patent vom 13.6.1931 das Aussehen nach Abb. 87 rechts.

Nach dem Patent von Heylandt (Mitte) wurde der linke Einspritzkopf entwickelt. Max Valier erlitt damit bei einem Brennversuch am 17.5.1930 einen tödlichen Unfall.

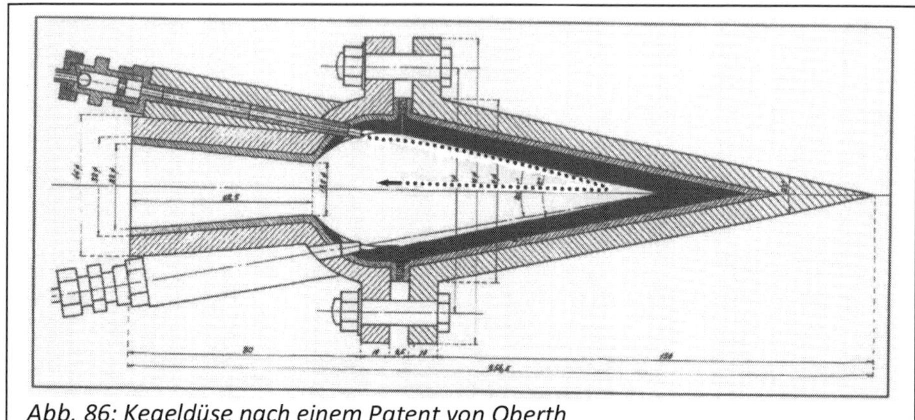

Abb. 86: Kegeldüse nach einem Patent von Oberth

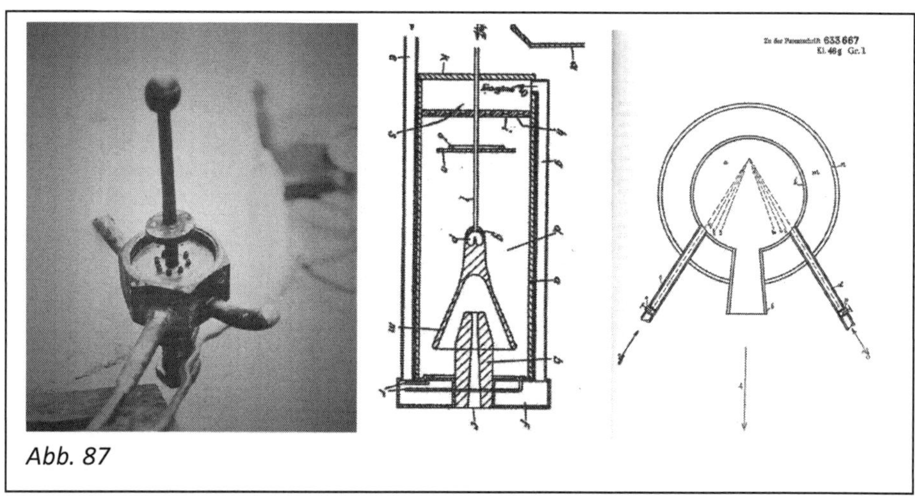

Abb. 87

Aus dem Schriftwechsel zwischen Hermann Oberth und Johannes Winkler im Jahre 1930

Wie sich die Forschungstätigkeit von Johannes Winkler im Briefwechsel mit Hermann Oberth niedergeschlagen hat, ergibt sich aus der bisher ausgesparten fünften Phase des Schriftverkehrs zwischen Johannes Winkler und Hermann Oberth vom

Dezember 1929 bis Dezember 1930. Hieraus ist auch die Einstellung von Oberth zu den Junkers-Werken zu entnehmen.
Am 8.2.1930 schreibt Winkler aus Dessau an Oberth und informiert, dass er bei den Junkers-Werken eine Düse mit flüssigem Sauerstoff getestet hat.[34]
Der Antwortbrief von Oberth enthält den Vorschlag, das ***Benützungsrecht meines Patentes an Junkers abzutreten mit der ausdrücklichen Einschränkung, daß er die Düse nur als Starthilfe für Wasserflugzeuge bauen und verwenden darf... Falls Sie Junkers dazu bewegen könnten, so würde ich Ihnen gerne eine 10%ige Vermittlergebühr bezahlen.***

Winkler teilte einen Monat später wegen des Verkaufs seines Patentes an die Junkers-Werke mit, dass er sich die Vermittlungsprovision gerne verdient hätte, aber sein „Rückstoßer" ebenfalls sehr gut und mit kräftigem Rückstoß arbeiten würde.[35]
Ein Rundschreiben von Johannes Winkler an die Herren Vorstandsmitglieder informiert Ende März 1930 auch über seine Arbeit bei den Junkers-Werken seit September 1929.
Am 24.7.1930 erklärte sich Oberth bereit, anstelle von Winkler den ersten Vorsitz des VfR anzunehmen und bittet Winkler, beim Amtsgericht Breslau sofort die Änderungen zu veranlassen.
Diese von Winkler lang erwartete Zusage kam sicher auch deshalb zustande, weil im Juli 1930 an der Chemisch-Technischen Versuchsanstalt die Kegeldüse von Oberth erfolgreich getestet wurde.
Mit Datum vom 4.8.1930 liegt ein Schreiben von Winkler an Oberth vor, dass das ganze Dilemma für Winkler sichtbar macht.
Demnach hatte die Druckerei Otto Gutsmann eine Restforderung von ca. 2.300 M.[36] Da die Zeitschrift „Die Rakete" das alleinige Eigentum von Johannes Winkler gewesen war, betraf diese Forderung aber Winkler persönlich. Dem gegenüber stehe

eine eigene Restforderung gegenüber dem Verein, die aber durch den Verzicht des Herrn von Rothkirch auf Rückzahlung der 2.000 M vollständig gedeckt sei.[37]
Winkler würde es für billig erachten, wenn der VfR mit der Zeit die von ihm geleistet Arbeit irgendwie entschädigt. Die Arbeit in den Werken bedeutet für ihn gegenüber seinem letzten Einkommen laufend jeden Monat einen Verzicht von 200 M
Oberth anerkennt mit Brief vom 15.8.1930, dass Winkler eine Vergütung seiner Leistungen „in anständiger Weise" zusteht, sobald der Verein für eine Ehrenschuld Geld erübrigen kann.[38]
Im Oktober 1930 informiert er Oberth, dass sein offizieller Wohnsitz nunmehr die Brunnenstr. 70 in Dessau wäre.
In dem Brief von Oberth an Winkler vom 5.11.1930 gesteht Oberth Winkler zu, dass er sich wegen Formfehlern keine Sorgen zu machen brauche.

...tatsächlich haben Sie ja die längste Zeit in aufopferndster Weise für den Verein gearbeitet, und dafür verdienen Sie unter allen Umständen Anerkennung und Entgegenkommen.

Sein Patent zum „Ineinanderspritzen" von Flüssigkeiten hätte die Vorprüfung überstanden. Es wäre jetzt auch in Italien, Frankreich, England und Amerika angemeldet. Er hätte außerdem seine Düsen weiter verbessert, arbeite jetzt aber an den Pumpen und an der Druckerzeugung über den Treibstofftank.
Das Schreiben von Oberth an Winkler vom 1.12.1930 beinhaltet neben Freundlichkeiten die Information, dass seine letzte Düse im Bau auf 20 Arbeitsstunden bei 30 Mark Materialkosten käme und tadellos arbeite.

Würde der Firma Junkers dringend raten, sich auch das Benutzungsrecht dieser Düse als Starthilfe zu verschaffen, später wird sie vermutlich nicht mehr so billig dazukommen, da sich hier bereits eine Kommanditgesellschaft für Raketenbau bildet, und da sich außerdem auch große ausländische Firmen für die Sache interessieren.

Im Brief von Winkler an Oberth nach Mediasch am 17.12.1930 informiert er, dass sie im letzten Halbjahr bei den Junkers-Werken sehr schnell vorangegangen seien. Es lägen ausgezeichnete Messergebnisse vor. Es freut ihn, dass seine Düsen auch gut brennen. Doch kenne er sie nicht. Seine Düsen arbeiten auch zufriedenstellend. Zu einer eventuellen Anstellung von Oberth bei den Junkers-Werken bzw. zu einer anderen Arbeit in Dessau schreibt Winkler Folgendes:
Es gäbe wegen der Finanzlage keine gute Stimmung zur Anstellung einer weiteren Kraft. Es werden nur Praktikanten, die nichts kosten, bewilligt. Oberth könne evt. ein Gesuch an die Forschungsanstalt einreichen, wie es Nebel und Lademann auch getan hätten. Winkler würde es begrüßen, wenn Oberth nach Dessau übersiedeln könnte (siehe Abb. 88).

falls nach Dessau übersiedeln könnten. Bei dieser Gelegenheit möchte ich einmal anfragen, ob Sie gegen ein Gehalt von 300 M im Monat in Dessau an der Raketensache arbeiten würden, auch wenn es nicht bei Junkers wäre? Es ist zwar noch nicht so weit, daß etwas Bestimmtes sich darüber sagen ließe, ich möchte aber meinerseits einen Vorschlag machen, nur möchte ich dafür wissen, wie Sie zu einem solchen Plane stehen. Es hinge dann natürlich noch von der betreffenden Stelle ab, ob sie geneigt ist,

...ein Zuschussunternehmen zu finanzieren. **(Anm.: Ergänzung des Autors)**

Abb. 88: Auszug aus dem Brief von Winkler an Oberth vom 17.12.1930

Es würde dabei die Einhaltung einer genau festgelegten Arbeitszeit von ca. 200 Arbeitsstunden im Monat gefordert werden, die Arbeit würde auch zu vorgegebenen Richtlinien zu erfolgen haben. Erst in dem Maße wie Einnahmen aus der Raketenarbeit kommen, würde das Gehalt erhöht werden können. Oberth antwortet Winkler aus Mediasch am 29.12.1930 und schreibt, er habe nicht die Absicht, noch einmal in Deutschland sein Glück zu versuchen. Auch ohne die Raketensache stehe er sich hier bereits besser. Es wäre auch ruhiges Arbeiten ohne persönliche Reibereien möglich.

Sie können also bezüglich meiner persönlichen Konkurrenz bei Junkers ganz unbesorgt sein. Höchstens, daß Ihnen sachliche Schwierigkeiten erwachsen, wenn ich mit meinen Rückstoßern und Patenten Ihrer Firma selbst Konkurrenz mache, wenn sie sich nicht rechtzeitig vorsieht, und das, hoffe ich, nicht zu knapp.[39]

Abschließend äußert er sich zu Ley, Nebel und Wurm.

Winkler verwirft endgültig das Gegenspritzen und entwickelt die Winkler-Düse vom April 1930

Aufgrund seiner Versuche in der Forschungsanstalt verwirft Winkler im April 1930 das Gegenspritzen. Er schreibt an Hückel im Oktober 1930, dass er davon Abstand genommen hat, da es zu einer brisanten Verbrennung führen könne. Er kommt zu dieser Auffassung durch folgende Versuchsanordnung, die er ebenfalls im Protokoll vom 7.10.1930 festhält.

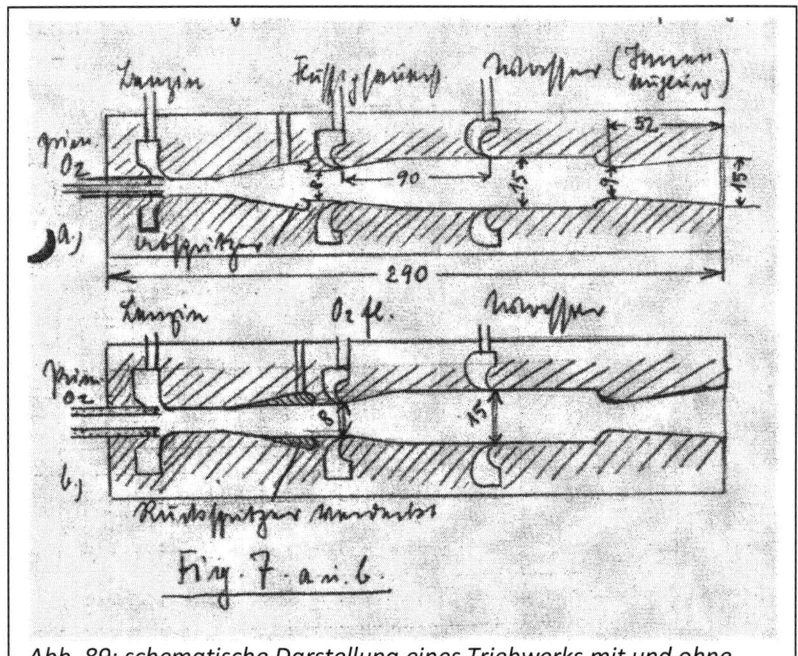

Abb. 89: schematische Darstellung eines Triebwerks mit und ohne Rückspritzer

B) Die ersten Triebwerke mit Benzin und Sauerstoff bei den Junkers-Werken bis 1931

Ohne Kommentar liegt eine 1. Zeichnung aus dem Archiv Ingenhaag /HORM vom 29.10.1929 vor (siehe Abb. 90). Sie zeigt bereits sehr genaue Einzelheiten der Einspritzung von Benzin und flüssigem Sauerstoff.

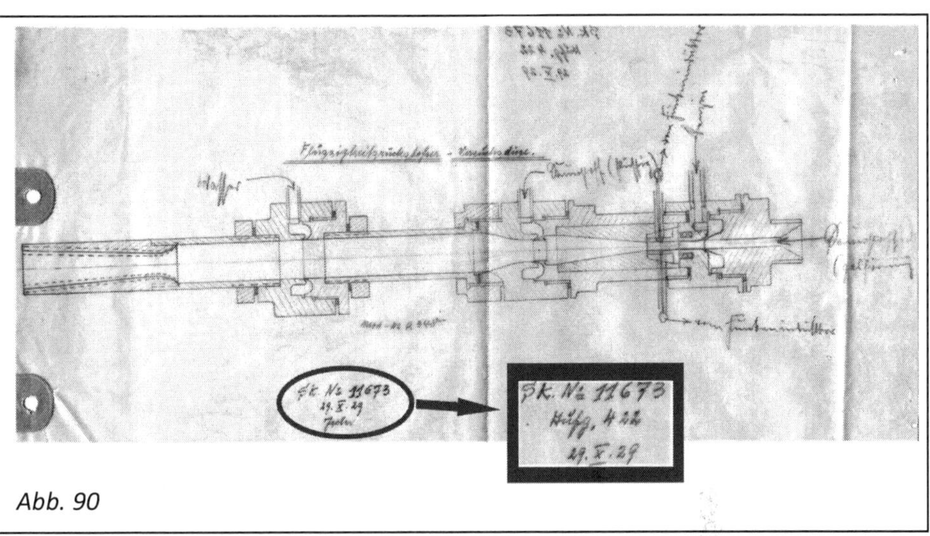

Abb. 90

Auffallend ist dabei, dass der Titel und das Datum offensichtlich nicht von Winkler geschrieben worden sind. Damit entsteht die Frage, wer diesen fundierten Vorlauf geschaffen hat? Eine endgültige Antwort konnte bis Redaktionsschluss nicht gefunden werden.

Allerdings wurde durch den Bericht von Philipp von Doepp vom 8.8.1929 deutlich, dass bereits zuvor ein Rückstoßer gebaut wurde (!) und eine neue Versuchsanordnung vorbereitet wurde. Das obige Modell 348 wird eine Version davon sein.

Trotz der Überlegungen von Winkler über das Gegenspritzen zeigt das Versuchsprotokoll vom 20.12.1929 einen völlig anderen Aufbau der Einspritzdüse, der a) wieder an seine Eingangsüberlegungen von 1927/1928 anknüpft und b) den Arbeitsstand bei den Junkers-Werken berücksichtigt, wie der folgende Auszug aus einem Schreiben zeigt:

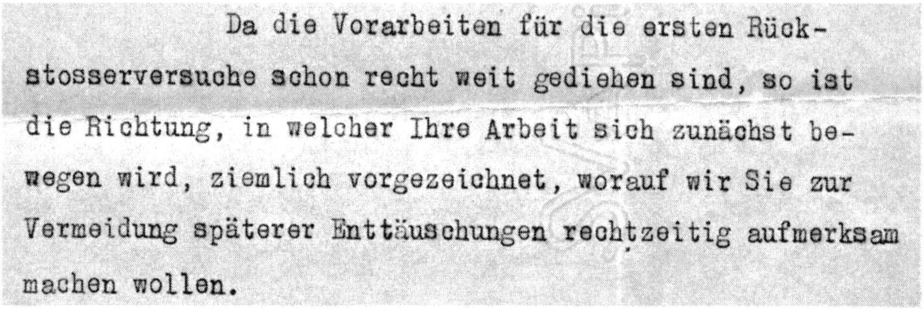

Da die Vorarbeiten für die ersten Rückstosserversuche schon recht weit gediehen sind, so ist die Richtung, in welcher Ihre Arbeit sich zunächst bewegen wird, ziemlich vorgezeichnet, worauf wir Sie zur Vermeidung späterer Enttäuschungen rechtzeitig aufmerksam machen wollen.

Abb. 91

Außerdem erklärt sich der vorgegebene Forschungsvorlauf möglicherweise aus der Tatsache, dass sich Prof. Junkers bereits ab 1888 in Dessau mit Gasmotoren auseinandergesetzt hat. 1890 erfolgte die Gründung der „Versuchsanstalt für Gasmotoren von Oechelhäuser & Junkers“, die 1892 vertraglich besiegelt wurde.[40]

Hier ist der Einspritzkopf lt. Protokoll vom 20.12.1929.[41]

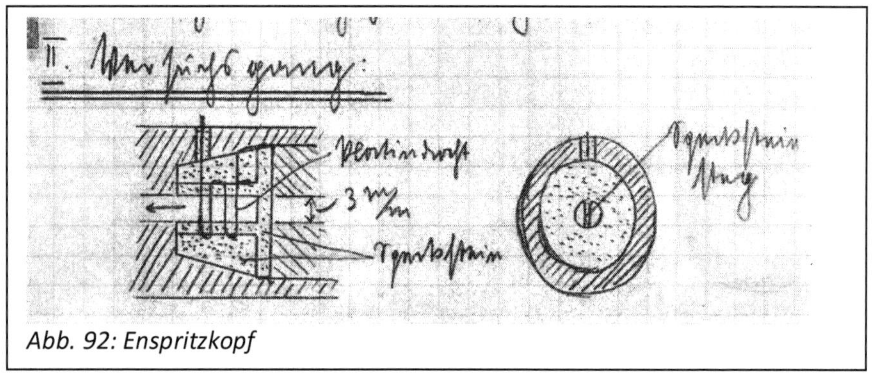

Abb. 92: Enspritzkopf

Die Zweigleisigkeit der Denkweise bei Johannes Winkler besteht nun darin, dass er als Angestellter der Forschungsanstalt seinen Arbeitsauftrag mit besten Kräften erfüllte, aber als Privatperson zunächst am Gegenspritzen festgehalten hat. Somit erklärt sich auch die demonstrative Veröffentlichung im letzten Heft der Zeitschrift „Die Rakete“.
Erst mit dem Arbeitsfortschritt in der Forschungsanstalt überzeugte sich Winkler offenbar von der effektiveren Lösung der Grundproblematik durch die Zentraleinspritzung auf der Basis der Gasturbine von Lemale und den Vorgaben von Philipp von Doepp/Prof. Junkers (siehe Seite 371).

Am 8.3.1930 vermerkt Winkler in seinem Protokoll Folgendes:

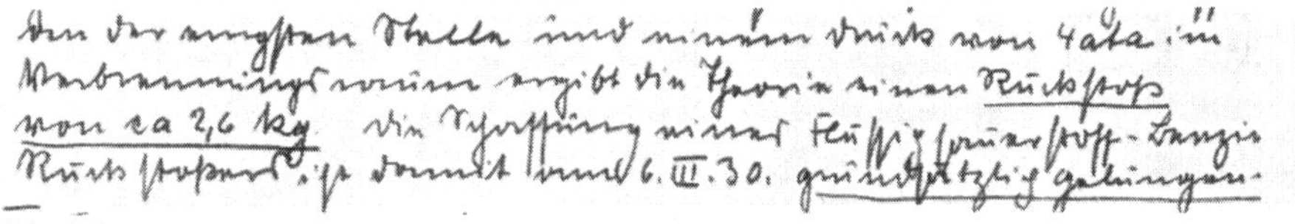

An der engsten Stelle und einem Druck von 4 ata im Verbrennungsraum ergibt die Form einen Rückstoß von ca 2,6 kg. Die Schaffung eines Flüssigsauerstoff-Benzin-Rückstoßmotors ist damit am 6.III.30. grundsätzlich gelungen.

Abb. 93

Seine Weiterentwicklung der zentralen Einspritzung hat lt. dem Protokoll der 11.-14. Kalenderwoche 1930 (April) folgendes Aussehen:

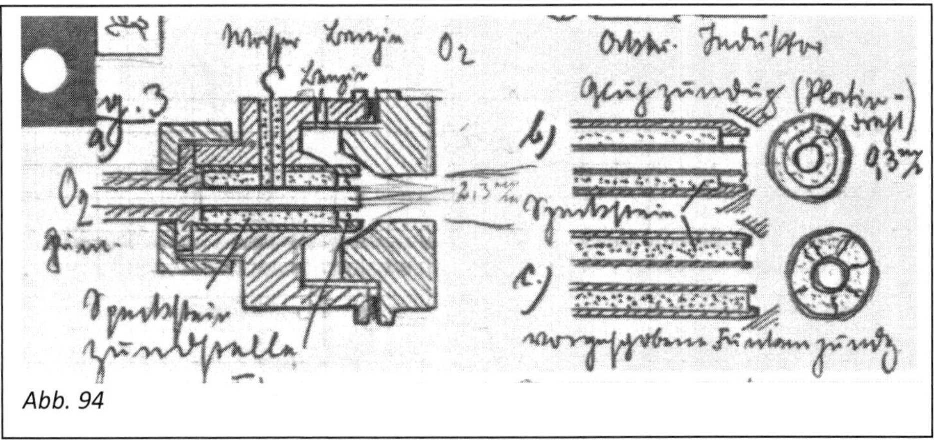

Abb. 94

Für die Erklärung des Widerspruchs zwischen den aktuellen Ergebnissen bei den Junkers-Werken und dem Zeitschriften-Artikel Ende 1929 ergeben sich zwei Ansatzpunkte:

- Winkler ist sicher hinsichtlich der „Zentraleinspritzung" nach wie vor unsicher und benötigt weitere Zeit für eine endgültige Entscheidung.
- Prof. Junkers und Philipp von Doepp hatten sich durch vorhergehende eigene Überlegungen von der Gasturbine als Ausgangspunkt für die Entwicklung einer Brennkammer überzeugt und verlangten von Winkler entgegen seiner aktuellen Auffassung die Entwicklung der Brennkammer auf dieser Basis.

Winkler betont im April 1931, dass Oberth das Gegenspritzverfahren ohne Zerstäubung anwendet. Hückel schreibt dazu am 22.5.1931, dass bei Verzicht auf das Gegenspritzen es notwendig ist, „alle Mittel zur feinsten Verstäubung anzuwenden." Winkler erwidert, dass er das Gegenspritzen durchaus nicht ausschließen will, denn immerhin wenden Oberth, Valier und Nebel dieses Verfahren an, aber nicht in dem von ihm gedachten Sinne.

Er ziehe vorläufig eine zuverlässig arbeitende Ausführungsform vor. Sie wird 1934 auch von Wernher von Braun in seiner Dissertation aufgegriffen.

In einem weiteren Brief informiert Winkler, dass er zunächst mit Messing arbeitet und als Treibstoffe Benzin und Flüssigsauerstoff verwendet. Bei einem Druck von 10 atü erreicht er einen Schub von 10 kg. Im September arbeitet er bereits mit Drücken von 20 at.

Im September 1930 kann man auf dem Versuchswagen die neue Brennkammer von Winkler ausmachen Siehe Abb. 95).

Der Arbeitsstand bei der Entwicklung einer Brennkammer für Benzin und Flüssigsauerstoff wird mit der Zeichnung vom 17.9.1930 (siehe Abb. 96) sichtbar gemacht.

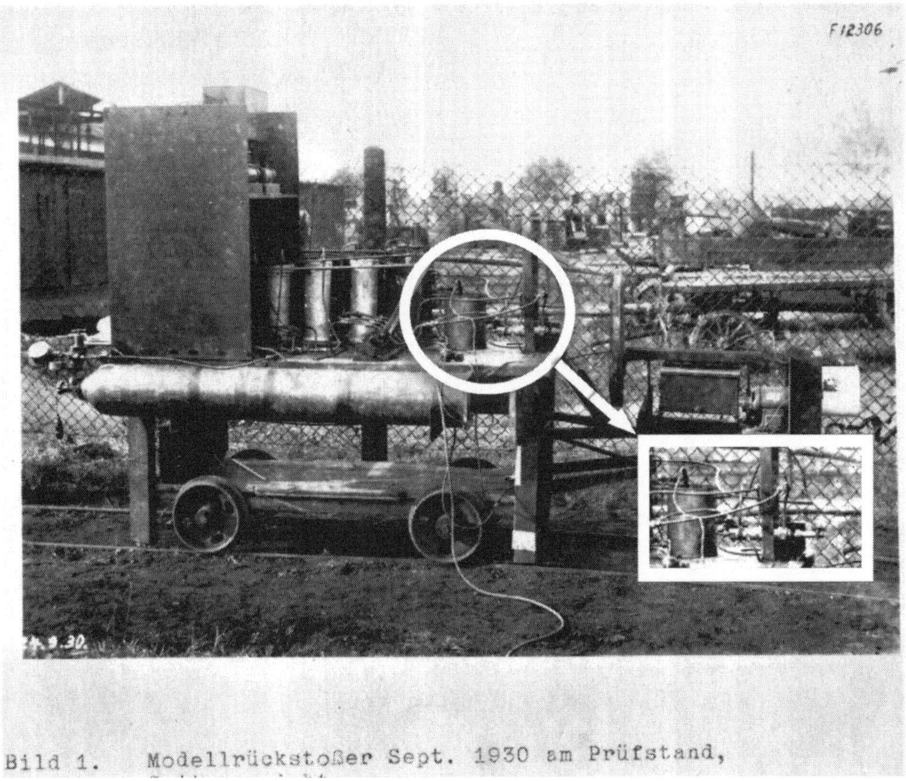

F12306
24.9.30.
Bild 1. Modellrückstoßer Sept. 1930 am Prüfstand,

Abb. 95

Flüssigsauerstoff-Benzin-Rückstosser.
a. Versuchsmodell natürliche Grösse für 15÷20 kg Schub (Wandung stark überdimensioniert.)
Benzin
sekundärer Sauerstoff (flüssig)
Innen-Zündung
Wasser
Wasser
Druckentnahme
Aussenzündung

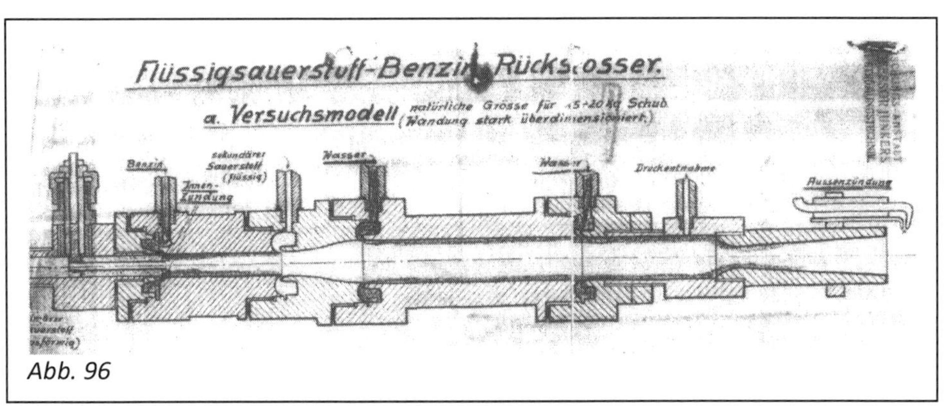

Abb. 96

Am 3.10.1930 schreibt Winkler an Hückel, dass bereits **gegen *100 ausgezeichnete Druck- und Rückstoßdiagramme*** vorliegen. Damit belegt er auch, dass bei ihm keineswegs eine Scheu vor Versuchen vorhanden ist, wie später Rolf Engel behaupten wird. Der größte erreichte Schub läge bei 52 kg.

C) Die Brennkammerversuche mit Lachgas Ende 1930/Anfang 1931

Im September 1930 wird in der Forschungsanstalt der Übergang mit Versuchen mit Lachgas vollzogen, wie es in dem Bericht an die britischen Behörden 1947 heißt.

2. Abschnitt. Sept. 1930 – März 1931. Entwicklung eines Startrückstoßers für 250 kg für Äthylen und Stickoxydol, dabei Explosion (vorangegangene Modellversuche mit Benzin, bzw. Blaugas und Stickoxydol hatten normalen Verlauf).[42]

Über diese Versuche liegen Berichte vom November 1930, Januar, Februar sowie März 1931 vor.

Der Bericht der 39.- 45. Kalenderwochen 1930

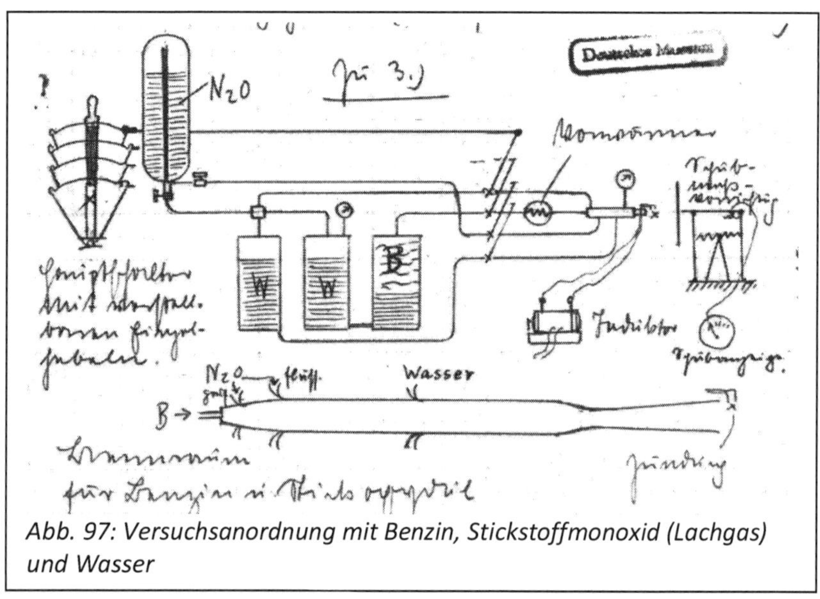

Abb. 97: Versuchsanordnung mit Benzin, Stickstoffmonoxid (Lachgas) und Wasser

Aus der Skizze (siehe Abb. 97) kann entnommen werden, dass das Benzin (B) vorgewärmt und zentral eingespritzt wurde (untere Zeichnung). Das Lachgas (N_2O) in flüssigem und gasförmigem Zustand eingespritzt und als Oxidator angewandt. Als Kühlmittel wurde Wasser verwendet.

Abb, 98: Feinzeichnung des Äthan-Stickoxydol-Rückstoßers aus dem Archiv Ingenhaag /HORM

Das Protokoll der 1.-3. KW 1931 zeigt etliche Details des Großen Stickoxydol-Rückstoßers, die hier ausgespart werden.
Zu den Versuchen in der 4.-7. Berichtswoche berichtet Winkler gegenüber Hückel wie folgt am 28.2.1931:
Ich erwiderte darauf, daß ich jeden Tag die Antwort auf mein Schreiben erwartete. Wir einigten uns nun in der Form, daß ich noch den ersten Großversuch machen sollte, der sich leider sehr verzögert hat, weil die hierfür benutzten Treibstoffe wesentlich teurer sind als Benzin und Sauerstoff und der Versuch deshalb aufs Allersorgfältigste auch in den Meßeinrichtungen vorbereitet werden sollte. Gestern

vor einer Woche hat der erste Versuch stattgefunden, der trotz sorgfältigster Vorbereitung und gründlicher Vorversuche nicht ganz befriedigte, indem er statt 300 k nur 120 kg Schub lieferte.
Nun mußten für die Wiederholung die Treibstoffe neu bestellt werden, sie sind nun angekommen und der Versuch wird voraussichtlich Montag stattfinden.
Bei befriedigendem Verlauf würde der nächste bereits am Flugzeug stattfinden. Diesen Versuch würde ich natürlich auch noch gern machen und befinde mich hier in einem großen Widerstreit der Gedanken.

Ein großer Rückstoßer für eine Leistung von 400 bis 1.000 kg war Anfang November 1930 im Bau. Von den Versuchen der 8. und 9. Woche 1931 liegt eine transkribierte Fassung über drei Seiten vor, die hier ausgeklammert wird.
Die Versuchsanordnung war wie folgt (siehe Abb. 99).

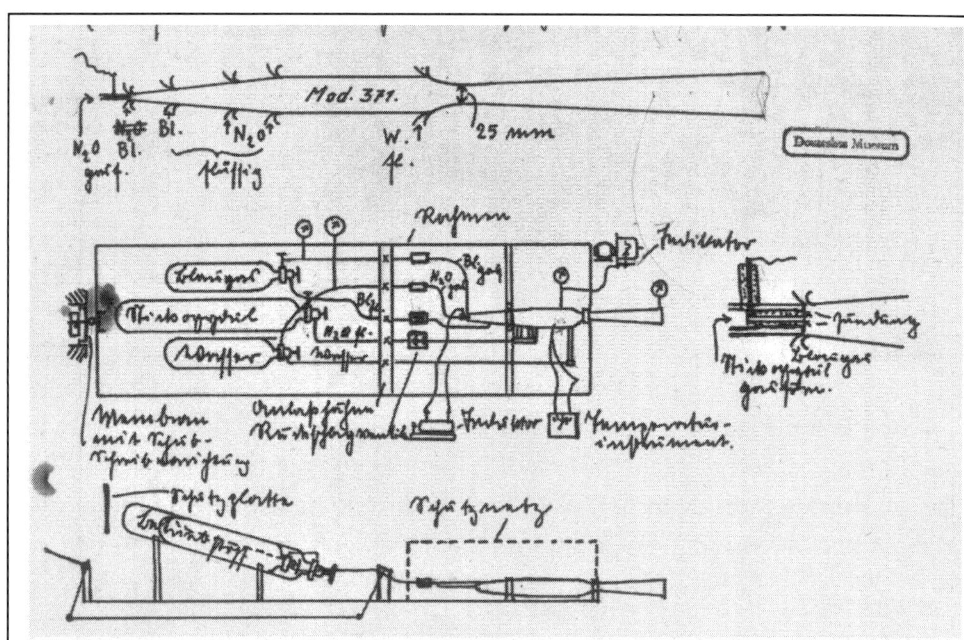

Abb. 99: Versuchsanordnung Lachgas, Wasser und Blaugas

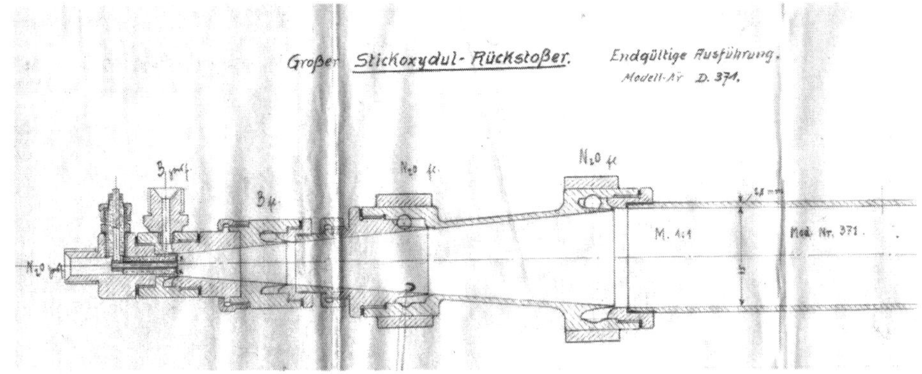

Abb. 100: Feinzeichnung aus dem Archiv Ingenhaag, Nachlass Winkler des HORM (Bild 512)

Aus dem Protokoll in Abb. 99 geht nicht hervor, ob bei den Versuchen mit Äthan und Blaugas unterschiedliche Einspritzköpfe verwendet worden sind.
Aus der Zeichnung ist links zu erkennen, dass das Lachgas gasförmig zentral eingeführt wurde. Die Abkürzung „B“ steht vermutlich für Blaugas. Offenbar zur Kühlung erfolgte an zwei Stellen die Einführung von flüssigem N_2O.
Winkler schreibt darüber an Hückel am 3.3.1931:
Wir hatten gestern bei den Junkers-Werken den bereits erwähnten Großversuch. Zum ersten Mal seit eineinhalb Jahren hatten wir hier eine Zertrümmerung des Verbrennungsraumes infolge zu hohen Druckes. Wir hatten damit etwas gerechnet, da der Rückstoßer besonders leicht gebaut war und Drucksteigerung über den konstanten Druck auf vielen Diagrammen zu erkennen war, wenn auch die absolute Größe wegen der Tätigkeit des Indikators nicht bekannt war.
Es war ein starkes Schutznetz um die Apparatur gelegt, so daß niemand zu Schaden kommen konnte. Durch die Zerstörung des Verbrennungsraumes tritt nun eine längere Pause in den Versuchen ein, bis der neue Apparat fertig ist. Ich habe daher nun gesagt, daß ich solange nicht mehr warten möchte, nur das Versuchsprotokoll und den Bericht muß ich noch

schreiben. So steht nun dem nichts mehr im Wege, daß ich voraussichtlich übermorgen aus meinem Dienst bei Junkers ausscheide.

Abb. 101: Startrückstoßer, Junkers, für 250 kg Rückstoß, März 1931; Brennraumseite, nach einer Explosion. Quelle: „Astris", Seite 96 bzw. Privatarchiv Dr. Guder

Johannes Winkler verließ am 7.3.1931 die Forschungsanstalt und wechselte in die AG mit Hugo A. Hückel. Bereits am 1.4.1931 wurde der Diplomingenieur Ganter in der Forschungsanstalt eingestellt. Er verfasste zu den Ursachen der Explosion zwei Berichte, konnte aber seine Arbeit nicht fortsetzen, da er überraschend verstarb.

Die Forschungstätigkeit wurde wegen der Erschöpfung der Vorräte an Lachgas abgebrochen, wie Philipp von Doepp am 26.4.1932 abschließend schrieb.

D) Die Triebwerke mit flüssigem Methan und flüssigem Sauerstoff von 1931/32 in der AG mit Hugo A. Hückel und von 1933 bis 1936 in den Junkers-Werken

Hugo A. Hückel erklärte sich am 20.5.1930 überraschenderweise bereit, einige tausend Mark für den Bau einer Rakete unter der wissenschaftlichen Leitung von Winkler bereitzustellen.[43] Damit sieht Johannes Winkler eine größere Chance, seine Schulden im Laufe der Zeit abzuzahlen.

Wie konnte es dazu kommen?

a) Am 5.9.1929 erklärte Philipp von Doepp, dass die Junkers-Werke unter folgenden Bedingungen bereit sind, mit ihm zusammenzuarbeiten:

- Winkler wird für ein halbes Jahr Angestellter unter Leitung von Philipp von Doepp.
- Die Arbeitsergebnisse gehören der Firma. Veröffentlichungen erfolgen nur mit Genehmigung. Patente werden nur unter dem Namen Junkers angemeldet.
- Da die Vorarbeiten bei Junkers bereits recht weit sind gediehen sind, ist die Richtung der weiteren Arbeit vorgegeben.
- Entlohnung erfolgt nach Tarif.

b) Bereits am 21.11.1929 erklärte er gegenüber Hückel, dass er sich durch das Verbot der Anmeldung eigener Patente sehr eingeengt fühle.

Da mir hier bei Junkers erhebliche Fesseln angelegt sind, indem ich zum Beispiel während meiner Zugehörigkeit zur Firma keine Patentanmeldungen vornehmen darf und dergleichen, was für mich zuweilen ein viel zu schweres Opfer darstellt, so trage ich mich mit dem Gedanken, ein Fabrikunternehmen für Rückstoßerbau auf reiner Geschäftsbasis zu gründen, aus dem dann allerdings bei gutem Geschäftsgang eventuell die erste Raumschiffwerft hervorgehen soll.

Ich sehe mich nun nach einem Compagnon um, und zwar würde ich ihn am liebsten aus den Reihen unserer

Mitglieder wählen, mit dem ich mich auch in den höheren Zielen des Unternehmens eins weiß. Daher wollte ich gern auch einmal Ihre Ansicht hören. Ich weiß ja, daß Sie eine tiefe Begeisterung für die Raumschiffahrt im Herzen tragen und vielleicht gern sich an einem Unternehmen beteiligen würden, das, wenn auch zunächst rein geschäftlich, aufgezogen, doch ein großes Ideal verfolgt. Ich würde dann bei den Junkerswerken die Aufhebung der drückenden Bestimmungen beantragen. Sofern man mir entgegenkommt, würde ich ja freilich hierbleiben müssen, da die Werke mir sonst großes Entgegenkommen gezeigt haben.

c) Hückel lehnte zunächst wegen seiner Krankheit und der beschränkten finanziellen Möglichkeiten ab. Als die Junkers-Werke jedoch in eine wirtschaftliche Problemlage gerieten, keimte der Gedanke wieder auf. Als Ausweg wird aber im Briefwechsel erst der Wechsel zur Firma von Dr. Heylandt gesehen. Dann erfolgt der oben bereits beschriebene Meinungswandel vom 20.5.1930.

Winkler hat für eine Zusammenarbeit bereits am 18.6.1930 konkrete Vorstellungen. Trotz der Patente von Prof. Junkers gäbe es weiterhin Spielraum für eigene Forschungen.[44] Winkler schreibt an Hückel:

Für das Vertrauen, das Sie für meine praktische Arbeit bekundet haben, danke ich Ihnen bestens. Ich glaube, daß sich trotz Junkers Patente noch manches machen läßt, da die Grundprinzipien frei sind, ein wichtiges Patent von mir bereits vor meinem Eintritt bei Junkers angemeldet worden ist und schließlich in den minder wichtigen Punkten manche Variationen möglich sind. Es reizt mich natürlich sehr, auch außerhalb meiner Berufsarbeit noch an der Rückstoßersache zu arbeiten. Insbesondere würde ich dann in Ihnen auch jemanden haben, auf dessen Namen ich etwaige Patente anmelden kann, da ich es selbst nicht darf… Alle Hilfsgeräte, wie Sauerstoff, Transportgefäße, Meßinstrumente und so weiter würden Ihr Eigentum bleiben, während das Eigentumsrecht an den Rückstoßapparaten mir verbleiben müßte… Ein Prüfstand für Untersuchungen am kleinen

Modell ist unerläßlich, da ich nicht einfach bei Junkers gewählte Ausführungsformen übernehmen kann, sondern die Parallelkonstruktionen am Modell zunächst prüfen muß.

Am 27.6.1930 wiederholte Hugo A. Hückel, dass er bereit wäre, einen Teil seines Einkommens dem Raketenbau zu widmen.

Ich habe mich nun entschlossen, den größten Teil dessen, was über jenem Betrag liegt, den ich jährlich für mich brauche, dem Raketenbau zu widmen. Natürlich nicht blind, sondern unter Kontrolle dafür, daß das Geld tatsächlich diesem Zweck zufließt. Ich komme nun zu der von Ihnen erörtern Möglichkeit. Ich teile zunächst durchaus ihre Sorge, daß die Arbeit, die Sie doch in Dessau durchführen müßten, nicht geheim bleiben kann und fürchte ferner, daß bei einem Bekanntwerden dieser Arbeiten bei Junkers Ihre Stellung daselbst gefährdet ist. Ihre finanziellen Bedingungen bilden eine diskutable Grundlage.

Die Parallelarbeit von Winkler für die Junkers-Werke und Hugo A. Hückel

Ab dem 15.7.1930 arbeitete Winkler parallel zu seiner Tätigkeit für die Forschungsanstalt für Hugo A. Hückel. Hückel schreibt:

Ich habe heute die Überweisung von 1.000 M an Sie veranlaßt. Ich bin für die Anschaffung einer Prüfapparatur. Ob das 10 l Gefäß leihweise od. käuflich erworben wird, bitte zu entscheiden.

Winkler erklärt am 3.10.1930 gegenüber Hückel, dass er auf dem Weg zu Wasserstoffrakete zunächst ein Triebwerk mit Methan-Sauerstoff entwickeln will. Dadurch könnte er auch Kollisionen mit den Junkers-Werken vermeiden.

Über Einzelheiten seines neuen Triebwerkes berichtet er Hückel nur zögerlich, nachdem er ihn ausdrücklich dazu aufgefordert hat. Eine Ursache dafür ist, dass in wesentlichen Details Überschneidungen mit dem Benzin-Sauerstoff-Triebwerk bei den Junkers-Werken bestehen.

Am 7.10.1930 schreibt Winkler:

Ich sende Ihnen heute eine Zeichnung von unserem Modell.[45] *Der Verbrennungsraum ist in natürl. Größe gezeichnet, die Zusammenordnung schematisch. Von der Verwendung des Gegenspritzverfahrens habe ich abgesehen. Es bringt eine Reihe von Komplikationen. Wenn es wunschgemäß arbeiten soll. Ohne die allersorgfältigste Durchbildung neigt es zu brisanter Verbrennung. Die Ansammlungen von flüssigem Sauerstoff u. flüssigem Benzin stellen eine große Gefahr dar, der, soweit ich das zu beurteilen vermag, Herr Valier zum Opfer gefallen ist. Das Gemisch verbrennt auch in flüssiger Form brisant. Es ist dies eine bisher nicht beobachtete Form der brisanten Verbrennung...*

Das Kühlsystem der HW 1 und der späteren HW 2

Der Brief vom 7.1.1931 beweist, dass es sich bei den Triebwerken von Winkler nicht nur um einen Sauerstoffüberschuss handelt, sondern die Einlassdüsen schräg gestellt wurden, um eine Zentrifugalkraft zu erzeugen. Dazu schickt er Hückel die folgenden Skizzen (siehe Abb. 102 und 103):

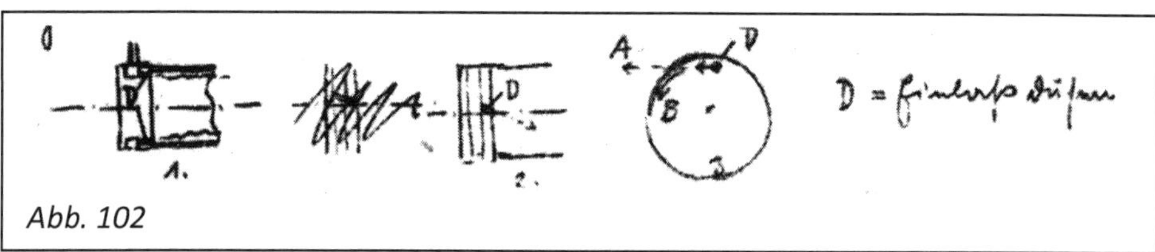

Abb. 102

Wörtlich fährt Winkler fort:

Um die Wirkung der Schrägstellung der Einlaßdüsen, die tatsächlich nicht leicht zu erklären ist, etwas deutlicher zu machen, obige 3 Skizzen. Die Flüssigkeitsströmung verläuft ähnlich wie der Drall im Gewehrlauf. Die Einlaßdüsen sitzen unmittelbar an der Wand (Fig. 1) sie kommen jedoch nicht parallel zur Brennraumachse herein, sondern sind gegen diese geneigt, wie Abb. 2 in der Draufsicht erkennen läßt. Von vorn gesehen ist die Richtung des Strahls wie Abb. 3 (nicht im Text enthalten) zeigt. Der Strahl hat also eine Komponente parallel zur Brennraumach-

se und eine tangential an die zylindrische Ofenwandung. Der Strahl würde ohne die Wand in die Richtung nach A gehen, durch die Wand wird er gezwungen, an dieser entlang nach B zu gehen und gleichzeitig nach vorn.

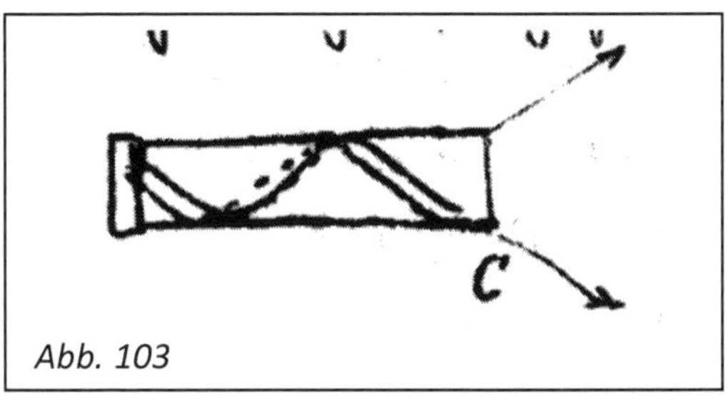

Abb. 103

Der Strahl (bzw. die Gesamtheit der 24 Strahlen) geht schraubenförmig an der Wand entlang und wird infolge der starken Fliehkraft zu einer rotierenden Haut breitgedrückt. Denkt man sich den Brennraum bei c abgeschnitten, so breitet sie sich kegelförmig aus und wird schließlich zerrissen. Wenn die Querkomponente radial wäre, so müßte die Mittellinie der Einlaßdüse die Brennraumachse schneiden, sie ist aber gewissermaßen eine Parallele zur Achse im Abstand r die Uhr das gemeinsame Lot als Achse etwas gedreht worden ist. Ich denke, daß nun die Sache wohl klar geworden sein wird.

Dieses Kühlsystem könnte als eine frühe Form der Filmkühlung bezeichnet werden. Philipp von Doepp informiert außerdem am 17.10.1938, dass im März 1936 ein Patent auf Rückstoßer mit Kühlflüssigkeitshaut erteilt wurde. Rolf Engel bezeichnet sie jedoch später wegen seiner fehlenden Kenntnis als kapazitiv.[46] Diese Skizzen und die Zeichnungen zum Triebwerk der HW 2 aus dem Deutschen Museum München beweisen, dass bei der HW 1 und der HW 2 gleiche Kühlsysteme verwendet worden sind. Mit gegenseitigen Weihnachtsgrüßen endet das Jahr 1930.

Der Aufbau der Brennkammer der HW 1

Eine Konstruktionszeichnung des Einspritzkopfes der Brennkammer der HW 1 liegt nicht vor. Zur Orientierung können Fotos der HW 1 dienen.

Abb. 104: Einspritzkopf der HW1

Abb 105: Einspritzkopf der HW1

Die folgende Zeichnung (siehe Abb. 106) stammt aus dem Archiv des DM München, Nachlass Winkler und korrespondiert mit den Angaben aus dem Brief vom 17.1.1931. Die Zeichnung trägt aber keine Unterschrift und hat kein Datum.

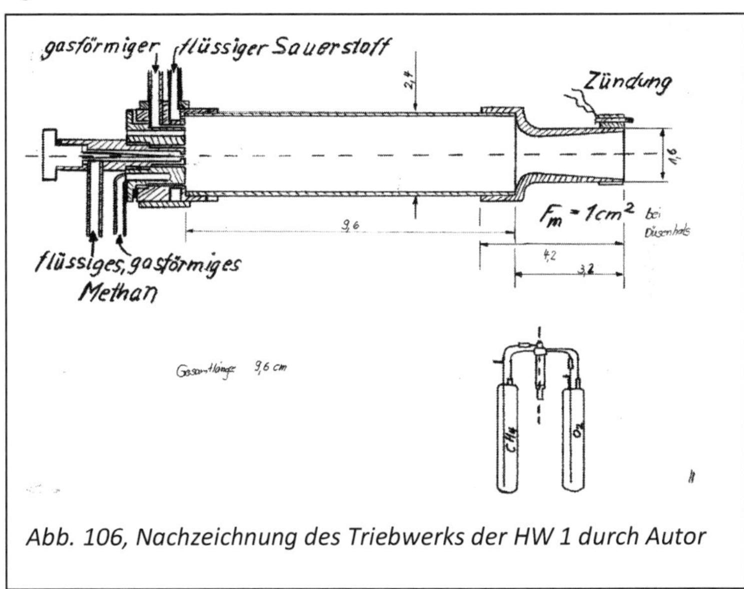

Abb. 106, Nachzeichnung des Triebwerks der HW 1 durch Autor

Am 17.1.1931 belegt Winkler mit einem beigefügtem Schubdiagramm, dass das Modell steigfähig geworden ist (siehe Abb. 107).

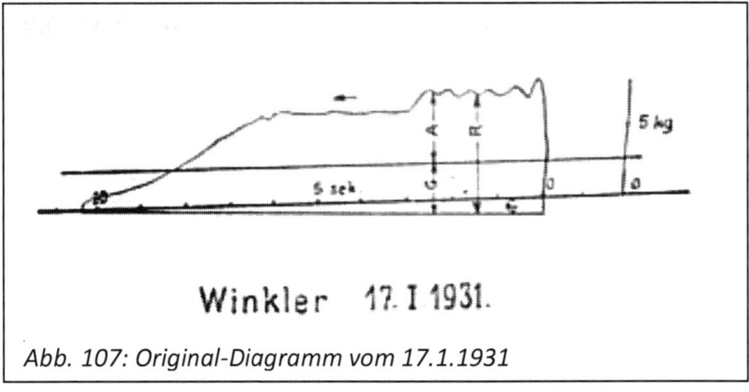

Abb. 107: Original-Diagramm vom 17.1.1931

Der Aufbau der Brennkammer der HW 2

Zeichnungen der Brennkammer der HW 2 liegen sowohl aus dem DM München als auch aus dem Archiv Ingenhaag /HORM vor (siehe Abb. 108 und 109).

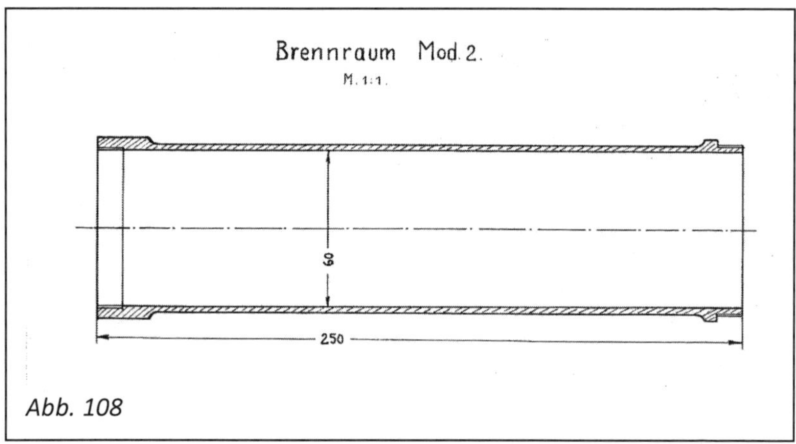

Abb. 108

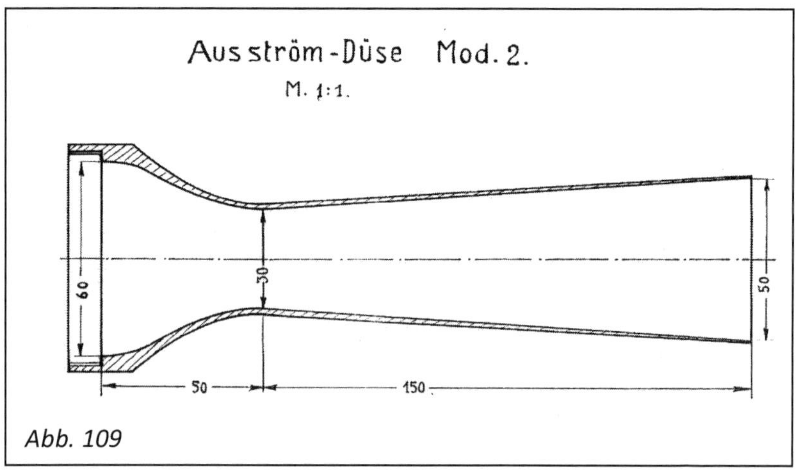

Abb. 109

Zum Einlassdüsenkopf liegen zwei Zeichnungen vor. Der ursprüngliche Einspritzkopf von Winkler weist sechs Einspritzdüsen auf.

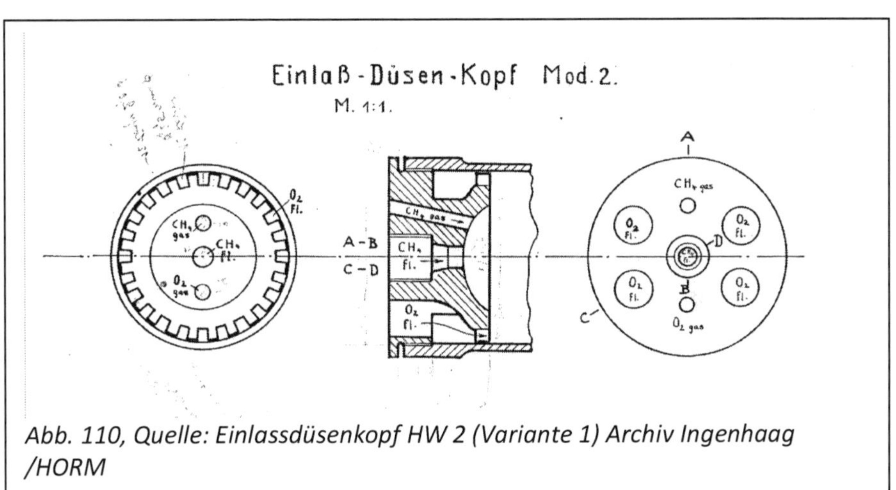

Abb. 110, Quelle: Einlassdüsenkopf HW 2 (Variante 1) Archiv Ingenhaag /HORM

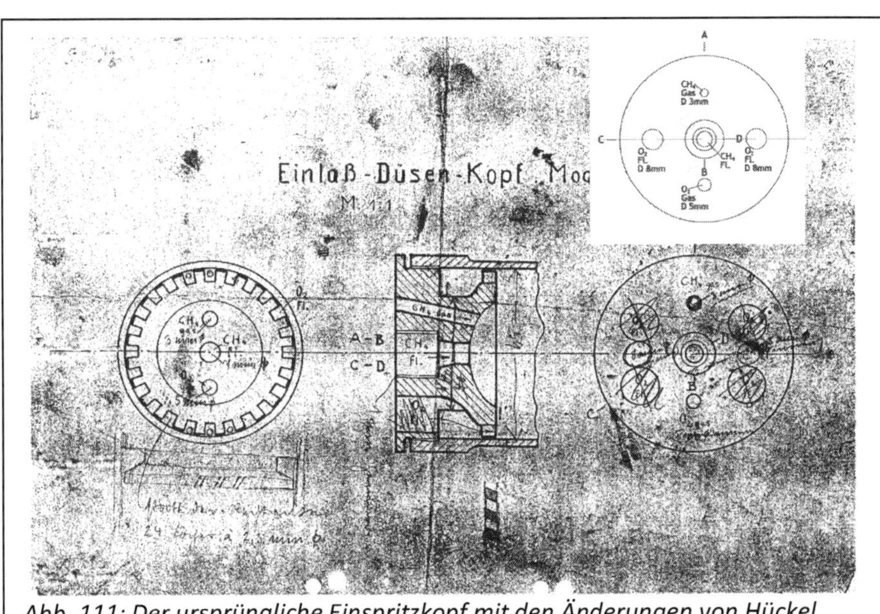

Abb. 111: Der ursprüngliche Einspritzkopf mit den Änderungen von Hückel

Wie die Fotos der Abbildungen 111, 112 und 113 beweisen, erfolgte der Bau des Einspritzkopfes entsprechend den Überlegungen von Hückel.

Abb. 112: Detailfoto der HW 2 von der Ausstellung im HORM, Feucht

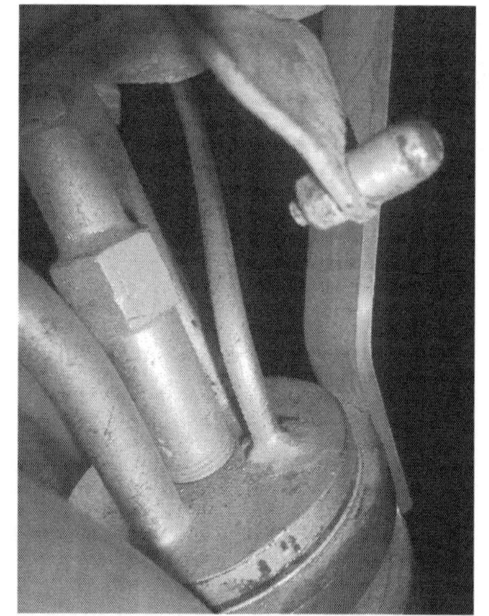

Abb. 113: Detailfoto der HW 2 von der Ausstellung im HORM, Feucht

Am 9.7.1931 bestätigt Winkler, dass er die Einlassdüsen für den Sauerstoff wie bei Modell 1 zur Erzeugung eines Dralls schräg angeordnet hat. Aus dem Schriftwechsel Winkler/Hückel gibt es dazu folgende Passage: (siehe Abb. 114).

O2 einfach durch einen ringförmigen, ununterbrochenen Schlitz austreten lassen. Wenn Sie meinen Vorschlag, einen 2. Düseneinlasskopf mit der von mir angeregten CH 4-Einströmung anzufertigen, durchführen, so wäre zu erwägen ob nicht auch gleichzeitig eine kleine Änderung bei der O2-Einströmung vorgenommen werden sollte. Mein dahin gehender Vorschlag enthält nichts prinzipiell Neues, es ist dabei nur gedacht, dem O2-Strom von vornherein mehr jene Form zu geben, die er dann an der Brennkammerwand einnimmt. Also für Verschmälerung des Spaltes und gleichzeitig der "Leitschaufeln " zur Erhaltung des Spurschrittes. Ich nehme an: Querschnitt eines Kanals: 16 mm (aus der Pause annähernd ermittelt); Schaufelstärke 1,5 mm (= s), Schaufelabstand t (im Teilkreis); Schlitzbreite b (gesucht),

Abb. 114

Zurecht wird von den Zeitgenossen kritisiert, dass das Triebwerk der HW 2 zu wenig getestet wurde. Schuld daran war zunächst das fehlende Versuchsgelände im Raum Dessau.
Nach vielen Verzögerungen und Diskussionen erfolgte schließlich der Umzug auf den Raketenflugplatz in Berlin-Tegel am 5.10.1931. Hier ergeben sich weitere Verzögerungen bis zum ersten Test, weil Winkler erst eine entsprechende Messapparatur bauen musste. Offenbar war es dann notwendig, eine eigene Anlage für die Herstellung von Methan zu entwickeln.
Am 5.2.1932 erfolgte schließlich der erste Brennversuch mit 1/3 der normalen Füllung. Von entscheidender Bedeutung war dann der Brennversuch vom 23.3.1932. Er bewies die Leistungsfähigkeit des Triebwerkes, wie das Diagramm in Abbildung 115 zeigt.
Für den Test der Brennkammer der HW 2 wären Stahlflaschen ausreichend gewesen. Winkler konstruierte und baute jedoch von Anfang an die Treibstoffbehälter für 32 kg Flüssigsauerstoff

und 4 kg Methan. Der Kammerdruck betrug 9 atü und die max. Brenndauer 49 sek.

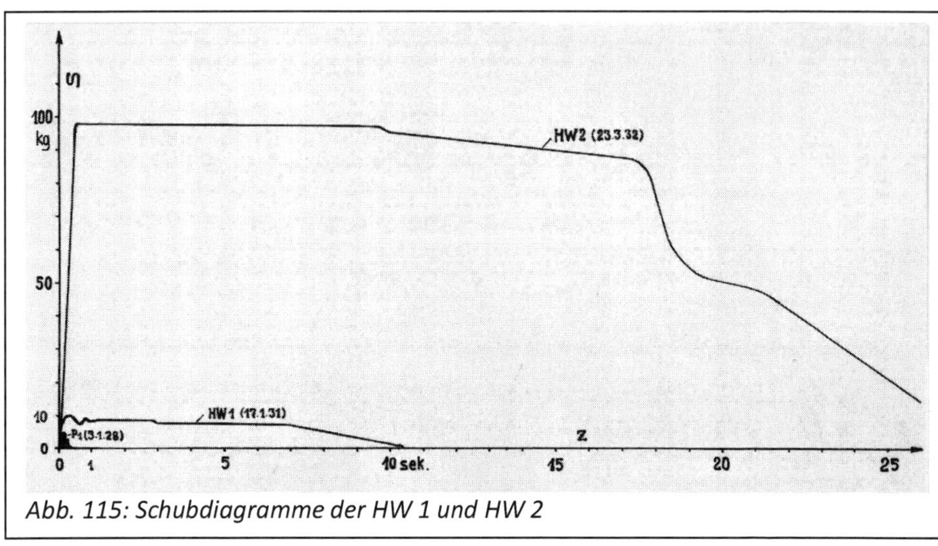

Abb. 115: Schubdiagramme der HW 1 und HW 2

Beim Test am 23.3.1932 betrug der Schub max. 100 kg, fiel nach 10 sec. etwas ab, um nach 18 sec. sich allmählich der Nullmarke zu nähern. Die Brennkammer war somit in der Lage die HW 2, die mit Treibstoffen und Zusatzeinrichtungen (Fallschirm Barometer u.a.) 49 kg wog, zu starten. Das Problem bestand nun darin, dass immer noch kein Startplatz zur Verfügung stand, doch das ist zusammen mit Informationen zur Rakete HW 2 erst Gegenstand von Kapitel 6.
Vorab soll jedoch darüber informiert werden, dass das Hauptproblem der Rakete HW 2 in der Undichtigkeit der Hähne und der Tanks bestanden hat, so dass sich ein gefährliches Gemisch von Methan und Sauerstoff innerhalb der Hülle der HW 2 bilden konnte. Zu diesem Problem verständigte sich Winkler und Hückel bereits im April 1932.

Ausgewählte Informationen aus der Dissertation von Wernher von Braun 1934 in Bezug auf Johannes Winkler

Grundlage der folgenden Ausführungen ist der Nachdruck der Dissertation im Sonderheft 1 der Zeitschrift „Raketentechnik und Raumfahrtforschung" der „Deutschen Gesellschaft für Raketentechnik und Raumfahrt".[47] Das Datum der Drucklegung ist einer Fußnote auf Seite 37 zu entnehmen: 1959!

Konstruktive, theoretische und experimentelle Beiträge

zu dem Problem der

Flüssigkeitsrakete

DISSERTATION

zur Erlangung der Würde eines

Dr. phil.

der Friedrich-Wilhelms-Universität zu Berlin

Vorgelegt am 16. April 1934 von

WERNHER FREIHERR VON BRAUN

aus Berlin

Abb. 116: Titelblatt der Dissertation von 1934

Johannes Winkler wird an drei Stellen direkt oder indirekt aufgegriffen.

a) Wernher von Braun hebt in der Einführung seiner Dissertation (Nachdruck, Seite 4) folgende Punkte hervor, die im theoretischen Teil neu sein dürften:

- Ermittlung des Schubgewinns durch eine Expansionsdüse
- Berechnung des Verbrennungsvorganges unter Berücksichtigung von Gleichgewichtsreaktionen und Dissoziationsvorgängen
- Ermittlung der günstigsten Ofengröße
- die Untersuchungen zu dem Zerstäubungsproblem unter Anlehnung an Versuche von Winkler
- Temperaturmessung in Ofen und Düse
- Berechnung der ballistischen Bewegung der senkrecht unter Antrieb fliegenden Rakete

b) Der Teil „4. Die Vorgänge im Raketenofen (Teil C)"ist der umfangreichste und der Teil mit den meisten Abschnitten. Sie haben folgende Überschriften:

- Die grundlegenden mechanischen Beziehungen[48]
- Verbrennung und Expansion
- Die thermodynamischen Gesetze des Ausströmvorganges
- Gasgleichgewichte und Dissoziation
- Der wahre Verlauf der Verbrennungsströmung
- Das Zerstäubungsproblem

WvB verweist darin unter anderem auf einen versteckten Denkfehler von Prof. Schüle (Seite 7) und auf einen ähnlichen Fehler von Nordung. Außerdem hebt er die klare Ableitung von Hermann Oberth zum Gesamtwirkungsgrad hervor (Wege zur Raumschiffahrt). Namentlich erwähnt werden bei der Diskussion der Vorgänge im Raketenofen Dr. Schweikert (Seite 13), Stodola (Seite 14), Piquet (Seite 14), Fischer (Seite 16), Gwosdz (Seite 16), Ostwald (Seite 16) und Haber/Hahn (Seite 17).

Die Ausführung von Wernher von Braun zur Wärmeübergangszahl wird hier zitiert: (siehe Abb. 117).

Die Wärmeübergangszahl α ist nun nicht genau bekannt. Sie wächst nach Untersuchungen von Winkler bei Übergang zwischen Flüssigkeiten und Gas erheblich mit der Relativgeschwindigkeit zwischen beiden. Das erklärt sich so, daß durch eine relative Strömgeschwindigkeit des Gases verhindert wird, daß sich um die Flüssigkeit ein kühlerer Gasmantel herumlegt, der die für den Wärmeübergang wirksame Temperaturdifferenz herabsetzt.
Für den Übergang zwischen Gasöl und Luft fand Winkler bei einer Strömgeschwindigkeit der Luft von 6 m/sec eine Übergangszahl α = 60,0 WE/m² std Grad. Da eine spezielle Meßreihe für Spiritus noch nicht durchgeführt wurde, muß zunächst angenommen werden, daß diese Größenordnung auch für unseren Fall Gültigkeit hat.

Abb. 117, Quelle: Abschnitt 6. Das Zerstäubungsproblem; Wernher von Braun, Seite 26

c) Von äußerster Wichtigkeit ist die Aussage von Wernher von Braun auf Seite 31 seiner Dissertation zur zukünftigen Entwicklung der Öfen. Er schreibt wörtlich:

Die zukünftige Entwicklung der Öfen wird voraussichtlich von der schrägseitlichen Einspritzung des Brennstoffes in den Ofen fortführen. Einmal wird dann die Fertigung erheblich einfacher, da vier sehr lästige und schwierige Schweißungen fortfallen. Zum anderen besteht aber auch bei der Einspritzung von nur zwei Seiten stets die Gefahr kleiner Unsymmetrien, die sich bei dem Freiflug als schwer zu stabilisierende Kippmomente auswirken müssen. Man wird also voraussichtlich zu einem Einspritzkranz für den Brennstoff übergehen, durch welchen der Brennstoff unmittelbar unter die in der Mitte sitzende Sauerstoffdüse gespritzt wird.

Diese Schilderung hat gewisse Ähnlichkeiten mit dem Konzept von Johannes Winkler, das er in den Junkers-Werken bis zu diesem Zeitpunkt (1931) realisiert hat.

E) Die leistungsfähigen Brennkammern von Johannes Winkler ab 1936

Aus einer Übersicht von Philipp von Doepp über die bisherigen Ergebnisse und weiteren Aussichten, die hier mit dem Wiedereintritt von Johannes Winkler in die Junkers-Werke ab August 1933 bis Mitte 1938 wiedergegeben werden, ergeben sich die Etappen seiner Arbeit von 1933 bis 1938.[49]

Auf der Basis von Einzelprotokollen hat sich Winkler vom November 1933 bis Oktober 1934 mit Methan-Sauerstoff-Brennkammern beschäftigt.

…CHUNGS-ANSTALT
…ESSOR JUNKERS
STRÖMUNGSTECHNIK
48. … v. 2.12.1933
Z. XIX 11
zu P. 2205
… 470
… Nr. 8252.

Abb. 118

ABT. STRÖMUNGSTECHNIK.
2. … 10.1.1934.
Zum Abheften
Z. XIX. 24
zu P. 2205.
… 470.
… Nr. 8304. 8287, 8288, ~~8304~~ 8293.

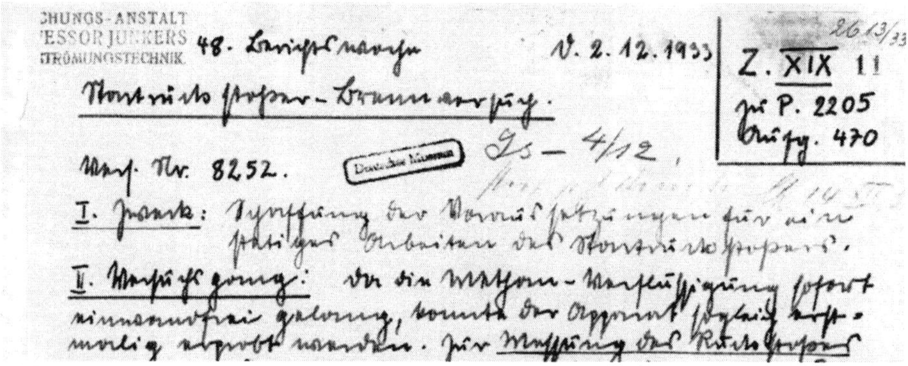

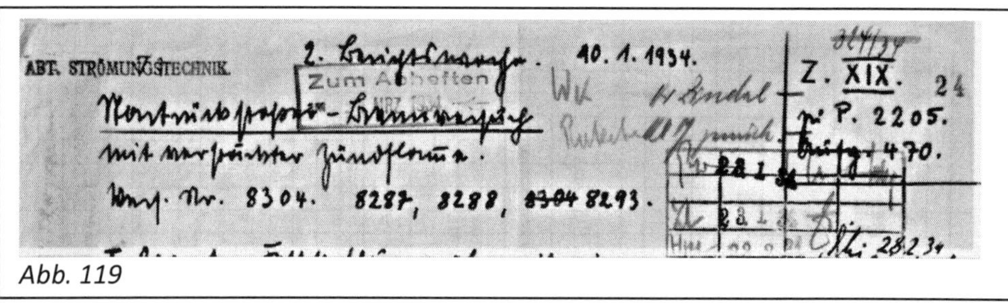

Abb. 119

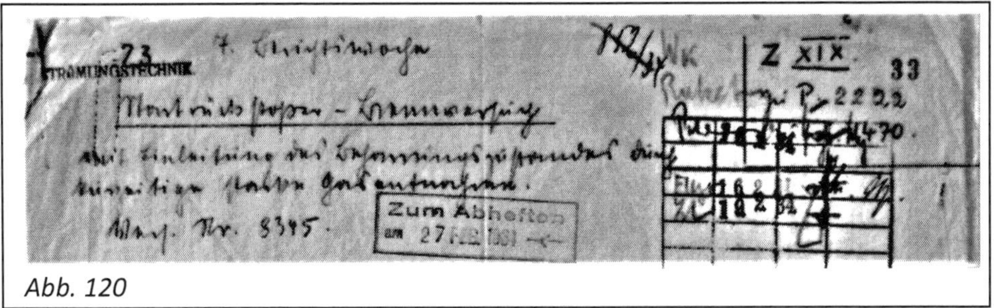

STRÖMUNGSTECHNIK

23 7. Berichtswoche

Z XIX 33

P. 2222

Vers. Nr. 8395.

Zum Abheften am 27

Abb. 120

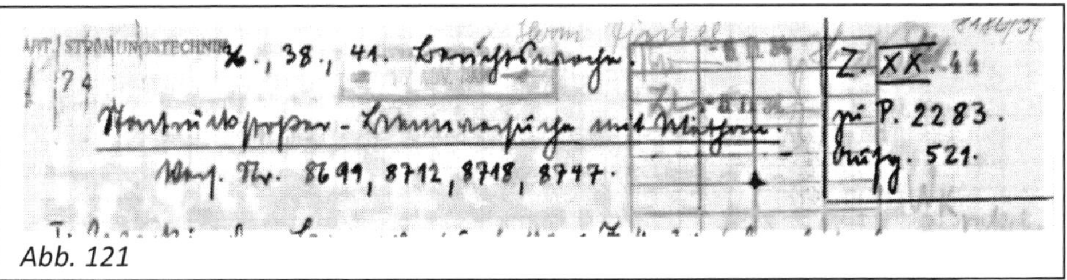

STRÖMUNGSTECHNIK 36., 38., 41. Berichtswoche.

74

Vers. Nr. 8699, 8712, 8718, 8747.

Z. XX. 44

zu P. 2283.

Aufg. 521.

Abb. 121

Im Oktober 1934 erfolgte ein orientierender Versuch mit gasförmigem Wasserstoff und Sauerstoff an einer 2 kg-Einheit. Der Kommentar von Philipp von Doepp: „***Kommt praktisch nicht in Frage***".

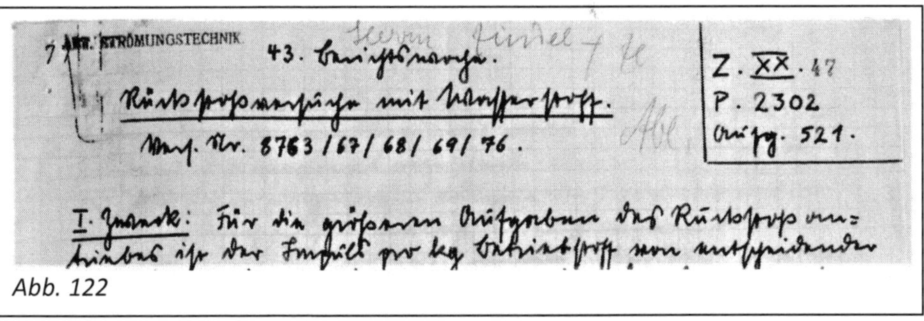

STRÖMUNGSTECHNIK 43. Berichtswoche.

Rückstoßversuche mit Wasserstoff.

Vers. Nr. 8763/67/68/69/76.

Z. XX. 47

P. 2302

Aufg. 521.

I. Zweck: Für die größeren Aufgaben des Rückstoßantriebes ist der Impuls pro kg Betriebstoff von entscheidender

Abb. 122

Im Januar 1935 erlitt Philipp von Doepp einen Unfall bei der Explosion einer 300 kg-Einheit. Diesem Unfall folgten Untersuchungen durch das Heereswaffenamt und das Reichsluftfahrtministerium.

Entsprechend seiner Grundeinstellung zur Forschungsarbeit hat sich Winkler nach der großen Explosion 1935 erst den Ursachen der Explosion seines Methan-Sauerstofftriebwerkes im Januar

1935 gewidmet und weiter mit Methan gearbeitet. So wurden im 4. Quartal 1935 erste Versuche mit einer 5 kg-Schubeinheit mit Flüssigsauerstoff und Methan durchgeführt, die Bestandteile eines „plattenförmigen Brennraumaggregates" werden sollte. Es zeigte sich wieder ein schlechtes Zündverhalten und es traten Abschmelzungen ein.

Im Dezember 1935 wurde nach langer Zeit des Abwartens die Außenkühlung durch einen Wasser-Kühlmantel eingeführt. Zuvor erfolgte die Kühlung offenbar durch das oben (Seiten 146, 147) beschriebene interne Kühlsystem.

Bild 6. Prüfstand für das Plattenbrennraum-Teilstück für 5 kg Rückstoß, Ende 1935, schräg von vorn.

Abb. 123: Die Unterschrift lautet:
„Bild 6: Prüfstand für das Plattenbrennraum-Teilstück für 5 kg Rückstoß mit Methan und Sauerstoff Ende 1935, schräg von vorn"
Quelle: Rudolf Guder; „Astris"; Seite 219 bzw. Privatarchiv Dr. Guder

Erst im Januar 1936 werden erneut Versuche mit Benzin durchgeführt, die 1931 durch den Wechsel von Winkler in die AG mit Hugo A. Hückel abgebrochen wurden.
Bemerkenswert ist dabei, dass durch gasförmigen „Zündwasserstoff" das „Anspringen" der Verbrennungsvorgänge in der Brennkammer verbessert und eine hohe Impulsausbeute erreicht wurde (ca. 160 kgs/kg).
Bei der seit Jahren vom Autor betriebenen Suche nach den beiden Patenten, die lt. Briefwechsel Hückel/Winkler von den Junkers-Werken mit seiner Hilfe vorbereitet worden sind, ist die Mitteilung interessant, dass im März 1936 das grundlegende Patent auf Rückstoßer mit Kühlflüssigkeitshaut erteilt worden ist.
Im Mai 1936 erhöhte sich die Impulsausbeute auf 180 kgs/kg durch die Verlängerung des Brennraumes.
Eine Überraschung ist der Eintritt eines neuen Mitarbeiters „Hagedorn" im Januar 1937, über den aber keine weiteren Informationen vorliegen. Es wurde mit 50- und 100 kg-Schubeinheiten begonnen, wobei sich zunächst die Impulsausbeute verschlechtert hat.
Im März wurde offenbar der Übergang zu einer „Sterndüse" vollzogen, über die ebenfalls keine weiteren Dokumente bekannt sind. Die Ausbeute erhöhte sich wieder auf 170 kgs/kg.

Bis August 1937 waren offensichtlich solche Fortschritte mit dem neuen Brennraum erzielt worden, dass damit die bereits in „Astris..."; Seite 221 geschilderten Versuche mit LKW durchgeführt werden konnten. Damit wird teilweise (!) die mündliche Überlieferung aus der Biografie von R. Guder über die LKW-Fahrt auf dem Flugplatz mit einem Dreierpack bestätigt.
Die Versuche ab Januar 1938 waren atemberaubend: Bei einer Dauererprobung konnten zehn Brennperioden hintereinander ohne Reparaturen vorgenommen. Allerdings fehlen die Angaben über die jeweilige Brenndauer und den erzielten Schub.

Im Februar 1938 begannen die Vorversuche mit einer Sauerstoff-Speisepumpe. Dazu liegt folgende Skizze vor (siehe Abb. 124).

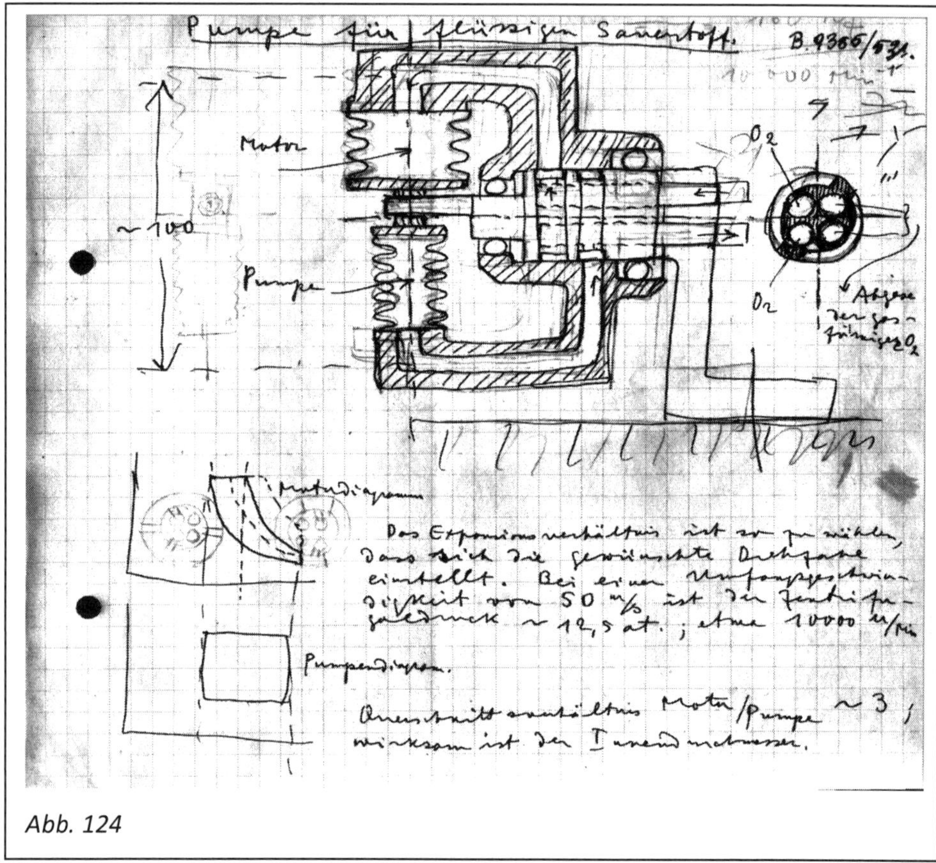

Abb. 124

Im April 1938 wurde die Belegschaft der Gruppe Winkler auf fünf Angestellte erhöht.
Die erste Erprobung einer 1.000 kg Schub-Einheit erfolgte im Juni 1938. Allerdings war die Ausbeute gering und es erfolgten Anschmelzungen. Bis September 1938 konnte die Ausbeute auf 191 bis 197 kgs/kg an einem verbesserten Prüfstand mit 100 kg-Schub-Einheiten erzielt werden. Im Oktober 1938 wurde

durch dünnwandige Brennräume das Gewicht um 40% verringert und die Ausbeute stieg auf 194 bis 203 kgs/kg.
An dieser Stelle endet die Tabelle von Philipp von Doepp.

Aus dem internen Briefwechsel zwischen Winkler und der Firmenleitung ist jedoch bekannt, dass offenbar die Forschungstätigkeit von Winkler die mit dem Arbeitsvertrag vorgegebenen Ziele erreicht hatte. Sie lauteten lt. Schreiben vom 23.10.1936

1. Schaffung einer betriebssicheren Maschine
2. Impulsausbeute von 200 skg/kg
3. beliebig häufig an der gleichen Maschine

Während die Bedingung eines Impulses von 200 skg/kg mit 180 skg/kg bereits als erfüllt betrachtet wurde, lag der Schwerpunkt bei einem dauerhaften und wiederholbaren Schub von 300 kg. Winkler bringt diese Auffassung nachdrücklich in seinem Schreiben vom 2.1.1938 an Direktor Thiedemann zum Ausdruck (siehe Abb. 125).

In Ihrem Schreiben (Gefo-G. KobÜ/Dz/Bm) vom 23.10.36. hatten Sie über Ihre Wünsche für die Erfüllung der Vertragsbedingung nähere Ausführungen gemacht. Da mir daran liegt, Sie in jeder Hinsicht zufrieden zu stellen, auch wenn ich mit Ihnen nicht konform gehe, habe ich nach der 5-kg -Einheit die praktisch besser geeignete 100 kg- Einheit entwickelt und ein Aggregat von 3 Einheiten soweit erprobt, dass es zum Antrieb eines Lastwagens verwendet werden konnte. Damit ist die Vertragsbedingung hinsichtlich der absoluten Grösse der Kräfte erfüllt und auch eine für erste praktische Anwendungen vorerst erforderliche Betriebssicherheit erreicht. Gewichtlich konnten die Relativwerte der 5 kg- Einheit nicht nur eingehalten, sondern in manchen Stücken (Ventile) sogar erheblich verbessert werden. Bezüglich der Impulsausbeute bleiben die gesicherten Versuchswerte noch um ca 5-6 % hinter den bei der 5 kg-Einheit erreichten zurück.

Abb. 125:

Nach einigen Querelen wurde die ausstehende Zielprämien in Höhe von 10.000 RM ausgezahlt und Johannes Winkler konnte

seine Schulden gegenüber dem Oberkollegium der Evangelisch-Lutherischen Kirche 1938 begleichen.
Der Lohnzettel 1938 vom 14.2.1939 belegt, dass Winkler 1938 eine Gratifikation von 20.000 RM erhalten hat.

Der weitere Beleg für die Versuche mit Benzin und Flüssigsauerstoff ist vom 5.1.1938.

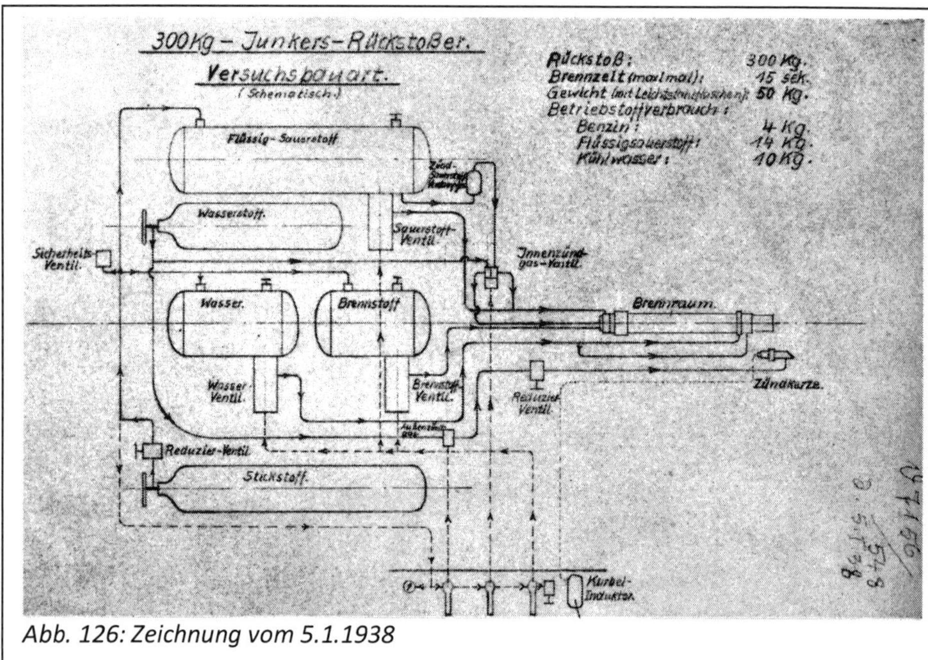

Abb. 126: Zeichnung vom 5.1.1938

Damit wurde ein Rückstoß von 300 kg für 15 sek. erreicht. Zur Kühlung wurden 10 kg Wasser verwendet. Zur Gestaltung des Einspritzkopfes liegen jedoch bisher keine Zeichnungen vor. Für das Benzin wurde Stickstoff als Treibgas verwendet.
Eine abschließende Einschätzung der Arbeit der Gruppe Winkler nimmt Philipp von Doepp auf der folgenden Seite 2 vor (siehe Abb. 127 und Abb. 128):

II. Jetziger Stand:
(siehe Zeichnung Blatt 14/15.)

Flüssigsauerstoff unter 20 at Druck, siedend, (mit Ueberdruckventil).
Benzin durch Wasserstoff unter 20 at gesetzt
Wasser " Flüssigsauerstoff unter 20 at gesetzt
Wasserstoff gasförmig in Hochdruckflasche mit Reduziermentil.
Wassermantel, überdimensionierte Wandstärken.
Erzielt, bezw. mit Sicherheit in Kürze erzielbar: x)

	Langer Brennraum	kurzer Brennraum	Konkurrenz fabrikat.
Impulsausbeute pro kg Betriebst.	190	120	100 kgs/kg
Kosten " " "	0,20	0,20	4,00 "
Gewichtsanteil pro kg Schub	3,8%	3,0%	(8,5 %)
zusätzlicher Anteil pro kg Betriebstoff	30 %	30 %	(5 %)

Abb. 127

- 2 - B.11906/513

Der Junkers Rückstosser scheint also hiernach nur für grosse Höhen oder ungewöhnlich grosse Flugleistungen - als Antrieb oder Startrakete - konkurrenzlos zu sein. Seine Anwendung für den normalen Start ist nur so weit gegeben, als er billiger im Betrieb sein wird, als Rückstosser mit Sauerstoffträgern. Als Dauerantriebsmittel werden ihm die Strahlapparate, die den Sauerstoff aus der Luft entnehmen, auch für sehr grosse Leistungen fast immer überlegen sein.

Anlage: B.11905 ABT. STRÖMUNGSTECHNIK
B.159/W (Bericht J.Winkler)
(B 11,899 u. 11900/513)

Abb. 128

Außer den in Abb. 124 bis 128 genannten Dokumenten belegen die folgenden zwei Fotos die Forschungsergebnisse von Johannes Winkler (Quelle: jeweils Deutsches Museum München CD-Nr. 1898)

Abb. 129

Abb. 130

Fazit zu Forschungstätigkeit von Johannes Winkler auf dem Gebiet der Brennkammern

Johannes Winkler hat auf dem Gebiet der Entwicklung von Brennkammern eine überragende Forschungstätigkeit durchgeführt.

Seine Forschungsarbeit kann dabei in vier Etappen unterteilt werden:

1. Die Selektion der Gasturbine von Lemale als Ausgangspunkt für die weitere Entwicklung von Raketentriebwerken. Siehe dazu die Zeitschrift „Die Rakete" vom Dezember 1927.

2. Das Intermezzo mit dem Gegenspritzverfahren, das er in der Zeitschrift „Die Rakete" auch in der letzten Nummer 1929 publizierte und wozu er am 3.1.1929 ein Patent einreichte.

   Die oft gestellte Frage, warum Winkler von dem Vorbild „Lemale" abgewichen ist, wurde von ihm nicht direkt beantwortet. Andeutungen dazu befinden sich jedoch am Ende des Artikels vom November 1928. Er schrieb dort: ***Es gibt verschiedene Methoden der Zerstäubung. Die rein mechanische Zerstäubung empfiehlt sich aus verschiedenen Gründen, wenn auch die erforderliche Drücke hierbei relativ hoch sind und die Zerstäubung bei weitem nicht so fein wird, wie wenn eine Vernebelung durch einen Gasstrom erfolgt. Ich möchte darüber nichts Näheres mitteilen, weil mir von Professor Oberth hier einiges Material zur Verfügung gestellt wurde.***

   Demzufolge kannte er zwar den Weg, über hohe Drücke die mechanische Zerstäubung zu verbessern, hatte aber noch keine Lösung für eine weitere Verfeinerung. In dieser Lage erschien ihm das Gegenspritzverfahren eine sehr geeignete Lösung ohne dabei eine Erhöhung des Gewichtes des Raketenantriebes vornehmen zu müssen.

3. Die Rückkehr von Johannes Winkler zur Lemale-Gasturbine aufgrund des Forschungsvorlauf der Junkers-Werke. Seine sofortige Rückkehr zur Gasturbine wurde durch die Festlegungen im Zusammenhang mit dem Arbeitsvertrag von 1929 in Abstimmung zwischen Philip von Doepp und Prof. Junkers erzwungen. Die darauf von ihm entwickelte Zentraleinspritzung wurde von Wernher von Braun für die weitere Entwicklung von Raketentriebwerken in seiner Dissertation ausgewählt.

4. Die Erprobung verschiedener Varianten der Zentraleinspritzung teilweise in Verbindung mit verschiedenen Kombinationen von Treibstoffen. Ein durchschlagender Erfolgt mit Methan und Sauerstoff konnte jedoch bis 1936 nicht erzielt werden, obwohl dafür zahlreiche Versuchsprotokolle und Berichte vorliegen.
   Zur Gestaltung der Benzin-Sauerstoff-Brennkammer ab 1936 liegen bisher keine Zeichnungen vor. Aus Zeichnungen von Winkler aus der LFA nach 1939 resultiert jedoch, dass er mit großer Wahrscheinlichkeit bei dieser Lösung geblieben ist.

5. Der Start der ersten europäischen Flüssigkeitsrakete HW 1 mit Methan und Sauerstoff in Dessau und die Junkers-Werke

Die Bedeutung des Winkler-Briefes an Hermann Oberth vom 30.4.1928 besteht unter anderem darin, dass hier der Name Hugo A. Hückel erstmals auftaucht. Winkler informiert wie folgt: ***Herr Ingenieur Hückel, Neutitschein, SCR, ein wohl finanzkräftiger Ingenieur, besuchte mich Ostern. Er will einen jungen Ingenieur hauptamtlich die Rakete für flüssige Treibstoffe entwickeln lassen und bat mich um Material...***

Winkler gab Hückel hierfür sein persönliches Material und bat Oberth, das Gleiche zu tun.

Die Grundidee einer Zusammenarbeit mit Hugo A. Hückel äußerte Winkler bereits im November 1929. Hückel lehnte zunächst wegen seiner Krankheit und den beschränkten finanziellen Möglichkeiten ab. Als die Junkers-Werke jedoch in eine wirtschaftliche Problemlage gerieten, keimte der Gedanke wieder auf. Als Ausweg wird aber im Briefaustausch erst der Wechsel zur Firma von Dr. Heylandt gesehen.

Winkler hat für eine Zusammenarbeit bereits am 18.6.1930 konkrete Vorstellungen.

Solange ich hier bin, ist damit zu rechnen, dass wir in dynamischer Entwicklung auch zum Weltraumschiff kommen. Mit einer einzigen Ausnahme (der Behandlung verflüssigter Gase) glaube ich, dass die Werke hier Dr. Heylandt ganz beträchtlich überlegen sind.

Für das Vertrauen, das sie für meine praktische Arbeit bekundet haben, danke ich Ihnen bestens. Ich glaube, dass sich trotz Junkers Patente noch manches machen lässt, da die Grundprinzipien frei sind, ein wichtiges Patent von mir bereits vor meinem Eintritt bei Junkers angemeldet worden ist und schließlich in den minder wichtigen Punkten manche Variationen möglich sind. Es reizt mich natürlich sehr, auch außerhalb meiner Berufsarbeit noch an

der Rückstoßersache zu arbeiten. Insbesondere würde ich dann in Ihnen auch jemanden haben, auf dessen Namen ich etwaige Patente anmelden kann, da ich es selbst nicht darf.

Hückel ist einen Monat später offenbar fest entschlossen, sich soweit möglich finanziell in die Raketenforschung einzubringen.

Abb. 131: Das einzige überlieferte Foto von Hugo A. Hückel mit der Widmung vom März 1931, Quelle: Deutsches Museum München, Archiv CD 72739. In der Anlage sind ab Seite 370 zwei Lebensläufe wiedergegeben.

Er anerkennt aber, dass die Stellung von Winkler bei den Junkers-Werken gefährdet werden könnte, wenn die Parallelarbeit bekannt wird. Sein Endziel wäre eine Höhenrakete. Während dieser Einwand im Weiteren nie eine Rolle gespielt hat, begleitete die folgende Information von Hückel lange Zeit die Zusammenarbeit zwischen den beiden Raketenpionieren (bis 1932). In der Zeit zwischen Mai und Juni hatte Rudolf Nebel offenbar Verbindung mit Hückel aufgenommen und um Unterstützung gebeten. Hückel wäre dazu bereit gewesen, wenn damit eine Rakete mit einer Höhe von 2,50 m fertiggestellt wird. Nunmehr sollte er ein Gutachten bei der Reichsanstalt mit 1.000 RM finanzieren, wozu er nicht bereit sei. Winkler hatte in der Zwischenzeit den geforderten Arbeitsplan vorgelegt und erklärt sich zunächst mit der Schaffung einer Apparatur mit einem Leergewicht von einem Kilogramm einverstanden.
Am 15.7.1930 überweist Hückel den ersten vereinbarten Betrag von 1.000 RM.

<u>Die ersten Erfolge beim Bau der HW 1 von Juli 1930 bis März 1931</u>

In diesem Zeitraum verquicken sich drei Handlungsstränge:

- die allgemeine Verschlechterung der wirtschaftlichen Lage der Junkers-Werke
- die Erfolge von Winkler in der Forschungsanstalt Prof. Junkers und
- die ersten Ergebnisse bei der Entwicklung eines Triebwerkes mit Methan und Sauerstoff durch die Finanzierung durch Hugo A. Hückel.[50]

Letztendlich gab die Weigerung der Junkers-Werke zur Veröffentlichung des Starts der HW 1 und das abgesenkte Gehalt für Winkler den Ausschlag für den Übergang in die AG mit Hugo A. Hückel.-
Winkler arbeitet offenbar sehr intensiv an der neuen Form eines Triebwerkes und informiert Hückel jedoch nur bruchstück-

haft über Einzelfragen. Hückel wiederholt am 16.7.1930 seinen Standpunkt, dass er für einen Versuchsstand ist, da ein technischer Fortschritt nur durch Messungen und Beobachtungen erreicht werden kann. Mit Modell 1 solle mit dem greifbaren Material begonnen werden, um dann das dazu bestens geeignete zu verwenden. Das 10x größere Modell sei erst danach in Angriff zu nehmen. Der Funkeninduktor könne nach der Zündung am Boden bleiben. Weitere Probleme sind die Berechnung der Steighöhe, da ihm Angaben zum Luftwiderstand fehlten.
Winkler hatte ihm offenbar zwischenzeitlich das Manuskript seines Buches „Die Raketen mit flüssigen Treibstoffen" geschickt, dessen Auswertung im Briefwechsel zwischen Winkler und Hückel lange Zeit einen breiten Raum einnimmt. Er wird daraus später ein Manuskript mit dem Titel „Der Strahlmotor" formulieren, das aber nie fertig gestellt wird. Eine Auswertung erfolgt an erst später und nicht hier.

Der Umzug in die Brunnenstr. 70

Winkler informiert am 1.9.1930, dass der Umzug in die Brunnenstr. 70 in Dessau-Ziebigk mit seiner Familie aus Breslau vollzogen wurde. Fotos dazu sind in Abb. 79 und Abb. 80 zu sehen. Zuvor lebte er in der Kienheide 20. Über die dortigen Bedingungen hatte er sich sogar bei Hückel beklagt.
Der Sammelbrief vom 1.9. bis 7.9.1930 beinhaltet mehrere technische Fragen. Dabei geht es um Methan, Sauerstoffträger, die Festigkeit von Metallen bei tiefen Temperaturen und Typen von Rückstoßern. Die darin angesprochene „Zeunersche Formel" wird Winkler bis 1947 begleiten und seine Diskussion dazu ist ein wesentlicher Bestandteil seines wissenschaftlichen Erbes. Grundsätzliche Bedeutung haben auch die drei Typen von Rückstoßern, die daher als theoretischer Beitrag von Winkler zur Raketentheorie eingeflossen ist.

Abb. 132, Quelle: Privatarchiv Dr. Guder ist vom 24.8.1930.

Winkler informiert dann darüber, dass sein Patent immer noch nicht durch sei. RA Wurm hätte wegen der Differenzen (im Verein für Raumschiffahrt) die Vertretung niedergelegt und Winkler weiß nicht, ob er das Patent durch einen bezahlten Patentanwalt durchführen wird.

Für die konkrete Arbeit müssten Werkstatt und Experimentiergelände beieinander liegen. Bei den Junkers-Werken ist alles auf einen schweren Tisch montiert, der auf Rädern ruht und auf Schienen zum Prüfgelände gefahren wird (siehe Abb. 132). Für Mechaniker-Arbeiten hat sich ein Mitarbeiter aus „unserer" Werkstatt bei den Junkers-Werken bereit erklärt, meine Arbeiten gegen die übliche Bezahlung von 1,20 RM/Stunde mitzumachen. Dabei handelt es sich um Baumann, wie ein zeitgenössisches Dokument zeigt (siehe Abb. 133).

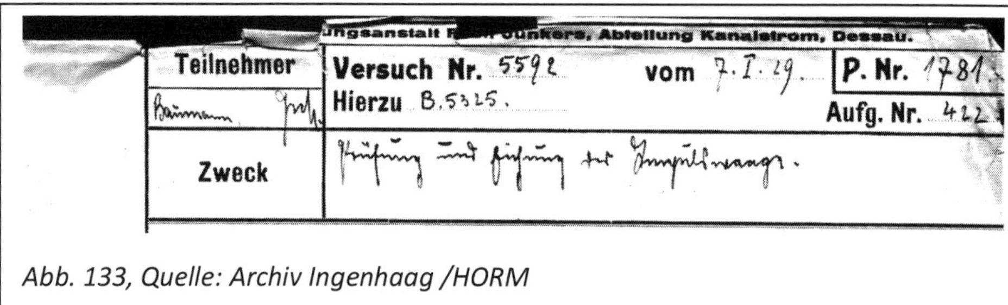

...ngsanstalt ... Junkers, Abteilung Kanalstrom, Dessau.

Teilnehmer	Versuch Nr. 5592 vom 7.I.29.	P. Nr. 1781
Baumann	Hierzu B.5325.	Aufg. Nr. 422
Zweck	Prüfung und Eichung der Impulswaage.	

Abb. 133, Quelle: Archiv Ingenhaag /HORM

Trotz dieser Informationen hat Hückel zu diesem Zeitpunkt keine Kenntnisse über die konkrete Konstruktion des Apparates, wie der Brief vom 17.9.1930 zeigt. Drei Tage später informiert Winkler Hückel über Folgendes: Die von ihm finanzierten Arbeiten wäre im vollen Gange. Wegen der zu erwartenden Kollisionen wäre es ihm aber nicht möglich gewesen, den Rückstoßer der Junkers-Werke nachzubauen. Er hätte Methan gewählt, um näher an die Wasserstoffüberschussrakete heranzukommen. Sehr interessant ist sein Hinweis, dass er Kühlflüssigkeit in geschlossener Art innen an der Wand strömen lässt. Winkler führt weiter aus:

Daß Sie die Arbeiten des Vereins unterstützen, verstimmt mich in keiner Weise, ich bewundere im Gegenteil Ihre großzügige Förderung, die Sie dem uns aufs Tiefste bewegenden Problem angedeihen lassen. Ich freue mich über jede Förderung, die unsere Sache erfährt. Zudem habe ich ja von allen Bearbeitern des Raumfahrtproblems zurzeit weitaus die bes-

te Möglichkeit, mich auszuwirken und gönne es jedem von Herzen, der Gelegenheit zu praktischer Arbeit findet. Trotz der Sparmaßnahmen hier bei den Werken, finden meine Wünsche jetzt eine viel weitgehendere Berücksichtigung als bisher, da die Arbeiten vollen Erfolg haben.
Wir haben schon gegen 100 ausgezeichnete Druck- und Rückstoßdiagramme.[51] *Obwohl bei jedem Versuch etwas Neues gemacht wird, gelingen mindestens 90% aller Versuche. Kürzlich waren Herrn von der Werksleitung und andere hervorragende Persönlichkeiten bei den Versuchen zugegen...*

Abb. 134: Anstelle der Zeichnung der HW 1 wird hier ein sehr frühes Foto gezeigt. Quelle: Archiv Ingenhaag /HORM

Anschließend schildert er im Detail die Arbeitsweise des Apparates.

Winkler stellt am 9.11.1930 fest, dass die Zeit nur so dahinfliegt und bereits fast ein Monat seit seinem letzten Bericht verstrichen ist. Sein Arbeitstag ist durch die parallele Arbeit für Hückel und die Junkers-Werke auch mehr als ausgelastet, wie sein Bericht zeigt.

Der Apparat ist nun soweit praktisch durchgearbeitet, daß ich hoffe, am nächsten Sonnabend die ersten ordentlichen Brennversuche zu machen.

Abb. 135: Johannes Winkler mit der HW 1 vor der Werkstatt in der Kochstedter Str. in Dessau, Quelle: Deutsches Museum München (BN 11795)

Am 30.11.1930 war es dann soweit und Winkler berichtet über die Brennversuche gegenüber Hückel.

Die Düse brannte sehr gleichmäßig fast ohne Knall. Der Druck im Brennraum und der Rückstoß war jedoch bisher kaum messbar. Im Gegensatz zu den Versuchen bei den Junkers-Werken befänden sich jetzt die Flüssigkeiten im siedenden Zustand, so daß ein Teil verdampft. Methan scheint aber ein ausgezeichneter Brennstoff zu sein. Wenn genügend Flüssigsauerstoff an der Wand entlang strömt, dürfte die Kühlung gut genug sein.

Am 18.12.1930 schildert Winkler seine Arbeitswoche und führt damit dem Leser die außerordentliche Belastung von Johannes Winkler vor Augen.

Wenn nun tatsächlich schon wieder 6 Wochen seit dem Schreiben des Amtsgerichtes dahingegangen sind, so hat das verschiedene Gründe. Zunächst vor allem meine sehr stark belegte Zeit. Ich stehe morgens etwa um 6 Uhr auf, gehe um 7 Uhr aus dem Haus, um 1/2 8 Uhr beginnt der Dienst, der mit einer Essenspause von 40 Minuten offiziell und 3/4 5 Uhr schließt. Ich selbst bleibe im Durchschnitt bis 3/4 6 Uhr. Von Werk begebe ich mich in unser Labor, esse zwischendurch in einem am Wege liegenden Lokal ein belegtes Brot und bin um 1/2 7 Uhr in der Kochstedterstraße. Dort wird offiziell bis 9 Uhr gearbeitet. Da es der Mechaniker mit der Arbeitszeit nicht so genau nimmt, wird es meist 1/2 10 Uhr. Für diese unentgeltliche Arbeit bin ich natürlich nicht hinderlich. So komme ich etwa um 10 Uhr zu Haus an. Das geht nun ca. 4 Tage in der Woche. Die beiden anderen muß ich notwendigerweise die Bibliothek besuchen, wenn nicht andere Abhaltungen vorliegen. Wohl dem, der solche Nerven hat, daß er sich nachdem er ohne Mittagsruhe von morgens 7 bis abends 10 Uhr eingespannt ist, sich dann noch konzentrieren kann. Den Sonntag schenke ich, soweit das die private Korrespondenz u. dergl. zuläßt meiner Familie. So gehen mir die Monate dahin als wären es Tage.

Er wird diese Arbeitsmoral oder besser Arbeitsunmoral später mit seiner fanatischen Begeisterung für die Sache bzw. seinem Ehrgeiz begründen, immer führend zu sein.
Mit gegenseitigen Weihnachtsgrüßen endet das Jahr 1930.

Anfang 1931 beginnt die Loslösung Johannes Winklers von der Forschungsanstalt
In seinem Brief vom 7.1.1931 informiert Winkler Hückel über die formelle Kündigung durch die Junkers-Werke, die ihn sehr verletzt hat und seine Gedanken an einen Ausstieg wiederbelebt hätten. Vier Tage später übersendet Winkler das Schreiben der Junkers-Werke an Hückel, wie es sämtliche Angestellte aufgrund der Notverordnung vom 1.12.1930 Teil II, Kap. 2, § 5 erhalten hätten. In dem Schreiben der Forschungsanstalt vom 24.12.1930 (Weihnachten!) wird eine Kündigung zum 31.1.1931 ausgesprochen. Weiter heißt es aber, dass die Kündigung nicht das Ende des Arbeitsverhältnisses bedeutet, sondern der Neuordnung der Bezüge dient.
Am 17.1.1931 bedankt sich Winkler nicht nur für die übersendeten 400 RM, sondern belegt mit einem beigefügtem Schubdiagramm, dass das Modell steigfähig geworden ist.
Der Rückstoß würde 8 kg betragen und der Brennraumdruck läge bei 4 atü = 5 ata. Der Apparat hätte dagegen ein Gewicht von 2,7 kg.

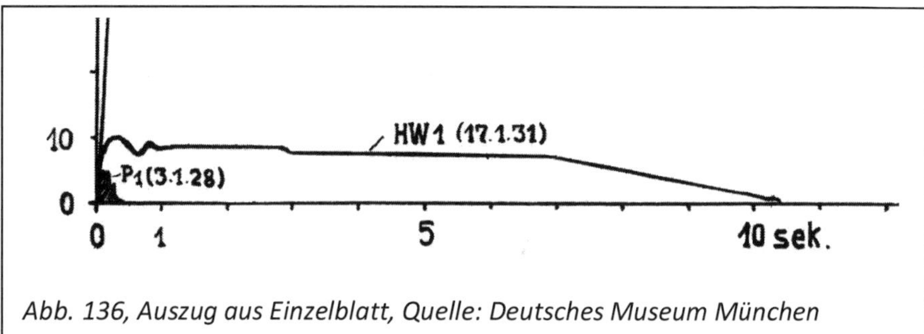

Abb. 136, Auszug aus Einzelblatt, Quelle: Deutsches Museum München

Winkler äußert im Brief vom 25.1.1931 zurecht seine Bedenken zur Stabilität des Fluges:

Was die Stabilität des Fluges betrifft, so denke ich darüber nicht sehr rosig. Ob die Richtwirkung der Ausströmdüse imstande sein wird, den auftretenden Drehmomenten das Gleichgewicht zu halten, vermag ich rechnerisch noch nicht zu sagen... Ich berechne für unser Modell etwa eine Steighöhe von 400 Meter, das ist für Dessauer Verhältnisse schon zu hoch, da die Rakete dann evtl. schon über die Grenzen des Experimentiergeländes abgetrieben werden kann... Insofern bin ich dafür, daß mit Model II möglichst sofort begonnen wird, um dann bald einen honorierten Aufstieg folgen lassen zu können. Die Konstruktion des Brennraumes und des allgemeinen Aufbaues scheint mir hinreichend geklärt.

In einem Antwortbrief ist Hückel über die Form der HW 1 erstaunt und schreibt:

Für die Fotos danke ich Ihnen bestens. Sie lassen den Apparat allerdings ganz anders erscheinen als er auf Ihrer ersten Skizze dargestellt war. Auf dieser waren sechs Gefäße zu sehen, während im Lichtbild bloß drei lange und ein kurzes erscheinen. Diese Unsymmetrie ist wohl auch der Grund, warum Sie das Auftreten eines Drehmomentes fürchten. Bei völliger Symmetrie ist doch auch kein Drehmoment möglich.

Hückel könne 1931 Winkler 6.000 Mark zur Verfügung stellen, wobei Winkler einen Teil auch für persönliche Zwecke verwenden könne. Hückel zeigt durchaus Verständnis dafür, dass es Winkler nicht leichtfällt, sich von den Junkers-Werken zu trennen und schreibt:

Ich begreife vollkommen, daß der Entschluß, Ihren Dienst bei Junkers aufzugeben, ein schwerer ist und habe nicht erwartet, daß Sie ihn sofort fassen. Andererseits sollten Sie den Gedanken nicht ganz von sich weisen. Es kann sich im Laufe der Entwicklung des Raketenbaus ziemlich bald ein geeigneter Zeitpunkt ergeben.

Hinsichtlich der Steighöhe kommt Winkler rechnerisch auf 640 m.
Gegenüber den Junkers-Werken hätte Winkler sich mit dem Abbau seines Gehaltes nicht einverstanden erklärt. Wenn ihn die Werke behalten wollten, müsste die gemeinsame Arbeit wie bisher fortgeführt werden.
Am 27.1.1931 erhielt Winkler von der Forschungsanstalt (Dr. Mader) einen Brief mit der Erklärung, dass sie bereit ist, ab 1.4.1931 ein monatliches Gehalt von 331,- RM zu zahlen (vorher 350,- RM). Bei einer Zustimmung bis zum 3.2. wäre die Kündigung nicht wirksam.
Dieser wesentliche Einschnitt in das Berufsleben von Winkler überschneidet sich mit dem geplanten öffentlichen Start des Prüfapparates, wofür er lt. Vertrag die Zustimmung der Werksleitung benötigt. Winkler spricht darüber am 13.2.1931 das erste Mal mit seinem Abteilungsleiter und erhält nach zwei Stunden die Absage.
Gemäß Brief vom 14.2.1931 verweigerte die Werksleitung Winkler die Veröffentlichung des Aufstiegs des Modells. Der Vorschlag von Hückel wäre durchaus annehmbar, wenn er nicht noch einige tausend Mark Schulden hätte. Für eine evt. Zusammenarbeit in einer AG bittet er Hückel mit Rücksicht auf seine Familie um Sicherheiten. Über sein Verhältnis zu den Junkers-Werken schreibt er: ***Ich werde nun im Werk erklären, daß ich vorläufig nicht die Absicht habe, in ein Angestelltenverhältnis wieder einzutreten (auf mein an das Werk gerichtetes Schreiben bin ich noch ohne Antwort) und werde ja nun sehen. Allzu sehr möchte ich auch nicht Gewalt anwenden, da es nicht unmöglich ist, daß es für uns evtl. einmal zweckmäßig ist, mit den Junkers-Werken zusammenzugehen.***

Am 21.2.1931 kann Winkler die freudige Nachricht übermitteln, dass die HW 1 eine Höhe von zwei Metern erreichte. Wörtlich schildert er:
Wir hatten heute wiederum einen Versuch auf dem Exerzierplatz. Das Modell ist nun zum ersten Male

aufgestiegen, infolge einer immerhin vorausgesehenen Störung zwar nur etwa zwei Meter hoch. Jedoch sind wir nun trotzdem die ersten, denen es prinzipiell gelungen ist, eine Flüssigtreibstoffrakete vom Erdboden hochzubringen, wenn es auch nur ein sehr bescheidener Anfang ist... Man konnte es sehr deutlich sehen, wie das Modell unter dem Einfluß der Kraft drehte bis es die Richtung nach dem Boden hatte. Es traf mit dem Fallschirm auf, machte noch einige Sprünge, bei denen sich der Fallschirm entfaltete und blieb schließlich an einem Bäumchen hängen. Es ist nicht allzu sehr beschädigt, nur die Verbindungsrohre und ein Hahn sind stark verbogen, so daß sie erneuert werden müssen. Die Tanks, der Brennraum (und) die Rückschlagventile sind unversehrt. Wir werden das Modell in dieser Woche wieder soweit in Ordnung bringen, dass es am nächsten Sonnabend startbereit ist.[52]

Am 28.2.1931 legt sich Winkler hinsichtlich des Startversuches so fest, dass er ihn erst machen würde, wenn er nicht mehr bei den Junkers-Werken gebunden sei und machte sein Ausscheiden von der Ankunft seines Nachfolgers abhängig. Eine nochmalige Änderung des Kündigungstermins resultierte dann aus einem fehlgeschlagenen Großversuch bei den Junkers-Werken. Nachdem Hückel auch die Übernahme der Bankschuld gegenüber Philipp von Doepp erklärt hatte, beendete Winkler am 7.3.1931 seine Arbeit bei den Junkers-Werken. Johannes Winkler erhielt ein Ergänzungszeugnis mit diesem Datum zu seiner Beurteilung vom 20.3.1930.

Fazit zur Arbeit bei den Junkers-Werken bis zum 7.3.1931

In der Forschungsanstalt baute Winkler auf dem dort erreichten Vorlauf auf und verabschiedete sich bald von der Idee des Gegenspritzens. Am 17.9.1930 erreicht sein Rückstoßer mit Flüssigsauerstoff und Benzin einen maximalen Rückstoß von 20 kg. Außerdem führt er Versuche mit Lachgas und mit Wasserstoff durch (Siehe Kapitel 4).

Das Hauptergebnis der Arbeit von Johannes Winkler außerhalb der Junkers-Werke bis 7.3.1931 war die Konstruktion und der Bau des Prüfapparates HW 1, der als erste europäische Flüssigkeitsrakete in die Technikgeschichte eingegangen ist. Eine Woche nach Beendigung seiner Arbeit bei der Forschungsanstalt Prof. Junkers startete nachweisbar in Dessau am 14.3.31 die HW 1.[53] Sie war nach heutigen Maßstäben eher eine Messapparatur. Ihr fehlten zu einer Rakete im heutigen Sinne die Hülle, ein Steuermechanismus und eine Nutzlast. Der Start der HW 1 stellte trotzdem einen Meilenstein in der Raketentechnik dar, weil zum ersten Mal in Europa nachweisbar bewiesen wurde, dass ein zukünftiger Raketenbau mit Hilfe eines Flüssigkeitstriebwerkes möglich ist. Ohne die systematische Forschungsarbeit bei den Junkers-Werken wäre das nicht möglich gewesen! Obwohl juristisch gesehen, der Start der HW 1 nicht mehr im Rahmen der Junkers-Werke stattgefunden hat, wird hier wegen dem sachlichen Zusammenhang auf den Start der HW 1 am 14.3.1931 eingegangen.
Im Briefwechsel zwischen Winkler und Hückel schlug sich der erfolgreiche Start wie folgt nieder: Winkler schrieb am 14.3.1931 an Hückel:
Der Treibstoff reichte noch für einen 2ten Start. Dieser Start ging gut vonstatten. Mit dumpfdröhnendem Zischen stieg das Modell sehr sicher empor, schwenkte in einer Höhe von ca. 20 m in die Horizontale und schoß dann mäßig schräg abwärts und traf in etwa 200 m Entfernung wieder auf den Boden auf, wo der Zusammenbau zerstört wurde, die Einzelteile jedoch gut erhalten blieben. Da sich das Modell von uns entfernte, ließ sich alles gut beobachten und filmen.

Hückel äußert sich am 21.3.1931 wie folgt zum Start der HW 1:
Das 2. Moment ist das, daß ja doch der bisherigen Arbeit insofern ein Mißerfolg beschieden war, als die erzielte Steighöhe ein den Modellabmessungen nicht entfernt entsprechende war. Ein voller Erfolg war hingegen hinsichtlich der Verbrennung und des

Rückstoßes zu verzeichnen. Das Problem des gradlinigen Aufstieges, die Aufgabe die Drehung zu verhindern, ist noch nicht gelöst.

Im Anhalter Anzeiger vom 18.3.1931 beschreibt Winkler den Aufbau der HW 1.[54]

Die Rakete wäre eine dreiseitige offene Säule, deren Kanten von drei Sauerstoffflaschen gebildet werden.[55] Der Apparat wäre etwa 70 Zentimeter groß. Am oberen Ende sitzt ein kleiner Flaschenapparat mit einem besonders präparierten Brennstoff. Zum Ablesen dienen zwei Manometer. An einem der oberen Verbindungsstreben befände sich die Zündkerze.
Auf der Scheitelfläche des oberen Teiles, der einer dreiseitigen Pyramide gleicht, ist der Verbrennungsraum angebracht, eine nach unten offene Röhre.

Bis 1933 waren die Informationen von Johannes Winkler über die HW 1 eher zurückhaltend. Erst in seiner Autobiografie „Männer der Rakete" nannte er den Brennstoff: Methan! Er schrieb dort: ***Die Apparate hatten ein Startgewicht von 4-5 kg bei etwa 1,7 kg Betriebsstoff, der aus flüssigem Sauerstoff (-182°) und flüssigem Methan (-164°) bestand.***[56]

Wegen dieser Zurückhaltung ließ Winkler Raum für Spekulationen über das Triebwerk der HW1. Daraus erklärt sich auch, dass bis 2021 immer wieder Darstellungen der Funktionsweise der HW 1 unter Verwendung des Druckgases Stickstoff auftauchen. Die Problematik des Umkippens der HW 1 bzw. der Sicherung eines senkrechten Aufsteigens einer Rakete (!) beschäftigen Winkler und Hückel noch Monate später!
Am 9.4.1931 schreibt Hückel dazu:
Das Umkippen von M1 ließe sich auch so leicht erklären. Anfangs, als noch alle drei Behälter gleichmäßig voll waren, erfolgte auch ein gradliniger, senkrechter Aufstieg und in dem Maße als die Entleerung einseitig wurde, kippte der Apparat um. Ich glaube, daß Sie aus diesem Grunde gezwungen

sein werden, auf einen ungeteilten Behälter in irgendeiner Form überzugehen.

Wie bekannt, setzt Winkler die Arbeit mit der HW 1 fort. Dabei experimentiert er auch mit einer von Prof. Junkers vorgeschlagenen Zusatzdüse. Von den Nachfolgetypen HW 1 a, b und c sind keine Schub-Diagramme bekannt. Die akribische Arbeit von Winkler wird durch folgende Schubdiagramme nachgewiesen:

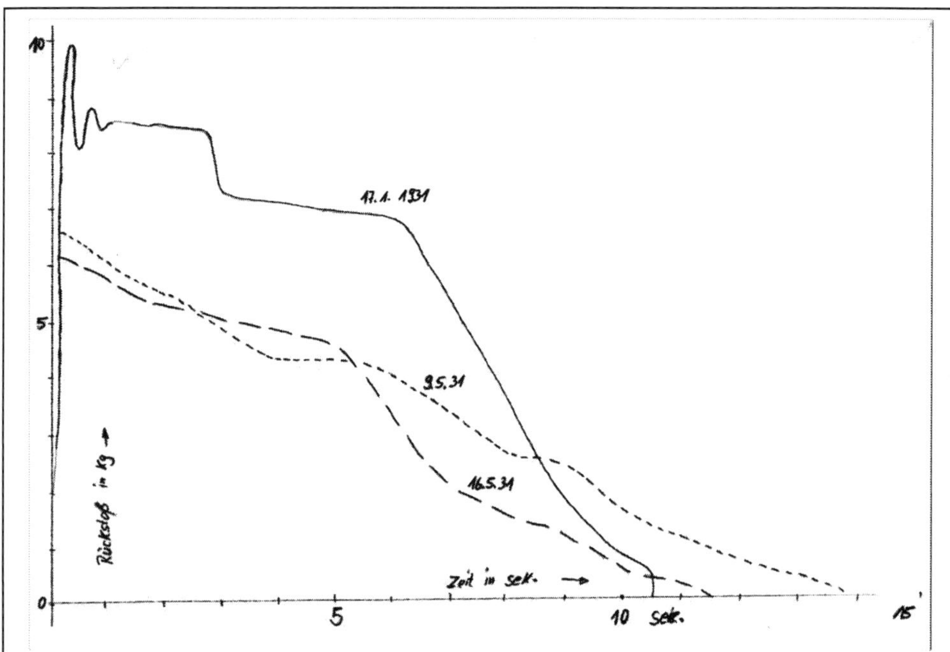

Abb. 137: Schubdiagramme der HW 1 vom 17.1., 9.5. und 16.5.1931, Quelle: Deutsches Museum München (Nachzeichnung)

Mitte des Jahres vergleicht Winkler die Leistung der HW 1 mit Nachfolgemodellen (siehe Abb. 137).

Diesen Diagrammen können mit ziemlicher Sicherheit folgenden Briefen zugeordnet werden:[57]

Brief Winkler vom 17.1.1931

Es freut mich nun besonders, daß ich dies neue Heft mit der Sie gewiss erfreuenden Mitteilung anfangen kann, daß mit meinen beiden heutigen Brennversuchen unser Modell steigfähig geworden ist. Das Original-Schubdiagramm lege ich Ihnen bei, bitte Sie jedoch, mir dasselbe gelegentlich zurückzusenden.
Der Rückstoß betrug im Maximum etwa 8 kg, der Brennraumdruck war ca. 4 atü = 5 ata. Der Druck war also etwas niedriger als angestrebt (6 ata), der Schub jedoch erheblich größer als die Theorie erwarten ließ. Bei einem Brennraumdruck wird von 5 ata u. einem Düsenquerschnitt an der engsten Stelle von 1 cm^2 dürfte er (k = 1,1 angenommen) nur 5,4 kg betragen.

Brief Winkler vom 12.5.1931

Am vorigen Sonnabend habe ich am Prüfstand einen weiteren Versuch mit der Zusatzdüse gemacht und hierbei etwas weniger Methan verwendet, ich vermutete, daß die Zusatzdüse nur dann so heiß werden kann, wenn Methanüberschuß vorliegt, der mit der Zusatzluft verbrennt.

Brief Winkler vom 16.5.1931

Heute habe ich Brennversuche mit dem kleinen Modell gemacht. Die Methan-Einlassdüse war von 1,6 auf 2 mm ∅ vergrößert und ein größeres Quantum Methan dementsprechend aufgefüllt. Der erste Versuch mit Zusatzdüse lief normal ab. Der Rückstoß lag nur 5-15 % über dem ohne Zusatzdüse bei dem diesmal gemessenen Brennraumdruck erwarteten Rückstoß. Der Impuls war geringer als sonst.

Die Information über den erfolgreichen Start der HW 1 am 14.3.1931 fand unter anderem auch seinen Platz in der „New York Times" (siehe Abb. 138).

NEW YORK TIMES
MARCH 15, 1931

LIQUID-FUEL ROCKET IN SUCCESSFUL FLIGHT

First Projectile So Driven Rises 1,000 Feet in German Test and Lands as Planned.

Special Cable to THE NEW YORK TIMES.

DESSAU, Germany, March 14.— The first rocket propelled by liquid fuel to make a successful flight, a

Abb. 138: Die „New York Times" am 15.3.1931, Quelle: Deutsches Museum München

Die Nachfolgetypen der HW 1

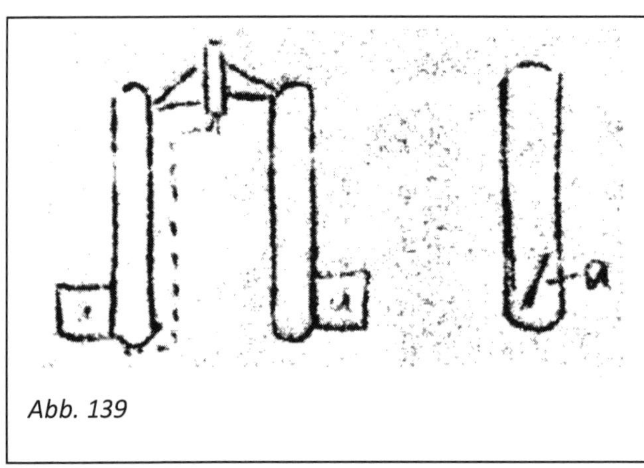

Abb. 139

Aus der Skizze in Abb. 139 ergibt sich, dass Winkler offenbar entsprechend den Anregungen von Hückel zunächst versucht hat, einen senkrechten Aufstieg durch kleine Flossen an den Säulen zu erreichen. Das brachte aber keinen Erfolg.

So entstanden mehrere Nachfolgemodelle, die sich durch eine völlig andere Bauform auszeichneten. Als Triebwerk wurden das Modell der ursprünglichen HW 1 verwendet.- Zeichnungen dazu liegen nicht vor. Diese Arbeiten wurden daher unterschiedlich überliefert. Das Ziel bestand darin, für das Modell 2 die geeignete äußere Form und innere Struktur zu finden. Er kannte zwar die Form der UfA-Rakete von Hermann Oberth, konnte sich aber nicht entschließen, diese Form sofort zu übernehmen.

Aus dem Briefwechsel mit Hugo A. Hückel sind die Typen HW 1 a, HW 1b und HW 1c bekannt.[58] Informationen dazu erhält man aus den Briefen an Hugo A. Hückel vom 24.3.1931, 8.4.1931 und 27.4.1931.

Aus der Schilderung des Versuches Anfang April kommt Winkler zu folgender Schlussfolgerung:

Der heutige Aufstieg ist allerdings ein ordentliches Problem, das uns noch sehr zu schaffen machen wird. Da der Apparat bei jeder Landung zu Bruch geht, ist es immerhin ohne weiteres möglich, ihn im allgemeinen Aufbau zu variieren, eine Neuanordnung macht kaum mehr Schwierigkeiten als der Zusammenbau in der alten Form.

Der Brief von Hückel vom 17.4.1931 macht deutlich, wie intensiv er sich in technische Fragen vertieft hat.

Am neuen Modell fiel mir hauptsächlich das eine auf, daß Sie die Schwanzflossen so kurz machen. Im Gewicht kann das keine Rolle spielen. Ich hätte sie vorerst doppelt so lang gemacht, wie Skizze b oder sogar so lang wie c. (siehe Abb. 140)

Ich würde über den ganzen Apparat eine Hülle stülpen, die der Geschoßform ähnlich ist. Ich denke dabei nicht nur an die Verminderung des Luftwiderstandes, vielmehr möchte ich dadurch auch verhindern, daß die Luftkräfte an der unregelmäßigen Oberfläche durch einseitige Einwirkung Drehmomente erzeugen.

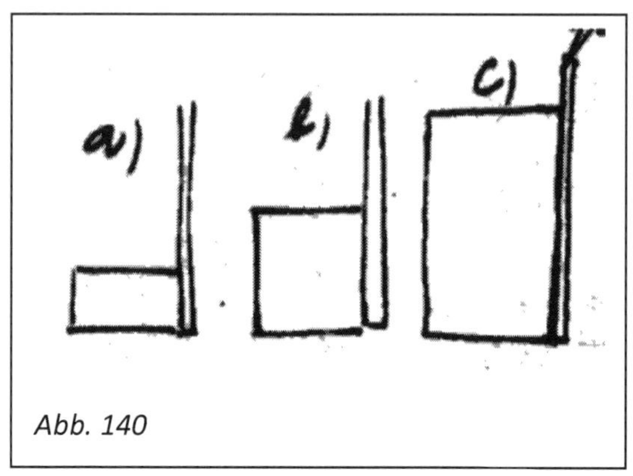

Abb. 140

Ich glaube, auch Sie haben an so eine Hülle gedacht. Es sollte einmal alles getan werden, was irgendwie eine Verbesserung der Flugstabilität erhoffen lässt. Es steht jedenfalls fest, dass von anderer Seite, das Problem des senkrechten Aufstiegs gelöst ist. Ich bin augenblicklich der Ansicht, dass eine Rakete, die prinzipiell so: (siehe Abb. 141)

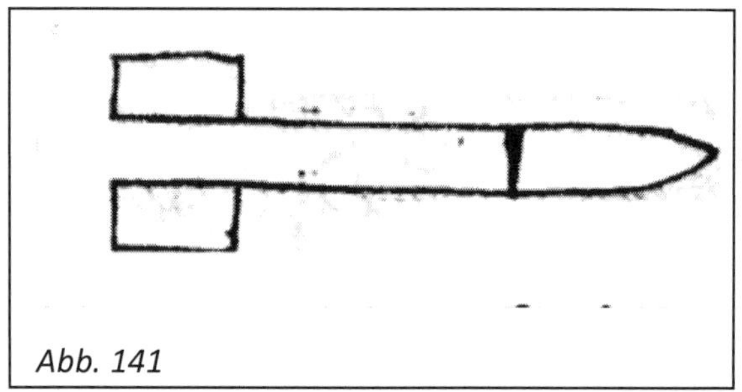
Abb. 141

gebaut ist, auch dann senkrecht steigen wird, wenn die Richtung des Rückstoßes einige Millimeter außerhalb des Massenmittelpunktes fällt. Ich bitte Sie nun noch, mir zu sagen, warum Sie gegen die Zusatzdüse sind, ich habe den Eindruck, daß Sie sie nicht wollen. Nebenbei will ich nur bemerken, daß auch Oberth sie erwähnt, allerdings auf Anregung Professor Prölls.

Das folgende Foto widerlegt eindeutig die vor allem von Rolf Engel verbreitete Behauptung, dass Prof. Junkers gegen die

Raketenversuche eingestellt war. Prof. Junkers sah durchaus die Grenzen für den Einsatz der Raketenantriebe im Flugzeugbau, war aber generell seit 1914 an Raketenantrieben interessiert und stellte auch nach dem Ausscheiden von Winkler Geldmittel für die Forschung zur Verfügung. Im zukünftigen e-book des Autors unter der ISBN 978-3-86761-173-2 wird darauf detailliert eingegangen.

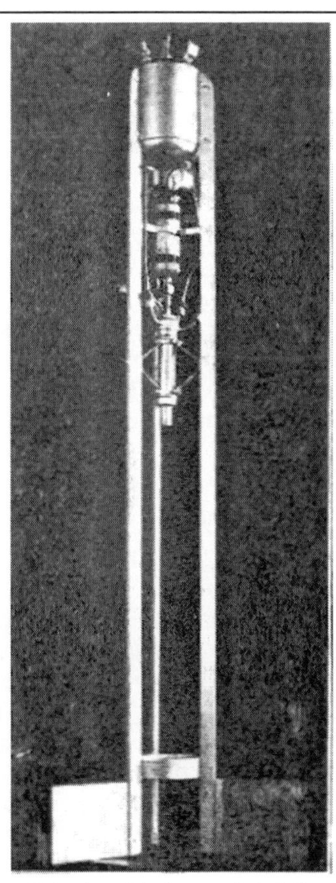

Abb. 142: Foto einer HW1 b, Quelle Foto links: R. Guder Privatarchiv bzw. „Astris" Seite 120 Prof. Junkers mit Tochter bei den Vorbereitungen zum Start einer HW 1´; Foto rechts: Werner Brügel; „Männer der Rakete"; 1933; Seite 104

Winkler schreibt in dem Brief vom 27.4.1931 wörtlich:

Anbei sende ich Ihnen eine Aufnahme vom Aufstieg des Mod 1' am 25. 4. Ein zufällig anwesender Bekannter, der mit dem Start nicht beschwert war, hat den Apparat im Fluge aufs Bild bekommen. Auch dieser Aufstieg befriedigte in seiner Leistung nicht, was den Charakter des Fluges anlangt, brachte er jedoch entschieden einen Fortschritt. Der Apparat stieg vollkommen senkrecht empor. Nach Erschöpfung der Treibstoffe drehte er sich um und ging mit der Spitze nach unten hinab… Die Flossen hatte ich entsprechend Ihrer Anregung länger gemacht. Nun muß ich mir leichteres Blech kommen lassen, vielleicht können sie im Ganzen etwas kleiner sein.
Die (folgende) Aufnahme zeigt den Apparat bereits als er anfing zu kippen. Meine Bedenken gegen den oben liegenden Schwerpunkt, die nicht aus theoretischen Überlegungen, sondern aus rohen Beobachtungen stammen, sind durch diesen Steigversuch wesentlich zerstreut worden. Der Apparat kippte ziemlich scharf am höchsten Punkt, die Auswirkung eines Drehmoments ist darin nicht zu sehen, das geschah viel zu plötzlich, vielmehr ist dies deutlich die Wirkung der Flossen. Das Kippen war wie bei einem Pfeil.

Die HW 1 c ist die Brücke zur HW 2

Es folgen nun einige Auszüge aus dem Brief vom 2.5.1931.
Sie werden inzwischen wohl meinen Brief erhalten haben, der von dem Steigversuch am 25. 4. berichtet. Ich lege heute noch eine etwas bessere Fotografie von dem Modell 1c bei, es hat in der Form eine Höhe von 1,30 m… Das Modell hatte ich auch umgebaut, mit vergrößerten Behältern, O_2 normal ca. 1,6 l Methan kugelförmig 100 mm Durchmesser. Beim hart Einlöten zweier Rohrleitungen an den Brennraum wurde der Brennraumkopf beinahe verdorben, schließlich gelang es aber doch noch leidlich. So wurde es ziemlich spät, bis der Versuch stattfinden konnte. Ich nahm diesmal die Zusatzdüse hinzu, die den ganzen Raum zwischen den drei Flossenleisten einnahm.

Abb. 143: Links: HW 1 c im Flug mit dem Hinweis auf die Abschussstelle. rechts: Winkler mit einer HW 1 c mit Hülle während der Montage

Nach dem Auffüllen zeigte sich, daß die Hähne nicht vollständig dichthielten, besonders der Sauerstoffhahn... Es verlief alles wunschgemäß bis auf die Trommel. Zwar brannte der Spanndraht durch, daß Uhrwerk war aufgezogen. Trotzdem lief es ganz sonderbarerweise nicht, so daß der Versuch nur zum Teil brauchbar ist. Ich habe nur den Maximalschub. Dieser betrug ca. 6,8 kg. Da der Brennraumdruck schätzungsweise 1 at niedriger war als der Tankdruck, also 3 atü, so würde theoretisch der Rückstoß = 4,0 kg betragen. Er war also das 1,7fache des theoretischen. Bei dem früheren Versuch am Prüfstand war er nur das 1,4fache des theoretischen, er war daher diesmal noch 20 % höher. Diese würden demnach als Wirkung der Zusatzdüse angesehen werden können.

Ergänzend zum Schriftwechsel mit Hückel kann aus einem Schreiben an Dr. Schrenk vom DVL vom 16.12.1931 entnommen werden, dass Winkler erst nach Versuchen mit Pulverraketen seit Oktober 1931 von der pfeilförmigen Bauart der Flüssigraketen überzeugt war.

Mit der Schilderung der vielen Versuche mit unterschiedlichen Versionen der HW 1-Nachfolger wird bewiesen, dass Walter Dornberger entweder glatte Lügen verbreitet hat oder keine Kenntnis über die Dessauer Versuche von Johannes Winkler hatte.

Im Brief vom 26.5.1931 führt Hückel darüber Klage, dass Winkler ihn vier Wochen ohne Nachricht gelassen hätte. Er erwartet pro Woche eine Niederschrift von 7 – 10 Seiten.

Winkler reagiert sehr emotional auf das obige Schreiben und antwortet in zwei Folgeschreiben:

Ich weiß nicht recht, wie Sie darauf kommen, dass ich auf die Arbeitsgemeinschaft mit Ihnen keinen besonderen Wert lege. Es ist zwar nicht zu leugnen, daß ich seit Mitte vorigen Jahres von meiner fanatischen Begeisterung für die Raketensache gründlich kuriert worden bin, so daß, wenn ich mich heute neu einzustellen hätte, ich mich nicht der Raketensache zuwenden würde, und daß es eigentlich gerade die Arbeitsgemeinschaft mit Ihnen ist, die mich wieder stärker in dieser Richtung gehen läßt. Ihren Wunsch auf häufigere Berichterstattung werde ich selbstverständlich nach Möglichkeit nachkommen...

In Bezug auf den Erfolg der Raketenarbeit haben mich die Jahre zu einem großen Skeptiker gemacht. Man dachte, wenn erst der Raketenmotor leidlich arbeitet, wird eine Wendung eintreten. Davon war nichts zu spüren. Das erste Versuchsmodell der Flüssigtreibstoffrakete stieg, man wartet größere Versuche ab. Mod. 2 wird steigen und man wird Mod. 3 abwarten. Wenn wir die bisher erreichte Höhe von 38 km überboten haben, hoffe ich wenigstens auf 1 oder 2 Aufträge, welche die bisherigen Ausgaben decken werden. Wann werde ich aber einmal dazu kommen, meine Schulden zu bezahlen. Für die großen langen Entbehrungen mag ein gewisser Ruhm, der vermutlich schon nach Mod. 2 kommen wird, ja einen gewissen Ersatz bieten. Wenn ich meine Kraft einer z. Zt. wirtschaftlich wichtigen Sache zuwenden würde - ich nenne lediglich als Beispiel den Rohölmo-

tor -, so würde meine Lage eine ganz andere sein. Ich sehe in diesem Punkte unbedingt klar. Wenn ich trotzdem nicht die Konsequenzen ziehe, so geschieht dies, weil ich von dem Riesenerfolg der hier begonnenen Arbeiten in einigen Jahren voll überzeugt bin (ich meine in Bezug auf die Sache, was keineswegs identisch ist mit meiner Person), zum andern, weil ich eine starke Begeisterungsfähigkeit für große Kulturideen besitze und in mir der Künstler den Techniker überwiegt (Kunst in einem etwas weiteren Sinne, die Neuschöpfungen der Technik mitumfassend).

6. Die Entwicklung und der Bau der ersten Höhenrakete mit Methan und Sauerstoff HW 2 und Modell 3

Aus dem Briefwechsel zwischen Johannes Winkler und Hugo A. Hückel ergeben sich viele technische Details der Entwicklung von Modell 2 und der Konzipierung von Modell 3.
In diesem Kapitel werden nur folgende Schwerpunkte behandelt:

- Vom „Ei des Kolumbus" zur aerodynamischen Rakete HW 2
- Auf dem Raketenflugplatz Berlin-Tegel wird das Triebwerk für 96 kp Schub erprobt.
  Der Startplatz der HW 2 wandert von der Insel Greifswalder Oie nach Pillau
- Zusammenfassung der Ideen zu einem Modell 3

Grundlage für die Darlegungen sind unter anderem die zeitgenössischen Veröffentlichungen, der Schriftwechsel zwischen Hugo A. Hückel in der Transkription in Maschinenschrift von R. Guder und Dokumente der Junkers-Werke. Diese Materialien wurden fast vollständig in dem Manuskript über die Dessauer Raketen 1931/32 ausgewertet. Hier handelt es sich um eine Zusammenfassung, in der die Zitate, die Endnoten und die polemischen Verweise auf ein Minimum reduziert wurden.
Zeitlich überschneiden sich die Entwicklung der HW 1 und der HW 2 in einigen Punkten, da sich aus der Arbeit an der HW 1 Schlussfolgerungen für das Modell 2 und umgekehrt ergaben.
Zu folgenden Fragen muss auf das e-book zu den Dessauer Raketen HW 1 und HW 2 verwiesen werden:

- Details der handwerklichen Herstellung der äußeren Hülle
- Die Entwicklung der inneren Struktur der Rakete M 2, darunter die Treibstoffbehälter und Leitungen, die Hähne und Ventile und die Zusatzdüse auf Vorschlag von Prof. Junkers
- Die Zentrierung der Rakete M 2 (HW 2)

- Die Versuche von Winkler zur Abtrennung eines Teils des Raketenflugplatzes Tegel
- Der Schriftverkehr zwischen den Eheleuten Winkler während der Ereignisse auf der Greifswalder Insel Oie
- Die HW 2-Schilderungen von Tegel bis Pillau durch Rolf Engel 1992

Vom „Ei des Kolumbus" zur aerodynamischen Rakete Modell 2 (HW 2)

Am 7.7.1930 erklärt sich Hückel mit einem Arbeitsplan in den Punkten 1 (Rakete 1 kg leer) und Punkt 2 (10 x größerer Apparat) einverstanden. Die Registrierrakete (Punkt 3) wäre noch nicht spruchreif. In diesem Brief verwendet Hückel auch den Begriff **„Ei des Kolumbus"**. Wörtlich formuliert Hückel:

Ihre Skizze erklärt mir nun manches. Ich glaube, Sie ersetzen Oberths Pumpen (diese immer rätselhaften Gebilde) durch Erwärmung der Treibstoffbehälter durch die Düsenabgase. Das wäre allerdings das Ei des Kolumbus.

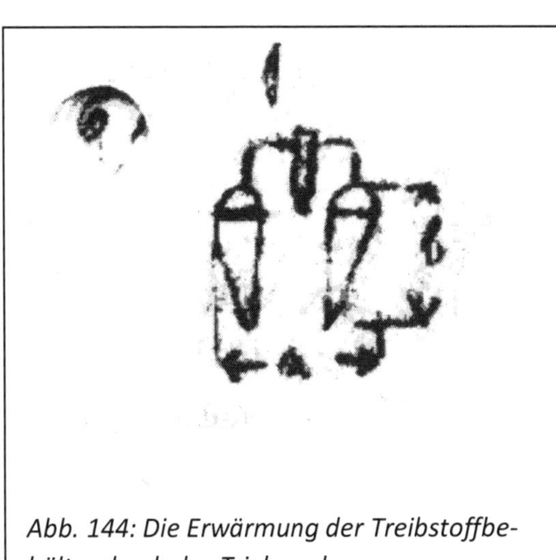

Abb. 144: Die Erwärmung der Treibstoffbehälter durch das Triebwerk

Da die genannte Skizze nicht überliefert ist, war aus dieser Bemerkung nicht eindeutig zu erkennen, was gemeint war. Das änderte sich jedoch durch den Brief im Januar 1931, aus dem die nebenstehende Skizze entnommen wurde. Der Inhalt des Briefes vom 25.1.1931 folgt später.

Ende November 1930 geht Winkler recht umfassend auf einige Fragen von Hückel ein und schreibt:

Die Gewichtsvergrößerung infolge der Unterteilung der Behälter ist nur hinsichtlich der Armaturen vorhanden, 1 Behälter von 10 Liter Volumen hat bei gleicher Festigkeit und gleichem Druck ein größeres Gewicht als 10 Behälter von 1 Liter Volumen; nur der Luftwiderstand wird etwas größer. Aus diesem Grunde bin ich prinzipiell auch für eine geschlossene Bauart, für ein Versuchsmodell ist die jetzige Form insofern vorzuziehen als man bequem an alle Teile herankommt und alle leichter auswechseln kann. Sobald die Einzelheiten feststehen, kann die für den Luftwiderstand beste Form ohne Risiko gewählt werden. Die von Ihnen vorgeschlagene Form erscheint mir brauchbar. Sofern eine Zusatzdüse verwendet werden soll, müßte für strömungstechnisch einwandfreie Formgebung gesorgt sein. Ich hatte mir die Sache etwa in nebenstehender Form gedacht, doch ist die Herstellung derartiger Treibstoffbehälter (b) nicht einfach, eine andere Form kommt ja doch kaum in Frage. Schwanzflossen dürften auf jeden Fall entbehrlich sein. (a Brennraum, b Rotationskörper, i neue Zusatzdüse, außen Stromlinienform, als Tanks).

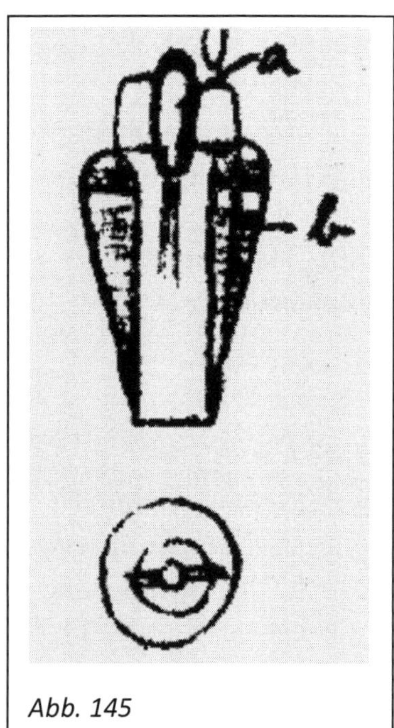

Abb. 145

(siehe Abb. 145)

Aus dem Brief geht eindeutig hervor, dass Winkler zunächst einen Raketenantrieb ohne Berücksichtigung der späteren äußeren Form einer Rakete schaffen wollte. Es wird sich zeigen, dass dadurch Zeitverluste eingetreten sind. Auch seine Abneigung gegen Schwanzflossen muss Winkler später korrigieren.

Januar und Februar 1931

Winkler schreibt an Hückel am 25.1.1931:

Soviel ist mir bereits klar geworden, daß auf die Presse die Größe mehr Eindruck macht als die Leistung. Bei der neuen Behälterform wird der Apparat wesentlich gedrungener. Ich schätze a und b zu 20 Zentimeter. Das macht zu wenig Eindruck, auch bei zehnmal größerem Gewicht werden die linearen Abmessungen nur Wurzel zehn gleich 2,2mal größer, also ca. 45 cm, also etwa wie bei dem jetzigen Apparat. Das Risiko ist nicht groß, über 50 Kilogramm Schub sind mir nichts Neues. Die Arbeit ist nicht wesentlich größer als am kleinen Apparat und der Treibstoffverbrauch jedenfalls die kleinste Ausgabe. Die Armaturen werden bei größerer Ausführung praktisch relativ leichter.

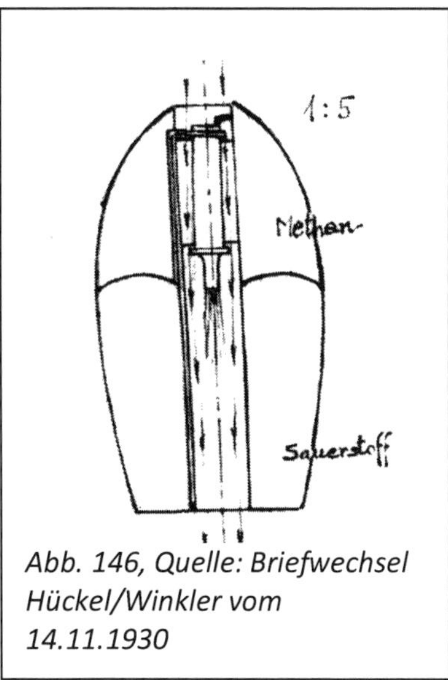

Abb. 146, Quelle: Briefwechsel Hückel/Winkler vom 14.11.1930

Die nebenstehende undatierte Zeichnung wurde zu Recht bisher als Vorschlag für die Verwendung der Tankwände als Mantel der Rakete interpretiert.[59] Bei genauerem Hinschauen steckt aber noch mehr dahinter!

Es ist der Kompromissvorschlag zur Schaffung eines Raketenantriebes, der die Vorwärmung von Flüssigmethan und Flüssigsauerstoff bei Sicherung der Aerodynamik beinhaltet. Die Wärme der Brennkammer und der Düse bzw. der Verbrennungsgase hätte eine deutlich stärkere Gasentwicklung hervorgebracht!

Dadurch hätten auch längere Zuleitungen vermieden werden können, die letztlich bei der HW 2 verwendet wurden.

Ende März 1931 stellt Winkler weitere Überlegungen zum Modell 2 an und erwähnt, dass er einen Schub von 100 kg erreichen will:
Da nun besonders bei aerodynamisch besserer Formgebung der Antrieb in dem Bereich bis zur gleichförmigen Geschwindigkeit verläuft, so bin ich dafür, bei dem neuen Modell einen wesentlich kräftigeren Rückstoß von etwa 100 Kilogramm zu wählen, wenn mir diese Steigerung von 8 auf 100 auch schon als ein etwas großer Sprung erscheint. Da dies indessen bei 10 atü gilt, so ist es verhältnismäßig einfach, mit niedrigeren Drücken und damit niedrigerem Rückstoß zu beginnen.

Der Brief vom 4.4.1931 macht deutlich, wie intensiv Winkler nach einer optimalen Lösung für das Modell 2 sucht.
Ich sende Ihnen heute 4 Zeichnungen betr. Mod. 2. Die Pausen sind nicht gut geworden. Das Papier ist nicht mehr frisch und mein Kopierrahmen druckt nicht gleichmäßig an. Ich lasse nächste Woche einige Pausen in einem Fachgeschäft für Sie anfertigen. Heute einstweilen nur diese. Da die Pausen im Allgemeinen nachdunkeln, hoffe ich, daß bis zur Ankunft bei Ihnen noch einige Details mehr zum Vorschein kommen.
Nr. 1 zeigt die beiden Formen für Modell 2 im Maßstab 1:10. Es ist dabei mit Rücksicht auf das vorhandene Material, das Treibstoffgewicht 20mal größer gewählt als bei Modell 1. Der Motor ist für ca. 100 kg Rückstoß vorgesehen.

Die nachfolgende Zeichnung (Abb. 147) zu einem Modell 2 (a und b), die als Einzelblatt gefunden wurde, entspricht etwa dem obigen Text. Die Modelle folgen offensichtlich der Logik der obigen Zeichnungen, die eine Erwärmung der Treibstoffe durch den Triebwerksstrahl vorsehen.

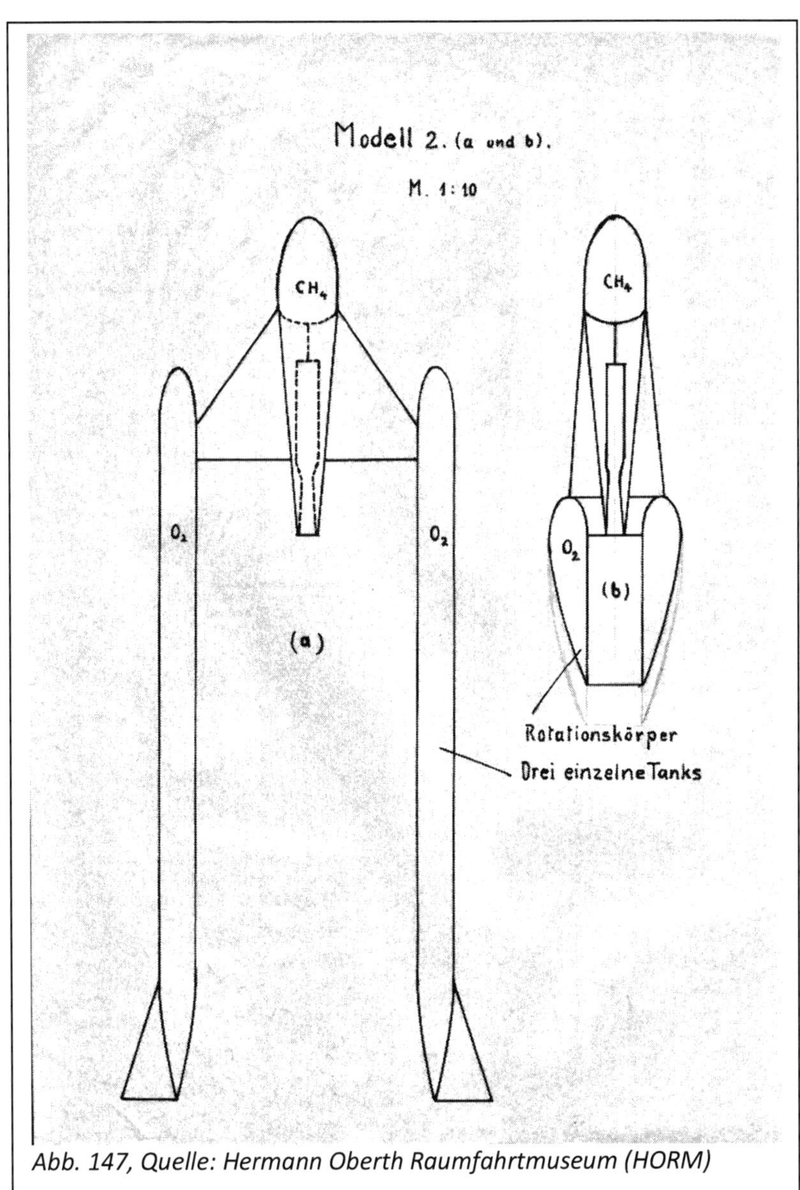

Abb. 147, Quelle: Hermann Oberth Raumfahrtmuseum (HORM)

Ein Paradigma-Wechsel wird mit dem Brief von Hückel vom 3.4.1931 vorgenommen. Auf einen anderen Aufbau der Rakete hatte Winkler aber bereits am 8.4.1931 verwiesen. Hückel schreibt:

Sehr geehrter Herr Winkler!
Ich habe mir überlegt, wie ein Modell aussehen könnte, in dem ein Stabilisierungskreisel, Meßinstrumente und ein Fallschirm untergebracht wäre. Brennraum u. Düse habe ich unterhalb des Tanks angeordnet und in der Verlängerung versucht die Zusatzdüse unterzubringen, die von den 4 Schwanzflossen gehalten wird. Für diese, sowie für die Zusatzdüse habe ich keine theoretischen Unterlagen. Sie sind rein gefühlsmäßig entworfen, wie überhaupt alle Abmessungen nur gefühlsmäßig ohne rechnerische Unterlage angenommen sind. Es ist eben nur ein Vorschlag, dem Sie erst grundsätzlich zustimmen müssten.
Ich verließ deshalb die durchbohrte Form und legte den Motor nach unten, um Instrumente, Fallschirm, und falls nötig Kreisel, unterzubringen. Was nun die Schwanzflossen betrifft, so habe ich allerdings jetzt Zweifel ob sie den gewünschten Zweck erfüllen. Würde die Rakete als Geschoß abgeschleudert, dann sicher, in diesem Fall würden sie einer Verdrehung wirksam entgegenwirken. Die Rakete erteilt sich aber stets den Antrieb selber und in der Achsenrichtung, das ist ein ganz anderer Fall.
Ferner lege ich Ihnen noch eine stark vereinfachte Formel für den Weg, den die Rakete im schwere- und luftfreien Raum während des Antriebs zurücklegt, bei.[60]

Die grundlegende Änderung der Überlegungen von Johannes Winkler zum Aufbau der aerodynamischen Rakete ist einer der bedeutendsten Beiträge von Hückel zur Raketentechnik. Sie lehnte sicher damit an die Formgebung einer Höhenrakete von Hermann Oberth an.

Hückel drängte auch mit ganzer Kraft auf die Sicherung eines senkrechten Aufstieges wie folgende Passage aus dem Brief vom 9.4.1931 zeigt:

Heute bin ich der Meinung, daß wir alles tun müssen, was einem senkrechten Aufstieg förderlich ist, selbst wenn solche Maßnahmen auf Kosten der Steighöhe gehen. Ich möchte Sie nun bitten, folgendes durchzuführen, sobald Sie die Steigversuche mit dem jetzigen M 1 abgeschlossen haben: ein Kleinmodell M1b genau nach Ihrem Entwurf Form b zu bauen, aber mit höchstens 2-3 l Inhalt, derart, daß die Teile vom jetzigen M1 mit Ausnahme der Tanks Verwendung finden. Es wäre außerordentlich lehrreich zu erfahren, ob mit dieser Form ein senkrechter Aufstieg stattfindet. Sie werden wohl mit mir der Ansicht sein, daß wir das, schon infolge seiner großen Treibstoffmenge teure M2 nur dann starten dürfen, wenn ein senkrechter Aufstieg, durch Vorversuche mit einer formgleichen kleinen, nahezu 100%tig gesichert ist.

Am 16.5.1931 schickte Winkler folgende Zeichnung und Tabelle (siehe Abb. 148):

Die äußere Form des Mod. 2 wird bei elliptischem Behälter schlanker. Das Joukowski-Profil hierfür hat folgende Maße in cm:

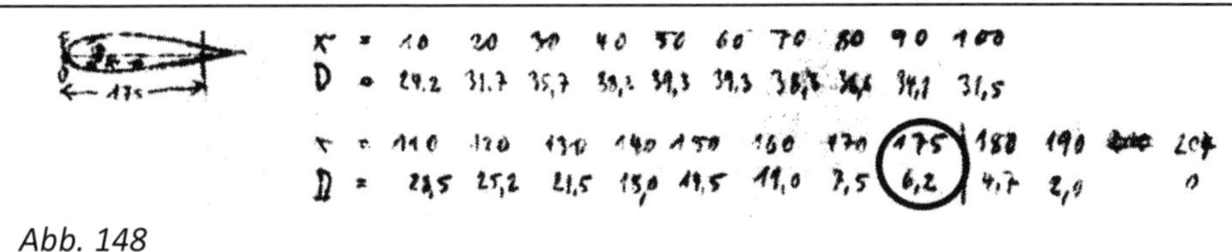

x	10	20	30	40	50	60	70	80	90	100		
D	24,2	31,7	35,7	38,3	39,3	39,3	38,5	36,4	34,1	31,5		
x	110	120	130	140	150	160	170	175	180	190	[illegible]	204
D	28,5	25,2	21,5	15,0	14,5	11,0	7,5	6,2	4,7	2,0		0

Abb. 148

Am 19.8.1931 stellt Winkler den Stand der Arbeit unter anderem wie folgt dar:

Es bleibt abzuwarten, ob die Kraft bei der Abkühlung durch den Sauerstoff groß genug sein wird. Die Feder des Methanhahnes ist noch in Arbeit. Die Außenverkleidung ist jetzt ebenfalls schon größtenteils angebracht. Es ist aber noch an vielen Stel-

len ein Nacharbeiten erforderlich. Die Flossen sind auch in Arbeit. Ich möchte das Modell 2, wenn irgend möglich, bei Junkers im Windkanal untersuchen lassen, um den Widerstandsbeiwert und evtl. auch das Drehmoment der Flossen zu ermitteln. Ich habe symmetrische Flossen vorgesehen mit etwa 1,5° Neigung gegen die Längsrichtung. Der Anstellwinkel ist so klein, daß er dem Auge kaum auffällt, gleichwohl durfte er genügend wirksam sein...

Zum Schukowski (Joukowski)-Profil wurde vom Autor im Nachlass Winkler des Deutschen Museums München das folgende Einzelblatt gefunden: (siehe Abb. 149)

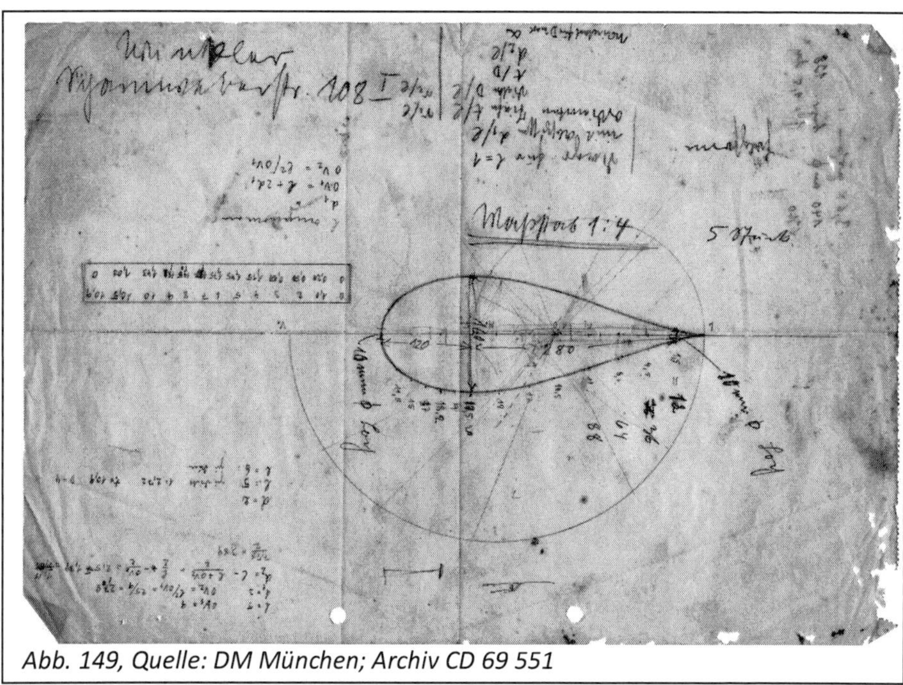

Abb. 149, Quelle: DM München; Archiv CD 69 551

Zur zeitlichen Einordnung kann die darauf vermerkte Adresse von Winkler dienen. Er wohnte seit dem 6.10.1931 dort, wie der Biografie von R. Guder auf Seite 131 entnommen werden kann. Erwähnt wird dieses Datum in einem Brief an seine Frau vom 10.10.1931.

Abb. 150, HW2, Quelle: Deutsches Museum München, Archiv; BN 14512

Ein Vergleich mit dem nebenstehenden Foto zeigt jedoch eine deutliche Streckung des Raketenkörpers, da vermutlich die senkrechte Montage von Sauerstofftank, Methan-Tank und Brennkammer in der ursprünglich geplanten Hülle nicht möglich war. Letztendlich konnte die HW 2 mit abgebildeten äußeren Form präsentiert werden (hier im Startgestell auf der Insel Oie).
Deutlich sichtbar ist der Funkeninduktor, der am Startgestell befestigt wurde.

Zur inneren Struktur liegen zahlreiche Fotos und auch Zeichnungen vor, von denen hier zwei gezeigt werden sollen: (siehe Abb. 151 und Abb. 152).
So beträgt die Gesamtlänge von M 2 ohne Gestell 190 cm und der größte Durchmesser 40 cm.[61] Die Treibstoffbehälter waren für 32 kg Flüssigsauerstoff und 4 kg Flüssigmethan vorgesehen. Das Gesamtgewicht der leeren Rakete betrug 10 kg.
Wie eingangs aber bereits gesagt wurde, ist es nicht möglich, die Diskussionen zu den Problemen so zusammenzufassen, dass dadurch nicht die Details untergehen.

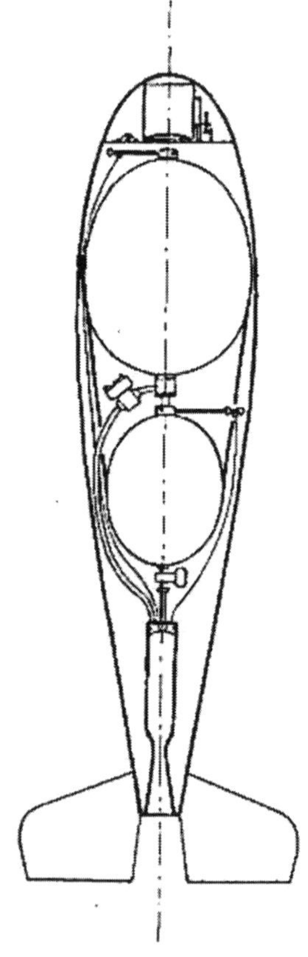

Technische Daten:

Gesamtlänge	*190 cm*
größter Durchmesser	*40 cm*
Äußere Form, Joukowski-Profil	*1:5*
Treibstoffgewicht:	
Flüssigsauerstoff	*32,0 kg*
Flüssigmethan	*4,0 kg*

	36,0 kg
Strukturgewicht:	
Triebwerk	*1,7 kg*
Tanks, Ventile, Rohre	*5,3 kg*
Verkleidung, Flossen	*2,5 kg*
Nutzlast (Barograph)	*0,5 kg*

	10,0 kg
Triebwerksdaten:	
Kammerdruck	*9 atü*
Brenndauer (bei vollem Schub)	*49 s*
Mittlerer Schub	*96 kp*
Spezif. Verbrauch	*8 kg/s*

Bild 26: Schnittzeichnung der HW-2
Das Verhältnis von Trockenmasse zu Treibstoffmasse (10:36 = 0,278) war das beste, das zu jener Zeit erreicht wurde.

37

Abb. 151, Horeis, Heinz; Hornik, Alexander; "Rolf Engel - Raketenbauer der ersten Stunde"; Lehrstuhl für Raumfahrttechnik; TU München; RT-KB 92/01; Seite 37

Abb. 152, Die innere Struktur von Modell 2 (HW 2) im Aufbau ; Archiv – Nr. BN 14512, Quelle: Privatarchiv Dr. Guder

Abb. 153: Winkler mit Modell 2 (HW 2) vor seiner Dessauer Werkstatt, Quelle: Privatarchiv Dr. Guder

Indem bereits erwähntem Schreiben vom 19.8.1931 geht Winkler zum Stand der Arbeit außerdem auf folgende Fragen ein:

Steigversuche in Tegel:

Für die Steigversuche wird es mir immer klarer, dass dafür der Berliner Rak Flugplatz kaum geeignet ist. Selbst bei 1/4 der Ladung, also ziemlich kurzer Brenndauer, ist er zu klein. Es scheint mir immer mehr das Richtigste, sobald die Brennversuche befriedigen, sofort Vollversuche zu machen, da mit einer Beschädigung der Rakete bei der Landung trotz Fallschirm und Federung evtl. gerechnet werden muss. Da muss es sich wenigstens lohnen. Am besten wäre es, die Versuche sofort an der See zu unternehmen, wo eine harte Landung nicht zu befürchten ist und die Gefährdung von Menschen fast völlig ausscheidet.

Die Schwierigkeiten bei der Anwendung der Hähne

Bei den Hähnen ergaben sich insofern Schwierigkeiten, als ich diesmal mit Vorspannung arbeiten wollte. Der Hebel sollte bei 180° Spannung auf geschlossen stehen, bei 90° Spannung auf offen und dort einen Anschlag haben. Durch den Schlag wurde jedoch das Material angegriffen. Ich arbeite nun nur mit einer geringeren Vorspannung von 5°. Es bleibt abzuwarten, ob die Kraft bei der Abkühlung durch den Sauerstoff groß genug sein wird. Die Feder des Methanhahnes ist noch in Arbeit.

Mit diesen Problemen werden Winkler und Hückel noch monatelang beschäftigt sein.

Die HW 2 ist im August 1931 in Dessau fertig, aber es fehlen Erprobungsstand und Startplatz.

Der folgende Abschnitt wurde in das Buch aufgenommen, um zu zeigen, in welch einem geografischen und wirtschaftlichen Umfeld sich die Forschungstätigkeit der AG Hückel/Winkler vollzogen hat. Dieser Abschnitt wird im ersten Teil daher vor allem für die Leser aus dem mitteldeutschen Raum interessant sein. Im zweiten Teil geht es um die Bedingungen für eine Übersiedlung von Johannes Winkler nach Tegel und somit um das Verhältnis von ihm zu Rudolf Nebel. Der dritte Teil widmet sich der Suche nach einem Startplatz.

Winkler stieß bei der Suche nach einem Probestand/Startplatz letztendlich auf keine große Aufgeschlossenheit – im Gegenteil: Alle Ansätze waren nicht belastbar!

Die Durchsicht des Briefwechsels zwischen Johannes Winkler und Hugo A. Hückel macht deutlich, dass Winkler dadurch einen erheblichen Teil seiner Zeit mit der Suche nach einem Ort für Brennversuche bzw. für den Start der HW 2 verbraucht hat. So ganz nebenbei hat er dabei auch eine tiefe Spur über seine Aktivitäten für das Reichswehrministerium hinterlassen, das seine Forschungsarbeit mit Misstrauen verfolgte.

A) Die Suche nach einem Erprobungsstand/Startplatz in der Region

Der Brief von Winkler vom 7.2.1931 beinhaltet einige Aussagen zu den Dimensionen eines Prüfstandes und Startplatzes. Er schreibt:

Miete für das Ziegeleigelände.
Es scheint mir dasselbe noch heute als Ideal. Leider ist in den dort befindlichen Räumen weder Licht noch Gas noch Wasserleitung. Das zehnmal größere Modell (gemeint ist dabei ein zehnmal größeres Betriebsstoffgewicht = zehnmal größeres Volumen) *wird sich auf der Kochstedterstraße wohl nicht mehr ausprobieren lassen. Die Rechtsverhältnisse sind nicht ganz klar. Wir hatten ausgemacht, daß wir jederzeit von dem Vertrag zurücktreten können, wenn wir´s nicht brauchen. Ich hatte aber nicht offiziell abgesagt, da ich damit rechnete, daß uns die Brennversuche dazu nötigen können, weiter aus den Mauern hinauszurücken. Ich glaube aber nicht, daß die zehn M monatlich von uns verlangt werden…*
Heute habe ich mir einmal die Landzunge gegenüber vom Kornhaus an der Elbe angesehen, es scheint mir dies ein noch geeigneteres Gelände als der Exerzierplatz.[62]

Am 2.5.1931 schrieb Winkler nochmals an Hückel, dass er ausschließt, dass der 100 kg-Rückstoßer in den Häuservierteln am Labor ausprobiert werden kann. Es ist an dieser Stelle aber nicht erkennbar, dass er daraus bereits die notwendigen Konsequenzen gezogen hat.

Am **16.5.1931** schildert Winkler eine Explosion, die den Ärger der Anwohner hervorgerufen hat. Winkler schreibt weiter: *Ich wünsche mir fast, daß jemand bei der Polizei Beschwerde führte. Ich würde dies zum Anlaß nehmen, an die Stadt Dessau mit der Bitte heranzutreten, mir ein geeignetes Gebäude nebst Werkstatträumen zur Verfügung zu stellen.*

Warum Winkler das nicht ohne Anlass getan hat, ist nicht bekannt.

Am 22.5.1931 geht Hückel erstmals auf das ungelöste Problem einer Versuchsstelle ein und fragt Winkler:

Die Erprobung des großen Motors wird wohl am Ziegeleigelände erfolgen? Ich nehme an, daß wir dort einen stationären Prüfstand errichten. Es ist diese Frage noch wenig besprochen worden. Ich fürchte, die Stadtverwaltung wird sich erst dann unserer annehmen, wenn wir einen wirklichen Erfolg aufzuweisen haben. Hoffentlich duldet man uns bis dahin in dem jetzigen, wenn auch unzulänglichem Lokal.

Hückel war sich aber offensichtlich nicht im Klaren darüber, welche Konsequenzen eintreten, wenn keine Versuchsstation gefunden werden kann. Wann das „Ziegeleigelände" erstmals in die Überlegungen einbezogen wurde, ist nicht bekannt. Ein Ziegeleigelände befand sich auf dem Flugplatzgelände der Junkers-Werke. Ob dieses Gelände gemeint war, kann aber nicht zweifelsfrei belegt werden.

Anhalter Anzeiger
17. 8. 1924.

Das Flugplatzgelände der Junkerswerke.

In Ergänzung unserer gestrigen Mitteilungen bringen wir heute eine Skizze des neuen Flugplatzgeländes, das den Junkerswerken überwiesen worden ist. Der Flugplatz wird begrenzt im Norden von der Straße Dessau-Kleinkühnau, im Westen von der Straße Kleinkühnau-Alten, im Süden von der Straße Dessau-Alten und im Osten von der Straße Ziebigk-Alten. Das ziemlich im Mittelpunkt der Karte liegende zum Teil schraffierte Dreieck deutet das Lehmlager an, dessen Abbau beschränkt und im Jahre 1945 eingestellt werden soll.

Abb. 154: Die Ziegelei in der Nähe des Lehmlagers auf dem Flugplatz der Junkers-Werke, Quelle: Anhalter Anzeiger vom 17.8.1924; Stadtarchiv Dessau

BAMAG

Den ersten ernsthaften Versuch zur Beschaffung einer Örtlichkeit für die Brennversuche mit dem großen Motor unternahm er Anfang Juni 1931, wie er am 7.6.1931 an Hückel schrieb:

Für die Brennversuche mit dem großen Motor stehe ich jetzt in Verhandlungen mit der Bamag. Ich traf kürzlich Herrn Redakteur Seiferth vom „Anhalter Anzeiger". Er erzählte mir, daß dort ein Eingesandt eingelaufen wäre mit der Überschrift "Unerhört". Der „Anhalter Anzeiger" hat es jedoch nicht gebracht und dem Einsender gesagt, er solle sich doch freuen, daß hier derartige Versuche gemacht würden. Das war für mich ein ganz willkommener Anlaß, das Thema der Unterstützung durch die Stadt einmal anzuschneiden. Herr Seiferth hat sich mit dem Oberbürgermeister daraufhin in Verbindung gesetzt, den er persönlich sehr gut kennt, wurde von dort schließlich an die Bamag verwiesen. Ich habe ebenfalls durch Vermittlung von Herrn Seiferth mit dem Direktor der Bamag vorige Woche sprechen können. Ich soll nun am Mittwoch noch einmal vorsprechen. Ob außer dem Experimentiergelände auch noch ein größerer Werkstattraum kostenlos zur Verfügung gestellt werden wird, ist mir allerdings zweifelhaft. Seitens der Polizei bedarf ich für die Versuche in der Kochstädter Straße keine Genehmigung, das hat mir der Stadtpolizeidirektor persönlich zugesagt, gleichwohl möchte ich doch möglichst bald ein geeignetes Gelände aufsuchen.

Am 10.6.1931 informiert er Hückel, dass die BAMAG wegen der Rückstoßversuche abgeschrieben hat. Der genannte Hauptgrund wäre der Eigenbedarf.

Über einen weiteren Versuch von Winkler zur Beschaffung eines Ortes für die Erprobung der HW 2 berichtet Winkler am 20.6.1931.

Am Mittwoch war ich in Fredersdorf bei Belzig (zwischen Dessau und Berlin gelegen), wo sich ein großes Wiesenterrain von 7:12km Ø befindet. Die günstigste Zeit für die Versuche wäre Mitte Juli bis Mitte August, weil dann die ca. 300 Besitzer zwi-

schen der 1ten und 2ten Heuernte nichts auf den Wiesen zu tun haben. Hoffentlich kommt nun bald die Lieferung der I.G., damit wir die Versuche in dieser Zeit durchführen können. Der Truppenübungsplatz Altengrabow ist zwar näher, aber mit der Bahn sehr unbequem zu erreichen (z.Zt. Kleinbahn, Fahrzeit viele Stunden), während Fredersdorf gute Bahnverbindung (1 1/2 Stunden) hat. Der Truppenübungsplatz Jüterbog ist zu sehr von Wald eingeengt, so daß die Rakete evtl. zu schwer aufzufinden sein würde. Am besten wäre für den Aufstieg allerdings die See, das ist aber sehr umständlich und kostspielig. Vorläufig habe ich Fredersdorf ins Auge gefaßt.

Über ein Ergebnis konnte er Hückel aber nichts berichten.

Am 27.6.1931 berichtet Winkler über weitere Versuche, einen Erprobungsplatz zu finden.

Ich war gestern in Groß-Schierstedt, um gemäß Ihrer Anregung wegen der Durchführung der Prüfstandversuche bei den Kaliwerken Rücksprache zu nehmen. Bei Schacht V haben wir die in Frage kommenden Möglichkeiten durchgesprochen. Das zu Schacht V gehörende sogenannte Bacherfeld (eine nicht wieder zugeschüttete Ausschachtung von oben (ca. 200m von der Sauerstoffanlage) scheint recht geeignet. Mit Räumen war es schon schwieriger, ein in der Nähe gelegener kaum benutzter Saal des Schützenvereins Groß-Schierstedt kommt evtl. in Frage, habe mit 2 Vorstandsmitgliedern gesprochen, ganz ohne Entschädigung wird es nicht abgehen. Den offiziellen Antrag an die Kaliwerke habe ich nun inzwischen abgehen lassen. Übrigens gibt es in der Nähe von Aschersleben ein ca. 5 km ∅ aufweisendes unbewohntes Gebiet, das für die allerersten Steigversuche evtl. in Erwägung zu ziehen ist. Bei der sogenannten Staßfurter Warte befindet sich auch ein ungenutzter massiver Schuppen, den wir gut gebrauchen können als Unterschlupf besonders für etwaige Gäste. Als zulässige Steighöhe würde ich mit ruhigem Herzen nur 1/4 des Durchmessers ansehen, es wird wohl nötig sein, sich zunächst über solche Gedanken hinwegzusetzen. 28.6. Heute war ich mit einem Verbindungsbruder, der einen Kraftwagen besitzt, in Altengrabow. Der Truppenübungsplatz hat ebenfalls erhebliche Ausma-

ße, liegt außerdem in einer ganz verlorenen Gegend und läßt sich leicht absperren, wird auch während der Schießübungen sehr oft abgesperrt. Mit der Bahn ist Altengrabow nur sehr umständlich zu erreichen. Die erforderliche Größe von ca. 50 km Durchmesser hat keiner der drei Plätze. Wenn die polizeiliche Genehmigung an einer Stelle nicht zu erreichen ist, stehen wenigstens noch andere zur Verfügung.

Als Winkler selbst mit seinen Suchen das Reichswehrministerium über den Stand seiner Arbeit informiert, war ihm die Tragweite dieser Informationen nicht bewusst. Woher auch, denn der Beschluss des Reichswehrministerium zur Entwicklung der Rakete als Waffe von 1929 war geheim!
Am 9.7.1931 deutet sich eine Lösung an, denn er schreibt an Hückel Folgendes:
Von den Kaliwerken habe ich die Erlaubnis zur Benutzung des Baggerfeldes erhalten unter der Voraussetzung, daß die polizeiliche Genehmigung gegeben wird. Ähnlich hat die Schützengilde geantwortet. Sie will für die Räume 20 M monatl. als Entschädigung. Nun teilen die Kaliwerke mit, daß am 1. August der ganze Betrieb aus Mangel an Absatz stillgelegt wir. Das ist sehr peinlich, gerade jetzt wo wir größere Mengen Sauerstoff brauchen. Ich bin daher am Sonnabend sofort nach Piesteritz gefahren zu den Bayerischen Stickstoffwerken (etwa 1 Stunde Bahnfahrt von Dessau) in der Annahme, daß dort fl. O_2 zu bekommen ist. Tatsächlich erfuhr ich dort, daß bei der Herstellung von Kalkstickstoff Flüssigsauerstoff anfällt, den die Werke wieder in die Luft zurückgehen lassen. Grundsätzlich verkaufen die Werke den Flüssigsauerstoff nicht. Ich habe angefragt, ob ich denselben für die Raketen Versuche geschenkt bekommen könne. Es ist eine geringe Wahrscheinlichkeit immerhin gegeben. Ich soll morgen noch einmal anläuten und evtl. hinkommen, um noch mit einem Herrn zu sprechen, der bis heute verreist war. In diesem Falle würden die Versuche zweckmäßig in Piesteritz bei Wittenberg durchgeführt werden. Die Gefäße müßten wir allerdings stellen. Es werden mindestens 50kg O_2 für einen Versuch benötigt. Bis-

her war es aber mindestens das Doppelte der theoretischen Menge. Wir müssen für solche Quantitäten die Isoliergefäße beschaffen. Ein neues Gefäß für 100l würde 700 M kosten. Das ist natürlich sehr schlimm für unseren Etat. Hoffentlich bietet sich noch eine andere Lösung.
Die Kaliwerke sind kaum den Vereinigten Sauerstoffwerken angeschlossen. Es handelt sich hier um Bergwerke, die für Sprengpatronen sich den Flüssigsauerstoff selbst erzeugen.
In einem gedeckten Raum sollen die Prüfversuche nicht stattfinden, das ginge gar nicht. Wir brauchen nur einen Raum, um die Rakete und Instrumente usw. in der Zwischenzeit unterzubringen. Die Kaliwerke können mir keinen zur Verfügung stellen, deshalb habe ich mich an die Schützengilde gewandt.

Am 10.7.1931 klingt in der knappen Mitteilung an Hückel ein Hauch von Resignation an, indem er schreibt:
Ein geeignetes Experimentiergelände habe ich heute noch nicht auftreiben können. Bei den Stickstoffwerken liegt alles zu dicht gedrängt. Es kommen evtl. Schießplätze der Schupo und der Schützen in Betracht, doch befriedigt es noch nicht, ich will noch einmal hin.

In dem Schreiben von Hückel vom 14.7.1931 kommt zum Ausdruck, dass Winkler sich nach seiner Meinung nicht ausreichend auf die naheliegende Aufgabe konzentriert, zunächst einen kleinen Versuchsraum für den großen Motor zu finden. Er schreibt:
Sie schreiben bezgl „geeignetes Experimentiergelände". Ich weiß nicht genau, für welche Zwecke Sie diese Eignung beurteilen. Vorerst handelt es sich nur um die Brennversuche am Prüfstand. Diese werden wahrscheinlich mehrere Wochen in Anspruch nehmen, da es bei M 2 von ganz besonderer Wichtigkeit ist, die Vorversuche bis zum völlig einwandfreien Ablauf des Brennvorgangs auszudehnen. Solange noch irgendein Teil nicht gänzlich einwandfrei und regelmäßig funktioniert, bin ich gegen Steigversuche. Für diese Prüfversuche genügt aber ein verhältnismäßig kleiner Raum der in unmittelbarer Nähe der Stickstofffabrik wohl zu finden sein dürfte. Inzwischen

ist reichlich Zeit ein Gelände für die ersten niedrigen Steigversuche zu suchen.

Winkler antwortet darauf am 20.7.1931 wie folgt:
Besten Dank für Ihr Schreiben vom 14. ds Mts. Ihre Ausführungen betr. das Experimentiergelände decken sich mit dem, was mir vorschwebt. Auf 2 kleine Inserate hat sich allerdings nichts in unmittelbarer Nähe des Stickstoffwerkes Gelegenes gemeldet. Wie ich kürzlich erfuhr, liegt jedoch etwa 2 km vom Stickstoffwerk eine frühere chemische Fabrik brach, ich will nahe zusehen, ob Sie uns vielleicht zur Verfügung gestellt wird. Mir würde ein kleiner Raum mit umzäunten Gelände von 100m² genügen, nur muß er außerhalb des Ortes liegen. Piesteritz liegt übrigens auf demselben Kartenblatt, das ich Ihnen von Fredersdorf einmal übersandte. Es liegt zwischen Coswig u. Wittenberg.

Winkler unternahm einen weiteren Versuch zur Beschaffung eines Experimentiergeländes in der Nähe von Dessau und schrieb Hückel darüber am 1.8.1931.
Am 21.7. war ich in Piesteritz, um noch einmal wegen des Experimentiergeländes mich umzusehen. Es ist eigenartig, welche Schwierigkeiten sich hier entgegenstellen. Das liegt vor allem daran, daß sich fast alles Gelände in und um Piesteritz in den Händen großer Gesellschaften befindet, vor allem der Westfälisch-Anhaltischen Sprengstoffwerke A.-G. Ich ging deshalb dorthin, wurde aber an die Hauptverwaltung in Berlin verwiesen…
Bei den Sprengstoffwerken wurde ich an sich gut aufgenommen, sie unterstehen jedoch dem Reichswehrministerium, eine Genehmigung würde Monate in Anspruch nehmen und für sie mit großen Komplikationen verbunden sein. Es wäre ihnen lieber, wenn sich eine andere Möglichkeit noch böte. Ich werde mich nun einmal direkt an den Landrat wenden und sehen, ob sich auf diesem Wege etwas erreichen lässt.

B) Auf dem Raketenflugplatz Berlin Tegel wird das Triebwerk für 96 kp Schub erprobt

Der Briefwechsel zwischen Johannes Winkler und Hugo A. Hückel zu dieser Frage ist sehr umfangreich. Folgende Hauptgedanken sind darin enthalten:

Mit dem Schreiben von Hückel am 6.8.1931 wird augenfällig, dass bisher für die Erprobung von Modell 2 keine Voraussetzungen geschaffen worden waren. Da aus dem Schreiben auch die Ansichten und Absichten von Hückel deutlich werden, wird es fast vollständig wiedergegeben.

Anläßlich der Suche nach einem geeigneten Versuchsplatz möchte ich mir erlauben, Ihnen für die bevorstehenden Brenn- und Steigversuche, den Berliner Rak.-Flugplatz ernstlich in Vorschlag zu bringen und bitte Sie, meinen Vorschlag unter Berücksichtigung meiner im folgenden ausgeführten Begründung, wenn irgend möglich anzunehmen.

Der sinnfälligste und augenblickliche Vorteil wäre der, daß jeder weiterer Aufwand an Zeit, Mühe und Geld für die Suche eines geeigneten Platzes weiterhin entfiele.

Davon abgesehen spricht für die Wahl des Rak.-Flugplatzes für die bevorstehenden Versuche, daß sich in der unmittelbaren Nähe eine Werkstätte mit Mechanikern befindet, was besonders deshalb hoch einzuschätzen sein dürfte, da es außerordentlich wahrscheinlich ist, dass im Verlaufe der Versuche Abänderungen, Reparaturen usw. vorzunehmen sein werden. Fl. O_2 ist dort ebenfalls kostenlos zu haben und es ist sehr wahrscheinlich, daß die Vereinigten Sauerstoff-Werke auch CH_4 kostenlos dem V.f.R beistellen würden, weil die Arbeiten des V.f.R in einem schriftlichen Empfehlungsschreiben des DLV sehr günstig begutachtet wurden und die weitere materielle Unterstützung nahegelegt wird. Es ist somit zu erwarten, dass die Ver.-Sauerst.-W., welche schon vorher O_2 kostenlos lieferten, jetzt auf Grund des vorliegenden Gutachtens noch weiteres Entgegenkommen zeigen und auch das CH_4 beistellen.

Der wichtigste Umstand, der aber für die Durchführung der Brenn- und Steigversuche am Rak. Flugplatz spricht ist der, daß es in der heutigen Zeit wich-

tiger denn je ist, finanzielle Zersplitterung zu vermeiden und Konzentration durchzuführen. Wie bekannt, hat auch Dr. Schrenk dieses Moment unterstrichen und ich bin fest davon überzeugt, daß jene Persönlichkeiten, die in der Lage sind und den guten Willen haben zu helfen, dies viel eher tun würden, wenn sie die gute Absicht zur Einigung erkennen würden. Die Gründe, die es Ihnen unmöglich machen, einfach nach Berlin zu übersiedeln sind mir bekannt und ich anerkenne sie auch… Bei meinem Plan handelt es sich auch nur um einen verhältnismäßig kurzen Aufenthalt in Berlin und um vorerst weiter nichts. Diese, meiner Schätzung nach 2 bis 4 wöchentliche Arbeit am Rak. Flug Pl. würde aber die gute Absicht zur Einigung hinreichend dokumentieren und den Entschluß der maßgebenden Stellen zu einer wirksamen Unterstützung bedeutend erleichtern. Wie weit diese Unterstützung gehen wird, können wir nicht wissen. Es ist klar, daß man da zurückhaltend mit Zusagen ist, bis man klarsieht. Ich will damit sagen, daß diese Unterstützungen u.U. so weit gehen können, daß die Hindernisse, die heute Ihrer Übersiedlung nach Berlin im Wege sind, überwunden werden. Sie haben jetzt die Erfahrung gemacht, wie schwierig es ist, ein Gelände zu finden, und wenn Sie schließlich doch ein mehr oder weniger passendes gefunden haben, wird es weit von einer Werkstätte sein. In dieser Hinsicht sind die Verhältnisse in Berlin ideal und wenn Sie einmal an Dr. Schrenk um Förderung der Arbeiten herantreten, wird es sich in erster Linie doch wieder um einen Arbeitsplatz handeln und es wird dann schwer einzusehen sein, warum ein bereits vorhandener, durchaus geeigneter nicht in Anspruch genommen werden kann. Ich möchte nun noch betonen, daß ich mich nicht etwa deshalb so sehr für die Durchführung der Versuche in Berlin einsetze, damit meine dortigen Investitionen nachträglich gerechtfertigt erscheinen. Es geschieht vielmehr einzig allein, weil ich es für sehr im Interesse der Sache gelegen halte. Ich habe im Laufe des vergangenen Jahres die Erfahrung gemacht, daß ich die Verhältnisse recht gut überblicke und beurteilen kann und bin deshalb von der Richtigkeit dessen, was ich oben geschrieben habe, fest überzeugt. So bitte ich Sie, die früheren per-

sönlichen Differenzen mit Herrn Nebel im Interesse der Sache zurückzustellen und insbesondere an die Erfordernisse der kommenden Entwicklung zu denken. Ich bitte Sie auch in unserem eigenen Interesse, meinem Wunsche weitest entgegen zu kommen und zu bedenken, daß gerade jetzt der geeignetste Zeitpunkt wäre, auf der breiten Basis des VfR die Arbeiten zu einem vorläufigen Höhepunkt zu bringen, da sich dieser gerade jetzt beim DLV gut eingeführt hat.

Bereits zwei Tage später stellt Winkler fest, dass für den Start kein Umzug nach Tegel, sondern nach Helgoland, zum Bodensee oder zur Zugspitze richtig wäre. Die Sache dulde aber keinen Aufschub, da die Fertigstellung der HW 2 fast beendet sei. ***Für Brennversuche am Prüfstand ist der Raketenflugplatz natürlich sehr geeignet, wenn auch keineswegs unentbehrlich... Für mich persönlich ist es bestimmt vorteilhafter, wenn ich den Erfolg mit Modell 2 ohne Mitwirkung des Raketenflugplatzes usw. erreiche. Ich würde diesen Vorteil jedoch zurückstellen, wenn der Verein sich rückhaltlos zu mir bekennt. Ich kann mir aber offen gestanden nicht vorstellen, daß dies vor dem erfolgreichen Start von Modell 2 der Fall sein könnte.***

Hückel setzt sich mit Nachdruck für die Umsiedlung von Winkler nach Tegel ein und schreibt am 17.8.1931, dass er den VfR wegen der Versuche mit M 2 informiert habe.

Er hätte dem Verein geschrieben, dass ***ihm durch die in Aussicht genommenen Versuche keine Barauslagen erwachsen würden. Das steht nun im Widerspruch mit Ihren Ansprüchen bezgl. Honorar und Versuchsgeldern.*** Diese Forderungen halte Hückel aber nicht für spruchreif, da nur eine kurzfristige Arbeit dort vorgesehen sei. Falls eine Dauertätigkeit eigentlich sinnvoll erscheint, aber keine Einigung erfolgt, könne er Berlin wieder verlassen. Hückel empfiehlt eine Fahrt nach Berlin zu mündlichen Verhandlungen.

Am 19.8.1931 neigte sich die Einstellung von Winkler zu einem Umzug nach Tegel zunächst dagegen. Er schreibt, dass er bisher vom Verein keine Nachricht bekommen hätte. Ihm käme es vor allem darauf an, Nachteile fern zu halten.

Der Nachteil, der dem genannten Vorteil gegenübersteht, ist die Preisgabe der Versuchserfahrungen, die ich, wenn ich nur meinen Verzicht auf Einkommen bei Junkers gegenüber meiner letzten festen Anstellung rechne, auf 4-5000 Reichsmark veranschlagen muß... Ich habe ja schon einmal für die Sache geblutet mit dem Erfolg, daß andere, von denen noch keineswegs feststeht, daß sie dafür geeigneter sind, mit den Beiträgen der von mir unter schwersten persönlichen Opfern geworbenen Mitglieder ihre Versuche finanzieren, und dies, ohne daß ich um meine Ansicht gefragt worden wäre. Dies möchte ich hier auch einmal aussprechen, damit Sie meine Zurückhaltung verstehen, ich möchte das nicht ein zweites Mal erlebe...

Winkler schildert nun die Nachteile, die unter anderem die Kosten für die Einrichtung in Tegel, die Lebenshaltungskosten in Berlin und die Trennung von seiner Familie betreffen und wendet sich dann der Greifswalder Insel Oie als Startplatz zu.

Am 12.9.1931 berichtet Winkler über seine Besprechungen mit Rudolf Nebel in Berlin:

1. Über das Ergebnis meiner Besprechungen in Berlin (mit Nebel) habe ich nunmehr folgendes zu berichten.

„Ich hatte von vornherein das Gefühl, daß eine Mitbenutzung des Raketenflugplatzes meinerseits nicht gewünscht würde. Dafür sind 3 Gründe denkbar: einmal der, daß

- sich hier leicht herausstellen könnte, daß nicht alles so günstig ist, wie es hingestellt wird,

zum andern

- Nebel die Früchte seiner Arbeit lieber allein genießen möchte, und endlich

- Nebel sich um deswillen ablehnend stellt, um für sich günstige Bedingungen durchzudrücken oder wenigstens Bedingungen meinerseits nicht zu gewähren.

Einigkeit bestand wohl in der Frage, eine Kollektivarbeit unter völligem Austausch von allen Erfahrungen abzulehnen. Bei der Diskussion der Frage einer völligen Trennung der Arbeitsgebiete hatte Winkler den Eindruck, dass es an jedem guten Willen fehlt. Winkler akzeptiert die Weigerung von Nebel, wegen Eigenbedarf Sauerstoff anzugeben. Vor allem weigerte sich Nebel, eine gesonderte Baracke zur Verfügung zu stellen. Nebel hätte wegen seiner guten Beziehungen in der Reichshauptstadt die Möglichkeit, das Interesse auf sich zu lenken, obwohl er nicht in ganz in der Lage sei, die Erwartungen zu befriedigen. So sehe das auch Dr. Schrenk. Dem propagandistisch eingestelltem Verein und Raketenflugplatz sind eine gute wissenschaftliche Einrichtung zur Seite zu stellen .

Aus diesem Grunde scheint mir eine ordentliche Trennung beider Arbeitsgebiete direkt notwendig. Wenn unsere Arbeitsgemeinschaft imstande wäre, diese Spitze in Raketensachen zu werden, so wäre damit der Sache außerordentlich gedient...

Zum Raketenflugplatz ergänzt Winkler noch, dass er ein gleichseitiges Dreieck von 700 m Länge ist. Von der Mitte des Platzes hätte man ca. 200 m von der Grenze entfernt. Somit ist an ein Steigversuch dort nicht zu denken.

Über das Gespräch mit Dr. Schrenk (DVL) am gleichen Tag berichtet Winkler wie folgt:

Zu meiner Bitte, die weiteren Raketenversuche auf dem Gelände der DVL vorzunehmen, äußerte sich Dr. Schrenk in der Weise, daß bei dem augenblicklichen Abbau es wohl möglich sein würde, einen leeren Raum und ein Stückchen Gelände für die Brennversuche zur Verfügung zu stellen unter der Voraussetzung, daß die Konten der DVL nicht belastet werden. Er wolle selbst Prof. Hoff und verschiedene Reichstellen befragen, ob es gewünscht sei. Er würde es begrüßen. Die Meteorologische Versuchsstation der Hamburger Sternwarte plane den Bau einer Registrierrakete.

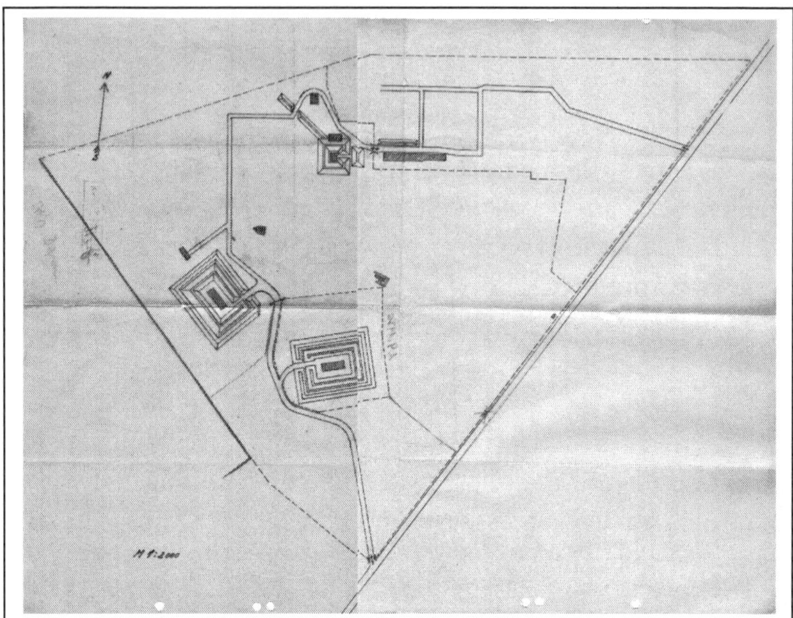

Abb. 155: Feinzeichnung des Raketenflugplatz aus:, Quelle: Archiv Ingenhaag /HORM

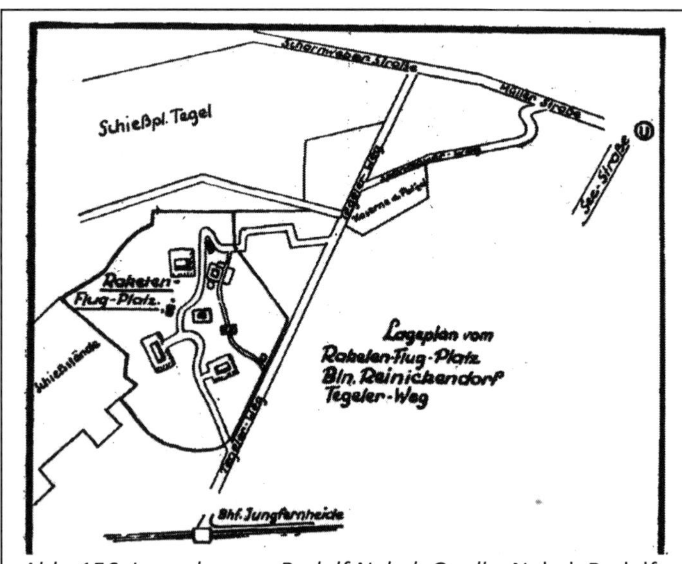

Abb. 156: Lageplan von Rudolf Nebel, Quelle: Nebel, Rudolf; „Raketenflug"; Reprint 2002; Elbe-Dnjepr-Verlag; 2002; Seite 17

Dort wäre jetzt der beste Ort, Versuche durchzuführen. Wir würden dort Räume, Experimentiergelände haben und bezüglich der meteorologischen Registrierinstrumente vollständig entlastet werden. Das scheinen mir allerdings sehr wesentliche Vorteile zu sein. Für den Aufstieg selbst würde dort die See bequem zu erreichen sein und für die Auffindung die nötigen Boote und evtl. wohl auch Flugzeuge zur Verfügung stehen.

Hückel zieht in seinem Brief vom 14.9.1931 klare Schlussfolgerungen.

Die Frage der Arbeit am Rak. Flg. Pltz. ist also in negativem Sinne entschieden und wir wollen über diesen Punkt keine weitere Zeit mehr verlieren. Ihren Mitteilungen entnehme ich ferner, daß wir auch von der DVL nichts zu erwarten haben... Bezüglich der in Aussicht genommenen Arbeitsverlagerung nach Hamburg im Rahmen der meteorol. Versuchsstation d. Hamburger Seewarte möchte ich mir naturgemäß meine endgültige Stellungnahme vorbehalten bis mir die wichtigsten Bedingungen und Einzelheiten bekannt sind... Wann können wir nun mit den ersten Brennversuchen rechnen? Da Sie über die Arbeiten am Startgestell schrieben, nehme ich an, daß die Prüfapparatur und die Rakete schon völlig fertig sind, weil anderen Falls nicht an einem Stück gearbeitet würde, das in absehbarer Zeit doch nicht benötigt wird.

Der Umzug nach Tegel zur Erprobung des Triebwerkes der HW 2 erfolgt am 5.10.1931

Winkler spricht am 19.9.1931 in seinem Brief an Hückel ebenfalls die Frage zum Experimentiergelände an und schreibt:

Würden Sie nicht auch der Ansicht sein können, daß wir jetzt zunächst einmal alles daransetzen, uns so einzurichten, wie es eine gedeihliche Arbeit erfordert? Ein abschließbares Stückchen Experimentiergelände mit 1 oder 2 Räumen, weit ab von Wohnungen, wenn möglich in Berlin. Ich bin ja eigentlich in dieser Hinsicht nicht gerade anspruchsvoll. Für die Kleinversuche begnügte ich mich mit einem einfachen Hofraum mitten in der Stadt bis eingelaufene Be-

schwerden aus der Nachbarschaft dem Einhalt geboten. Ich halte aber die Frage des Experimentiergeländes für einen so wichtigen Grundpfeiler unserer Arbeit, daß sie einer nicht weniger gründlichen Behandlung wert ist, als wir sie bei der Herstellung von Mod. 2 stets angestrebt haben.

Damit wird deutlich, dass Winkler zumindest ab diesem Zeitpunkt nachdrücklich die Bedeutung einer Erprobungsstelle für das Triebwerk und eines Startplatzes der HW 2 erkannt hat.
Er hat zwar viele Aktivitäten unternommen, aber war möglicherweise der Meinung, dass sich diese Frage schon mit geringem Aufwand nebenbei lösen wird. Dass er dabei auf das RWM als heimlichen Gegner gestoßen war, wurde ihm aber immer noch nicht bewusst.
Hückel lässt die Frage des nicht geregelten Versuchsgeländes ebenfalls nicht ruhen und er schreibt am 24.9.31:
Ich stimme mit Ihnen überein, daß man hierzu recht gut untergebracht sein muß, aber ich nehme heute auf jene Arbeiten aus zweierlei Gründen keine Rücksicht: erstens, weil jene Zeit nach den bisherigen Erfahrungen zu schließen, leider noch sehr ferne ist (und sich deshalb im Allgemeinen viel ändern kann, besonders in der heutigen Zeit) und zweitens weil nach einem geglückten Aufstieg von M 2 die Dinge für uns so viel günstiger liegen, daß es kaum übertriebener Optimismus ist, dann mit einer Unterstützung einer wissenschaftlichen Stelle zur rechnen. Ich gebe nun zu, daß die Reichshauptstadt mancherlei Vorteile bietet, doch fürchte ich, daß eine Übersiedlung dahin einen fühlbaren Aufwand an Zeit und Geld verursacht. Deshalb halte ich die Übersiedlung nur dann für gerechtfertigt, wenn neben den ideellen (nicht unmittelbar greifbaren Vorteilen) auch beträchtliche, sich sofort fühlbar machende Vorteile vorfinden - ich meine z.B. örtlich zusammenfallendes Experimentiergelände und Werkstätte - wie das beim V.f.R der Fall ist. Finden sich diese Verhältnisse in Berlin nicht, dann kann ich eine Übersiedlung nach Berlin nicht gutheißen.

Unter dem Druck zur Durchführung von Brennversuchen mit der fast fertigen HW 2 deutet sich mit dem Schreiben vom 27.9.1931 eine Übersiedlung der Dessauer Werkstatt nach Berlin-Tegel an. Winkler schildert einen Gesprächsverlauf wie folgt:

Daß ich so nett zustimmte, veranlaßte Nebel zu der Äußerung: "Wie machen wir es nur Herrn Hückel klar, daß die Zusammenarbeit schlecht durchzuführen ist". Mit diesem "wir" war ich innerlich durchaus nicht einverstanden und sagte "oder wir gehen auf den Wunsch von Herrn Hückel ein, soweit es sich einigermaßen machen läßt. Sie haben ja eine ganze Anzahl von Räumen, in einem würde ich mir die Werkstatt mit den eigenen Maschinen einrichten und wir arbeiten ganz getrennt nur an demselben Gelände wie die Albatroswerke neben der DVL in Adlershof.

Das wäre die andere Form der Zusammenarbeit, die sich ja doch ermöglichen läßt. Welche Baracke käme dafür in Frage? So würden alle befriedigt. Nebel sagte darauf „es komme höchstens die Abschussbaracke in Frage, aber die brauchen wir halt auch". Das ging dann noch einige Male hin und her, ohne daß sich Nebel bereit zeigte. Es ist möglich, daß ich hier noch etwas energischer hätte werden müssen, aber Sie werden hiernach selbst beurteilen können, ob Nebel bei dieser Sachlage schreiben darf „worauf wir ihm für diese Zwecke unser Abschusshaus zur Verfügung stellten". Ich schlage vor, Nebel hier beim Wort zu nehmen.

Es ist dies im Augenblick jedenfalls das weitaus geeignetste Provisorium, ein umzäuntes Gelände, auf dem Geräusche nicht stören. Ich schlage vor, daß Sie an Nebel schreiben, ich hätte das mit dem Abschußhaus anders verstanden und würde, da nun eigentlich nichts im Wege steht, die Sachen noch in dieser Woche nach Berlin abgehen lassen...

Ich stimme Ihnen darin zu, daß eine Übersiedlung nach Berlin schon jetzt eine nicht geringe Belastung bedeutet. Es ist naturgemäß auch nicht sehr zu erwarten, daß sogleich fühlbare materielle Vorteile hieraus zu Verfügung stehen (von Hamburg oder der DVL liegt noch keine Nachricht vor). Daß Werkstatt und Experimentiergelände örtlich beim Definitivum zusammenfallen müssen, halte ich für eine unerläß-

liche Forderung. Eine kleine brachliegende Fabrik, ein Feuerwerkslaboratorium oder dergl. dürften da schon zu finden sein. Ich bin der Meinung, und eine sehr treffende Äußerung Dr. Schrenks („daß man in Dessau hinterm Monde liegt") bestätigt mir, daß der Erfolg nur 1/10 sein wird, wenn bei einer so wichtigen Sache aus Berlin nach Dessau geschrieben werden muß und wir nicht, wie man es sonst gewöhnt ist, im Berliner Telefonbuch zu finden sind. Die Redaktionen schreiben nicht viel, das ist gleich viel zu verbindlich, aber sie reisen sehr leicht an. Dazu kommt die völlig unbegründete, aber nicht zu leugnende Ansicht in Berlin und auch sonst im Reiche, daß ein Ereignis aus Berlin etwas wert ist, während man sonst erst fragt. Es muß nur nicht so sein, aber in 95% ist es so. Daß der Aufstieg nicht in Berlin gemacht werden kann, ist selbstverständlich, aber der Sitz muß in Berlin sein. Einen Berliner Sachverständigen - der natürlich nur gilt - zu den Brennversuche einzuladen, welche Umstände bringt das u.s.f. Es wäre m.E. sehr schade, wenn um solcher Stimmungsmomente manche gute Verbindung nicht zustande käme. Was wäre aus dem Verein für Raumschiffahrt geworden, wenn er seinen Sitz von vornherein in Berlin gehabt hätte, ehe die bedauerlichen Streitereien ausbrachen, die ihn nicht hochkommen lassen.

Damit waren die Würfel gefallen! Hückel schreibt am 30.9.1931 ganz kurz, dass er Nebel geschrieben hat, dass wahrscheinlich noch in dieser Woche die Übersiedlung auf den Raketenflugplatz erfolgen wird.
Am 3.10.1931 informiert Winkler, dass die Rakete am gleichen Tag noch verpackt wird. Das Leergewicht ohne Fallschirm und Steuermechanismus betrage 9,5 kg und die Länge würde 1,90 m betragen. Winkler teilt am 5.10.1931 lakonisch mit, dass sich der Umzug mit der Rakete ohne Zwischenfall vollzogen hätte. Die neue Adresse von Winkler in Berlin wurde die Scharnweberstr. 108 in Reinickendorf-West, wie er am 6.10.1931 informierte.

Aus dem Briefwechsel zwischen Johannes Winkler und Hugo A. Hückel werden die Probleme, aber auch die Erfolge bei der Einrichtung der Werkstatt, der Fertigstellung und die Auseinandersetzungen mit der Gruppe Nebel sehr deutlich und können dort nachgelesen werden.
Die Fotos der Abbildungen 157 bis 159 sollen einen Eindruck von den Gegebenheiten auf dem Raketenflugplatz vermitteln.

Abb. 157

Bilder 157 bis 159: Quellen: Privatarchiv Dr. Guder bzw. Deutsches Museum München; Archiv; Bild 14528

Abb. 158

Abb. 159

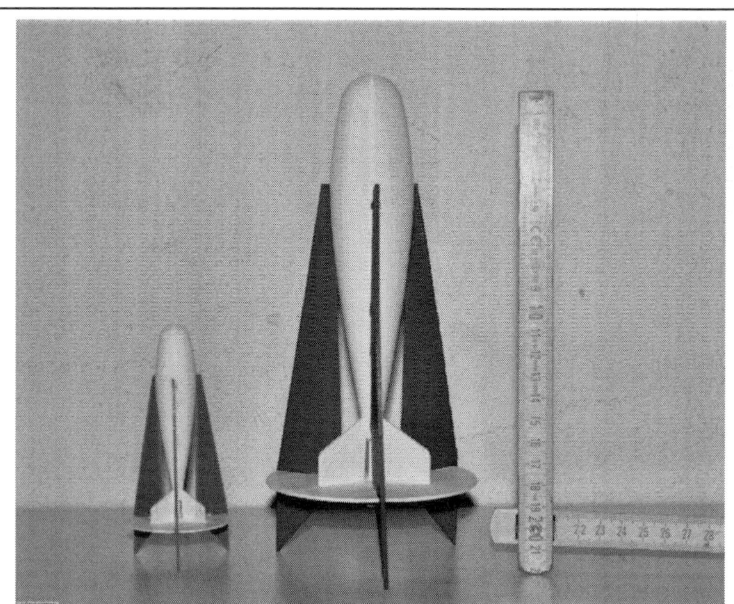

Abb. 160: Modelle der HW2 aus dem 3-D-Drucker des International Space Education Institute Leipzig im November 2021, wie sie auch im Shop des Technikmuseums in Dessau-Roßlau zu erwerben sind.

Die tatsächlichen Brennversuche des Triebwerkes der HW 2

Trotz aller Anstrengungen und trotz allen Drängens von Hückel fand der erste Brennversuch jedoch erst am 25.1.1932 statt. Winkler schreibt dazu am 1.2.1932 an Hückel:

Ich habe zunächst nur mit halber Füllung gearbeitet, es wurden 15 l Sauerstoff und 6 l Methan aufgefüllt, so daß nicht zu viel Methan nutzlos verbrannte... Der Verlust des Brennraumes ist z. T. darauf zurückzuführen, daß der Versuch gemacht wurde, ehe alles vorher ganz einwandfrei arbeitete, das erweist sich auf jeden Fall als ein Fehler, selbst wenn vorher alles im Einzelnen geht, gibt es noch der Störungen genug. Im vorliegenden Falle lag es an den Spanndrähten, dieselben brannten bei ungefüllten Behältern normal durch, bei den abgekühlten Behältern aber werden sie kalt, sodaß der Wasserdampf daran kondensiert, der elektrische Strom scheint dadurch einen bequemeren Weg durch die Flüssigkeit zu finden...

Über einen zweiten Brennversuch berichtet Winkler am 5.3.1932 und am 14.3.1932. Er schreibt unter anderem:

In dieser Woche habe ich nun ohne Rücksicht auf die Meßapparatur den ersten Brennversuch gemacht, der normal verlief. Das Brennen war außerordentlich gleichmäßig. Die Zündung erfolgte elektrisch in der Mitte der Ausströmdüse nicht wie sonst am Rand und sprang sofort an. Auch das Durchtrennen der Spanndrähte gelang ohne Relais gut. Die Füllung betrug nur etwa 1/3 der normalen, da es sich zunächst für mich nur um die Feststellung handelte, ob der Motor überhaupt normal arbeitete entsprechend Ihren früheren Ausführungen. Da ähnliche Gedanken auch Gegenstand Ihres vorliegenden Briefes sind, erübrigt es sich, nunmehr darauf noch näher einzugehen. Ich bin geneigt, Ihnen heute Recht zu geben, ich hätte nicht gedacht, daß die Meßapparatur solange allen Anstrengungen trotzen würde. Andererseits muß ich allerdings betonen, daß für die Forschung der Grundsatz, ein Ergebnis zu erzwingen, richtig ist und daß wir weder den Motor noch steigende Raketen heute hätten, wenn der Grundsatz nicht befolgt worden wäre. Mir ist ein Rückstoß von 100 kg nichts

Neues, darauf ist m. E. die Verschiedenheit unserer Ansichten zurückzuführen. Ich lege Ihnen das Original-Meßblatt bei...

Da das Originalmessblatt bisher nicht recherchiert werden konnte, ist der Brennversuch vom 23.3.1932 von außerordentlicher Bedeutung, da darüber ein Schubdiagramm vorliegt. Es wurde bereits im Kapitel 4 wiedergegeben.

Am 18.4.1932 schlägt technisch die Stunde der Wahrheit für M2: Winkler informiert Hückel offenbar über die Gefahr einer Mischung von Methangas und Sauerstoff und Hückel antwortet wie folgt:
Ich weiß wohl, daß M 2 nebenamtlich niemals hätte fertig gestellt werden können. Jetzt sind wir aber doch aus den größten Schwierigkeiten heraus, die schwere Arbeit liegt hinter uns und ich glaube wohl, daß der Rest nebenamtlich geleistet werden kann... Sie denken offenbar daran, daß bei der verkleideten Rakete sich infolge durchlässiger Stellen (z. B. CH4-Hahn) innerhalb der Hülle ein explosibles Gemisch bildet. Ich teile durchaus Ihre Besorgnis. Als Gegen- und Schutzmaßnahme schlage ich folgendes vor: die Luft aus dem Innenraum mit Hilfe von CO2 oder N2 auszublasen und sie so durch eine Kohlensäure- oder Stickstoffatmosphäre zu ersetzen. CO2 ist vielleicht vorzuziehen, da es überdies noch abkühlend wirkt. Ein unbedingter Schutz ist das allerdings auch nicht, da innerhalb desselben Raumes CH4 und O2 gleichzeitig entweicht. Ließe sich zwischen O2- und CH4-Tank eine horizontale Trennungsfläche anbringen? Man könnte auch daran denken, die CO2 Durchlüftung bis zum Aufstieg durchzuführen.

Die weitsichtigen Gedanken von Hückel konnten offenbar nicht mehr umgesetzt werden und die Befürchtungen von Winkler wurden leider bittere Realität.
Am 23.4.1932 sagt Winkler den für Mitte April geplanten Brennversuch ab und begründet das wie folgt:

- Mit halber Füllung würde M2 bereits eine Höhe von 11,3 km erreichen.
- Unter normalen Verhältnisse würde er noch einen Brennversuch mache. So aber wird er ihn in aller Stille vorbereiten.
- Winkler könne nicht übersehen, ob er nicht nach dem 7.6.1932 zu sehr gebunden sein würde.

Für die späten und wenigen Brennversuche des Triebwerkes von Modell 2 gibt es eine Vielzahl von Gründen:
- Angst vor einer Spionage durch Nebel & Co.[63]
- Die Veröffentlichung der Verletzung von zwei Patenten, die lt. Vertrag Eigentum der Junkers-Werke waren, aber von Winkler entwickelt wurden.[64]
- Zum Zeitpunkt der Umsiedlung nach Tegel war die HW 2 weitgehend in Dessau fertig gebaut worden, wies aber bei genauerer Prüfung in Tegel Schwachstellen auf, die schrittweise beseitigt wurden.[65]
- Die finanzielle Lage, die eine Reparatur bzw. den Neubau eines Antriebes bei einer Explosion sehr schwierig gemacht hätte. Die Sparsamkeit wurde von Winkler so weit getrieben, dass sogar Hückel seine „billige“ Ausführung der Messapparatur kritisierte.[66]
- Das Fehlen einer geeigneten Messapparatur über einen langen Zeitraum.[67]
- Der Verlust der direkten Verfügbarkeit auf den Mechaniker Baumann, der nicht nach Tegel gefolgt war.[68]
- Die Hoffnung, doch noch eine Lösung für die undichten Methan-Hähne zu finden.[69]
- Die Herstellung einer ausreichenden Menge von flüssigem Methan. Eine zufriedenstellende Produktionsmenge wurde erst Anfang Februar/März 1932 erreicht.[70]
- Die bewusste Verhinderung von äußerlichen Anpassungen an Modell 2 durch Rudolf Nebel und Co.[71]

Im Gegensatz zu den o. g. verschiedenen Gründen verbreitete Rolf Engel bereits 1932 als einzige Ursache für die wenigen Brennversuche die angebliche Scheu von Winkler vor praktischen Erprobungen (seine geistige Haltung). Das wurde durch Kapitel 4 bereits ad absurdum geführt.[72]
Winkler hatte sich zwar durch ein intensives Selbststudium ein umfangreiches Wissen über den Maschinenbau, die Strömungstechnik usw. angeeignet, sah sich aber nicht als Theoretiker und wollte diese Arbeit gerne Hückel überlassen, wie er am 24.3.1931 an ihn schrieb. Hückel hatte auch, wie seine Beiträge zur Herstellung der HW 2 zeigen, diese Rolle teilweise übernommen. Winkler war dann ab 1933 gezwungen, sich immer mehr in die Raketentheorie einzuarbeiten und erhielt dabei Unterstützung durch die anderen Mitarbeiter der Forschungsanstalt bzw. deren Leiter Philipp von Doepp. Sein Niveau im Bereich der Triebwerkstheorie wird besonders durch seine Berechnungen zur Gasdissoziation und zu den zusammengesetzten Raketen sichtbar. Er schrieb dazu nach 1939 in der LFA Braunschweig zahlreiche Beiträge und berichtete darüber auch den britischen Behörden 1947.

Doch zurück in das Jahr 1932!
Die scheinbar gesicherte Finanzierung der Erprobung von Modell 2 wird durch die Weltwirtschaftskrise gefährdet und belastet zusätzlich die Startvorbereitungen. So schreibt Hückel am 18.3.1932 unter anderem:
Die Auskünfte, die ich in der Zwischenzeit erhalten habe, sind in der Tat so ungünstig, daß ich keine Möglichkeit sehe, die Arbeitsgemeinschaft in ihrer jetzigen Form aufrecht zu erhalten. Wenn ich bei der Nationalbank in Prag ansuche, dann werde ich vielleicht die Bewilligung erhalten, von meinem Ratiborer Konto monatlich 300 RM abzuheben. Ich bitte Sie daher, sich nicht mehr als gebunden zu betrachten. Ich hoffe, daß es mir nochmals möglich sein wird, Ihnen 500 RM zu überweisen. Bitte verwenden Sie den Betrag in erster Linie zur Abdeckung aller

schwebenden Verpflichtungen. Sollten Sie eine Stellung in Dessau annehmen, so bin ich für die Rücksiedlung des ganzen Arbeitsgutes, Raketenmaterial, Werkstätte und Werkzeuge nach Dessau. Ich setze dabei voraus, daß die Dinge irgendwo kostenlos untergebracht werden können.

Zur finanziellen Lage schreibt Hückel am 14.4.1932:
Ich möchte zunächst den finanziellen Teil behandeln und über den dzt. Stand der Dinge berichten. Aus dem beiliegenden Schreiben ist zu ersehen, daß mir die Abhebungen von meinem Ratiborer Guthaben nicht gestattet werden. Es wird mir empfohlen zur Erlangung der Erlaubnis nähere Angaben über den Zweck mit Belegen usw. usw. zu geben. Das will ich aber nicht tun. Solange ich krank bin, will ich mich nicht exponieren, ich will nicht, daß es bei den tschechischen Behörden offiziell bekannt wird, daß ich in Deutschland diese Sache fördere. Ich habe das bestimmte Gefühl, daß es für mich heute noch ein Gebot der Vorsicht und Klugheit ist, im Hintergrund zu bleiben und Zurückhaltung zu üben. Ich glaube aber dennoch einen Weg gefunden zu haben, auf dem ich Ihnen weiter Mittel zukommen lassen kann. Ich werde darüber in einigen Tagen Sicherheit haben. Ich bitte Sie aber dennoch, nicht damit zu rechnen, daß ich nach dem 7.6. die persönlichen Vergütungen an Sie werde weiter leisten können. Einmal schon deshalb nicht, weil es ja bei den heutigen chaotischen Zuständen nicht vorauszusehen ist, ob mir früher oder später der Weg, den ich jetzt im Auge habe, nicht auch versperrt sein wird. Dann bin ich ferner gezwungen die Abhebungen von meinem Neu-Titscheiner-Konto vorzunehmen, welches schon mit meinen Kurauslagen und meinem Familien- und Haushaltsgeld belastet ist. Eine weitere Belastung von 900 RM/Mon. würde meine Entnahmen sprunghaft erhöhen und würde mein heutiges Einkommen in Neu-Titschein beträchtlich übersteigen. Ich bin mir heute noch nicht endgültig darüber klar, zu welchen Beträgen ich mich werde entschließen können. Ich glaube 400 RM werden die obere Grenze sein (an den V. f. R. leiste ich keine weiteren Zahlungen).

Mit Schreiben vom 14.4.1932 tritt aber ein völlig neuer Gesichtspunkt auf. Hückel schreibt:

Die Schondylitis kann in der Tat als ausgeheilt bezeichnet werden und wenn es sich bei mir nur um dieses eine Leiden handeln würde, so könnte ich sicherlich in wenigen Monaten in meinen Beruf zurückkehren. Dies wäre nicht nur für mich, sondern auch für die Raketensache von eminenter Bedeutung. Einstweilen darf ich nur hoffen, daß ich auch von meinen restlichen Leiden in nicht ferner Zeit befreit werde.

Wie bekannt ist, konnte Hückel später wieder in seine Funktion in die dortigen Werke eintreten. Damit hatte er aber auch im wachsenden Maße keine Muße mehr, sich mit der Raketensache zu beschäftigen.

Am 21.6.1932 erklärt Hückel die AG für beendet und schreibt wörtlich:

Ihre über den 7. Juni hinausgegangenen selbstlosen Bemühungen möchte ich Ihnen gern nochmals abschließend für einen halben Monat vergüten. Nach Empfang des erwähnten Voranschlages werde ich die Überweisung veranlassen. Als einstweiliges Ende unserer Arbeitsgemeinschaft wäre also der 22. D. anzusehen.[73]

Der Startplatz der HW 2 wandert von der Greifswalder Insel Oie nach Pillau auf der Frischen Nehrung

Trotz dieser eindeutigen Aussage setzt Winkler seine Bemühungen fort, einen Startplatz für die HW 2 zu finden. Nachfolgend werden die ersten Bemühungen von Winkler in einer Tabelle zusammengefasst.

Dabei bot sich Rolf Engel als Helfer an, wie aus dem Schreiben vom 10.7.1932 hervorgeht.

Mögliche Startplätze an der Ostsee

Datum	Standort	Inhalt
30.06.1932	Warnemünde	Ablehnung
	Horst	offen
	Baitz	
04.07.1932	Swinemünde	Will keine Kosten übernehmen;
	Ahlbeck	kann maximal 4.000 Besucher zusätzlich aufnehmen
	Heringsdorf	In Schwebe
	Bansin	Will keine Sensation; heute Sitzung

Am 12.7.1932 berichtet Winkler gegenüber Hückel, dass nur noch Saßnitz und die Greifswalder Oie übrig geblieben sind. Baumann wäre wieder bei den Junkers-Werken und könne dadurch nicht zur Greifswalder Oie mitkommen. Außerdem bittet er um 405 M zum Ausgleich seiner aktuellen Geschäftsschulden, die ihm auch später zugehen.

Die Ereignisse vom Juli 1932 bis August 1932 sind nicht vollständig darstellbar, da keine Informationen darüber vorliegen, aufgrund welcher konkreten Zusagen die Reise zur Greifswalder Oie eingeleitet wurde, keine Unterlagen darüber bekannt sind, wie Rolf Engel zur Gruppe Winkler gestoßen ist und einige Postalien von Winkler fehlen.

Andererseits hat bereits R. Guder einige Informationen in der Biografie über Johannes Winkler zusammengetragen, darunter etliche Briefe und Karten an seine Frau. Außerdem hat Rolf Engel einige Details der „Expedition“ an die Ostsee 1992 dargelegt. Ansonsten ist der Briefwechsel zwischen Winkler und Hückel wieder eine solide Basis.-

Der Brief vom 13.7.1932 an Hückel wird hier mit kleineren Passagen wiedergegeben, da er sehr anschaulich die gesamte Dramatik der Ereignisse zeigt. Winkler will am Freitag mit Bermüller und Engel nach Zinnowitz fahren. Angeschlossen hat sich noch ein junger Fotograf namens Springer, der auf eigene Kosten kommt und im Zelt schlafen wird. Er wird anstelle von Baumann mithelfen. Wesentlich sind folgende zwei Aussagen:

- *Ich kann dann um 2 Uhr mit dem Motorboot zu den endgültigen Verhandlungen nach der Oie. Die Antwort des Pächters dürfte mich hier nicht mehr erreichen.*
- *Mit der Bereitstellung von zunächst 200 M können wir die Abreise wagen, ob es möglich sein wird, mit dem Rest bis zum 25.7. zu warten, scheint mir sehr zweifelhaft… Es ist ja peinlich, wenn man sich außerhalb aufhält und kein Bargeld hat. Es tut mir das leid, daß ich Sie nach diesen großen Beträgen, die Sie schon flüssig gemacht haben noch in Anspruch nehmen muss… Ich glaube, daß diese 400 M die letzten sein werden, denn mit unserer Ankunft auf der Oie werden die Einnahmen beginnen… Ich habe noch manches zu besorgen, was wir dort nicht bekommen, einen Gewindebohrer 1,4 mm, ein Reduzierstück für die Stickstoffflaschen auf das Sauerstoffreduzierventil u. a.*

Für den Start eines historischen Ereignisses gab es also weder die endgültige Zusage des Pächters, noch ausreichende Geldmittel und Werkzeuge.
Der Text der Antwort-Postkarte von Hückel vom 15.7.1932 wurde von R. Guder wie folgt transkribiert und hat folgenden Wortlaut:
Sehr geehrter Herr Winkler! Ich danke Ihnen bestens für Ihren Brief vom 13. und hoffe, daß Sie gut angekommen sind. Ich rechne damit, Ihnen Dienstag d. 19. weitere 200 RM schicken zu können und hoffe, daß Sie bis dahin nicht in Verlegenheit geraten. Vielleicht kann ich das Geld auch schon Montag d. 18. auf den Weg bringen. Nun scheint es also doch ernst zu werden, und ich sehe mit begreiflicher Spannung Ihren nächsten Nachrichten entgegen. Hoffentlich fühlen Sie nicht zu sehr Baumanns Abwesenheit. Ich möchte natürlich nicht, daß Sie gerade jetzt durch Knappheit an Mitteln gehemmt werden und bitte mir im Bedarfsfalle rechtzeitig die Abrechnung zukommen zu lassen. Andererseits bitte ich Sie, Ihren Grundsatz aufrecht zu erhalten, den Start bald durchzuführen, falls die Einnahmen stark hinter den Erwartungen zurückbleiben.

Die Ereignisse auf der Insel Greifswalder Oie

Am 18.7.1932 schildert Winkler unter anderem:

Die Rakete mußte neu ausgerichtet werden, da sie sich auf dem Transport wieder verbogen hatte. Heute muß ich wieder aufs Festland, um die polizeiliche Genehmigung einzuholen. Auf die bloße Versprechung von Herrn Halliger kann ich nicht bauen... Ich glaube, daß wir die Schiffsbesitzer dazu werden bewegen können, uns einen Teil ihres Verdienstes abzugeben. Wir können dadurch einen Druck ausüben, daß wir den Fahrgästen anderer Schiffe den Zutritt zur Rakete nicht gestatten. Soweit ich die Bootsbesitzer habe sprechen können, waren sie grundsätzlich einverstanden.

Abb. 161: Diese zeitgenössische Ansichtskarte vermittelt einen Eindruck von der Greifswalder Oie, Quelle: Privatarchiv Dr. Guder

An dieser Stelle wird eine Lücke im überlieferten Briefwechsel sichtbar, denn es ist nicht klar, wie Hückel die Information erhalten hat, 2.000 RM zu hinterlegen.

Hückel schreibt am 19.7.32 aus dem Sanatorium „Waldfrieden" in Berlin-Zehlendorf:

Mit bestem Dank bestätige ich Ihnen Ihr Schr. v. 18. d. Ich bin leider nicht in der Lage, 2000M zu hinterlegen. Auch ein kleinerer Betrag kommt hierfür von meiner Seite nicht in Frage. Sie sagten mir, daß in Saßnitz der Kurdirektor das alleinige Bewilligungsrecht habe. Ich schlage Ihnen daher vor, den Start, wenn nicht anderes möglich, dahin zu verlegen. Ich habe inzwischen an Sie per Post (am 18.) 200-M abgehen lassen. Es ist für mich ziemlich beunruhigend, daß nun neue unerwartete äußere Hindernisse auftauchen. Mein Rat geht dahin, den Start in der kürzest möglichen Zeit, an welchem Ort immer es auch sei, zu vollführen.

Der Brief von Winkler vom 23.7.1932 an Hückel geht noch einmal ausführlich auf die Kaution ein und macht die Hilflosigkeit von Winkler klar. Hier einige Auszüge:

Daß durch die von der Regierung geforderten 2000 M eine Schwierigkeit sich uns entgegenstellt, ist recht schlimm. Auf der anderen Seite war ich allerdings doch erfreut, daß nicht wesentlich mehr gefordert wurde, denn der mögliche Schaden ist wesentlich größer und es zeugt doch von einer großen Klugheit des betreffenden Beamten, wenn er uns einen Betrag auferlegt, nur um uns gewissermaßen zur größten Vorsicht anzuhalten... Es geht nun um die Frage, ob wir die 2000 M irgendwie beschaffen können oder durch etwas anderes ablösen... Ich werde daher wohl Führungen einrichten und 50 Pfg Eintritt erheben. Da ist man von den Schiffen unabhängig, wenn mir auch dieser Weg nicht gerade sympathisch ist, vielleicht können wir doch noch auf andere Weise auf die Schiffe einwirken. Der Zuzug nach der Oie hat bereits sehr stark eingesetzt, vorgestern waren 580 Gäste herübergekommen...
Aus dem Verkauf von Postkarten werden wir vielleicht den Lebensunterhalt der Expeditionsteilnehmer soweit decken können, daß durch die Verzögerung für die Erwerbung der 2000 M keine Mehrkosten entstehen... Eine andere Möglichkeit für die 2000 M wür-

de der Abschluß einer Haftpflichtversicherung sein, ich werde mich einmal erkundigen.

Völlig entnervt stellt Hückel am 25.7.1932 die folgenden Fragen an Winkler:

Ich danke Ihnen bestens für Brief und Ansichtskarte v. 23.7. Die Entwicklung der Dinge beunruhigt mich sehr. Von der Haftpflichtversicherung abgesehen, halte ich die übrigen von Ihnen in Betracht gezogenen Wege nicht für geeignet, einen so großen Betrag von 2.000,- RM aufzubringen... Das Risiko, daß Sie durch Abschuß ohne Befragung des Regierungspräsidenten eingegangen wären, wäre wesentlich kleiner gewesen als die Gefahr, der Sie als Raketenforscher z. B. durch den Abschuß an sich, ohnehin stets ausgesetzt sind. Wäre durch den Start kein Schaden entstanden, so ist es sicher, daß auch Sie wegen Unterlassung des Einholens der Erlaubnis nicht zur Verantwortung gezogen worden wären. Nun wäre aber m. E. zu 999 v. T. nichts geschehen. Die Situation erscheint mir ziemlich verfahren... Da ich mich immer wieder zu Geldopfern entschlossen habe, um den Start zu ermöglichen und nun wieder alles in die Ferne und Ungewissheit gerückt erscheint, ist es wohl begreiflich, wenn ich etwas nervös werde. Ich stellte nach Ihrer Ostseereise an Sie die Frage: „Besteht nun keinerlei äußeres Hindernis mehr, haben wir nun einen Ort, an dem wir die Rakete, wenn nötig, sofort starten können?" Darauf sagten Sie: „Es ist so, denn die Kurdirektion ist dort gleichzeitig Polizei und ihre Bewilligung genügt." Auf diese klare Antwort bedeutet es für mich einen schweren Schlag, daß nun neuerlich alles in Frage gestellt ist.

Wenn es absolut nicht anders zu machen ist, dann könnte ich ca. 600-700 M aufbringen, sodaß also noch etwa 1300-1400 M anderweitig aufzubringen wären.

Abb. 162: Ansichtskarte zeigt die Insel Oie im Süden mit der Hafeneinfahrt, Quelle: Privatarchiv Dr. Guder

Abb. 163: Ansichtskarte Pillau, Hafen, Quelle: Archiv Ingenhaag /HORM

Die bisherigen Fakten aus den Postalien werden zur Übersichtlichkeit hier in Tabellenform aufgeführt.

Quelle vom...	Inhalt	Bemerkung
18.7.1932	Überfahrt am Freitag; Herr Halliger (Pächter) stellt Verpflegung und Unterkunft. Rakete muss neu ausgerichtet werden; Winkler will polizeiliche Genehmigung .	Wie sollte Ausrichtung der Rakete erfolgen? Wenn Kurdirektor zugesagt hat, warum dann Polizei?
19.7.1932	H. kann 2000 M (!) nicht geben Winkler soll nach Saßnitz gehen, da Kurdirektor allein bewilligt!	Woher kommen die 2000 M? Wann wurde die Summe gefordert? Warum dann die Fahrt nach Greifswalder Oie?
22.7.1932	H. hatte nach Besuch der Ostseebäder keine äußeren Probleme erwartet.	Welche Zusagen hatte Winkler wirklich?
03.08.1932	Warum keine Geheimhaltung? Wird Versicherung die 2000 RM gegen Zahlung der Prämie hinterlegen oder werden die gefährdeten Objekte unmittelbar gegen die entstehenden Schäden geführt?	Warum erst jetzt diese Grundfragen? Überfahrt war am 18.7.32!
08.08.1932	H. ist mit Rundreiseorganisation einverstanden.	Welche Reisen wurden geplant und mit welchen Realerlösen wurde gerechnet?
12.8.1932	H. beginnt am Start überhaupt zu zweifeln.	

Aus dem Brief vom Preußischen Wasserbauamt vom 18.8.1932 ergibt sich oberflächlich eigentlich die Feststellung, dass alles für den Start vorbereitet ist. Der Teufel steckte aber im Detail, denn die geforderte Versicherung lautete auf 50.000 RM.[74]
Am 22.8.1932 betont Hückel in seinem Brief unter anderem Folgendes:

- Durch die vorzeitige Publikation wäre eine Diskreditierung der Raketenidee entstand.
- Winkler war bereit, beim Start ein Risiko einzugehen. Er hätte dies aber im Juni ihm gegenüber erklären sollen. Dann wäre die Blamage vor der Öffentlichkeit unterblieben.
- Wenn er gewusst hätte, dass ein Gesuch erst einen Amtsweg passieren muss, hätte er sofort die Aussichtslosigkeit prophezeit.

Winkler erwidert ihm am 29.8.1932:

Besten Dank für Ihren Brief vom 8.32. Ihre Darstellung der Dinge hat eine Lücke. Es liegt keineswegs an einem Willen meinerseits kein Risiko einzugehen. Das Risiko des Startes von der Oie ist bei weitem nicht so groß wie allein das für meinen Lebensunterhalt. Herr Halliger hat mir aber unzweideutig zu verstehen gegeben (nach meiner Ankunft auf der Oie), daß er einen Start ohne Befragung der Regierung als Eigentümer nicht dulden würde. Ich nehme an, daß dem bereits eine Rückfrage beim Amtsvorsteher vorangegangen war. Da sich der Start des großen Apparates aber nicht so unauffällig machen läßt, daß eine Meldung zum Amtsvorsteher zu spät gekommen wäre, kamen die Fragen ins Rollen. Ich hatte daraus auch keine wesentlichen Schwierigkeiten befürchtet, wie ich sie ja auch in Dessau beim Mod. 1 nicht hatte. Tatsächlich wäre ja auch bereits vorige Woche alles in Ordnung gewesen, wenn nicht durch die Bedingungen des Reichsverkehrsministeriums eine neue Erschwerung eingetreten wäre. Außer Herrn Nebel wird ja wohl niemand die Entwicklung der Dinge als blamabel bezeichnen. Ich würde es auch nicht als blamabel ansehen, wenn wir auf Grund der behördlichen Schwierigkeiten nicht zum Start kämen. Tatsächlich gibt es keinen ebenso geeigneten Startort in Deutschland wie eben die Insel Oie.

Im gleichen Brief wird der weitere Weg für die Einleitung eines Starts der HW 2 sichtbar. Winkler schreibt:

Inzwischen hat Herr Engel, der z. Zt. in Berlin ist, mit dem Reichsverkehrsministerium verhandelt und dabei erfahren, daß dort der Start von der Oie nicht gewünscht wird. Herr Engel hat daher um Ge-

genvorschläge gebeten u. auch sonst versucht, die Startortfrage von Berlin aus zu regeln. Es wurde ihm die Nehrung in der Gegend von Pillau empfohlen. Nach seinem Bericht ist die Sachlage sehr günstig - Herr Engel ist allerdings durch die Nebel'sche Schule gegangen und ich möchte daher das „sehr günstig" in ein „nicht ungünstig" verwandeln - wir sollen sogar freie Überfahrt von Swinemünde aus und zurück erhalten und die Genehmigungsfragen sollen von oben herab geklärt werden. Wir sollen sogar eine Flugstation benutzen können. Ich muß erst noch eingehende Berichte abwarten. Herr Engel schreibt von einer Übersiedlung Anfang September. Ob aber alle Genehmigungen so rasch eingehen werden, erscheint mir recht zweifelhaft. Ich werde jedenfalls dort beginnen, wo ich am schnellsten zum Ziele komme, denn im Oktober setzen hier die Herbststürme ein.

Folgt man den Schilderungen von Rolf Engel, verliefen die Verhandlungen wie folgt:[75]

In der Hauptstadt setzte ich mich mit einigen Zeitungen in Verbindung und wandte mich an verschiedene Regierungsstellen. Hier sollte mir ein Brief helfen, den ich von der französischen Botschaft in Berlin erhalten hatte.[76] *Darin ließ sie im Auftrag der Organisatoren der Weltausstellung, die im Herbst in Paris stattfinden sollte, bei uns anfragen, ob wir unsere Rakete dort ausstellen könnten. Mit diesem Brief in der Tasche fuhr ich ins Verkehrsministerium und fand dort einen sehr aufgeschlossenen Pressereferenten. „Bei uns im Ministerium", so erklärte er mir, „werden Sie keine große Resonanz finden. Aber das Kriegsministerium und andere in Frage kommenden Ministerien lassen sich mobilisieren." Dabei müsse ich nur schön mit der These „Wir ziehen ins Ausland, weil man uns hier nicht unterstützt" hausieren gehen. Es im Kriegsministerium beim Heer zu versuchen, war zwecklos. Dies war in Kummersdorf bereits selbst mit der Entwicklung von Raketen beschäftigt.*[77] *Deshalb ging ich zur Abteilung Marine und traf dort auf einen Korvetten-Kapitän, der von der Idee, an der Ostsee eine Weltraumrakete zu starten, begeistert war. Er schlug*

vor, den Startplatz nach Ostpreußen auf die Frische Nehrung zu verlegen… Die Frische Nehrung selbst sollte durch die Marineinfanterie abgesperrt werden, um Schaulustige fernzuhalten.[78]

Die Fahrt nach Pillau und der Start von M 2 (HW 2)

Abb. 164: Die Startmannschaft nach Pillau auf der Frischen Nehrung, folgende Personen werden genannt: Hans Bermüller, J. Winkler, Rolf Engel, Heinz Springer und Journalisten, Quelle: R. Guder; „Astris…“; Eigenverlag 2002; Seite 170

Der Brief von Johannes Winkler an Hugo A. Hückel muss in seinen Ohren wie ein Märchen geklungen haben. Winkler schreibt am 20.9.1932 aus der Strauchbucht, Post Pillau:

Wir sind nun am 10.9. mit dem Seemotorschiff Hansestadt Danzig nach Pillau übergesiedelt. Die Rakete haben wir gemäß den Bedingungen des Reichsverkehrsministeriums in Königsberg noch einige Tage gezeigt. In dieser Zeit wurden die Verhandlungen mit

den lokalen Behörden geführt, die ebenfalls sehr schwierig waren und ohne die Empfehlungen von den Ministerien und die Unterstützung durch die lokale Presse kaum zu einem guten Ende hätten geführt werden können. Wir haben erst hier gemerkt, wie kompliziert das Verwaltungssystem ist, daß etwa 7 grundsätzlich verschiedene Instanzen zustimmen müssen. Sogar die lokalen Behörden selbst klagten verschiedentlich über diesen Mißstand, daß sie ihre eigenen Sachen nicht durchbringen können, weil alle 7 zustimmen müssen.
Nun sind diese Dinge wohl endgültig erledigt. Wir sind gestern mit einem Boot des Wasserbauamtes nach der Frischen Nehrung gefahren. Es wurde uns hier in einer Baracke ein Werkstattraum zur Verfügung gestellt, sowie ein Unterkunftsraum, mir selbst ein Zimmer. Von der Kommandantur erhalten wir einen Kraftwagen gestellt, die Erlaubnis zur Befahrung der Nehrung-Straße ist erteilt. Der Förster des Wasserbauamts Herr Onasch hat bisher mit seinem Fuhrwerk uns unterstützt. Zum Auffischen der Rakete und zu Absperrmaßnahmen stehen uns eine ganze Reihe schneller Motorboote vom Wasserschutz, Hafenbauamt, Zollamt, Oberfischmeisterei kostenlos zur Verfügung. Die Auffischung auf der Oie hätte uns etwa 100 M gekostet.
Ich habe nun den Sauerstoff bestellt. Was die Transportverluste betrifft, so glaube ich, daß diese nicht wesentlich größer sein werden als nach der Oie. Die Fahrt im D-Zug Berlin - Königsberg dauert etwa 6 Stunden länger als Berlin - Swinemünde. Im Übrigen ist die Fahrt etwa gleich lang u. umständlich. Ich schätze den Mehrverlust zu etwa insgesamt 1 kg. Wir haben hier die Möglichkeit, Sauerstoff von Königsberg zu beziehen, können also einen Verdampfungsverlust ausgleichen, besonders auch, wenn durch die Wetterlage eine Verschiebung notwendig ist. Ich würde auch den Sauerstoff überhaupt von hier beziehen, doch stellt sich das Kilo hier 1,75 RM. Das ist wesentlich höher als die Transportkosten von Piesteritz. Inzwischen bringen wir die Rakete, die durch die Transporte etwas mitgenommen ist, in Ordnung. Wir können hier neu zentrieren und ausbalancieren usw. Der Startort liegt am Seestrande der Nehrung, voraussichtlich etwa 17 km südwest-

lich von Pillau bei der Försterei Strauchbucht. Die Nehrung ist hier 1,0 - 1,5 km breit, etwas hügelig und hat etwas Hochwald. Von der Presse kommt Wolfs Telegraphen Büro und der Pressephotograph Fernstädt. Beide haben sich verpflichtet, im Falle eines Misserfolges nichts in die Presse zu bringen.

Der Startversuch sollte am 27.9.1932 erfolgen, doch mussten die Versuche wegen einer kleinen undichten Stelle am Methanbehälter abgebrochen werden. Es handelte sich dabei um den Übergang zwischen dem Tank (Elektron) und dem Manometer Messing), der durch Korrosion gelitten hatte. Außerdem war der Sauerstoffhahn durch das austretende Methangas vereist. Mit Zusage von Hückel sollte der Versuch am kommenden Donnerstag wiederholt werden. Am 30.9.1932 schlägt Hückel noch einmal vor, die Rakete mit CO_2 zu durchspülen. Skeptisch äußert er sich zum Einbau eines neuen Ventils.

Bemerkung des Autos:
Daraus muss entnommen werden, dass Winkler seit April 1932 ein Getriebener war und nicht mehr auf naheliegende Hinweise von Hückel reagieren konnte. Wie bereits festgestellt, betraf das sowohl den Brandschott als auch die CO_2-Durchspülung!
Es muss aber auch festgestellt werden, dass Hückel im Mai im Zusammenhang mit den offenen Fragen weder auf das Brandschott noch auf die CO_2-Belüftung eingegangen ist.
Winkler war seit Juni 1932 fast ausschließlich damit beschäftigt, einen Standort für den Startversuch von M 2 zu organisieren!
Der letzte Brief von Winkler vor dem Startversuch mit M 2 vom 5.10.1932 hat folgenden Wortlaut:
Mit bestem Dank bestätige ich den Eingang Ihres Briefes vom 30. 9. sowie der 500 RM.
Lösbare Verbindung. Der Übergang vom Elektronbehälter zum Manometer aus Messing erfordert diese, da mir kein Verfahren bekannt ist, diese beiden Metalle zu verlöten oder zu verschweißen. Die Rohrverschraubung bleibt das einfachste und sonst wohl auch zuverlässigste Mittel. So viel ich mich erin-

nere, habe ich bei der I. G. einmal direkt danach gefragt, ob man andere Metalle mit Elektron unmittelbar verschweißen könne.
Für den Bezug des O_2 aus Königsberg besteht insofern eine Schwierigkeit, als dieser hier nur zeitweise lieferbar ist. Die Firma Oster u. Co liefert CO_2 und nach Bedarf O_2kompr. Sie erzeugen den Sauerstoff je nach dem Eingang von Flaschen. Einen Tag nach dem Versuch hätten wir nach Herrn Engels Ansicht noch O_2 haben können. Ich hatte das auch erwogen, es schien mir aber zu riskant, da ich nicht wußte, was sich bei der Untersuchung des Apparates noch zeigen würde. Wegen der Absperrung muß der Versuch einen Tag vorher bekannt gegeben werden.
Die Untersuchung zeigte, daß nicht nur die Feder vereist war, sondern auch am Rücken des O_2-Hahnes eine Spur Kondenswasser vorhanden war. Die undichte Stelle ist nun auch beseitigt. Der neue Sauerstoff ist heute (5.10.) angekommen. Wir haben eine kleine Menge zu einer Vorprüfung verwendet.
Das Wetter war heute schauerlich. Der Wetterbericht für heute war sehr kurz und bestimmt:
„Regen, Schnee und Graupelschauer". Für morgen ist die Wetterwarte etwas zuversichtlicher. Ich habe den Versuch vorläufig angesagt. Er kann bis morgen früh um 6 Uhr noch abgesagt werden. Heute Abend erhalte ich noch einen Wetterbericht, nach dem ich mich entscheiden werde. Die Wetterwarte hält den Freitag einstweilen für günstiger. Von dem Einbau des neuen Ventils und der Änderung für die Außenhaut habe ich abgesehen, es ist zu riskant, ohne eine reguläre Werkstatt so etwas zu unternehmen.
Ich wünsche mir nun auch sehr einen Abschluß der Versuche. Es ist ein fast unerträglicher Zustand, ohne die Möglichkeit von Einnahmen solange von der Familie fern zu sein. Sollte auch bei dem bevorstehenden Versuch uns das Glück nicht hold sein, so bin auch ich der Ansicht, daß es alsdann richtiger ist, die Versuche zu unterbrechen. Es gibt im Übrigen noch wichtigere Versuche als die sehr kostspieligen Steigversuche. Ich habe kürzlich einmal das günstigste Rückstoßdiagramm für Mod 2 unter Annahme von I = 220 sKg/kg ausgerechnet, wobei ich auf eine theoretische Steighöhe von mehr als 150 km komme

(Annahme nach Oberth Luftwiderstand = Gewicht, Beschleunigung $\leq$ 4 g).

Wie bekannt, führte der Startversuch vom 6.10.1932 zu einer Explosion, von der viele Fotos und auch Filmsequenzen existieren (siehe Abb. 165 bis Abb. 169).

Abb. 166

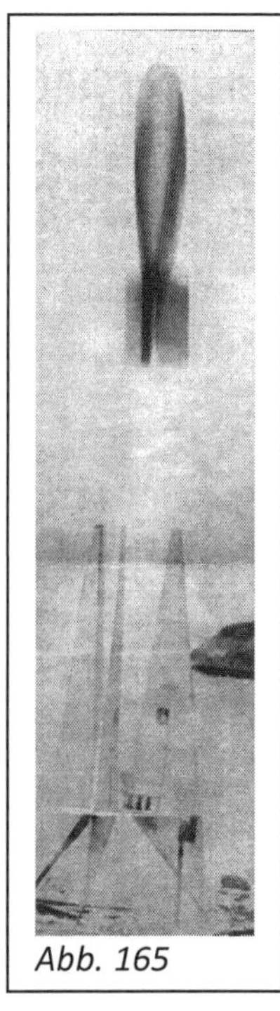

Abb. 165

Abb. 167

Abb. 168

Abb. 169

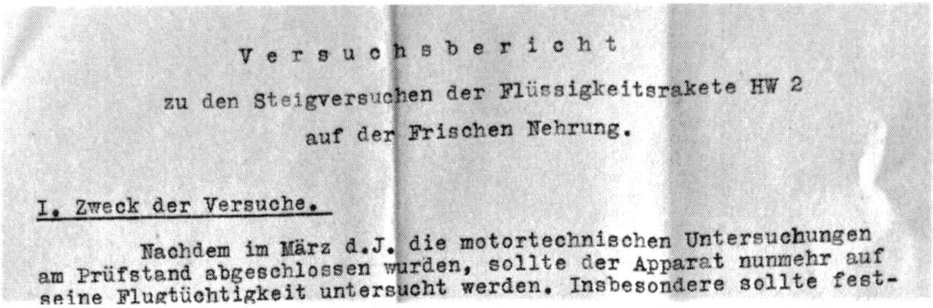

V e r s u c h s b e r i c h t

zu den Steigversuchen der Flüssigkeitsrakete HW 2
auf der Frischen Nehrung.

I. Zweck der Versuche.

Nachdem im März d.J. die motortechnischen Untersuchungen am Prüfstand abgeschlossen wurden, sollte der Apparat nunmehr auf seine Flugtüchtigkeit untersucht werden. Insbesondere sollte fest-

Abb. 170: Versuchsbericht, Quelle: Deutsches Museum München, Volltext siehe Anlage

Über den Fehlstart von M 2 erfolgte zeitgenössisch eine breite Berichterstattung. Außerdem wurde der Briefwechsel zwischen Johannes Winkler und Hugo A. Hückel bis zum 15.2.1933 fortgesetzt.
Die Schilderung der damaligen Ereignisse aus der Sicht von Rolf Engel ist in der Broschüre aus dem Jahr 1992 enthalten. Das Buch hat ein Vorwort von Harry O. Ruppe.[79]

Der beste Beweis für das damalige große Interesse und das Wissen über M 2 (HW 2) des Reichswehrministeriums, ist das folgende Foto (siehe Abb. 171), das dem Autor von Herrn Frauenheim zur Verfügung gestellt wurde. Es zeugt unter anderem von der Anwesenheit von Herrn Cranz vom RWM. Verblüffend ist allerdings, dass der dortige Start Nebel zugeschrieben wurde, obwohl eindeutig ein Foto von Johannes Winkler auf dem Blatt enthalten ist. (Siehe Beschriftung des Albums rechts oben).

Abb. 171

Der Fehlstart war auch der „Washington Post“ eine Veröffentlichung wert (siehe Abb. 172).

HINGTON POST: SUNDAY, DECEMBER 11, 1932.

Rocket-Ship Trips From Planet to Planet Within the Next Two Generations Are Predicted by Johann Winkler, Noted German Scientist

By Count Alfred Hessenstein

Berlin.

"ALL aboard for the moon!" Men and women, with the keen, bird-like faces typical of a new generation,

The humming of the motors rises to a higher pitch.

"O. K.?"

"Sure!"

"Contact!"

Suddenly the exhaust nozzles crackle and belch flame. With a tremendous blast of sound, half-roar, half-whistle, the rocket shoots up the long slide.

He told round his various ben motors and "The m work, said taming of is like harn American know what Valier. He its heroes a "Some of when the l garded wit None the l a reality. as a weapo years after of airplane was consid long distan

Abb. 172

Das Projekt „Modell 3“

Die praktische Arbeit an einer Höhenrakete in Zusammenarbeit Hugo A. Hückel war für Johannes Winkler nach dem Fehlstart der HW 2 auf der Frischen Nehrung am 6.10.1932 beendet. Seine Forschungstätigkeit auf diesem Gebiet war aber bereits früher wesentlich umfassender. Dabei ging es im Gedankenaustausch mit Hugo A. Hückel um die Erbauung einer neuen Höhenrakete, die in unregelmäßigen Abständen seit April 1931 im Schriftverkehr immer wieder unter dem Begriff „Modell 3“ auftauchte. Die Gedankensplitter wurden aber nie systematisch zusammengeführt, weil dafür vermutlich keine Zeit war. Eine erste Veröffentlichung zum Modell 3 erfolgte mit dem Vortrag 2018 in Bremen auf dem Kongress des IAC. Hierzu wird ein Tagungsband erscheinen. Der nachfolgende Abschnitt basiert auf dieser Grundlage, wurde jedoch hinsichtlich der Zitate gekürzt.

Der Gedankenaustausch zwischen Winkler und Hückel zu einem Modell 3 begannen überraschend früh, nämlich kurz nach dem Start des Messapparates HW 1 am 14.3.1931.

Johannes Winkler schrieb bereits am 8. April 1931 an Hückel:
Der Apparat würde nach Modell 2a gebaut eine Höhe von 6-7 m (!) haben. Das wäre etwa der erste ernstzunehmende Apparat.[80]

Später führt Winkler aus:
Der zur Überwindung des Luftwiderstandes erforderliche Rückstoß tritt mithin gegenüber dem zur Hebung des Gewichtes erforderlichen Rückstoß immer mehr zurück.

Hückel holt Winkler wieder auf die Erde zurück und schreibt am 17.4.1931, ***daß ich dem Bau dieses (Modells) bestimmt nicht zustimmen werde, solange nicht der Raketenmotor eine wesentliche Vervollkommnung (Leistungssteigerung) erfahren hat bzw. wir nicht alles Erdenkliche getan haben, um diese zu erzielen.***

Winkler konnte dem nichts Ernsthaftes entgegensetzen und erwiderte am 20.4.1931, dass zwischen M 2 und M 3 ***eine Versuchsreihe eingeschaltet werden muß zur Verbesserung des Rückstoßmotors, denn bei größeren Modellen macht sich das schon bezahlt.***

Hückel legte aber am 29.4.1931 einen Gegenvorschlag vor und schrieb:
Es klingt zwar reichlich kühn, ist aber vielleicht doch durchführbar... M3 könnte schon eine 2-stufige Rakete sein. Es ist hier also M2 als Nutzlast gedacht... Nun, M3 ist noch in nebliger Ferne, aber es reizt doch, Projekte zu machen.

Winkler schloss sich diesem Vorschlag an und meinte am 2.5.1931, dass der Vorschlag diskutabel sei.

Von Hugo A. Hückel liegt dazu eine Reaktion vom 8.6.1931 vor. Er schreibt, dass Spezialversuche zur Vergrößerung des Impulses nach einem zufriedenstellenden Aufstieg von M 2 bzw. vor Inangriffnahme des Baus von M 3 vorzunehmen sind.
Bereits am 31.8.1931 geht Hückel wieder auf das M 3 in einem Brief an Winkler ein und schreibt, dass er von „Tegel" keinen nennenswerten Fortschritt erwarte, weil niemand am Rak. Flg. Pl. über eine wissenschaftliche Bildung verfügt und es auch an Erfindertalent mangele. Die Angst vor der Preisgabe von Erfahrungen wäre im Grunde gerechtfertigt.

Ich glaube aber nicht, daß dies irgendwelche praktische Folgen hätte, weil ich niemanden in Berlin für fähig halte, das Gesehene derart zu nützen, daß eine Konkurrenz zu fürchten wäre.

M 2 wäre nur eine Entwicklungsstufe und M 3 wird wesentliche Verbesserungen aufweisen, sodass eine unfähige Konkurrenz den Vorsprung nie einholen könne.
Die Überlegungen zu einem Modell 3 treten durch die aktuellen Probleme mit Modell 2 anschließend für viele Monate in den Hintergrund. Die Zuwendung zu einem Modell 3 erfolgt offenbar aus der Tatsache, dass beide Briefpartner mit Modell 2 nicht sehr zufrieden waren. Auffallend ist für den kommenden Briefwechsel zum Thema M 3, dass zunächst nicht mehr von einer zweistufigen Rakete die Rede ist.
Eine erste Erwähnung durch Winkler erfährt Modell 3 wieder am 9.2.1932.[81]

Wäre es nicht zweckmäßiger, wenn wir die Neuregelung erst von Apparat 3 beginnen ließen, bei dem wir von vornherein auf die Verwendung der Innenkühlung und dadurch angeregte Maßnahmen verzichten? Das volle Eigentumsrecht an den Raketen bildete die Voraussetzungen dafür, daß ich mich zu einer Arbeitsgemeinschaft mit Ihnen entschloß.

Hückel antwortet am3.3.1932 äußerst verbittert:

In wenigen Tagen jährt sich der Tag unserer Arbeitsgemeinschaft. Wie hoffnungsvoll hat es doch

ausgesehen, als Sie in Aussicht stellten, noch im 1. Jahr der Arbeitsgemeinschaft Modell 3 zu starten.

Am 5.3.1932 kann Winkler deutlich erleichtert über den Brennversuch mit dem Raketenantrieb des M 2 berichten. Ernüchternd ist jedoch der letzte Satz:
Ich lege Ihnen ein Diagramm bei, auf welchem die Formel verzeichnet ist... An dieser Formel gemessen ist Mod. 2 nicht richtig aufgebaut (als Einzelrakete für die untersten Luftschichten ist es trotzdem gut). Es ist aber eine Übertragung der Ergebnisse in vieler Hinsicht möglich.

Winkler schreibt am 4.4.1932 zum Modell 3:
Ich bin der Meinung, daß wir für Mod. 3 versuchen müssen, die theoretischen Werte nahe an 100 % zu erreichen. Prinzipiell muß dies ja doch möglich sein, da im Turbinenbau 98 %erreicht werden. Ob wir mit Rücksicht auf das Leergewicht u.a. nicht werden Konzessionen machen müssen, vermag ich noch nicht zu übersehen.

Wie stark die schlechte wirtschaftliche Lage in Deutschland und bei den Junkers-Werken die konkrete Forschung beeinträchtigt, zeigt der Brief von Winkler vom 23.4.1932.
Wenn ich auch möglicherweise mit Dr. Heylandt zusammenarbeiten werde, so halte ich es für selbstverständlich, daß ich dann eine neue Linie beginne, wie ich sie für Mod. 3 tatsächlich im Auge habe.

Winkler schreibt zum Modell 3 am 2.5.1932 (!) an Hückel:
Mit Mod. 3 haben wir den Schlüssel zu beliebigen Leistungen in der Hand. Wenn die Mittel in der gleichen Stetigkeit fließen könnten wie bisher, wäre ein vorzeitiges Verlassen der derzeitigen Linie nicht recht zu verantworten, da aber die Mittel begrenzt sind, würde ich fast raten, sie alle an die entscheidende Front zu werfen. Da die Prüfapparatur und reiche Erfahrung vom Bau des Mod. 2 vorhanden sind, dürften wir rasch genug vorwärtskommen und möglicherweise noch Mod. 3 starten. Wir würden dann

mit 30 kg Betriebsstoff möglicherweise die bisher erreichten Höhen überbieten. Es würde mich sehr freuen, wenn Sie einem solchen Vorgehen zustimmen könnten. Dieser Vorschlag entspringt keineswegs etwa einer Ermüdung, sondern einzig dem Bestreben, mit den zur Verfügung stehenden Mitteln recht weit vorwärts zukommen. Wenn wir Mod. 3 starten können, ist m. E. die Sache so weit gefördert, daß sie sich zur Fabrikation eignet und wir Aufträge hereinholen können, wodurch sie wirtschaftlich sich selbst tragen wird. Dies zu erreichen, scheint mir ein lohnendes Ziel.

Hückel äußert sich am 5.5.1932 umfassend zum Modell 3, doch kann daraus eigentlich nicht erschlossen werden, worum es sich zu diesem Zeitpunkt handelt.
Es sind da eine Reihe von Gründen, die es mir nicht als zweckmäßig erscheinen lassen, M 3 in Angriff zu nehmen, bevor M 2 gestartet ist.

Hückel nennt dazu die Geldfrage und schreibt: *Sie führen die Begrenztheit der Mittel als Grund an für den Abbruch der jetzigen Arbeiten und die Inangriffnahme des Baus eines M 3. Genau diesen Umstand betrachte ich als Grund, zuerst die laufenden Arbeiten zu vollenden. Die Ursache für unsere entgegengesetzte Anschauung liegt darin, daß Sie an die rechtzeitige Fertigstellung von M 3 glauben, ich aber nicht… Die restlichen Fertigstellungsarbeiten von M 2 für den Start und die sonstigen noch hierzu nötigen Vorbereitungen kämen einem M 3 derart zugute, daß ein Großteil des hierfür aufgewendeten Betrages an Geld und Mühe und Zeit auch gleichzeitig für M 3 gelten würden. Ich denke an Fallschirm- und Auslösevorrichtung, die Erlangung der polizeilichen Bewilligung des Starts und manches andere… Sie rechnen also mit allem, was noch zum Start zu erledigen ist, mit noch mindestens einem Monat. Wenn wir heute mit M3 beginnen, würde die gleiche Arbeit für M3 ebenso lange dauern und für den Bau verblieben nur 3½-4 Monate. Ich kann Ihren Optimismus nicht teilen, daß in dieser Zeit ein neuer Apparat fertig werden kann.*

Der Brief wendet sich dann technischen Fragen von Modell 2 zu, doch kommt Hückel überraschender Weise im Nachsatz noch einmal auf Modell 3 zurück und schreibt dort:

N. S. Könnten Sie sich vorstellen ab 7.6. bis 31.12. eine Interimsstellung anzunehmen? Wenn der Start bis 7.6. durchgeführt ist und ich ab diesem Datum nichts mehr zu zahlen habe, könnte ich wohl bis Ende des Jahres 7000 RM für M 3 zusammenbringen. Wenn dann 5 Monate gearbeitet wird (1.1.33 - 31.5.) entfielen dann auf Sie 2000 M, für die Arbeiten 5000 RM.

Winkler antwortet Hückel dazu am 8.5.1932 wie folgt und löst ein wenig die Frage nach dem technischen Inhalt von M 3, die nicht weiter erläutert werden brauchen:

Mein Vorschlag, Mod. 3 ohne einen Start von Mod. 2 in Angriff zu nehmen, entsprang allein dem Willen, die Raketensache auf dem kürzesten Wege vorwärts zu bringen. Ich starte aber sonst ebenso gern Mod. 2. Ich könnte mir die Wirkung recht nett denken, wenn alles mit 10 km Steighöhe rechnet und plötzlich 50 km Höhe erreicht werden. Der Bau der Einzelelemente von Mod. 3 dürfte weder sehr teuer sein, noch besondere Probleme bringen. Nur die Wahl der 2 Größen Rückstoß und Leergewicht würde nach anderen Gesichtspunkten erfolgen. Das Einzelelement würde klein sein, also mit geringem Betriebsstoffverbrauch erprobt werden können. Neu dagegen wäre die abwerfbare Anordnung und die gute zeitliche Auslösung. Mit der Schaffung einer solchen Einzelrakete für das Aggregat im Sinne meiner Formel und eines funktionierenden Aggregats, das sich jeder gewünschten Leistung anpassen läßt (das hängt einfach von der Anzahl der Einzelraketen ab), wäre das Fundament für eine geschäftliche Verwertung geschaffen, gleichgültig, ob Mod. 3 zum Aufstieg käme oder nicht; es würde aber zum Aufstieg kommen. Die Geldversorgung macht ja nun aber einen Strich durch diesen Vorschlag.

7. Der Explosion von Modell 2 folgte die Arbeitslosigkeit mit vielen Aktionen bis Sommer 1933

Wie im vorigen Kapitel geschildert, setzt sich Johannes Winkler mit ganzer Kraft dafür ein, dass das Modell 2 fertiggestellt, erprobt und gestartet werden kann. Dabei weiß er seit April 1932, dass die Finanzierung der AG mit Hückel nicht mehr stabil gesichert ist und die Probleme mit der Dichtigkeit der Tanks und Leitungen und Ventile nicht zu lösen sind. Aus den vorigen Schilderungen wurden zwei Episoden zunächst chronologische ausgeklammert, da sie die Darstellung dieses dynamischen Prozesses gestört hätten. Bei aller Begeisterung zur erfolgreichen Vollendung des Projektes M 2 hat er zumindest zwei Versuche unternommen, um seine Zukunft zu gestalten!

A) Die Chance zum frühzeitigen Wiedereinstieg bei den Junkers-Werken im Juni 1932

Zunächst erschien es möglich, sofort nach dem Ende der Arbeiten an der HW 2 wieder eine neue Arbeit bei den Junkers-Werken zu beginnen, wie der Briefwechsel zwischen Philipp von Doepp und Johannes Winkler belegt.
Das zeigt ein Brief von Philipp von Doepp am 6.6.1932, in dem er seine Freude zum Ausdruck bringt, dass er wieder bei den Junkers-Werken anfangen will. Um die Finanzierung der Arbeitsstelle abzusichern, benötige er jedoch die Höhe der finanziellen Verpflichtungen von Winkler. Er könne ihn auch gerne privat besuchen kommen.
Im Archiv Ingenhaag /HORM wurde dazu ein Brief vom 28.6.1932 aufgefunden, der hier vollständig wiedergegeben wird, da er zu zwei Fragen nähere, bisher nicht bekannte Informationen beinhaltet. (siehe Abb. 173)

Philipp von Doepp
Dessau
Blumenthalstraße 4

Dessau, d. 28.VI.32.

Herrn

Johannes W i n k l e r ,

D e s s a u -Ziebigk,
Brunnenstr. 70.

Sehr geehrter Herr W i n k l e r !

Nach Mitteilung von Klaus Junkers besteht die Möglichkeit, dass die Jfa einen Entwickelungsauftrag auf einen Startrückstosser erhält. Ich bitte Sie deshalb um Mitteilung, ob Sie im Stande und geneigt wären, die seinerzeit unterbrochenen Arbeiten bei uns wiederaufzunehmen. Wie Sie wohl gehört haben werden, sind seit Ihrem Ausscheiden die Rückstosser-Arbeiten zum Stillstand gekommen, hauptsächlich weil der neue Bearbeiter, Herr Ganter, ehe er sich überhaupt hat einarbeiten können, durch seine Fussbeschädigung monatelang am Arbeiten gehindert wurde , bis sich die finanziellen Verhältnisse so verschlechtert hatten, dass an eine Wiederaufnahme der Arbeiten nicht mehr zu denken war. Inzwischen ist Ganter einem Unfall beim Skilauf erlegen.

Ich würde mich freuen, wieder mit Ihnen zusammen arbeiten zu können; auch für Sie würden sich vermutlich bessere Bedingungen ergeben, als bisher, da ja die Arbeiten nicht mehr von der Duldung von Prof. Js. abhängig sein werden und bestimmte Gelder dafür von der Jfa zur Verfügung gestellt werden, falls der Entwickelungsauftrag überhaupt erteilt werden sollte.

Ich wäre Ihnen deshalb dankbar, wenn Sie mir baldmöglichst schreiben würden, ob und wann Sie die Arbeiten in Dessau wiederaufnehmen können, und zu welchen Bedingungen. Auch wäre es mir sehr lieb, wenn Sie meine entschuldbare Neugier betr. Verlauf und Aussichten Ihrer Flugraketenversuche ganz kurz befriedigen könnten.

Mit bestem Gruss

Ihr Ph v Doepp.

Abb. 173

Der Nachfolger im Amt Ganter hatte eine Fußbeschädigung und einen Unfall beim Skilauf.

Für Winkler bestehen jetzt bessere Bedingungen, da Arbeiten nicht mehr von der Duldung durch Prof. Junkers abhängig sind. Die Strömungstechnik ist jetzt bei der IfA.

Am 30.6.1932 berichtet Winkler Hückel über den Brief vom 6.6.1932 und antwortet auch Philipp von Doepp. Er hätte über den Neuanfang bei den Junkers-Werken mit Hückel gesprochen, der keine Einwände hat. Winkler hätte gerne weiter in der Forschungsanstalt gearbeitet, doch hätte er damals keine Möglichkeit gesehen, weder auf dem Gehaltswege noch durch Arbeit außerhalb der Werke seinen Verpflichtungen nachzukommen. ***Unter der Voraussetzung, daß eine Ablösemöglichkeit für meinen Einsatz gegeben ist, würde ich mit einem Anfangseinkommen von 500 RM monatlich einverstanden sein können.***

Winkler schildert nun die aktuellen Parameter von Apparat 2 und die grobe Richtung der weiteren Entwicklung. Er könne sofort nach dem Start von Apparat 2 mit der Arbeit beginnen. Über die Einzelheiten der finanziellen Regelung würden wir am besten mündlich verhandeln, sobald dafür die Voraussetzungen geklärt sind.
Auf die Aufforderung von Philipp von Doepp an Winkler zur Bekanntgabe seiner finanziellen Forderungen reagiert Winkler mit Schreiben vom 11.7.1932.
Die Höhe seiner verzinslichen Verpflichtungen betrage 22.000 RM. Winkler entwickelt dann mögliche Wege der Ablösung. Ein großer Geschäftserfolg wäre dann möglich, wenn sich die Anwendung der neuen Wärmekraftmaschine nicht auf der Startrückstoßer beschränkt. Grundlage dafür wäre seine Aggregatformel, deren Folgerungen man sich nicht verschließen

kann. Er hoffe auf eine zeitnahe Antwort, sobald ein Arbeitsbeginn möglich ist.
Aus dem Brief wird einerseits die fatale finanzielle Lage von Johannes Winkler, andererseits aber auch sein Selbstbewusstsein deutlich, dass er in der Lage ist, durch die Ergebnisse seiner Forschungsarbeit diese Situation zu meistern. Bekanntlich erfolgte zu diesem Zeitpunkt noch keine Einstellung von Winkler bei den Junkers-Werken und es begann eine für die Familie eine Lebensphase voller Entbehrungen.
Ein Dokument über eine offizielle Absage an Johannes Winkler durch Philipp von Doepp wurde bisher nicht vorgefunden. Aus dem genannten Archiv Ingenhaag/HORM sind jedoch zwei neue Schreiben verfügbar, die auch die Ursachen für die schleppende Bearbeitung widerspiegeln.

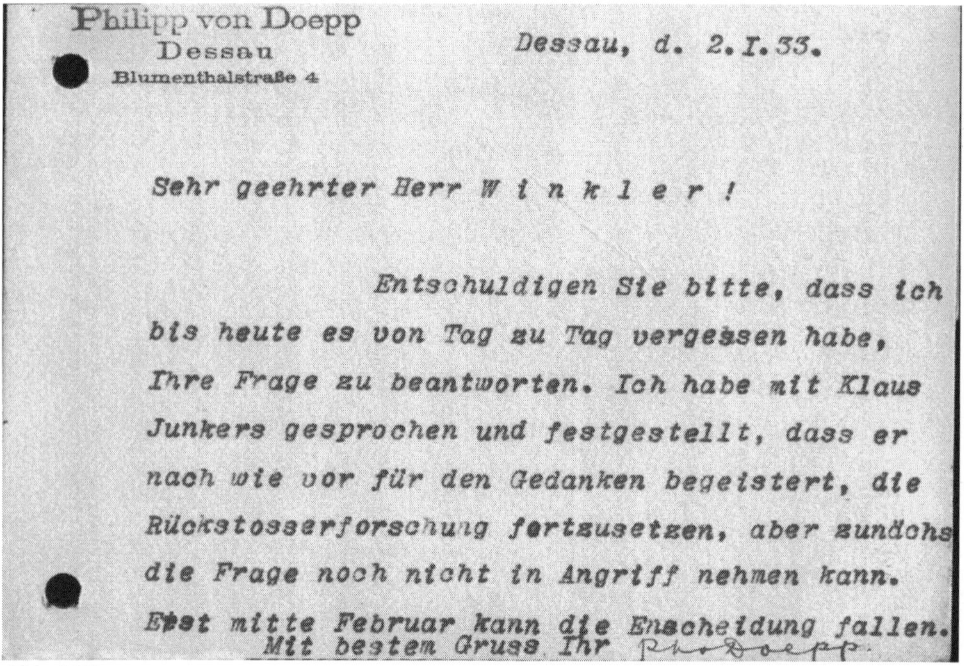

Philipp von Doepp
Dessau
Blumenthalstraße 4

Dessau, d. 2.I.33.

Sehr geehrter Herr W i n k l e r !

Entschuldigen Sie bitte, dass ich bis heute es von Tag zu Tag vergessen habe, Ihre Frage zu beantworten. Ich habe mit Klaus Junkers gesprochen und festgestellt, dass er nach wie vor für den Gedanken begeistert, die Rückstosserforschung fortzusetzen, aber zunächs die Frage noch nicht in Angriff nehmen kann. Erst mitte Februar kann die Enscheidung fallen.
Mit bestem Gruss Ihr Ph. Doepp.

Abb. 174

JUNKERS-FLUGZEUGWERK A.-G.
DESSAU

POSTANSCHRIFT:
Junkers-Flugzeugwerk A.-G. Dessau (Anh.)

DRAHTWORT IFA

FERNRUF Nr. 3041

POSTSCHECKKONTO: Berlin 96344
Reichsbank-Giro-Konto Dessau - Codes:
Rudolf Mosse ABC-Code 6 th ED., Libers

Eingangs- und Bearbeitungsvermerke

Herrn
Johannes Winkler
Dessau-Ziebigk

Brunnenstrasse 7o

IHRE ZEICHEN	IHRE NACHRICHTEN VOM	UNSERE ZEICHEN	TAG
		Verwaltung-Do/Te	9.2.1933

Betreff: Fortsetzung von Rückstosser-Arbeiten

Sehr geehrter Herr Winkler, wir beziehen uns auf die Besprechung, die Sie mit Herrn von Doepp und Herrn Donath in vorgenannter Sache geführt haben. Der aufgrund dieser Fühlungnahme angefertigte Entwurf einer gegenseitigen Vereinbarung liegt vor; die Sache wurde auch mit Herrn Klaus Junkers besprochen, der jedoch betreffs des Inhalts noch mehrfache Bedenken äusserte. Da Herr Junkers in diesen Tagen verreist ist, ist es uns leider nicht möglich, den Fortgang der Angelegenheit zu fördern. Wir müssen Sie daher zu unserem Bedauern bitten, sich noch einige Zeit zu gedulden, bis wir nähere Anweisungen von Herrn Junkers betreffs der Weiterbehandlung der Angelegenheit vorliegen haben.

Hochachtungsvoll
JUNKERS-FLUGZEUGWERK A.G.
pp. [illegible] Donath

B 11 d. Z 1131/10.

Abb. 175

Aus dem Januar-Schreiben ergibt sich, dass Klaus Junkers begeistert wäre, die Rückstoßerfrage fortzusetzen.

Im Februar-Schreiben wird bestätigt, dass der Entwurf einer Vereinbarung vorliegt, aber Herr Klaus Junkers noch mehrfache Bedenken äußerte. Er wäre aber verreist und Winkler solle sich noch etwas gedulden.
Es ist durchaus möglich, dass die Gründung des Raketenforschungsinstitutes auch eine Reaktion von Winkler auf das Schreiben vom 9.2.1933 gewesen ist. Wie jetzt bekannt ist, gilt als Arbeitsbeginn für Winkler in den Junkers-Werken der 11.8.1933.

B) Johannes Winkler beginnt, 1932 ein Raketenforschungsinstitut aufzubauen

Die Informationen von Hugo A. Hückel ab März 1932 über die wachsenden Schwierigkeiten bei der Finanzierung der AG mit Johannes Winkler haben ihn offensichtlich dazu bewogen, eine neue Organisationsform für seine Forschungsarbeit zu schaffen. Bereits im April 1932 hat Winkler zur Sicherung der Arbeit ein Raketenforschungsinstitut unter seinem Namen ins Leben gerufen.

aketenforschungsinstitut Johannes Winkler
Berlin.

Postanschrift
in-Reinickendorf-West
arnweberstraße 108

Fernruf
Reinickendorf
D 9 4214

Bankkonto
Deutsche Bank, Disconto-Ges.
Depos.-Kasse X

H. M. 9787

Rudolf Mosse

Berlin SW 100.

Zeichen | Jhre Nachricht vom | Jn der Antwort angeben Unser Zeichen | Tag

P/Wkl. 11. Mai 32.

Auf Ihr Inserat im Berliner Tageblatt übersende ich Ihnen Prospekt über eine junge, aber sehr aussichtsreiche Sache. Falls die Sache Ihren Beifall findet, stehe ich mit näheren Auskünften zur Verfügung.

Mit vorzüglicher Hochachtung

Joh. Winkler

Abb. 176, Quelle: DM München, Archiv, Nachlass Winkler

Bisher liegen keine Unterlagen zum Datum der Gründung des Raketeninstitutes vor, doch Winkler verwendet einen Briefkopf „Raketenforschungsinstitut Johannes Winkler" bereits im Mai 1932, wie Kopie in Abb. 176 zeigt, und unterschreibt diesen Brief an Herrn Moses vom 11.5.1932 persönlich.
Briefe dergleichen Art haben sicher zuhauf ihren Weg in die Post gefunden.
Als Sitz des Institutes wird die Privatadresse von Winkler in Berlin-Reinickendorf angegeben.
Auch bei einem Schreiben an die Deutsche Seewarte vom 11.5.1932 verwendet Winkler diesen Briefkopf. Das Schreiben belegt die breit gestreuten Versuche seines Forschungsinstitutes, Interessenten für seine Arbeit zu finden.
Der Partner für den Aufbau des eigenen Raketenforschungsinstitutes ist Rolf Engel, der inzwischen Kontakte mit Dr. Catleen-Katzenellenbogen & Co. aufgenommen hat, der die Vermarktung von Modell 2 unterstützt. Er zieht sich aber nach dem Fehlstart von Modell 2 zurück, weshalb hier nicht weiter darauf eingegangen wird.[82]
Über den Stand der Dinge schreibt Winkler am 20.10.1932 an Hückel einen Brief mit folgenden Passagen:
Meine Verhandlungen mit Junkers sind noch nicht recht weitergekommen. Herr von Doepp unterlag zunächst auch der allgemeinen Depression in der Tagespresse und war nicht wenig erstaunt, daß alles in Wirklichkeit so ganz anders lag, besonders betr. Hinzuziehung der Öffentlichkeit zu den Versuchen. Ich habe ihm einen Versuchsbericht übergeben und für den Anhalter Anzeiger einen Artikel geschrieben, der die Sache in einem ganz anderen Lichte zeigt, was gedruckt steht, wird ganz anders bewertet, der Artikel wird wohl morgen erscheinen, außerdem läuft in dieser Woche ab morgen die Ufa Woche Nr. 110. Auch den Zeitungsausschnitt von der DAZ habe ich Herrn von Doepp zugesandt. Ein geglückter Start würde natürlich sehr zur Erteilung des Entwicklungsauftrages beigetragen haben. Hof-

fentlich zieht sich die Sache nicht zu sehr in die Länge.
Ich weiß nun nicht, wie Sie über eine weitere Zusammenarbeit denken. Herr Engel möchte gern für die Raketenforschung den freiwilligen Arbeitsdienst unter meiner Leitung aufziehen. Die Arbeitsdienstwilligen erhalten, soviel ich weiß etwa 50 M im Monat an Stelle der Unterstützung. Es sollen nicht zu wenige in einem solchen Betrieb beschäftigt werden, für uns kämen etwa 5-10 Mann in Frage, die dann mit einem geringen Zuschuss von 10-20 M im Monat mit ihrer Arbeitskraft voll zur Verfügung stehen. Auf dieser Grundlage ließe sich also sehr rationell ein großer Fortschritt erzielen. Da Sie für später noch einige Mittel in Aussicht gestellt hatten, möchte ich diese Frage nunmehr einmal zur Debatte stellen. Es wäre dabei noch nötig, daß wir die Raummiete und das Material für die Arbeit aufbringen, einen Teil davon würden wir wohl von den betr. Firmen gestiftet bekommen. Ich glaube, daß sich der Betrieb würde aufziehen lassen, wenn für die unvermeidlichen Barausgaben etwa 200 M monatlich zur Verfügung stünden. Ich bin nun gar nicht im Bilde, ob dies bei den weiterhin wirtschaftlich recht üblen Verhältnissen Ihrerseits überhaupt erwogen werden kann, oder von wann ab dies etwa wieder möglich wäre. Um nun zu wissen, ob es einen Zweck hat, sich mit diesem Gedanken zu befassen, wäre ich Ihnen für eine kurze Mitteilung verbunden, ob und wieviel Sie etwa für 3 Monate (R.G.: oder 8 Monate, beides kann aus der Zahl herausgelesen werden) *an Barmitteln zur Verfügung stellen würden. Es setzt dies ferner voraus, daß ich selbst bei Junkers oder sonst einen ausreichenden Lebensunterhalt habe, die Aufsicht über den Betrieb müßte in meiner Abwesenheit Herr Engel haben. Ungeklärt ist ferner die Frage, ob der Betrieb in Berlin oder in Dessau aufgezogen werden soll, in Berlin ist es leichter zu einem kostenlosen Raum mit Gelände zu kommen und auch sonst spricht vieles für Berlin, es ist aber in diesem Falle für mich sehr schwer, mit dem Betrieb in Kontakt zu bleiben, was unerläßlich ist.*

Forschungsinstitut
für Raketentechnik
Ing. Joh. Winkler

Abtlg.: Archiv
E/B.

Berlin-Wilmersdorf, den 22.X.32
Detmolder Straße 13

Herrn
Ing. Johannes Winkler
Dessau - Ziebigk
Brunnenstr. 70

Lieber Herr Winkler,

Gestern abend erhielt ich Ihren Brief, für den ich Ihnen bestens danke. Meine Karte und Ihr Brief haben sich wohl gekreuzt. Um die Sache nicht noch länger hinauszuschieben, habe ich auf dem Arbeitsministerium schon die verschiedenen Fragen zum grössten Teil geklärt. Also, wir müssen uns mit der Einrichtung des Arbeitsdienstes sehr beeilen, weil die Gefahr besteht, dass jetzt der freiwillige Arbeitsdienst auch für die grossen Kommunalen Arbeiten im vollen Umfange herangezogen wird, wie aus dem gestrigen Antrag des deutschen Städtetages an die Reichsregierung hervorgeht. Es wird daher schwer sein, mit unserer Sache noch unterzuschlüpfen, wenn erst die Stadt Dessau im Rahmen dieses Arbeitsbeschaffungsprogrammes die Möglichkeit hat, grosse Arbeiten durchzuführen. Denn dann werden die ganzen zur Verfügung stehenden Mittel natürlich erst für die Arbeiten der Stadtgemeinde verwendet.

Um Herrn Hückels Einstellung zu hören, bin ich heute noch bei ihm gewesen. Er wird Ihnen selbst über unsere Besprechung schreiben, doch will ich das Ergebnis hier schon mitteilen. Herr Hückel ist bereit, RM 200.-- monatlich für die reinen Forschungsarbeiten beizusteuern. Er hat mir diese Unterstützung zunächst einmal auf vier Monate fest zugesichert, ist aber überzeugt, dass er auch weiterhin Ihre Arbeit mit diesem Betrage unterstützen kann. Ich habe mit ihm auch die Angelegenheit Halle besprochen und hat er mir zur Wiederherstellung der Rakete und für meine Reisekosten nach Dessau RM 70,-- ausgehändigt. Ich bin noch immer dafür, den Apparat für die Ausstellungszwecke mit einer 0,5 Al-Haut zu versehen. Die Treibarbeiten können meiner Schätzung nach in Dessau in irgendeiner Werkstatt, vielleicht sogar von Springer gemacht werden. Es ist ein ganzer Berg von Fragen, die wir noch besprechen müssen, doch müssen wir das wohl alles bis Dessau verschieben. Teilen Sie mir umgehend mit, wann ich abfahren soll, d.h. also an welchem Tage ich dort eintreffen kann. Flugsport Halle wird sich evtl. schon Dienstag bei Ihnen selbst melden. Bis dahin möchte ich gern dort sein, weil ich hoffe, evtl. noch RM 20,-- mehr bei einer persönlichen Unterhaltung herauszuquetschen.

Also, inzwischen recht herzliche Grüsse auch an Ihre Frau Gemahlin von

Ihrem ergebenen

R. Engel

Abb. 177: Antwort von Rolf Engel

Rolf Engel war sehr stark an der Fortsetzung der Arbeit interessiert, wie das Schreiben vom 22.10.1932 zeigt (siehe Abb. 177). Drei Aussagen sind besonders wichtig:

Abb. 178: Nach der notdürftigen Instandsetzung der HW 2 wurde sie offenbar zunächst am Gartenzaun als Sitzplätze für die Kinder in der Brunnenstr. 70 aufgebaut

Abb. 179: Später wurde die HW2 als Symbol auf dem Hühnerstall in seinem Hofgarten aufgestellt.

Abb. 180: Eine weitere Ansicht der HW2 auf dem Hühnerstall

- Aus dem Arbeitsministerium hätte Rolf Engel die Information erhalten, dass die eigene Angelegenheit unbedingt zu beschleunigen ist, weil die kommunalen Einrichtungen vermutlich das Recht erhalten, den FAD für ihre Arbeiten hinzuzuziehen.
- Herr Hückel wäre bereit, 200 RM/Monat für die reine Forschungsarbeit für 4 Monate bereitzustellen.
- Hückel hätte ihm zur Wiederherstellung der Raketen und die Reisekosten 70,-- RM zur Verfügung gestellt. Engel wäre dafür, den Apparat für Ausstellungszwecke mit einer neuen Alu-Haut zu versehen.

Ob es möglich gewesen ist, Modell 2 als Exponat in einer Ausstellung zu zeigen, ist nicht bekannt. Die Abbildungen 178 bis 180 belegen jedoch, dass die Rakete sehr wohl der Öffentlichkeit gezeigt wurde. Erst stand sie im Garten vor dem Zaun, dann wanderte sie auf den Hühnerstall. (Quelle der Fotos: Privatarchiv Dr. Guder bzw. Claudio Krentel)

Der Brief von Winkler an Hückel vom 31.10.1932 zeigt die bisher wenig bekannte Beziehung zum Bauhaus.

Besten Dank für Ihren Brief vom 23. ds. Mts. Herr Engel ist am vergangenen Mittwoch nach Dessau gekommen und hat mir von Ihnen 50 RM ausgehändigt. Er hat nun eine Reihe von Stellen aufgesucht, gestern ist der Antrag für den FAD eingereicht worden. Es hängt augenblicklich noch alles an der Raumfrage. Im Dessauer Bauhaus sind leerstehende Räume reichlich vorhanden, doch ist hier nicht so rasch eine Entscheidung seitens der Stadt zu erwarten und andere Räume dürften kaum kostenlos zu haben sein. Der Antrag lautet für den Arbeitsbeginn auf den 1.12.32…

Bei den Junkers-Werken ist am 8. November in dem Vergleichsverfahren ein wichtiger Termin, der über die Fortführung (RG.: nicht exakt lesbar) ***der Werke entscheiden wird. Auch das Reichsverkehrsministerium pflegt in solchen Fällen erst die Entscheidung ab-***

zuwarten. Es ist daher alles in der Schwebe und ungewiß, man kann darauf nicht warten.

Hückel erklärt sich bereit, die Forschungen über den FAD für fünf Monate mit 200 RM/Monat zu unterstützen, wie der folgende Brief vom 24.12.1932 zeigt.

Ich danke Ihnen insbesonders für die nette Fotozusammenstellung der Aufnahmen des letzten Starts und für Ihre freundlichen Weihnachtswünsche!

Bezüglich der Abrechnungsdifferenzen stimme ich mit Ihnen insofern überein, als ich der Meinung bin, daß alles, was zu diesem Thema zu sagen war, schon gesagt wurde. Hoffentlich bietet sich noch einmal eine passende Gelegenheit, zur Beilegung der Verschiedenheit unserer Auffassungen.

Abb. 181: Johannes Winkler hatte sicher durch die Verzögerungen beim Abschluss eines neuen Vertrages mit den Junkers-Werken auch wieder Zeit, sich seiner Gitarre zu widmen und mit den Kindern zu musizieren.

Abb. 182: Das Foto der Kinder mit Mutter dürfte auch an diesem Tag entstanden sein.

Herr Engel will die Arbeiten am Raketenproblem im Rahmen des FAD in Dessau ab 1. Jänner fortsetzen. Da diese Arbeiten vorläufig auf 5 Monate befristet sind, habe ich mich bereit erklärt, diese mit 200 RM/Mon. zu unterstützen.

Aus einem Brief von Engel an Pendray vom 23.1.1933 sind zur FAD-Aktion in Dessau weitere Informationen zu entnehmen.[83] Das angemeldete Arbeitsthema beim FAD lautete: „Wissenschaftliche Forschungsarbeit an Strahlmotoren und Bau von Höhen- und Fernversuchsrakete". Zuständig dafür war das Landesarbeitsamt Mitteldeutschland. Aus den vorliegenden Informationen ergibt sich des Weiteren, dass die Dessauer Gruppe des FAD zunächst bei den Junkers-Werken untergebracht war, dann aber im Bauhaus Dessau Räume fand. Material und flüssiger Sauerstoff erhielt die Gruppe von den Junkers-Werken. Unter den 22 Mitarbeitern waren acht arbeitslose Ingenieure der Firma Junkers. Das Arbeitsprogramm erhielt den Titel „Motor-Forschungs- und Entwicklungsplan". Die Projektgruppe hätte den Namen „Forschungsinstitut für Raketentechnik". Die Projektgruppe mit inzwischen 30 Personen fand im „Bauhaus“ nutzbare Werkstattausrüstungen vor. Die Stadt Dessau stellte ein tägliches Mittagessen und die staatliche Fürsorge gab eine wöchentliche Vergütung von 7,50 RM.

B e s t ä t i g u n g.

Der in ordnungsgemäss einberufener Gemeindeversammlung zum Vorsteher der evang.-lutherischen Gemeinde D e s s a u erwählte Herr

Ingenieur Johannes W i n k l e r

in Dessau, gegen dessen Wahl ein Einspruch nicht erfolgt ist, wird hiermit von dem Unterzeichneten kirchenordnungsmässig bestätigt.

Der Herr der Kirche, unser Herr Jesus Christus, rüste ihn aus mit Seines Geistes Gaben, auf dass er tüchtig sei solches sein Amt wohl auszurichten und in demselben dem Erzhirten an Seiner teuer erkauften Gemeinde und ihren einzelnen Seelen treu zu dienen.

Korbach, den 30.November 1935.

Der Superintendent
der Thüring.-Sächsischen
Diözese:

H. Hübner

Abb. 183

Es ist aber auch richtig, dass er Zeit seines Lebens und nach Aussage seiner Kinder auch zwischen 1933 bis 1945 mit seiner Familie aktives Mitglied der Evangelisch-Lutherischen Kirche gewesen ist. So wurde er 1935 Vorsteher dieser Kirche in Dessau, wie Abbildung 183 zeigt.
Dazu hat Rudolf Guder wesentliche Aussagen getroffen, die hier nicht wiederholt werden müssen.
Rudolf Guder widmete sich auf mehreren Seiten auch den Überlegungen von Winkler zur Bewältigung der Wirtschaftskrise. Insgesamt kann daraus kein geschlossenes Bild wiedergegeben werden, da dafür weitere Dokumente gesichert werden müssten, was nicht in der Absicht des Autors gewesen ist. Dokumente, die bei den Recherchen in München aufgefallen sind, sollen aber dem Leser nicht vorenthalten werden.-
Winkler sah in der Arbeitsbeschaffung eine notwendige Arbeit, um aus den aktuellen Problemen herauszukommen. Er schrieb am 31.10.1932 an Hückel wie folgt:[84]

Ich habe mich daher einem neuen Problem, das mindestens ebenso zeitgemäß ist wie das Raketenproblem, zugewandt. Es ist das Problem der Arbeitsbeschaffung überhaupt. Das Problem scheint es mir wert zu sein, daß man sich ihm ernsthaft zuwendet. Ich sehe in den Millionen gemeldeten und nicht gemeldeten Erwerbslosen ein Absatzgebiet von 10 Milliarden RM jährlich primär und vielleicht weiteren 20 Milliarden sekundär, daß nur bei gleichzeitiger Einreihung der zur Unterstützung verurteilten in den Produktionsprozess erschlossen werden kann. Das zu erreichen ist zwar nicht leicht, es ist aber der einzige Weg, die unnormalen Verhältnisse zu überwinden.
Ich habe nur bei wirklich lohnenden Problemen die erforderliche Ausdauer, glaube also hier ein wertvolles Betätigungsgebiet gefunden zu haben. Es bedeutet eine Abkehr von dem Raketenproblem, von dem Gesichtspunkt der Raketenforschung betrachtet ist es die Hauptschwierigkeit, die sich dem Fortschritt der Arbeiten entgegenstellt, und diese muß daher zunächst überwunden werden. Die Ankurbelung ist unter den gegenwärtigen Umständen wohl das schwerste,

was ich je unternommen habe, es ist aber eine schöne Aufgabe, bei der auch das finanzielle Äquivalent nicht fehlen wird.

So wendet sich Winkler zunächst offenbar der Entwicklung eines organisierten Tauschhandels zu und arbeitet heraus, dass dazu zwei Grundfragen zu beantworten wären: Erstens die Frage, welche Waren geliefert werden können und zweitens wie der Gegenwert belegt werden kann.[85] Er entwarf auch einen Brief an Industrieunternehmen, in denen er Vorschläge für einen allgemeinen bargeldlosen Wirtschaftsgüter-Austausch unterbreitete.[86]

Auffallend ist im Gegensatz dazu, dass er auch Gedanken zur Schaffung einer „Wirtschaftsüberwachungsstelle" entwickelte und dazu am 12.6.1933 einen Brief an den neuen Reichskanzler Adolf Hitler schrieb. Dieser Brief ist bereits in „Astris..." auf Seite 189 von R. Guder veröffentlicht worden.

Folgende Hauptgedanken sind darin enthalten:

- Vorschlag zur Errichtung einer Wirtschaftsüberwachungsstelle zur Überwindung der Arbeitslosigkeit und zur Verhinderung von Schaden am Kulturfortschritt.
- Bitte nach einem Honorar für seine Forschung, falls der Vorschlag in Anwendung kommt.
- Bitte um Befürwortung seines Antrages beim Luftfahrtministerium
- Bitte um einen vorläufigen Bescheid im Laufe einer Woche.

Interessant ist dabei, dass der Brief frei von nationalsozialistischem Gedankengut ist und evt. Einnahmen aus der Verwirklichung dieser Idee der Raketenforschung zufließen sollen.

Außerdem gründete Winkler eine „Notgemeinschaft Deutscher Arbeit" und entwirft dazu ein Statut, das ebenfalls in „Astris..." nachzulesen ist.

Winkler entwickelt darin in 5 Paragraphen folgende Gedanken:

- Ausgleich für notleidende Fabriken durch die Sicherung des Absatzes.

- Gewährleitung eines Absatzes von 50% des Arbeitslohnes; Austausch der Erzeugnisse unter den verschiedenen Berufsgruppen.
- Beweis der Umsetzung auf privatwirtschaftlicher Grundlage, dann allgemeine Einführung durch ein Staatsministerium
- Die Kosten der Verwaltung werden durch die Differenz zwischen Fabrikpreis und Kleinhandelspreis gedeckt.
- Durch die Notgemeinschaft wird niemand benachteiligt.

An dieser Stelle erwähnt R. Guder auch den Vorstoß an Reichsbankpräsident Dr. Schacht mit einem Brief nach einem vergeblichen Versuch, im Reichsarbeitsministerium Gehör zu finden. Allerdings ist aus dem auf Seite 191 wiedergegebenen Schreiben nicht zu erkennen, welchen Vorschlag er unterbreiten will. Winkler schreibt, er hätte versucht, einen Vorschlag zur Behebung der Arbeitslosigkeit beim Reichsarbeitsministerium einzureichen, doch konnte er den Vorschlag nicht abgeben. Er wähle jetzt den Weg über Dr. Schacht, weil Winkler glaubt, dass so der Vorschlag bis zu Minister Selte vordringt.

Aufgrund der neuen Dokumente aus dem Deutschen Museum in München kann der Hintergrund des Schreibens von Winkler an das Reichsministerium für Luftfahrt vom 8.5.1933 hier etwas stärker aufgehellt werden.
Rudolf Guder hat in seiner Biografie über Johannes Winkler aus dem Jahr 2002 nur den Brief von Winkler an das Reichsministerium für Luftfahrt vom 8.5.1933 zitiert, der in Kopie dem Autor auch vorliegt.

In Abbildung 184 wird der Brief als Kopie aus der Biografie „Astris..." wiedergegeben, da er sehr gut die damalige Denkweise von Johannes Winkler widerspiegelt.

An das Reichsministerium für Luftfahrt Berlin.

Das französische Luftfahrtministerium hat bei mir angefragt, ob ich geneigt wäre, ihm meine Pläne bezügl. des Strahlmotors und seiner Verwendung im Flugwesen zu unterbreiten. Es hat mir für diesen Fall einen Freiflug nach Paris und zurück zugesagt.

Als Deutscher, der den Krieg als Kriegsfreiwilliger mitgemacht hat, und der in den 14 Jahren nach der roten Revolution stets an dem nationalen Gedanken festgehalten hat, halte ich es für meine Pflicht, die Angelegenheit dem Deutschen Ministerium zu unterbreiten. Um dafür Zeit zu gewinnen, habe ich bei der französischen Behörde einstweilen noch die Forderung gestellt, daß mir auch die sonstigen Unkosten der Reise vergütet werden.

Aus dem Verhalten des französischen Ministeriums geht deutlich genug hervor, welche Bedeutung diesen Arbeiten beizumessen ist. Leider war unter dem alten Regime für diese Arbeiten wenig Raum, ich habe die Mittel dafür privat mühsam zusammenbringen müssen, seit einigen Monaten fehlt mir dafür überhaupt die finanzielle Basis. Ich hatte mich zuletzt auf eine Zusammenarbeit mit den Junkerswerken eingerichtet, mit denen ich schon früher eineinhalb Jahre in dieser Sache zusammengearbeitet habe. Leider vergeht ein Monat um den andern, ohne daß der seitens der Junkerswerke erwartete Entwicklungsauftrag für einen Startrückstoßer - ein besonderes Anwendungsgebiet des Strahlmotors - zustande käme.

Aus der Kanzlerrede vom 1. Mai d. J. entnehme ich, daß es als ein nicht erwünschter Zustand anzusehen ist, wenn das Ausland sich deutsche Spezialkräfte leiht. Aber für mich als Familienhaupt mit Frau und zwei Kindern würde es kaum zu verantworten sein, eine sich bietende Arbeitsmöglichkeit in meinem Spezialgebiet auszuschlagen, solange in Deutschland diese Möglichkeit nicht gegeben ist. Ich glaube aber, daß es bei dem unbedingten Willen der Reichsregierung, durch öffentliche Aufträge die Überwindung der Arbeitslosigkeit einzuleiten, prinzipiell keine Schwierigkeiten bereiten kann, in diesem Falle einen geringfügigen Bruchteil der für die Arbeitsbeschaffung bestimmten Mittel dieser technischen Entwicklungsarbeit zur Verfügung zu stellen.

Ich stelle daher den Antrag, meine Arbeiten am Strahlmotor mit etwa 10000 RM im Monat zu unterstützen. Einen genauen Arbeitsplan würde ich bei einer mündlichen Rücksprache vorlegen.

Es wäre auch zu erwägen, ob man die Finanzierung dieser Arbeiten nicht zunächst dem französischen Luftfahrtministerium überlassen sollte, um später die Erfahrungen in Deutschland selbst zu verwerten, bei der Geringfügigkeit der für diese Arbeiten erforderlichen Mittel dürfte es jedoch zweckmäßiger sein, auf die Mitwirkung des Auslandes zu verzichten, zumal ein Risiko für den Erfolg der Arbeiten nach meinen dreijährigen Versuchserfahrungen nicht mehr besteht

Abb. 184

R. Guder stellt in seiner Biografie nur fest, dass auf diesen Brief keine Antwort erfolgte. Es kann jedoch zumindest an dieser Stelle die Frage aufgeworfen werden, ob nicht doch intern Prozesse ausgelöst wurden, denn im Sommer 1933 kann Johannes Winkler wieder bei den Junkers-Werken arbeiten. Wie bekannt, ging es dabei aber um einen Flugzeugjäger.-

Das erste Schreiben aus Frankreich ist nicht bekannt, doch kann auf seinen Inhalt aus der Antwort von Winkler geschlossen werden. Das Schreiben vom 3.4.1933 hat folgenden Wortlaut: (siehe Abb. 185)

Johannes Winkler
Ingenieur

Dessau-Z, den 3. April 1933.
Brunnenstr. 70.

AMBASSADE DE FRANCE, L'ATTACHE DE L'AIR

Berlin W 35.

Hohenzollernstr. 8.

Aus Ihrem unter dem 21.3.33. an meinen Berliner Vertreter gerichteten Schreiben, das mir in Abschrift vorliegt, entnehme ich, dass seitens des französischen Luftfahrtministeriums Interesse besteht, mein Arbeitsgebiet kennen zu lernen.

Für eine Reise nach Paris würden meinerseits die Tage vom 6. bis 11. oder 9. bis 14. April zur Verfügung stehen. Ich würde jedoch die Reise nur unternehmen, wenn mir ausser der Flugkarte auch die sonstigen Reiseunkosten vergütet würden.

Mit dem Ausdruck vorzüglichster Hochachtung

Abb. 185

Johannes Winkler

Ingenieur

Dessau, den 8. Mai 1933.
Brunnenstr. 70.

Herrn

Admiral Laas

Berlin W 35.

Blumeshof 17.

Das französische Luftfahrtministerium hat bei mir angefragt, ob ich geneigt wäre, ihm meine Pläne für die Entwicklung und Verwendung des Strahlmotors (Rückstossmaschinen) zu unterbreiten und mir für diesen Fall einen Freiflug Berlin-Paris und zurück zugesagt.

Nach der Rede des Reichskanzlers vom 1. Mai ist es nicht erwünscht, dass das Ausland sich deutsche Spezialkräfte leiht. Andererseits stellt es für mich eine wirtschaftliche Notwendigkeit dar, eine sich bietende Finanzierungsgrundlage für dieses noch wenig mit Mitteln bedachte Spezialgebiet anzunehmen. Ich möchte dies nun zum Anlass nehmen, bei dem deutschen Ministerium eine entsprechende Förderung meiner Forschungen zu erwirken.

Um bei einem solchen Gesuch keine Fehler zu machen, habe ich die Angelegenheit zunächst mit Herrn Direktor Dr. Spaleck Dessau Ringstr. 23 besprochen. Herr Dr. Spaleck riet mir, mich zuvor mit Ihnen in Verbindung zu setzen. Ich bitte um eine Mitteilung, ob Sie entgegenkommenderweise geneigt sein würden, mich in dieser Sache zu beraten, und welcher Tag Ihnen gegebenenfalls für eine mündliche Besprechung passen würde.

Mit dem Ausdruck vorzüglichster Hochachtung

ganz ergebenst

Abb. 186

Johannes Winkler fühlte sich in der weiteren Vorgehensweise nicht sicher und schrieb daher am 8.5.1933 an Admiral Loos.[87] Aus dem Brief (siehe Abb. 186) geht hervor, dass er emotional sehr stark den Widerspruch zwischen der Aussage des neuen Reichskanzlers und seiner eigenen Notlage empfindet. Außerdem bestätigt sich, dass Dr. Spaleck nicht nur Direktor der Junkers-Werke, sondern auch sein Vertrauter gewesen war.

Die Weiterführung der Arbeit an seinem Buch „Der Strahlmotor“ 1932

In seiner Biografie „Astris – zu den Sternen, Der Raketenpionier Johannes Winkler, Eine Biografie nach den Quellen“ 2002 widmet Rudolf Guder der Entstehung dieser Schrift zu Recht eine große Aufmerksamkeit. Er kommt dabei zu dem Schluss, dass es sich dabei um sein Vermächtnis handelt. Bei einer solchen Einschätzung blieben jedoch seine Arbeiten bei den Junkers-Werken bis 1939 und danach, vor allem seine Berichte an die britischen Behörden 1947 unberücksichtigt. Winkler hat auch nach 1932 daran gearbeitet und das Manuskript offenbar nie abgeschlossen. Eine historische Auswertung des Manuskriptes ist zu einem späteren Zeitpunkt vorgesehen. Hier geht es um die Aktivitäten von Winkler während seiner Arbeitslosigkeit.- Winkler informiert in seinen Memoiren 1943/1944 auch über die Weiterführung der Arbeit an seinem Buch „Der Strahlmotor“, das er 1929 angefangen hatte.

Johannes Winkler war in dieser Zeit zwar einkommenslos aber nicht arbeitslos. Er nutzte die Zeit von früh bis spät, um seine Erfahrungen und theoretischen Erkenntnisse in einer Schrift „Der Strahlmotor" niederzuschreiben und bei dieser Gelegenheit die theoretische Durcharbeitung vieler Einzelprobleme vorzunehmen, wozu ihm sonst nicht die Zeit und Ruhe blieb.

Das Ziel seiner Ausarbeitung stellt er 1932 im Vorwort wie folgt dar:

Vorwort

Die bisherige Fachliteratur über die moderne Rakete behandelt das Problem vorwiegend nach physikalischen oder astronomischen Gesichtspunkten. Dagegen fehlt in dieser Literatur ein speziell technisch orientiertes Buch für die Hand des Ingenieurs. Diese Lücke will die vorliegende Arbeit schließen. Das Fehlen eines solchen Werkes war bisher nicht allzu verwunderlich, denn erst in jüngster Zeit sind auf diesem Gebiet technische Versuche von nennenswertem Umfange durchgeführt worden, welche dafür die Voraussetzung bilden. Die orientierenden Versuche mit dem Strahlmotor sind nun zu einem gewissen Abschluß gekommen. Sie haben erkennen lassen, daß wir uns hier auf einem gangbaren Wege befinden, und daß wir auf diesem Wege zu wesentlich leistungsfähigeren Rückstoßmaschinen kommen, als mit den bisherigen Methoden. Die endgültige technische Durchbildung und die Verwendung dieser neuen Wärmekraftmaschine kann nunmehr der Industrie überlassen werden.

Dessau im Dezember 1932.
Johannes Winkler

Dem Autor liegt eine Version eines Manuskripts vor, in der Winkler noch handschriftliche Änderungen vorgenommen hat.

Im April 1933 war Johannes Winkler offenbar zur Veröffentlichung seines Manuskriptes bereit, wie das folgende Schreiben an R. Esnault-Pelterie, Rynin und andere zeigen (siehe Abb. 187 und Abb. 188).

Der Brief vom 11.4.1933 an R. Esnault-Pelterie lautet:

Johannes Winkler
Ingenieur.

Dessau, den 11. April 1933.
Brunnenstr. 70.

Herrn
Robert Esnault-Pelterie
Paris XVI.

Sehr geehrter Herr Esnault-Pelterie.

Nach einer mehr als dreijährigen hauptberuflichen Forschungstätigkeit für die Entwicklung der Flüssigkeitsrakete beabsichtige ich, die wichtigsten Ergebnisse dieser Arbeit in einem Buch " Der Strahlmotor " zu veröffentlichen. Die Forschungen wurden mit etwa 50 000 RM durchgeführt, in deren Verlauf um die Wende 1929/30 der stetige Ablauf der Verbrennung erreicht worden ist, im März 1931 konnte der erste mit dem Strahlmotor angetriebene Apparat zum Steigen gebracht werden, heute verfüge ich über die beste Rakete der Welt. Das Buch ist das erste, welches auf einer ausgedehnten technischen Erfahrung basiert.

Der Verlag R. Oldenbourg München ist bereit, das Buch zu drucken, verlangt jedoch, wie dies bei wissenschaftlichen Büchern heute meist geschieht, zur Sicherstellung der Mindestauflage einen Betrag von 2000 RM. Da ich mein eigenes Vermögen restlos für die technische Forschung verwendet habe, steht mir dieser relativ kleine Betrag nicht zur Verfügung. Für mich ist es ja auch zweckmässiger, meine Erfahrungen wie bisher für mich zu behalten, ich würde jedoch die Hauptergebnisse der Oeffentlichkeit zugänglich machen, wenn der Betrag von 2000 RM von besonders interessier-

Abb. 187

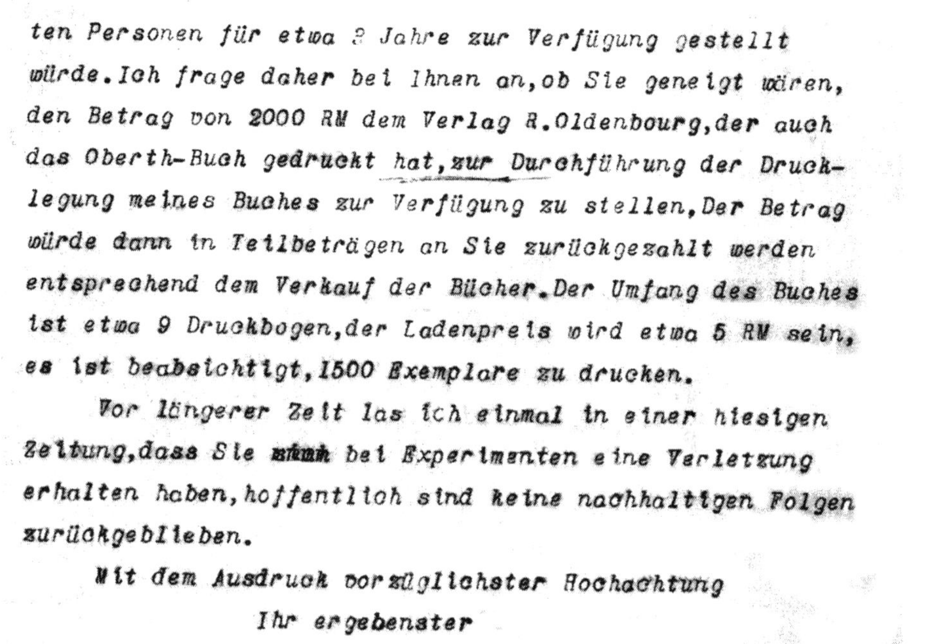

ten Personen für etwa 2 Jahre zur Verfügung gestellt würde. Ich frage daher bei Ihnen an, ob Sie geneigt wären, den Betrag von 2000 RM dem Verlag R. Oldenbourg, der auch das Oberth-Buch gedruckt hat, zur Durchführung der Drucklegung meines Buches zur Verfügung zu stellen. Der Betrag würde dann in Teilbeträgen an Sie zurückgezahlt werden entsprechend dem Verkauf der Bücher. Der Umfang des Buches ist etwa 9 Druckbogen, der Ladenpreis wird etwa 5 RM sein, es ist beabsichtigt, 1500 Exemplare zu drucken.

Vor längerer Zeit las ich einmal in einer hiesigen Zeitung, dass Sie ~~mhm~~ bei Experimenten eine Verletzung erhalten haben, hoffentlich sind keine nachhaltigen Folgen zurückgeblieben.

Mit dem Ausdruck vorzüglichster Hochachtung

Ihr ergebenster

Abb. 188

Der Brief an Prof. N. Rynin in Leningrad vom 10.4.1933 hat im Kern den gleichen Wortlaut, unterscheidet sich aber im letzten Teil, der wie folgt lautet:

Das Buch ist in erster Linie für Ingenieure geschrieben, es bietet viel neues und hochinteressantes Material. Einen Überblick über die Anlage des Buches gibt das beiliegende Inhaltsverzeichnis. Sobald der Druck in deutscher Sprache gesichert ist, beabsichtige ich das Recht der Übersetzung in fremde Sprachen zu vergeben, das ich gegebenenfalls für Russland Ihnen überlassen könnte.

Für eine baldige prinzipielle Stellungnahme wäre ich Ihnen sehr verbunden, die definitiven Verhandlungen würden dann mit dem Verlag R. Oldenbourg zu führen sein.

Mit dem Ausdruck vorzüglichster Hochachtung

Ihr ergebenster gez. Winkler

Es ist schon bemerkenswert, dass Winkler zumindest die Übergabe seines Manuskripts an eine sowjetische Stelle anbietet und belegt damit seine fast ausweglose Situation für sich und seine Familie. Eine Antwort aus Leningrad ist nicht bekannt. Der Antwortbrief von Hirsch vom 6.5.1933 mit Eintragungen von Winkler zur Übersetzung liegt dem Autor vor. Er beinhaltet folgende Kernaussagen:

Ist es Ihnen nicht möglich, mir Ihre Arbeit zuvor zuzuschicken, damit ich genau weiß, was ich unterstütze (n soll)? Dieses Vorgehen würde es außerdem erlauben, möglicherweise, Ihre Arbeit für den REP-Hirsch-Preis des nächsten Jahres einzureichen. Wenn er Ihnen gewährt würde, dem kann ich aber nicht vorgreifen, wären es schon 5000 gefundene Francs. Der Betrag von 2000 RM, von dem Sie sprechen, ist ziemlich hoch; ich vermute, daß Sie einen guten Teil davon in Deutschland auftreiben können. In Erwartung Ihrer Aufklärungen und Vorschläge sende ich Ihnen, verehrter Herr Winkler,..." usw. (= Hochachtungsvoll)

Guder zitiert aus dem Antwortschreiben von Winkler vom 17.6.1933 stellenweise wie folgt.[88] Die vier Passagen lauten:

... Es ist dies jedoch dadurch schwierig, weil die Arbeit eine Reihe von Prioritäten enthält, die ich lieber für mich behielte, solange nicht Gewissheit besteht, daß die Arbeit auch erscheinen kann.

...wenn es also so wäre, daß die Voraussetzungen zur Gewährung des Darlehens zu 95% vorliegen und es nur noch darum geht, festzustellen, ob es sich um eine ernsthafte Arbeit handelt, so würde ich Ihnen die Arbeit gern im Manuskript zur Einsicht einsenden.

... da bei normalem Verlauf des Umsatzes die Auflage in einigen Jahren verkauft sein dürfte - die Bücher von Oberth und Valier sind ja in mehreren Auflagen erschienen - so ist das Risiko nicht groß, eine größere Anzahl von Exemplaren wird ja auf jeden Fall verkauft.

... es würde mich freuen, wenn durch Ihre Mithilfe die Arbeit erscheinen könnte. Es drängt jedoch nichts dazu. Ich selbst würde ebenso gern die Rückkehr normaler Wirtschaftsverhältnisse abwarten.

Aus dem Antwortbrief von Hirsch an Winkler vom 22.06.1933, der auch an REP weitergeleitet wurde, konnte folgender Inhalt erschlossen werden.[89]

Der Rep-Hirsch-Preis ist noch offen allen ohne Unterschied der Nationalität oder Rasse.
Alle Deutschen können teilnehmen an unserm Wettbewerb, denn wir bleiben in Frankreich dabei zu glauben, daß die Wissenschaft international ist, aber ich will nicht, daß eine besondere Gunst einem Deutschen gewährt wird, solange sie selbst einen Unterschied unter den Gelehrten ziehen (?) in ihrem eigenen Volk.

Abb. 189 zeigt den Brief von Winkler vom 25.6.1933 an Robert Esnault-Pelterie.
Der Brief an Andre Hirsch vom 25.6.1933 beinhaltet im Kern nicht mehr die Frage, unter welchen Bedingungen Winkler mit seinem Buch „Der Strahlmotor" an dem Wettbewerb teilnehmen kann, sondern ist zutiefst politischer Natur. Er wird daher erst im Nachwort zu diesem Buch kommentiert. Soweit der Versuch von Winkler im Sommer 1933 im Ausland für seinen Arbeitsstand an dem Buch „Der Strahlmotor" einen Geldgeber und Verleger zu finden.-
Grundsätzlich wäre die Übergabe seines Buches an die sowjetische bzw. französische Seite für ihn wegen der politischen Lage und der Vertraulichkeit sehr problematisch geworden.
Über die Hintergründe der Auslobung des REP-Preises 1929 schrieb Esnault-Pelterie nämlich zwanzig Jahre später Folgendes (Auszug):
Ich erkannte, daß ich (in der Raketensache) doch nicht so weit vorne war, wie ich dachte, stürzte mich also mit Eifer in die Arbeit, um die verlorene Zeit aufzuholen. Stets umgetrieben von den Anwendungsmöglichkeiten der Rakete im Krieg, beunruhigte mich vor allem die eingehende Studie von Hermann Oberth. Es war schwierig, von ihm direkt Auskünfte über den Fortgang seiner Arbeiten zu erbitten; da-

her hatte ich die Idee, der sich mein Freund André Hirsch anschloß, in der Société Astronomique de France einen internationalen Astronautikpreis auszurufen, zur Zusendung ausländischer Arbeiten einzuladen, ohne viel Wind davon zu machen, und so die Informationen zu erhalten, die wir wünschen. Das Ziel wurde erreicht. Aber nach Veröffentlichung seines zweiten Buches „Wege zur Raumschiffahrt" erfuhren wir von Oberth nichts mehr.

Michael Tilgner sprach darüber auf der 19. Tagung der Raumfahrtgeschichte Feucht 2018 und kam zu der Schlussfolgerung: *Mit dieser patriotischen Tat wollten beide also die französische Militärführung informieren und motivieren, entsprechende Forschungen auch in Frankreich durchzuführen.*[90]

Der Brief vom 23.8.1933 an Hückel macht das Ende der bedrückenden Arbeitslosigkeit und den neuen Arbeitsbeginn bei den Junkers-Werken deutlich.

Dessau, den 23. Aug. 1933

Sehr geehrter Herr Hückel

Besten Dank für Ihren letzten Brief. Ich habe ihn mir leider verlegt, es fehlt mir aber augenblicklich die Zeit, danach zu suchen. Ich bin seit Mitte des Monats wieder bei den Junkerswerken für die Rückstoßerfrage tätig.

Leider war es nicht möglich, von den Werken einen größeren Betrag vorweg zu erhalten. Durch den Abbruch der Arbeiten an der Höhenrakete in einem propagandistisch denkbar ungünstigen Augenblick, sah ich leider gar keine Chance, mit Erfolg Bedingungen zu stellen und mußte schließlich froh sein, überhaupt wieder in die Arbeit endlich hineinzukommen. Ich kann daher den Betrag für die Anhalt Dessauische Landesbank nur langsam von meinem Einkommen amortisieren.

Auf verschiedene mir gehörende Gegenstände die sich nachweisbar im Bauhaus befanden, habe ich leider vergeblich gewartet. Inzwischen hat, wie ich kürzlich hörte, die Polizei verschiedenes dort beschlagnahmt.

Johannes Winkler

Ingenieur

Dessau-Z, den 25. Juni 1933.
Brunnenstr. 70.

Herrn Robert Esnault-Pelterie

Boulogne sur Seine.

Sehr geehrter Herr Esnault-Pelterie.

Mit bestem Dank bestätige ich Ihren Brief vom 18.4. Wie Ihnen bekannt ist, hat sich die Zwischenkorrespondenz mit Herrn Hirsch entwickelt. Ich danke Ihnen bestens, dass Sie sich bei Herrn Hirsch für mein Anliegen eingesetzt haben, wenn auch die Verhandlungen nicht zu einem positiven Ergebnis geführt haben. Ich habe nun vor, die Arbeit in gekürzter Form in der Ihnen bekannten Zeitschrift DIE RAKETE zu veröffentlichen, falls sich dafür eine genügend breite Grundlage finden lässt, und würde mich freuen, wenn auch Sie wie früher unter den Lesern der Zeitschrift zu finden sein würden.

Mit dem Ausdruck vorzüglichster Hochachtung

Ihr ergebenster

J. Winkler

bb. 189: *Winkler will das Manuskript „Der Strahlmotor“ in der Zeitschrift „Die Rakete“ eröffentlichen*

Ich bin nur froh, daß ich mit diesem FAD nichts zu tun hatte.
Wir beabsichtigen in der nächsten Woche für Junkers zwei 25 l-Kannen für flüssigen Sauerstoff anzuschaffen. Falls Sie etwa den Wunsch haben sollten, Ihre beiden Kannen zu verkaufen, würden die Werke dieselben wohl übernehmen. Evtl. könnten Sie einen Rückkauf zu demselben Preise ausbedingen. Falls Ihnen eine solche Gelegenheit erwünscht ist, bitte ich Sie, mir umgehend mitzuteilen, zu welchem Preis Sie die Kannen an die Werke abgeben würden.
Mit den besten Grüßen Ihr ergebener
Winkler

Der Briefwechsel über Engel von Anfang 1933

Winkler reflektiert die damalige Zusammenarbeit mit Engel in einem Brief an Hückel vom 14.2.1933, der hier wegen der Tragweite in Kopie wiedergegeben wird.

Herr Engel schrieb mir kürzlich wegen des O2-Gefäßes und wegen der kleinen Drehbank. Ich lege Ihnen eine Durchschrift meines Antwortbriefes zu Ihrer Information bei. Es wäre mir lieb, wenn die Angelegenheit bald geordnet werden könnte und ich in Zukunft mit Herrn Engel nichts mehr zu tun haben würde! Ich hatte von Anbeginn, da sich Herr Engel mir als Mitarbeiter aufdrängte, die Theorie, daß er wie Ehmayer und Bermüller ein Soldat Nebels war, um meine Arbeit auszukundschaften und zu verfolgen und sie bei Gelegenheit zu schädigen. Daß sich Herr Engel zwischen Sie und mich gedrängt hat, als ihm der Moment gekommen schien, ist für mich neben anderem der entscheidende Beweis, daß meine Theorie stimmt und daß man eine Natter bei sich genährt hat. Es wird damit auch wahrscheinlich, daß der Fehlschlag auf der Nehrung auf Sabotage zurückzuführen ist. Jedenfalls sprechen 1000 Dinge für und nichts gegen diese Theorie. Es geht mich zwar nichts an, aber Sie tun glaube ich diesen Leuten zu viel Ehre an, wenn Sie dieselben selbstständig unterstützen, es wird damit dem Scharlatanwesen und der Zurschaustellung nur Vorschub geleistet.[91]

Auszüge aus der Biografie von Susanne Päch über „Rolf Engel“ 1980

Die mehrseitige Biografie erschien 1980 in „Spaceflight“ vom 22.6.1980 auf Englisch auf den Seiten 231 bis 236 und beinhaltet auch Aussagen über die Zusammenarbeit zwischen Johannes Winkler und Rolf Engel. Leider sind an verschiedenen Stellen auch falsche Informationen über die Tätigkeit von Winkler enthalten, die nicht übergangen werden können.

So schrieb Frau Päch, dass die HW 2 eine Höhe von 2,50 m hatte. Diese Höhe erreichte sie aber nur im Startgestell. Die Höhe betrug lt. Engel 1,90 m. Die erreichbare Höhe betrug nicht fünf, sondern zwölf Kilometer. Die HW 2 wurde auch nicht im Rahmen des Forschungsinstituts von Winkler gebaut, sondern mit Hilfe Dessauer Mitarbeiter (Baumann und andere) im Rahmen der AG mit Hugo A. Hückel in Dessau. Dazu kann in dem obigen Briefwechsel nachgelesen werden.

Über die Zusammenarbeit Winkler/Engel nach dem missglückten Start der HW 2 am 6.10.1932 informiert Frau Päch wie folgt:

Engel kontaktierte 1932 den VDI, der einen Arbeitsdienst für junge Ingenieure gegründet hatte. Nach der Rückkehr von Engel aus Pillau informierte Hückel ihn über die Zustimmung des VDI für eine Gruppe zur Entwicklung von Komponenten für Flüssigkeitsraketen in Dessau. Die Gruppe wäre auch von den Junkers-Werken unterstützt worden. So arbeitete dort eine Gruppe von 22 Ingenieuren, darunter Heinz Springer, Werner Preuss und später Werner Brügel. Die Stadtverwaltung stellte dafür das Bauhaus von Gropius zur Verfügung. Die Arbeit endete am 4.4.1933 mit der Verhaftung von Rolf Engel und Heinz Springer. Rolf Engel begann 1934 ein Studium an der Ingenieurschule Beuth in Berlin.

Heinz Horeis 1992 über die Zusammenarbeit Winkler/Engel 1932

In München erscheint 1992 an der TU eine Schrift von Heinz Horeis und Alexander Hornik mit dem Titel: „Rolf Engel – Raketenbauer der ersten Stunde". Daraus wird sichtbar, dass Engel trotz seiner Kontakte zu Winkler keine Information über das Kühlsystem der HW-Raketen hatte und noch dazu behauptet, dass Hückel ihn vor der kapazitiven Kühlung gewarnt hatte. Aus dem Briefwechsel Hückel/Winkler geht hervor, dass zu der internen Schleierkühlung Diskussionen waren, Hückel aber sehr genau wusste, wie die Kühlung erfolgte, da Winkler ihm das geschildert hatte. Die Schnittzeichnung der HW 2 auf Seite 37 auf der Schrift der TU entspricht jedoch der Realität. In der Broschüre steht über die Zeit nach dem Misserfolg dann Folgendes:

Nach diesem Mißerfolg trennten sich unsere Wege. Winkler kehrte zur Firma Junkers zurück, von der er nur beurlaubt worden war. Ich versuchte, mit einer eigenen Arbeitsgruppe die Arbeit weiterzuführen.

Der Leser wird bemerken, dass in diesen drei Sätzen mindesten drei Fehler stecken.

8. Die Forschungsergebnisse ab 1933 ermöglichen das Ende der Verschuldung von Johannes Winkler

Im Kapitel 4 wurde herausgearbeitet, welche praktischen Erfolge Johannes Winkler bei den Junkers-Werken bis 1931 erreicht hat. Obwohl er dann in der AG mit Hugo A. Hückel gearbeitet hat, sind seine Beziehungen zu den Junkers-Werken nicht abgebrochen. Dadurch erschien es auch möglich, bereits im Sommer 1932 wieder eine Arbeit bei den Junkers-Werken aufzunehmen. Dabei gibt er in einem Brief an Philipp von Doepp auch die Höhe seiner Schulden bekannt. Die Wiederaufnahme der Arbeit zerschlug sich aber zunächst. Das wird im Kapitel 7 dargestellt. Nach seiner Arbeitslosigkeit bekam er am 11.8.1933 einen neuen Arbeitsvertrag, der mit einer Zusatzvereinbarung verbunden war, wie nachfolgend dargestellt wird. Basis dafür war das Projekt eines Flugzeugjägers aus dem Jahr 1932, das anschließend vorgestellt wird. Dazu hatte Johannes Winkler 1932 nach den bisherigen Informationen noch keinen Zugang. Zu den nachfolgenden Ereignissen lagen seit längerer Zeit Dokumente aus dem Deutschen Museum München vor. Der Durchbruch wurde jedoch erst mit dem Archiv Ingenhaag /HORM erzielt. Dafür ist vor allem Herrn Rohrwild Dank zu sagen. Damit liegen in einem großen Umfang der Schriftverkehr zwischen der Konzernleitung der JFM AG und Johannes Winkler bzw. Johannes Winkler und den Heinkel Flugzeugwerken Rostock bzw. der Deutschen Versuchsanstalt Braunschweig vor, der hier zu folgenden Punkten ausgewertet werden kann:

- die Arbeitsbedingungen von Johannes Winkler in Dessau und die Entwicklung seines Gehaltes
- die hohe Wertschätzung des Forschungsingenieurs durch die JFM AG, die Heinkel Flugzeugwerke und die Luftfahrtforschungsanstalt in Braunschweig
- Möglichkeiten der Präzisierung der Informationen von Rudolf Guder über die Sonderzahlungen der Junkers-Werke an Johannes Winkler.

Nach dem bisherigen Stand liegen jedoch keine Versuchsprotokolle und Zeichnungen zu den Forschungsarbeiten 1936/38 vor. Im Interesse einer guten Lesbarkeit werden aus den vorliegenden Dokumenten nur die relevanten Auszüge wiedergegeben. Die folgenden Ausführungen stellen eine deutliche Ergänzung der Wissensvermittlung dar, die in dem Buch von Koelle, Dietrich; E. Sacher Peter; Grallert, Herbert; „Deutsche Raketenflugzeuge und Raumtransport-Projekte"; Bernard & Graefe in der Mönch Verlagsgesellschaft mbH, Bonn 2007 enthalten ist.

Das Projekt eines Flugzeugjäger aus dem Jahr 1932 – die Basis für den neuen Arbeitsvertrag von Johannes Winkler

Zum Gesamtverständnis der Entwicklung eines Rückstoßers bei den Junkers-Werken ist als Einführung eine Auswertung des internen Schriftverkehrs der Junkers-Werke zu diesem Thema ab 1931 notwendig.

Bereits am 11.11.1931 taucht ein Aktenvermerk des Hauptbüros auf, in der Zindel, Hoppe und Philipp von Doepp ihre Auffassungen zur Fortführung der Raketenversuche darlegen: Zindel entscheidet sich zur Verringerung der Startzeit für Raketen. Hoppe ist an erster Stelle für Katapulte, räumt aber der Rakete eine 2. Stelle ein. Herr von Doepp hält den Raketenstart für absolut notwendig, da Großflugzeuge von 100 t überhaupt nicht mit Katapulten oder Schleppflugzeugen gestartet werden können. Seit der Aktennotiz vom 11.11.1931 scheint zum Thema „Rückstoßer" wochenlang Ruhe eingekehrt zu sein.

Vom 26.4.1932 existiert ein Zwischenbericht von Philipp von Doepp, in dem es heißt:

- Herr Ganter konnte den fälligen Bericht vor Antritt seiner Kur nicht mehr fertigstellen. Der Vermerk blieb liegen und konnte durch sein Ableben von ihm nicht fertiggestellt werden.
- Das zurückgelassene Material ist für einen ausreichenden Bericht nicht umfangreich und klar genug. Die damalige Exp-

losion wurde auf ein Aussetzen der Zündung und Vermischung der nicht verdampften Brennstoffe zurückgeführt.

- Bei weiteren Versuchen gelang es nicht, eine zuverlässige Zündung herzustellen. Die Versuche wurden nach Erschöpfung des Lachgasvorrates abgebrochen, ***da seitens der Konzernleitung kein Interesse mehr für die Rückstoßer-Entwicklung gezeigt wurde.***

Doch am 21.7.1932 wurde durch die Abteilung Strömungstechnik (Kanalstrom) ein dreiseitiger Bericht über die „Anwendungsgebiete des Rückstoßers im Flugwesen“ erstellt, der am 16.8.1932 Prof. Junkers vorgelegen hat. Zum gleichen Zeitpunkt scheint auch ein 2. Bericht Prof. Junkers vorgelegen zu haben mit dem Titel: „Vergleich zwischen Rückstoßern und solchen Vorrichtungen, die ihn ersetzen können“.
Mit dem Datum 4.8.1932 lag offenbar Prof. Junkers am 16.8.1932 ein drittes Material vor, das eine Kehrtwende zur Frage des Rückstoßers und offenbar auch die Rückkehr von Johannes Winkler in die Junkers-Werke eingeleitet hat. Alle drei Materialien wurden von Philipp von Doepp erstellt und von Prof. Junkers abgezeichnet. An dieser Stelle wird nur auf das entscheidende Dokument vom 4.8.1932 eingegangen.

Die Diskussion der behandelten Vorlagen führte offenbar zu der Entscheidung, dass massiv an einem Flugzeugjäger zu arbeiten ist. In dem achtseitigen Material vom 4.8.1932 mit dem Titel „Der Flugzeugjäger mit Rückstoßerantrieb“ (siehe Abb. 190 und Abb. 191) entwickelt Philipp von Doepp zu dieser Frage folgende Gedanken:[92]

Die bisherigen Jagdflugzeuge sind zur Bekämpfung von Bombern zu langsam. Auch sehr leichte Jagdflugzeuge sind wegen der Leistungsbelastung nicht effektiv einsetzbar. Zur Bekämpfung von Bombenflugzeugen sind nur Jäger mit Rückstoßerantrieb geeignet, da damit eine sehr große Leistung innerhalb einer sehr kurzen Dauer entfaltet werden kann.

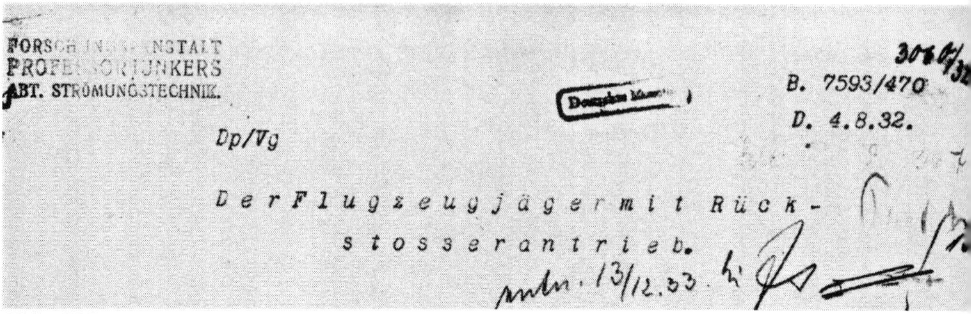
FORSCHUNGSANSTALT
PROFESSOR JUNKERS
ABT. STRÖMUNGSTECHNIK.

3080/32

B. 7593/470

D. 4.8.32.

Dp/Vg

Der Flugzeugjäger mit Rückstosserantrieb.

Abb. 190

Zusammenfassung weiterer Details des Flugzeugjägers

Er sieht im Weiteren einen senkrechten Aufstieg des Flugzeugjägers mit einer Geschwindigkeit vor, die vorübergehend die Schallgeschwindigkeit weit überschreitet. Das Flugzeug kann aus jeder Lage in die Normallage zurückgebracht und es können in allen drei Achsen Drehbeschleunigungen erzielt werden. Außerdem kann das Leergewicht des Flugzeuges, das zur Hälfte durch den Motor bedingt ist, deutlich vermindert werden. Das Rückstoßerflugzeug wird des Weiteren billiger und betriebssicherer.

Die Flügel können geringere Abmessungen haben und äußerst fest gebaut werden, um den großen Quertrieb auszuhalten.

Um die Ausführungsmöglichkeit derartiger Flugzeugjäger zu prüfen, wurden einige Beispiele überschlägig nachgerechnet (B. 7592). Hier sollen die Ergebnisse für einen Jägereinsitzer mitgeteilt werden.[93] *Flugzeugjäger müssen sofort aufsteigen und unter Nutzung der überlegenen Geschwindigkeit und Manövrierfähigkeit die sich nähernden Bombenflugzeuge abschießen. Dabei handelt es sich um kurze Kampfhandlungen bzw. kurze Flugstrecken. Die Beschleunigung beim senkrechten Start wird 1.080 km/h betragen. Die Beschleunigung beträgt ca. 6 sec. und ist bei 900 m abgeschlossen. Die Aufstiegsdauer bis auf 15 km beträgt 47 sec. Der erste Angriff findet von unten statt. Dann übersteigt der Jäger den Bomber und stürzt mit Beschuß auf den Bomber herab. Nach*

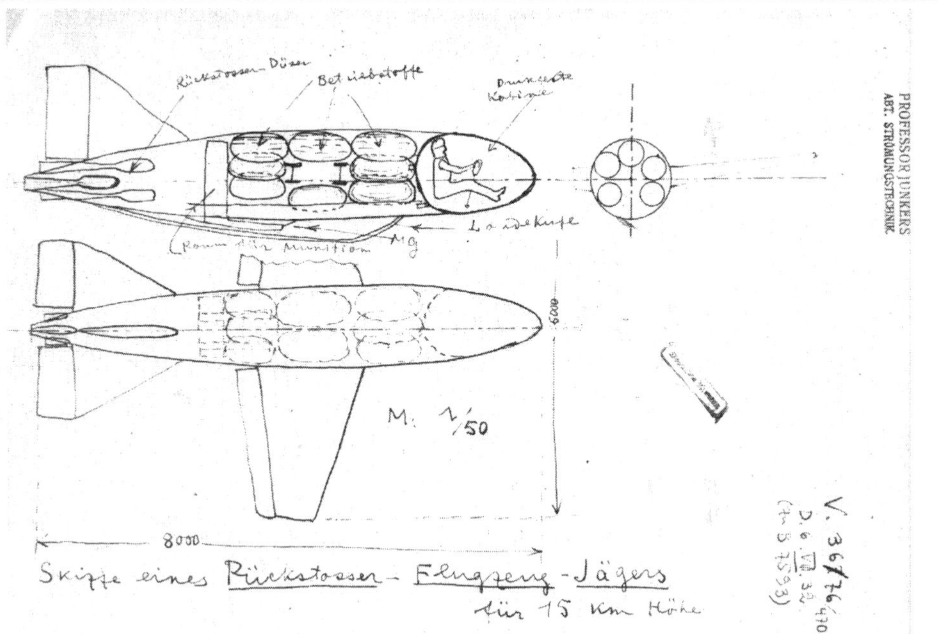

Abb. 191

erfolgreichem Abschluß der Kampfhandlung gleitet der Jäger herab und landet auf Kufen. Das Gewicht in 15 km Höhe von 1.250 kg wird sich wie folgt zusammensetzen: Leergewicht ohne Behälter für Betriebsstoffe: 300 kg, Nutzlast (Pilot, Bewaffnung, Munition): 250 kg; Behälter: 270 kg; Betriebsstoff: 430 kg. Die Flugdauer könnte 10 min. dauern. In der Anlage wurde die Skizze einer denkbaren Ausführungsform beigefügt. Die Führungskabine muß natürlich druckfest sein. Entweichender Sauerstoff kann aus dem Sauerstoffbehälter ergänzt werden. Entscheidend ist die Forderung nach einer guten Sicht. Die Kabine wird deshalb ganz vorn platziert und kann im Notfall abgetrennt werden und mit einem Fallschirm landen. Da der Schub sehr flexibel sein muß, sind 5 Düsen vorgesehen.

Es kann davon ausgegangen werden, dass auf dieser Grundlage und evt. weiterer Unterlagen, die jedoch nicht bekannt sind, mit den Entwicklungsarbeiten begonnen wurde. Als verantwortlicher Ingenieur wurde wieder Johannes Winkler eingestellt, der sowohl mit Raketenantrieben auf der Basis von Benzin als auch flüssigem Methan als Brennstoff bzw. flüssigem Sauerstoff und Lachgas Erfahrungen gesammelt hatte. Theoretischen Vorlauf hatte er auch in der Frage der Bündelung von Triebwerken. Johannes Winkler arbeitet ab Sommer 1933 wieder in der Forschungsanstalt Prof. Junkers.-

Die Arbeitsbedingungen von Johannes Winkler bis 1936

Wie im Kapitel 4 dargestellt wurde, stützte sich Johannes Winkler bei Entwicklung von Rückstoßern für einen Flugzeugjäger zunächst auf seine Erfahrungen mit den Methan-Sauerstoff-Triebwerken bei der HW 2. Dabei kam es 1935 zu der großen Explosion und den nachfolgenden Untersuchungen durch das Reichwehrministerium und das Reichsluftfahrtministerium. Winkler untersuchte in seiner wissenschaftlichen Arbeitsweise 1935 zunächst weiter die Anwendung der Methan-Sauerstofftriebwerke. Erst ab 1936 konzentrierte er sich wieder auf die Benzin-Sauerstofftriebwerke. An dieser Stelle wird auf seine Arbeitsbedingungen bis Ende 1935 eingegangen. Diese Informationen stehen im krassen Widerspruch zu den Informationen, die teilweise durch seine Zeitgenossen in den 1930er Jahren verbreitet worden sind und ohne kritische Prüfung auch heute noch verbreitet werden.-

Wesentliche Aussagen über die Arbeitsbedingung von Winkler sind in dem Schreiben vom 16.8.1933 enthalten (siehe Abb. 192).

Aus dem ersten Satz des Briefes ergibt sich das genaue Datum des neuen Anstellungsverhältnisses mit dem 11.8.1933 als Konstrukteur in der Abteilung „Konstruktionsbüro" der IfA. Der Einsatz in der Forschungsanstalt „Prof. Junkers" wird aber nicht ausgeschlossen. Das monatliche Gehalt wird mit brutto 500,00 RM vereinbart.

JUNKERS-FLUGZEUGWERK A.-G.
DESSAU
METALL-FLUGZEUGBAU

POSTANSCHRIFT:
Junkers-Flugzeugwerk A.-G. Dessau (Anh.)

DRAHTWORT IFA – FERNRUF Nr. 3041 – POSTSCHECKKONTO: Berlin 96344
Reichsbank-Giro-Konto Dessau - Codes: Rudolf Mosse u. Suppl. / Junkers Bentley 1st u. 2nd Ed. / Lieber's

Herrn
Ing. Johannes Winkler
Dessau-Ziebigk.

Eingangs- und Bearbeitungsvermerke

IHRE ZEICHEN	IHRE NACHRICHTEN VOM	UNSERE ZEICHEN	TAG
		Pers.Abt.-Kd/Tr.	16.8.1933.

Betreff: Ihr Anstellungsverhältnis.

Wir beziehen uns auf die mehrfach mit Ihnen gehabten

bb. 192

Ferner gelten die in der Anlage zu diesem Schreiben festgelegten Bestimmungen als wesentlicher Bestandteil des abgeschlossenen Dienstvertrages.

Winkler wird verpflichtet, auch nach dem Ausscheiden aus dem Werk das Ansehen der Firma hochzuhalten und das Geschäftsgeheimnis „aufs strengste“ zu wahren. Jede andere gewerbsmäßige Betätigung wird von der Genehmigung der Geschäftsleitung abhängig gemacht.

Damit dürfte hinreichend erklärt sein, warum über die Forschungsergebnisse der Junkers-Werke bis 1945 und danach kaum etwas bekannt geworden ist.

Eine noch größere Bindung von Johannes Winkler an die Junkers-Werke wurde durch die erwähnte Anlage erreicht.

Darin wird anerkannt, dass er in der Vergangenheit persönliche Aufwendungen in Höhe von RM 20.000.-- getätigt hatte. Die Junkers-Werke erklären sich bereit, diesen Betrag neben den laufenden Gehaltsbezügen zu einem späteren Zeitpunkt nach Erreichung einer bestimmten Leistung der Maschine abzugel-

ten. Als eine solche Leistung wird ein 200 skg/kg Impuls als Dauerergebnis angesehen.
Sollte vor endgültiger Abgeltung der RM 20.000.- eine Auflösung des Dienstvertrages erfolgen, so gilt der in der bei Forschungs-Anstalt Professor Junkers hinterlegte Niederschrift dargestellt Erkenntnisstand als geistiges Eigentum des Herrn Winkler in dem Sinne, daß er darüber frei verfügen kann; selbstverständlich würden auch wir bzw. die von uns beauftragte Forschungsanstalt Professor Junkers in gleicher Weise über den Inhalt der Niederschrift verfügen können, soweit dieser während des Dienstverhältnisses in den Arbeitsgang und die Akten der Junkers-Forschung eingegangen ist.

Damit hatte Winkler die Möglichkeit vereinbart, seine Schulden bei der evangelisch-lutherischen Kirche Breslau abzuzahlen. Wichtig ist auch die damit vereinbarte Verfahrensweise, dass ab 1933 zwei Möglichkeiten der Weitergabe der Erkenntnisse von Winkler an Dritte gegeben waren.

Anmerkung

Am 3.10.1933 hatte Prof. Junkers Dessau zu verlassen und sein Pass wird eingezogen.
Prof. Hugo Junkers wurde am 13.12.1933 durch Oberstaatsanwalt Lämmler offiziell und endgültig aus Dessau ausgewiesen.

1934

Das Jahr 1934 begann für Winkler mit einer Gehaltserhöhung auf 550,-- RM recht erfreulich (siehe Abb. 193).
Obwohl diese Gehaltserhöhung nur allgemein mit einer größeren Arbeitsintensität begründet wird, kann man davon ausgehen, dass auch seine ersten Versuche mit Methan-Sauerstoff-Triebwerken recht positiv beurteilt wurden (Siehe Kapitel 4).

JUNKERS-FLUGZEUGWERK A.-G.
DESSAU
METALL-FLUGZEUGBAU

POSTANSCHRIFT:
Junkers-Flugzeugwerk A.-G. Dessau (Anh.)

DRAHTWORT IFA — FERNRUF Nr. 3041 — POSTSCHECKKONTO: Berlin 95344, Reichsbank-Giro-Konto Dessau - Codes: Rudolf Mosse ABC-Code 6th ED., Libers

Eingangs- und Bearbeitungsvermerke

Herrn
Ing. Winkler,

i.Hause
Abt.Strömungstechnik

IHRE ZEICHEN	IHRE NACHRICHTEN VOM	UNSERE ZEICHEN	TAG
		Do/E.	1.2.1934

Betreff: Gehaltsfestsetzung.

Die erfreuliche Entwicklung unseres Werkes seit der Jahreswende 1932 / 1933 hat zu einer gesteigerten Arbeitsintensität, vergrösserten Aufgabengebieten und damit zu einer erhöhten Verantwortlichkeit eines grossen Teiles unserer Angestelltenschaft geführt. Aus diesem Grunde konnten wir uns entschliessen, in Würdigung und zur Abgeltung der bisher geleisteten und künftig noch zu leistenden Mehrarbeit Ihr Gehalt mit Wirkung ab 1. Januar 1934 aussertariflich und in freier Vereinbarung auf monatlich brutto

RM 550.--

festzusetzen. Die sonstigen Bedingungen Ihres Anstellungsvertrages bleiben weiterhin in Kraft.

Wir freuen uns aufrichtig, Ihnen die heutige Mitteilung machen zu können, und hoffen zuversichtlich, dass es Ihnen vergönnt ist, dem Werk und seinen Aufgaben innerhalb der deutschen Volkswirtschaft noch lange Zeit mit Freude und Erfolg verbunden zu sein.

Abb. 193

Aus dem Briefkopf resultiert auch die Feststellung, dass zumindest seit Februar 1934 die Abteilung Strömungstechnik zur Ifa gehörte. Die weitere Entwicklung der Forschungsanstalt „Prof. Junkers“ konnte nicht weiterverfolgt werden. Möglicherweise hat sie ohne die Abteilung Strömungstechnik weiter bestanden. Doch Ende November 1934 beginnt bei der Entwicklung der Arbeitsbedingungen von Johannes Winkler eine neue Phase. Winkler stellt am 22.11.1934 den Antrag, dass der vereinbarte Betrag von 20.000 RM nunmehr auszuzahlen sei. Er nimmt dabei Bezug auf Modellversuche vom 26.10.1934. Demnach wurden die geforderten Impulswerte von 200 skg/kg erheblich überschritten. Es sei auch sichergestellt, dass dieser Wert als Dauerergebnis zu betrachten sei. Er hatte diese Ergebnisse offenbar mit teurem Wasserstoff erzielt, wobei er einschätzt, dass diese Linie nicht weiterverfolgt werden sollte, da für den geplanten Einsatzzweck billigere Kohlenwasserstoffe den Vorzug verdienen. Winkler wäre einverstanden, dass die Auszahlung der 20.000,- RM in zwei Raten erfolgen würde (Dezember 1934 bzw. Beginn 1935).

Dieses Schreiben stieß jedoch bei der Konzernleitung nicht auf Gegenliebe! An 7.12.1934 formuliert er daher ein weiteres Schreiben, das von einem ungebrochenen Selbstbewusstsein spricht. Demnach hat Prof. Mader gebeten, dass er den Antrag zurückzieht, da Herr von Doepp sich dafür einsetzen wird, dass ihm ein Darlehen zur Befriedigung seiner persönlichen Verhältnisse gewährt wird. Winkler hätte auch keine Bedenken, den Antrag zurückzuziehen, da ihm nicht zweifelhaft erscheint, dass im Laufe eines Jahres auch eine Maschine mit einem Schub und Gewicht von der Größenordnung des entwickelten Startrückstoßers vorhanden sein wird. Er hätte auch aus formaljuristischen Gründen den Antrag stellen müssen, damit nicht einzelne, nicht selbstverständliche Bedingungen gestellt werden. Er könne nur Bedingungen anerkennen, die er durch seine Unterschrift anerkannt habe. Zur Befriedigung seiner persönlichen Verhältnisse solle ein Darlehen von 10.000 RM ermöglicht werden.

Johannes Winkler erbittet am 8.12.1934 nunmehr wegen Erbauseinandersetzungen um ein Darlehen von 10.000 RM.

Zur Gewährung dieses Darlehens liegen aus den Jahren 1934/35 keine Unterlagen vor. Doch ergibt sich aus dem folgenden Schreiben vom Oktober 1936, dass ihm das Darlehen offenbar gewährt wurde. Winkler arbeitete konzentriert an den Antrieben und seine Arbeitsbedingungen waren dafür offenbar ausreichend stabil.

Die präzisierten Arbeitsbedingungen von Winkler ab 1936 und die Endergebnisse der Forschungstätigkeit von Winkler an JFM AG

Nach der großen Explosion 1935, bei der auch Philipp von Doepp verletzt wurde, und weiteren Untersuchungen im Jahre

JOHANNES WINKLER
INGENIEUR
Telephon: Dessau 2730
Postscheck: Magdeburg 577

DESSAU, den 14.8.36.
Brunnenstr. 76

Junkers Flugzeugwerk und Motorenbau AG.

Dessau.

Auf Grund der in der Anlage zu meinem Anstellungsvertrage vom 16.8.1933 in Aussicht gestellten Rückerstattung meiner persönlichen Aufwendungen für die Rückstosser-Entwicklung von 20 000 RM wurde mir im Anfang vorigen Jahres ein Darlehen von 10 000 RM gewährt.

Infolge des plötzlichen Ablebens meiner Mutter am 6.ds.Mts. stehen erneut Erbauseinandersetzungen bevor, die mich nötigen, auch die restlichen 10 000 RM schnellstens zu beschaffen. Ich bitte daher, mir die restlichen 10 000 RM einstweilen darlehensweise zur Verfügung zu stellen.

Mit deutschem Gruss

Abb. 194

1935, begann Winkler die 1931 unterbrochene Entwicklungsarbeit mit Benzin-Sauerstoff-Triebwerken, wie im Kapitel 4 dargestellt wurde.
Am 14.8.1936 wandte sich Winkler an die Junkerswerke (siehe Abb. 194). Der Inhalt wird zur besseren Lesbarkeit hier nochmals zitiert.
Aus diesem Schreiben ergeben sich folgende Zusammenhänge: Winkler erhielt Anfang 1935 ein Darlehen von 10.000 RM. Durch den Tod seiner Mutter am 6.8.1936 würden erneut Erbauseinandersetzungen resultieren, die Winkler nötigen würden schnellstens die restlichen 10.000 RM zu beschaffen. Er bittet daher die JFM diese Summe einstweilen darlehensweise zur Verfügung zu stellen.

Am 8.12.1936 stellte er abermals den Antrag auf die Auszahlung der restlichen 10.000 RM gemäß Anlage zum Arbeitsvertrag von 1933. Aus dem Antwortschreiben der Konzernleitung vom 23.10.1936 ergeben sich folgende Festlegungen (siehe Abb. 195):

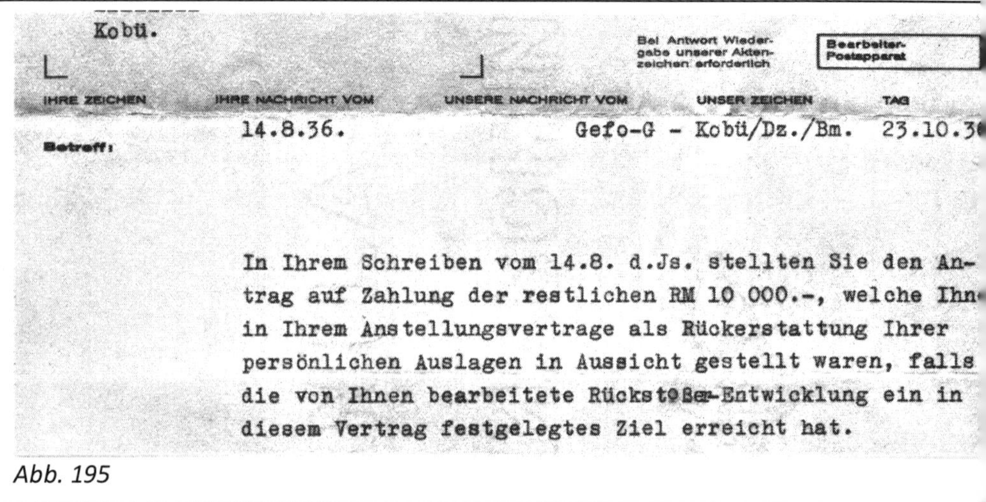

Kobü.

Bei Antwort Wiedergabe unserer Aktenzeichen erforderlich

Bearbeiter-Postapparat

IHRE ZEICHEN	IHRE NACHRICHT VOM	UNSERE NACHRICHT VOM	UNSER ZEICHEN	TAG
	14.8.36.		Gefo-G - Kobü/Dz./Bm.	23.10.3

Betreff:

In Ihrem Schreiben vom 14.8. d.Js. stellten Sie den Antrag auf Zahlung der restlichen RM 10 000.-, welche Ihn in Ihrem Anstellungsvertrage als Rückerstattung Ihrer persönlichen Auslagen in Aussicht gestellt waren, falls die von Ihnen bearbeitete Rückstoßer-Entwicklung ein in diesem Vertrag festgelegtes Ziel erreicht hat.

Abb. 195

Des Weiteren ergibt sich aus dem Brief, dass im Arbeitsvertrag drei klare Bedingungen für die Zahlung weiterer 10.000 RM formuliert wurden (siehe Abb. 196 und Abb. 197):

Hieraus ist zu entnehmen, dass 3 Bedingungen gestellt wurden:

1. Es muss eine Maschine vorliegen, welche die verlangte Leistung hergibt, also keine bloße physikalische Apparatur. Im Begriff "Maschine" liegt auch, dass die Einrichtung betriebssicher sein muss.

2. Die Impulsausbeute der Maschine muss mindestens 200 skg/kg betragen.

- 2 -

Abb. 196

3. Dieses Ergebnis darf nicht nur gelegentlich bei einem Zusammentreffen besonders günstiger Umstände auftreten, sondern muss beliebig oft an der gleichen Maschine erreichbar sein.

Wie Sie selbst wissen, sind diese Voraussetzungen heute

Abb. 197

Ergänzt werden die Bedingungen durch eine Definition einer „Maschine" wie in Abb. 198 zu lesen ist.
Während die Bedingung eines Impulses von 200 skg/kg mit 180 skg/kg bereits als erfüllt betrachtet wurde, lag der Schwerpunkt jetzt bei einem dauerhaften und wiederholbaren Schub von 300 kg.

Da in dem Vertrag nicht angegeben ist, was unter einer "Maschine" verstanden werden soll, sollen nachstehend die für die Zahlung der festgesetzten Vergütung erforderlichen Bedingungen noch einmal genauer präzisiert werden:

1.) Verwirklichung eines Rückstosser-Aggregates für den Einbau in einen Startwagen, welches betriebssicher arbeitet.

2.) Dieses Aggregat muss einen Schub von etwa 300 kg ergeben.

3.) Das Gewicht des Aggregates einschliesslich Kessel und Schaltorgane darf vorerst noch verhältnismässig hoch sein, doch muss begründete Aussicht bestehen, dasselbe auf unter 5 % des Schubes im Laufe der Entwicklung herabdrücken zu können.

4.) Die zuverlässige und wiederholbar erreichbare Impulsausbeute muss 200 skg/kg Gesamtbetriebsstoff (einschl. Kühlstoff) betragen mit einer Toleranz von - 10 %. Diese Bedingung sehen wir durch die bisher erreichte Impulsausbeute von 180 skg/kg als erfüllt an.

- 3 -

Abb. 198

Die Abschlussklausel lautet:

Wir hoffen, hierdurch die Bedingungen, welche erfüllt sein müssen, bevor wir die Zahlung der Ihnen zugesagten Vergütung vornehmen können, und welche sinngemäss bereits in Ihrem Dienstvertrag enthalten sind, restlos klargestellt zu haben.

Abb. 199

Abbildung 200 zeigt die Gehaltserhöhung per 1.1.1937 im Volltext.

JUNKERS FLUGZEUG- UND -MOTORENWERKE
AKTIENGESELLSCHAFT
FLUGZEUGBAU
STAMMWERK DESSAU

POSTANSCHRIFT:
JUNKERS FLUGZEUG- UND -MOTORENWERKE A.G
FLUGZEUGBAU STAMMWERK DESSAU

DRAHTWORT JFA

FERNRUF Sammel-Nr. 4041 u. 3116

Postscheck-Konto: BERLIN Nr. 96344
Anhalt-Dess. Landesbank, Abt. der Allg. Deutschen Credit-Anstalt, Dessau
Commerz- u. Privatbank A.-G., Fil. Dessau
Codes: Rudolf Mosse und Supplement Junkers / Bentley 1 u. 2 / Lieber's

Herrn
Johannes Winkler,
im Hause/Ströte

Bei Antwort Wiedergabe unserer Aktenzeichen erforderlich

Bearbeiter-Postapparat 334

IHRE ZEICHEN	IHRE NACHRICHT VOM	UNSERE NACHRICHT VOM	UNSER ZEICHEN	TAG
			Gefo-G.Rg.	21.1.37

Betreff: Sozialversicherungen.

Da Ihr monatliches Bruttogehalt seit dem 1.Januar 1937 die Versicherungspflichtgrenze von Rm 600.-- übersteigt, fällt Ihre Versicherungspflicht in der Angestelltenversicherung und Arbeitslosenversicherung vom Januar 1937 an fort. - Wir überreichen
1/ Ihnen daher als Anlage Ihre Angestellten-Versicherungskarte
Nr. 3, geklebt mit Pflichtbeitragsmarken bis einschliesslich
1/ Dezember 1936.Bestätigung erbitten wir auf beigefügtem Vordruck.

Bei dieser Gelegenheit bitten wir um Mitteilung, auf welches Bankkonto Sie Ihr monatliches Gehalt überwiesen haben möchten (Barauszahlung kann nicht mehr erfolgen).

~~Heil Hitler!~~
Junkers Flugzeug- und -Motorenwerke
Aktiengesellschaft

2 Anlagen

Abb. 200

Das Schreiben von Winkler vom 2.1.1938 ist in zwei Richtungen aufschlussreich, gibt es doch Informationen über den technischen Stand der Arbeiten und den Gesundheitszustand seiner Frau (siehe Abb. 201).

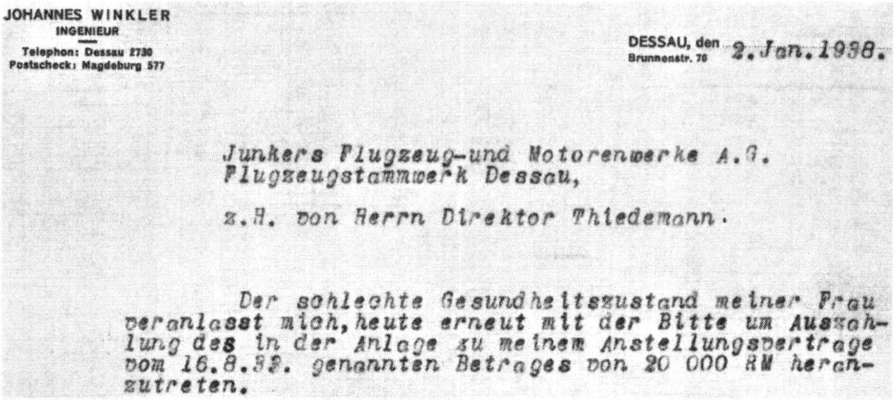

JOHANNES WINKLER
INGENIEUR
Telephon: Dessau 2730
Postscheck: Magdeburg 577

DESSAU, den 2. Jan. 1938.
Brunnenstr. 78

Junkers Flugzeug-und Motorenwerke A.G.
Flugzeugstammwerk Dessau,

z.H. von Herrn Direktor Thiedemann.

Der schlechte Gesundheitszustand meiner Frau veranlasst mich, heute erneut mit der Bitte um Auszahlung des in der Anlage zu meinem Anstellungsvertrage vom 16.8.33. genannten Betrages von 20 000 RM heranzutreten.

Abb. 201

Winkler schreibt:

Der schlechte Gesundheitszustand meiner Frau veranlasst mich, heute erneut mit der Bitte um Auszahlung des in der Anlage zu meinem Anstellungsvertrage vom 16.8.33 genannten Betrages von 20 000 RM heranzutreten.

Warum Frau Winkler seit dem 21.12.1937 im Krankenhaus gewesen ist, ist nicht bekannt, doch ist der Hinweis auf ihre Nerven und die Vergabe von Narkosen besorgniserregend (siehe Abb. 202).

Ein Foto aus der Biografie von R. Guder aus dem Jahre 1942 erweckt jedoch den Anschein, als ob sie die damalige Krise überwunden hatte (siehe Abb. 205).

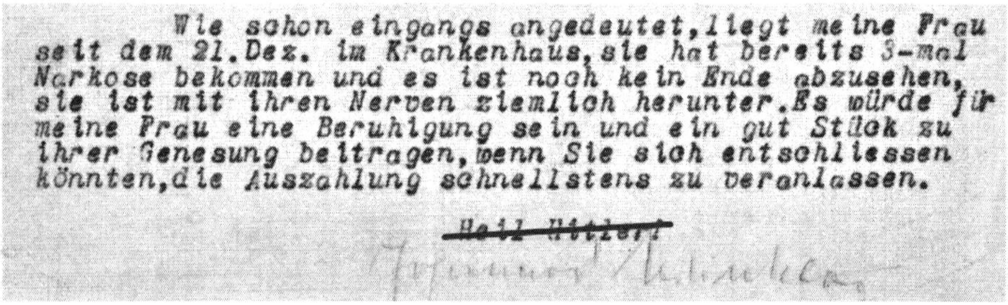

Wie schon eingangs angedeutet, liegt meine Frau seit dem 21. Dez. im Krankenhaus, sie hat bereits 3-mal Narkose bekommen und es ist noch kein Ende abzusehen, sie ist mit ihren Nerven ziemlich herunter. Es würde für meine Frau eine Beruhigung sein und ein gut Stück zu ihrer Genesung beitragen, wenn Sie sich entschliessen könnten, die Auszahlung schnellstens zu veranlassen.

~~Heil Hitler!~~

Johannes Winkler

Abb. 202

Aufschlussreich sind aus dem obigen Brief vom 2.1.1938 die Bemerkungen hinsichtlich des Arbeitsstandes (siehe Abb. 203 und Abb. 204):

In Ihrem Schreiben (Gefo-G. Kobü/Dz/Bm) vom
23.10.36. hatten Sie über Ihre Wünsche für die Erfül-
lung der Vertragsbedingung nähere Ausführungen gemacht.
Da mir daran liegt, Sie in jeder Hinsicht zufrieden zu
stellen, auch wenn ich mit Ihnen nicht konform gehe,
habe ich nach der 5-kg -Einheit die praktisch besser
geeignete 100 kg- Einheit entwickelt und ein Aggregat
von 3 Einheiten soweit erprobt, dass es zum Antrieb
eines Lastwagens verwendet werden konnte. Damit ist
die Vertragsbedingung hinsichtlich der absoluten Grösse
der Kräfte erfüllt und auch eine für erste praktische
Anwendungen vorerst erforderliche Betriebssicherheit
erreicht. Gewichtlich konnten die Relativwerte der
5 kg- Einheit nicht nur eingehalten, sondern in manchen
Stücken (Ventile) sogar erheblich verbessert werden.
Bezüglich der Impulsausbeute bleiben die gesicherten
Versuchswerte noch um ca 5-6 % hinter den bei der
5 kg-Einheit erreichten zurück.

Abb. 203, Quelle: Archiv Ingenhaag/HORM

Wenn somit bei Verwendung billiger Betrieb-
stoffe auch ein kleiner Rest bezüglich der Impulsaus-
beute offen bleibt -mit dem energiereichsten Brenn-
stoff, dem Wasserstoff, lässt sich erfahrungsgemäss die
gestellte Bedingung bequem überschreiten- , so bitte
ich gleichwohl die Auszahlung zur Gänze oder, wenn Ihnen
das untunlich erscheint, zu 90 % vorzunehmen. Die Anlage
zum Anstellungsvertrag lässt darüber keinen Zweifel,
dass grössere Abschlagszahlungen entsprechend dem Fort-
schreiten der Arbeiten beabsichtigt waren. Die Aussich-
ten des Rückstossantriebes im Flugwesen sind für Lang-
streckenflüge bedeutend und die Flugmethode ist keines-
wegs etwa unwirtschaftlich (vergl. Bericht StröteB.11195)

Abb. 204, Quelle: Archiv Ingenhaag/HORM

Hier ebenfalls zur besseren Lesbarkeit eine Abschrift:

In Ihrem Schreiben vom (Gefo-G Kobü/Dz/Bm) vom 23.10.36. hatten Sie über Ihre Wünsche für die Erfüllung der Vertragsbedingung nähere Ausführung gemacht. Da mir daran liegt, Sie in jeder Hinsicht zufrieden zu stellen, auch wenn ich mit Ihnen nicht

konform gehe, habe ich nach der 5-kg -Einheit die praktisch besser geeignete 100 kg- Einheit entwickelt und ein Aggregat von 3 Einheiten soweit erprobt, dass es zum Antrieb eines Lastwagens verwendet werden konnte. Damit ist die Vertragsbedingung hinsichtlich der absoluten Grösse der Kräfte erfüllt und auch eine für erste praktische Anwendungen vorerst erforderliche Betriebssicherheit erreicht. Gewichtlich konnten die Relativwerte der 5 kg- Einheit nicht nur eingehalten, sondern in manchen Stücken (Ventile) sogar erheblich verbessert werden. Bezüglich der Impulsausbeute bleiben die gesicherten Versuchswerte noch um ca. 5 – 6 % hinter den bei der 5 kg-Einheit erreichten zurück.

Wenn somit bei der Verwendung billiger Betriebsstoffe auch ein kleiner Rest bezüglich der Bezugsausbeute offen bleibt – mit dem energiereichsten Brennstoff, dem Wasserstoff, lässt sich erfahrungsgemäß die gestellte Bedingung bequem überschreiten- , so bitte ich gleichwohl die Auszahlung zur Gänze oder, wenn Ihnen das untunlich erscheint, zu 90 % vorzunehmen. Die Anlage zum Anstellungsvertrag lässt darüber keinen Zweifel, dass grössere Abschlagszahlungen entsprechend dem Fortschreiten der Arbeiten beabsichtigt waren. Die Aussichten des Rückstossantriebes im Flugwesen sind für Langstreckenflüge bedeutend und die Flugmethode ist keineswegs etwa unwirtschaftlich (vergl. Bericht Ströte B. 11195).

Die schrittweise Auflösung der arbeitsrechtlichen Verbindung von Johannes Winkler mit der JFM AG ab Februar 1938

Aus den folgenden Abschnitten ergeben sich drei Schwerpunkte bei der Auflösung seines Arbeitsverhältnisses zur JFM:

- Die Zurückhaltung der JFM bei der Freigabe von Johannes Winkler
- Die Bemühungen von Johannes Winkler um einen neuen Vertrag mit den „Ernst Heikel Flugzeugwerken"

Abb. 205: Ehepaar Winkler 1942, Quelle Astris, Seite 243 bzw. Archiv Dr. Guder

- der schrittweise Aufbau der Beziehungen mit Luftfahrtforschungsanstalt Braunschweig.

Da letztendlich seine Bemühungen für einen Arbeitsvertrag mit der LFA erfolgreich waren und seine Kontaktaufnahme mit den Heinkel-Werken nur eine Episode darstellen, wird der Aufbau seiner Beziehungen mit Braunschweig gesondert dargestellt. Die zeitlichen Überschneidungen werden dabei in Kauf genommen.-

Aufschlussreich sind die wenigen Zeilen des Einschreibens vom 16.2.1938 (siehe Abb. 206), aus denen hervorgeht, dass Winkler kündigen will, da ihm auf seinen Brief vom 6.2.1938 nicht geantwortet wurde. Letzterer Brief liegt dem Autor nicht vor.

JOHANNES WINKLER
INGENIEUR
Telephon: Dessau 2730
Postscheck: Magdeburg 577

DESSAU, den 16. Febr. 38.
Brunnenstr. 70

Einschreiben!

Einschreiben

705

1331

Junkers Flugzeug und Motorenwerke A.G.
Flugzeugstammwerk
Dessau.

HV-Gefolgschaft
Eing. 17. FEB. 1938

Eingegangen 17. II. 38. V. Posteingang FS

Da mir auf mein Schreiben vom 6.d.M. bisher keine Aeusserung zugegangen ist, kündige ich hiermit vorsorglich zum 1. April 1938 unter Vorbehalt aller Rechte, die sich aus der Anlage zu meinem Anstellungsvertrage vom 16.8.1933 ergeben.

~~Heil Hitler~~

Johannes Winkler

HV Verwaltung
Gefolgschaft
Eing. 17. FEB. 1938

Vorgang ist Herrn Tindel am 6/2. zugeleitet gegen Quittung.
Kod. 17/2

Abschriftlich Herrn Winkler gemäß heutiger fernmündl. Rücksprache gesandt.
Meyer 18/2. 38.

Abb. 206

Aus dem Schreiben vom 20.10.1938 (siehe Abb. 207) ist zu entnehmen, dass immer noch keine Auszahlung der restlichen 5.000,-- RM erfolgt war, die Familie versicherungstechnisch unterversorgt war und Winkler an Bluthochdruck gelitten hat. Handschriftlich ist auf dem Schreiben vermerkt, dass das Geld am 1.11.1938 eingegangen ist.

Junkers Flugzeug-und Motorenwerke AG.
Flugzeug-Stammwerk Dessau

z.H. von Herrn Direktor Thiedemann.

Vor 4 Wochen sandte ich Ihnen meinen Antrag betr. Auszahlung der restlichen 5000 RM gemäss der Anlage zu meinem Anstellungsvertrage vom 16.8.33. Da mir der Betrag bis heute nicht zugegangen ist, frage ich hiermit an, wann ich mit der Ueberweisung rechnen kann.

Wenn Sie bedenken, dass ich für die 20 000 RM, soweit sie nicht teilweise ausgezahlt waren, im Laufe der letzten Jahre einige Tausend Mark Zinsen von meinem Gehalt aufzubringen hatte und mir sekundär durch diese Belastung erhebliche finanzielle Nachteile erwachsen sind (indem ich z.B. eine Lebensversicherung nicht aufrecht erhalten konnte, und eine neue Versicherung wegen meines erhöhten Blutdrucks von der Versicherungsgesellschaft abgelehnt worden ist, sodass meine Familie unversorgt dasteht), so werden Sie verstehen können, dass ich die Verzögerung der Auszahlung nicht stillschweigend hinnehmen kann.

bb. 207

Über sein Einkommen 1938 gibt sein Lohnzettel vom 14.2.1939 eine eindeutige Auskunft (siehe Abb. 208). Er belegt, dass Winkler 1938 eine Gratifikation von 20.000 RM erhalten hat.

Lohnzettel[1]

für — das Kalenderjahr 193 8 — die Zeit vom 1.1. 193 8 bis 31.12. 193 8

Winkler, Johannes, Ingenieur
(Familien- und Vorname) (Beruf)

in Dessau-Ziebigk, Brunnen- Platz/Str. Nr. 70

Finanzamt Dessau, Nr. der Steuerkarte 66/497

hat für den oben angegebenen Zeitabschnitt von dem Unterzeichneten[2]) erhalten:

1. an laufenden Bezügen (Lohn, Gehalt, Pension usw.) . . . . ohne Abzüge 8 000.-- RM

2. an sonstigen, insbesondere einmaligen Bezügen (Tantiemen, Gratifikationen usw.) . . . . " " 20 000.-- "

Abb. 208: Auszug aus dem Lohnzettel 1938. Das Jahresgehalt betrug demnach 8.000,00 RM, (1931: 350,- RM), Quelle: Archiv Ingenhaag/HORM

Am 4.1.1939 wird ein erneuter Bericht über die Arbeit von Johannes Winkler erstellt (siehe Abb. 209 und Abb. 210). Daraus geht eindeutig hervor, dass Winkler seine Arbeit erfolgreich abgeschlossen hat.

Dessau, den 4.Jan.1939

Bericht über die Rückstoßerarbeiten
des Herrn Winkler bei Junkers.

Auf Grund der in den Jahren 1927/28 stattgefundenen öffentlichen Debatte über den Rückstoßantrieb wurde auch in der Forschung anstalt Prof.Junkers durch Herrn v. Doepp, dem Leiter der Abteilung Strömungstechnik, geprüft, inwieweit ...

Abb. 209, Der unvollendete Bericht in Teilstücken ist in der Anlage als Abb. 260 enthalten

Betriebsstoff. Damit waren laboratoriumsmäßig die Konstruktionsbedingungen nicht nur für einen wirtschaftlich arbeitenden Startrückstoßer sondern auch für das Raketen-Jagdflugzeug geschaffen. Es wurde nun dazu übergegangen, das Aggregat von 10 Brennräumen zu bauen, da wurden die Arbeiten plötzlich aufgelöst, weil eine Unterstützung der Rückstoßer-Entwicklung durch das Amt nicht zu erlangen war.

Abb. 210

Es kann nur vermutet werden, dass dieser Bericht von Philipp von Doepp erstellt wurde. Er hat jedoch keine Unterschrift. Am 16.2.1939 zieht Winkler aus der Beendigung der Forschungstätigkeit auf seinem Gebiet die Konsequenzen. Er kündigt per Einschreiben zum 31.3.1939. Eine handschriftliche Bemerkung auf der Briefseite besagt, dass das Einschreiben aber nicht abgeschickt wurde.

Der Hintergrund für die Zurückhaltung des Einschreibens besteht offenbar darin, dass sich Johannes Winkler am 14.2.1939 an die Heinkel Flugzeugwerke in Rostock, Herrn Thorn gewandt hatte und Folgendes schrieb: (siehe Abb. 211)

Herr Bernhard Winkler von unserer Abteilung Strömungstechnik machte mir Mitteilung von Ihren Bestrebungen und empfahl mir, Ihnen zu schreiben.

Wie Sie aus dem beiliegenden Zwischenzeugnis ersehen,sind meine Entwicklungsarbeiten,die ich von 1929 bis 1931 in der Forschungsanstalt Professor Junkers und von 1933 bis zuletzt im Flugzeugwerk durchgeführt habe,trotz bester Erfolge aus sekundären Erwägungen abgebrochen worden,sodass ich mich z.Zt. in Umstellung befinde. Die von mir geführte Versuchsgruppe umfaßte zuletzt 6 Büro- und 15 Werkstattkräfte.

Wegen der Weiterführung meiner Arbeiten habe ich mich auf Anraten des Amtes an die Deutsche Forschungsanstalt für Luftfahrt in Braunschweig gewandt. Die Verhandlungen schweben noch,doch ist ihr Tempo meinem Temperament gar zu entgegengesetzt,als dass ich auf diese Verbindung noch grossen Wert legen würde. Ich würde es daher fast vorziehen,in der Luftfahrtindustrie an einer Stelle eingesetzt zu werden,wo schwierige Aufgaben dringend vorwärtsgetrieben werden müssen.

Abb. 211

Johannes Winkler macht an dieser Stelle keine Angaben zum Stand seiner Arbeiten. Wie bereits eingangs erwähnt, liegen dazu bis zum gegenwärtigen Zeitpunkt auch keine Versuchsprotokolle, Diagramme und Zeichnungen vor. Anhaltspunkt sind nur die o. g. Unterlagen von Philipp von Doepp.

Anmerkungen zu den Heinkel-Werken und die Walter-Antriebe (aus Wikipedia)

Ernst Heinkel (1888-1958) trat 1911 eine Stelle als Konstrukteur bei der Luft-Verkehrs-Gesellschaft A.G. (LVG) an.[94] Die LVG baute 1911 zwei Doppeldeckertypen. Heinkel begann im November 1911 in der Schweizer Firma Ingenieur „Franz Schneider" als technischer Leiter und Chefkonstrukteur für das Unternehmen zu arbeiten und entwickelte drei Eindecker und zwei Doppeldecker, von denen 18 Exemplare an die Heeresverwaltung verkauft wurden. Heinkel verdiente inzwischen 300 Mark monatlich. Das erlaubte ihm, eine eigene Wohnung in Johannisthal zu mieten und seine Verlobte Paula am 15. Juni 1912 in Stuttgart zu heiraten. Im Dezember 1912 wechselte Heinkel zu den Albatros Flugzeugwerken, wo er den Aufklärer Albatros B.II entwickelte. Während des gesamten Ersten Weltkriegs kam dieser Flugzeugtyp zum Einsatz. 1914 ging Ernst Heinkel als Werksdirektor zu den Hansa- und Brandenburgische Flugzeug-Werken, für die er unter anderem einige Wasserflugzeuge, darunter das Flugboot Hansa-Brandenburg CC und den Hansa-Brandenburg KDW entwarf. Wegen der Auflagen des Friedensvertrages von Versailles konnte Heinkel nach dem Krieg zunächst keine Flugzeuge bauen. Er gründete in seinem Heimatort Grunbach eine kleine Werkstatt, in der er Militärfahrzeuge umrüstete. Um 1920 konstruierte Heinkel für die Caspar-Werke in Travemünde einige Weiterentwicklungen seiner Hansa-Brandenburg-Maschinen, die ab 1921 von der Svenska Aero AB in Lidingö unter Mitarbeit von Carl Clemens Bücker, dem Gründer der späteren Bücker Flugzeugbau, montiert wurden.1922 gründete Heinkel in Rostock-Warnemünde sein eigenes Unternehmen, die Ernst Heinkel Flugzeugwerke. Aufgrund der Auflagen des Versailler Vertrages durften in

Deutschland Flugzeuge nur mit technischen und zahlenmäßigen Einschränkungen gebaut werden. Dies führte dazu, dass Ernst Heinkel ausländische Auftraggeber suchte, für die er Flugzeuge entwarf, die dann unter Lizenz im Ausland gebaut werden konnten. Einen solchen Partner fand er in der Kaiserlich Japanischen Kriegsmarine, für die Heinkel katapultgestartete Wasserflugzeuge lizenzbasiert in Schweden bei Svenska Aero AB bauen ließ. In Deutschland wurden seine Katapult-Wasserflugzeuge hingegen nur in der zivilen Seefahrt als Postflugzeuge auf den großen Passagierschiffen installiert. Die im Auftrag der Deutschen Lufthansa entwickelte Heinkel He 70 war das mit Abstand schnellste Passagierflugzeug ihrer Zeit. Die Maschine erreichte 1932 bereits eine Geschwindigkeit von über 370km/h, mit stärkeren britischen Rolls-Royce-Motoren dann über 400 km/h. Aufgrund der Pionierleistungen im Bereich der aerodynamischen Verbesserungen der Flugzeugzelle wurde Ernst Heinkel 1925 zum Ehrendoktor durch die Technische Hochschule Stuttgart und 1932 durch die Rostocker Universität ernannt. Nach der „Machtergreifung" der Nationalsozialisten 1933 trat Heinkel der NSDAP bei (Mitgliedsnummer 1.696.413).Im selben Jahr begann die vorerst noch geheim gehaltene neue deutsche Luftwaffe mit der Beauftragung von Flugzeugwerken zur Entwicklung und Herstellung von Kampfflugzeugen. Die He 111, ein zweimotoriger ursprünglich als Verkehrsflugzeug geplanter Bomber, fand dabei besondere Beachtung durch die Luftwaffenführung. In Oranienburg wurde zwischen 1936 und 1937 eigens ein großes Werk zur Fertigung der He 111 errichtet, das bei Staatsbesuchen als Vorzeigewerk und Symbol deutscher Industrieleistung präsentiert wurde. Obwohl diese Anlage den Namen „Ernst Heinkel Werke" trug, war sie ausschließlich Eigentum der deutschen Luftwaffe und wurde erst später von Ernst Heinkel selbst gekauft.

1937 wurde Ernst Heinkel zum Wehrwirtschaftsführer ernannt, ungeachtet der häufigen Auseinandersetzungen zwischen Heinkel und verschiedenen Organisationen der NSDAP, insbesondere der SS. Ernst Heinkel war besessen von der Idee, Hochgeschwindigkeitsflugzeuge zu entwickeln. Deshalb spendete er Wernher von Braun einige seiner Flugzeuge, damit von

Braun an diesen seinen neuartigen Raketenantrieb erproben konnte. 1938 wurde mit der He 176 das erste mit Flüssigtreibstoff betriebene Raketenflugzeug der Welt getestet. In Hans von Ohain fand Heinkel den richtigen Visionär, denn sie teilten beide die gleiche Leidenschaft. Heinkel stellte von Ohain als Chefingenieur in seinen Werken an und dieser entwickelte mit seinem Team das Heinkel He S 3, das erste Strahltriebwerk der Welt. Am 27. August 1939 startete das erste Strahlflugzeug der Heinkel-Flugzeugwerke, die He 178, auf dem Flughafen Rostock-Marienehe.

Prof. Hellmuth Walter (1900-1980) entwickelte mit dem Raketentriebwerk Walter R 1-203 den Antrieb für die Heinkel He 176 und die DFS 194 sowie dessen Weiterentwicklung Walter HWK 109-509 für die Messerschmitt Me 163 und die Bachem Ba 349 „Natter". Auch die Treibstoffpumpen für die A4-Großrakete sowie die Startkatapulte der Fi 103-Flugbombe stammten von ihm. Er entwickelte die Starthilfsrakete Walter HWK 109-500 und auch Torpedoantriebe. 1945 waren in den Werken 5000 Personen, einschließlich der Zwangsarbeiter, beschäftigt. Nach dem Zweiten Weltkrieg wurde das Werk unter britische Kontrolle gestellt und Walter im Oktober 1946 mit einem Teil seiner Mitarbeiter nach England gebracht, um dort weiter am Walter-Antrieb zu arbeiten. 1949 kehrte er zurück nach Deutschland, das Werk wurde wieder seiner Leitung übergeben. Doch wenige Monate später übersiedelte er in die USA. Dort arbeitete er bei der Worthington Corporation in Harrison (New Jersey). 1956 gründete er in Kiel die Hellmuth Walter GmbH, in der 1967 ein ziviles U-Boot mit Walter-Antrieb mit der Bezeichnung „Stint" entworfen wurde.[95]

Das große Interesse der Heinkel-Werke an Johannes Winkler geht aus dem Antwortschreiben vom 17.2.1939 hervor.

ERNST HEINKEL FLUGZEUGWERKE

SEESTADT ROSTOCK

ERNST HEINKEL FLUGZEUGWERKE XXXXX SEESTADT ROSTOCK

Herrn
Ing. Johannes W i n k l e r ,

D e s s a u
===========

Brunnenstrasse 17

BANKKONTO: NIEDERSÄCHSISCHE LANDESBANK – GIROZENTRALE – ZWEIGANSTALT ROSTOCK
POSTSCHECK-KONTO: HAMBURG 45666
CODES: ABC 6th EDITION RUDOLF MOSSE CODE
BÜRO IN BERLIN: W 35, TIRPITZUFER 90 FERNR. 22 35 73 FERNSCHREIBER K 1 228

DRAHTWORT HEINKEL ROSTOCK
FERNRUF: ROSTOCK SAMMEL-NR. 7041
FERNSCHREIBER K 1 383

Ihre Zeichen	Ihre Nachricht vom	Unsere Zeichen	Hausruf	Tag
-	14.2.1939	TD. Tho/Wich.-	248	17.2.1939

im Schriftwechsel unbedingt anzugeben

Abb. 212

Die folgende Briefpassage in Abbildung 213 ist eindeutig.

Wir bitten Sie, mit den erforderlichen Unterlagen zu einer Besprechung über Ihre evt. Tätigkeit in unserem Werk Mitte nächster Woche nach Marienehe zu kommen. Um uns möglichst schon vor dieser Besprechung ein Bild über die Durchführbarkeit Ihrer Ideen in unserem Werk machen zu können, bitten wir Sie, uns Unterlagen, soweit verfügbar, möglichst umgehend zuzuschicken.

Abb. 213

Das nachfolgende Antwortschreiben von Winkler ist vom 20.2.1939 durchaus aufschlussreich und enthält folgende Einzelaussagen:

- Die Niederschrift „Der Strahlmotor" von 1932 wurde während der Tätigkeit bei der JFM nicht weiterbearbeitet und beinhaltet aus heutiger Sicht Mängel.
- Winkler hat sehr konkrete Vorstellungen über die weitere Arbeit am Raketentriebwerk.

Der Briefausschnitt lautet:
Die Arbeit bei Ihnen würde sich, soweit Sie diese neuen Probleme aufgreifen können, selbstverständlich zunächst auf konkrete Aufgaben beschränken, vor allem auf die Starthilfe für Wasserflugzeuge, später würden auch weitere Anwendungsprobleme (Start von Landflugzeugen, schnelles Steigen, Hochbomber u.a.) in die praktische Entwicklung einbezogen werden. Laboratoriumsmässig müsste ferner ein Ersatz des flüssigen Sauerstoffs durch lagerfähige Sauerstoff abgebende Flüssigkeiten, sowie auch durch Kompression der Außenluft, in das Arbeitsprogramm aufgenommen werden. (siehe Abb. 214)

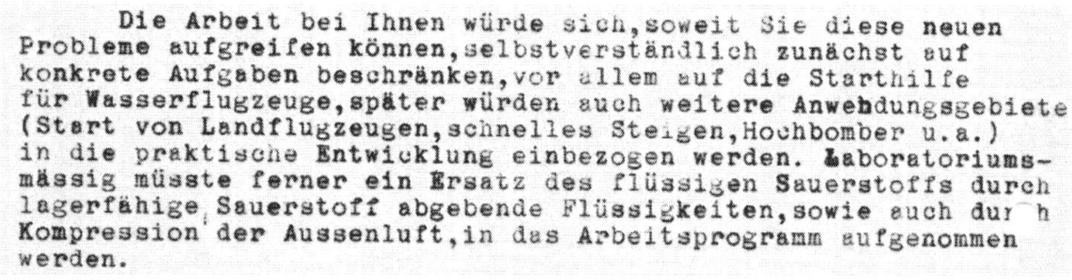

Die Arbeit bei Ihnen würde sich,soweit Sie diese neuen Probleme aufgreifen können,selbstverständlich zunächst auf konkrete Aufgaben beschränken,vor allem auf die Starthilfe für Wasserflugzeuge,später würden auch weitere Anwendungsgebiete (Start von Landflugzeugen,schnelles Steigen,Hochbomber u.a.) in die praktische Entwicklung einbezogen werden. Laboratoriumsmässig müsste ferner ein Ersatz des flüssigen Sauerstoffs durch lagerfähige Sauerstoff abgebende Flüssigkeiten,sowie auch durch Kompression der Aussenluft,in das Arbeitsprogramm aufgenommen werden.

Abb. 214

Am 8.3.1939 trat offenbar bei den Heinkel-Werken eine Verzögerung ein, die zu einer völligen Änderung der Haltung von Winkler führte.
Winkler teilt Herrn Thorn am 10.3. 1939 mit, dass die LFA inzwischen geantwortet hat, er in Braunschweig gewesen ist und solche Vereinbarungen getroffen wurden, dass er davon nicht mehr zurückkann.[96] Hier die handschriftliche Notiz dazu: [97]

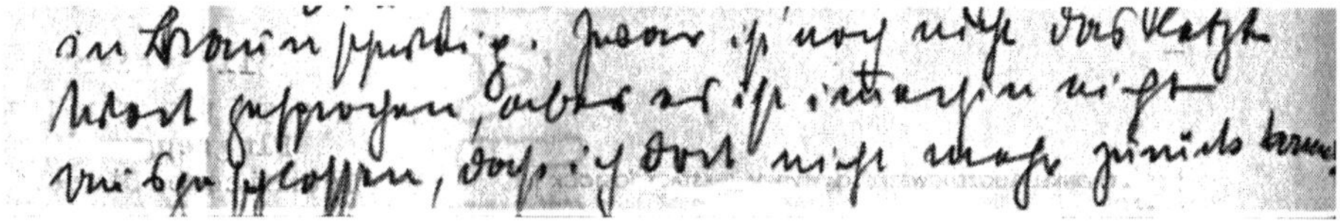

Abb. 215

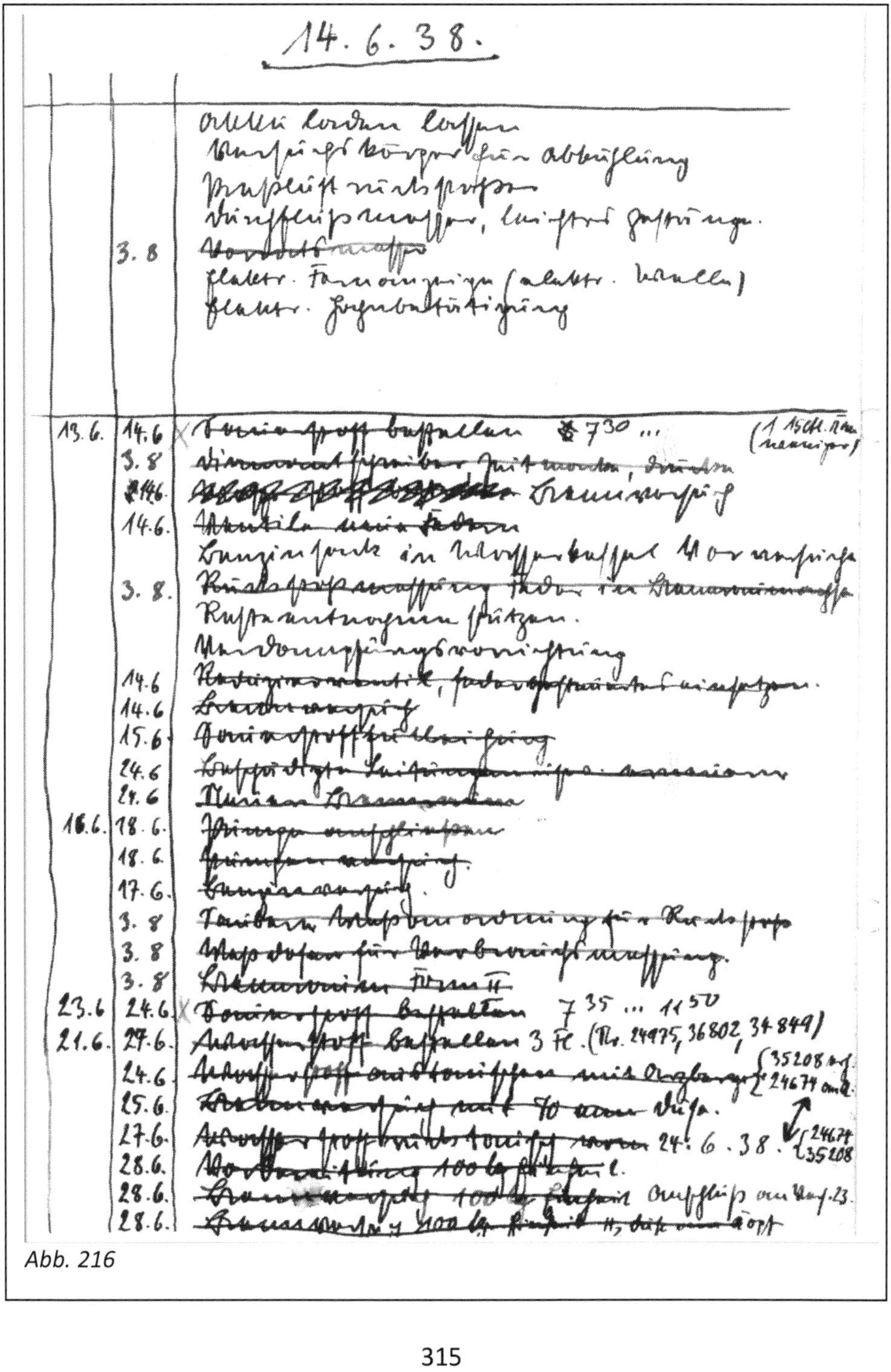

14. 6. 38.

Abb. 216

Damit waren die Würfel für die Luftfahrtforschungsanstalt in Braunschweig gefallen.[98]
Abschließend sollen die Dokumente vorgestellt werden, die beweisen, dass der Wechsel von Johannes Winkler von der JFM zur Luftfahrtforschungsanstalt – LFA in Braunschweig schrittweise erfolgte.
Die Daten auf der nachfolgenden Kopie belegen auf den ersten Blick das Ende der fachlichen Arbeit in der JFM (siehe Abb. 216).
Schaut man genauer hin, tauchen jedoch erledigte und nicht erledigte Aufgaben unter dem 3.8. auf. Außerdem gibt es einen Eintrag unter dem 24.6.1938.

Ein letzter Versuch mit einem Wasserstoffantrieb wurde am 24.6.1938 verzeichnet, über den bisher keine Einzelheiten bekannt sind.
Auch in der Frage der Beendigung der Arbeiten bei der Ifa erfolgte also kein fester Schnitt.

Die einzelnen Etappen der Zuwendung von Johannes Winkler zur Luftfahrtforschungsanstalt Braunschweig

Aus dem nachfolgenden Schreiben vom 7.12.1938 resultiert, dass Johannes Winkler am 6.12.1938 Kontakt mit dem Institut für Gasdynamik in Braunschweig aufgenommen hat.
Für Winkler spricht die Tatsache, dass ihm bereits für den 12.12.1938 ein Termin angeboten wurde.
Winkler geht bereitwillig am 10.12.1938 auf den Terminvorschlag ein und teilt die Details seiner Ankunft in Braunschweig bzw. in der Luftfahrtforschungsanstalt mit.
Am 13.12.1938 übermittelt Winkler das von Prof. Busemann erbetene Zwischenzeugnis (siehe Abb. 217).
Es hat folgenden Wortlaut:

JUNKERS FLUGZEUG- UND -MOTORENWERKE
AKTIENGESELLSCHAFT · DESSAU

FLUGZEUGBAU
STAMMWERK DESSAU

Zwischenzeugnis.

Herr Johannes W i n k l e r , geboren am 29. Mai 1897 in Carlsruhe/Schles., war vom 19. September 1929 bis zum 7. März 1931 im Rahmen der Forschungsanstalt Professor Junkers für uns tätig, worüber wir auf die von uns am 20. März 1930 und 10. August 1931 ausgestellten Zeugnisse verweisen.

Herr Winkler, der bereits früher bei uns an einer schwierigen Entwicklungsaufgabe erfolgreich gearbeitet hatte, trat am 11. August 1933 erneut als Versuchsingenieur in unsere Dienste. Seine Aufgabe umfasste die selbständige Entwicklung eines völlig neuartigen Geräts sowohl in baulicher als auch in experimenteller Hinsicht. Herr Winkler, der über hervorragende Kenntnisse auf diesem Sondergebiet verfügt und die Fähigkeit besitzt, diese neuartigen Versuche vorwärtszutreiben, hat mit grosser Ausdauer an der Vervollkommnung und Weiterentwicklung dieser Aggregate gearbeitet.

Trotz aller Schwierigkeiten und der zum Teil bescheidenen Hilfsmittel, die ihm für die Durchführung seiner Versuche zur Verfügung standen, hat er an der technischen Entwicklung des Gerätes wesentliche Fortschritte erzielt.

Wir schätzen Herrn Winkler als äusserst befähigten, strebsamen Mitarbeiter, von dem wir uns nur trennen, weil wir aus geschäftspolitischen Gründen die bisher von ihm bearbeiteten Aufgaben fallen lassen müssen und Herr Winkler auf seinem bisherigen Fachgebiet weiter arbeiten möchte. Infolgedessen haben wir Herrn Winkler heute dieses Zwischenzeugnis auf seinen eigenen Wunsch ausgestellt.

Dessau, den 10. Dezember 1938
G-Ra/Kö

JUNKERS FLUGZEUG- UND -MOTORENWERKE
AKTIENGESELLSCHAFT

ppa. [signature] i.V. [signature]

Abb. 217

LUFTFAHRTFORSCHUNGSANSTALT HERMANN GÖRING
INSTITUT FÜR GASDYNAMIK
Prof.Dr.-Ing.A.Busemann
Drahtanschrift Luftforschung Braunschweig / Fernruf 7790 / Postfach Braunschweig 390 / Güterstation Watenbüttel

Luftfahrtforschungsanstalt Hermann Göring, Braunschweig, Postfach 390

Herrn
Johannes Winkler,

Dessau

Brunnenstr. 70

Ihre Zeichen	Ihre Nachricht vom	Unsere Zeichen	Braunschweig
= = =	13.12.38.	G/Bs/Oe.	23.12.38.

Betreff:

454

Sehr geehrter Herr Winkler,

die Hauptfrage, die bei unserer Besprechung am 11.12. übrig blieb, ob ich Ihnen nämlich ein selbständiges genügend umfangreiches Arbeitsgebiet zusichern könnte, ist durch eine Besprechung mit Dr.Sänger schon im positiven Sinne vorgeklärt worden. Auch er ist der Meinung, daß die Größe des Gesamtgebietes eine Gewähr dafür bietet, daß für jeden geeignete Teilgebiete vorhanden sind. Bevor ich einen Antrag an den Vorstand der Luftfahrtforschungsanstalt stellen kann, was für eine derartige Stellung erforderlich ist, müßte ich Sie um Zusendung von wissenschaftlichen Unterlagen bitten, aus denen Ihre Gesamteinstellung zu diesen Fragen, die erfolgreich bearbeiteten Teilgebiete und etwa ein Forschungsprogramm zu entnehmen sind. Selbstverständlich möchte ich Sie mit diesen Wunsch nicht zu einer Enthüllung von Geheimnissen verleiten, die Sie der Firma gegenüber zu halten verpflichtet sind. Da ich aber annehme, daß die Firma in dem Augenblick, in dem sie Sie zu uns kommen läßt, doch damit rechnet, daß Ihre Erfahrungen mit an uns übergehen, dürften Sie doch wohl in dieser Richtung ziemlich freie Hand haben. Wenn Sie für diesen Zweck ein Programm entwerfen sollten, möchte ich um möglichste Kürze bitten.

Abb. 218: E. Sänger hatte vom 1.2.1937 bis zum 30.9.1943 einen Vertrag mit dem Gasdynamischen Institut der Deutschen Forschungsanstalt für Luftfahrt in Braunschweig. Von 1937 bis 1939 baute er eine sogenannten "Flugzeugprüfstelle" in Trauen auf. Quelle: Hartmut E. Sänger "Ein Leben für die Raumfahrt..." Stedinger Verlag, Lemwerder 2006; Seite 13

Winkler antwortet mit dem Schreiben vom 28.12.1938 (siehe Abb. 219). Er geht darin natürlich auf Dr. Sänger ein.

28.Dez.1938.

Herrn

Professor Dr. Busemann

Braunschweig.

Sehr geehrter Herr Professor.

Besten Dank für das Schreiben vom 23.d.M. Es hat mich gefreut,dass auch Herr Dr.Sänger die Ansicht teilt,dass das Gebiet des Rückstossantriebes gross genug ist,um mehreren Sachbearbeitern umfangreiche Teilgebiete zu sichern,sodass ein harmonisches Zusammenarbeiten erhofft werden kann.

Gemäss Ihrem Wunsche nach wissenschaftlichen Unterlagen übersende ich Ihnen anbei eine Niederschrift aus dem Jahre 1932 "Der Strahlmotor",die allerdings weniger als wissenschaftliche Arbeit,sondern als Propagandaschrift verfasst wurde,um industrielle Kreise,darunter auch Kaufleute, für die Sashe zu interessieren.Sie ist heute nach 6 Jahren in vielen Stücken überholt,aber den Zweck,meine Gesamteinstellung zu diesen Fragen zu erfahren bezw.darzustellen, wird sie auch so erfüllen. Da die beiliegende Niederschrift z.Zt. mein einziges vollständiges Exemplar ist,kann ich es Ihnen vorerst nur leihweise überlassen,auch muss ich den Vorbehalt machen,dass mir patentrechtlich aus der Übersendung keine Nachteile erwachsen dürfen.

Ferner lege ich ein Forschungsprogramm bei,das auf dem grundlegenden Kapitel der Niederschrift über das Aggregat S.15...24 aufgebaut ist und von dem ich hoffe,dass es hinreichend ausserhalb der Zielsetzung von Herrn Dr.Sänger liegt,sodass eine etwaige Doppelarbeit auf ein Minimum beschränkt bleibt,das durch die gegenseitige Anregung mehr als ausgeglichen wird.

Schliesslich habe ich bei der Werksleitung die Übersendung eines im Oktober d.J.verfassten SV-Berichtes ([geschwärzt]) an Sie beantragt. Da Herr Prof.Wagner bei der Auflösungsverhandlung die Frage,dass ich durch die Auflösung genötigt sein werde,über meine Rückstosserarbeiten mit Aussenstehenden zu sprechen,dahin entschieden hat,dass unter den vorliegenden Umständen seitens des Werkes nichts dagegen einzuwenden sei,so möchte ich glauben,dass diesem Antrag stattgegeben wird,zumal die Luftfahrtforschungsanstalt den Geheimhaltungsverpflichtungen in gleicher Weise unterliegt wie die Junkerswerke.

~~Heil Hitler!~~

[Unterschrift]

Abb. 219, handschriftlich wurde neben dem letzten Kapitel vermerkt „abgelehnt, 29.12.38"

Entsprechend dem Wunsch von Busemann übersendet er ihm das Manuskript seines Buches „Der Strahlmotor“ von 1932 und bezeichnet sie als „Propagandaschrift“. Außerdem fügt Winkler ein Forschungsprogramm bei.
Aus der letzten Passage ist nicht eindeutig zu entnehmen, welche Festlegung zu diesem Zeitpunkt gültig war. Offenbar hat Prof. Wagner zunächst nichts gegen die Auflösung eingewendet. Die Randbemerkung besagt aber, dass am 29.12.1938 etwas abgelehnt wurde. Letztendlich durfte Johannes Winkler gehen.
Die wichtigste Aussage besteht darin, dass im Haus eine Abstimmung mit Prof. Sänger erfolgte und er für eine Arbeit von Winkler genügend Raum gesehen hat.
Der Entscheidungsprozess wurde jedoch verzögert, wie aus dem Schreiben vom 21.1.1939 zu entnehmen ist (siehe Abb. 220).

Das Problem besteht in dem Bericht über die Arbeiten von Winkler bei den Junkers-Werken/JFM AG. Zindel will dazu die Zustimmung des „Amtes“ (sprich des Reichsluftfahrtministeriums) einholen.
Johannes Winkler verweist in seinem Brief vom 31.3.1939 auf eine Besprechung mit Prof. Busemann am 28.2.1939 (siehe Abb. 221).

Winkler will sich ab 1.4.1939 beurlauben lassen und am 3.4.1939 bei der LFA beginnen.
Das folgende Schreiben der JFM vom 13.4.1939 belegt, dass darüber sehr positiv nachgedacht wurde. Auffallend ist dabei der ausgesprochen wohlwollende Inhalt und der Ton des Schreibens, das eindeutig von Zindel unterschrieben wurde.
Ernst Zindel unterbreitet darin folgende Vorschläge:

1.) *Wir beurlauben Sie vom 1. April 1939 bis zur endgültigen Entscheidung in Braunschweig, jedoch längstens bis zum 30. Juni 1939 für Ihre Tätigkeit in der Luftfahrt-Forschungsanstalt Hermann Göring in Braunschweig.*

2.) *Für diese Zeit, jedoch nicht über den 30.6. 1939 hinaus, zahlen wir Ihnen den von der Forschungsanstalt noch nicht genehmigten Teil Ihres Gehaltes in Höhe von RM 140.-- monatlich.*

3.) *Sollte bis zum 30.Juni 1939 noch keine Entscheidung über Ihre endgültige Übernahme durch die Forschungsanstalt erfolgt sein, sind wir bereit, Sie bei uns zu den alten Bedingungen weiter zu beschäftigen, und zwar in der Abteilung Strömungstechnik als Versuchsingenieur und Konstrukteur für Versuchsanlagen. Soweit es sich jetzt übersehen läßt, kommt eine Weiterbeschäftigung auf Ihrem bisherigen Arbeitsgebiet nicht in Frage.*

(siehe auch Abb. 222)

Johannes Winkler erklärt sich prinzipiell damit auf der Rückseite einverstanden, bittet aber um eine Terminverschiebung in den Punkten 1 und 3 vom 30.6.1939 auf den 30.9.1939 (siehe Abb. 223). Dem wurde offensichtlich nicht stattgegeben.
Aus diesem Brief ist außerdem zu entnehmen, dass die Forschung von Johannes Winkler 1939 dem Flugzeugbau im Stammwerk Dessau (!) zugeordnet war. Der Aufsichtsrat der JFM wird mit folgenden Personen ausgewiesen: Hellmuth Röhnert (Vorsitz des Aufsichtsrates), Heinrich Koppenberg (Vorsitz des Vorstandes), Vorstand: Fritz W. Achterberg, Hans Frieseke, Otto Mader, August Mühlen, Richard Thiedemann.

21.Jan.1939.

Herrn

Professor Dr.Ing. Busemann

Braunschweig.

Sehr geehrter Herr Professor.

Da von mir jetzt in steigendem Maße Entscheidungen verlangt werden, wäre ich Ihnen sehr dankbar, wenn Sie mich über den Stand der Angelegenheit einmal kurz unterrichten würden.

Vor ca 3 Wochen sandte ich Ihnen unter Einschreiben eine Arbeit "Der Strahlmotor" und das gewünschte Forschungsprogramm. Ein Bericht über meine Arbeiten bei Junkers wird Ihnen, wenn nichts dazwischen kommt, nun doch noch zugehen, er liegt bereits seit einigen Tagen bei Herrn Zindel in der von ihm selbst gebilligten Fassung, jedoch soll noch die Zustimmung des Amtes für die Übersendung an Sie eingeholt werden.

In dem Ihnen übersandten Forschungsprogramm ist leider ein Schreibfehler übersehen worden , vor
V
(e) muss das Wort von eingefügt werden. Der Sinn ist ja wohl aus dem Zusammenhang klar gewesen.

Mit deutschem Gruss
Ihr ergebenster

Abb. 220

Bei unserer gestrigen Besprechung machten Sie den Vorschlag,dass ich meine Tätigkeit in Braunschweig schon vor der defihitiven Genehmigung durch den Vorstand aufnehmen könnte,sofern die Forschungsanstalt einstweilen nur mein jetziges Gehalt bei Junkers zu zahlen brauchte. Ich habe daher heute der Werksleitung den Vorschlag gemacht,mich ab 1.4.39 bis zur Entscheidung in Braunschweig zu beurlauben und bis dahin die Differenz von 140 RM zu übernehmen. Auf diese Weise würde die Forschungsanstalt ohne die Trennungszulage nur 650 RM an Gehalt zu zahlen haben,ich selbst würde gleichwohl die von mir für erforderlich erachteten 790 RM erhalten,das Flugzeugwerk würde 510 RM je Monat sparen,und meine Arbeitskraft würde zweckmäßig eingesetzt sein.

Der Vorschlag liegt so sehr im Interesse aller Beteiligten,dass er selbst hier sofort gebilligt wurde,nur dass die Zahlung der 140 RM monatlich zeitlich begrenzt wurde bis zum 1.Juli d.J.,aber bis dahin wird ja die Genehmigung des Vorstandes wohl auch vorliegen. Damit würde ich also in der Lage sein,schon am Montag,den 3.4.,in Braunschweig meine Arbeit zu beginnen,und ich möchte daher auch nicht zögern. Wenn ich gestern als Zeitpunkt "nach Ostern" nannte,so geschah dies,weil eine so kurze Laufzeit von Anträgen ganz ungewöhnlich ist.Ich nehme an,dass es Ihnen gleichwohl recht ist,wenn ich nun doch noch auf den von Ihnen vorgeschlagenen Zeitpunkt eingehe,und am Montag,den 3.4.,mich Ihnen zur Verfügung stelle.

Abb. 221

1.) Wir beurlauben Sie vom 1. April 1939 bis zur endgültigen Entscheidung in Braunschweig, jedoch längstens bis zum 30. Juni 1939 für Ihre Tätigkeit in der Luftfahrt-Forschungsanstalt Hermann Göring in Braunschweig.

2.) Für diese Zeit, jedoch nicht über den 30. Juni 1939 hinaus, zahlen wir Ihnen den von der Forschungsanstalt noch nicht genehmigten Teil Ihres Gehaltes in Höhe von RM 140.-- monatlich.

3.) Sollte bis zum 30. Juni 1939 noch keine Entscheidung über Ihre endgültige Übernahme durch die Forschungsanstalt erfolgt sein, sind wir bereit, Sie bei uns zu den alten Bedingungen weiter zu beschäftigen, und zwar in der Abteilung Strömungstechnik als Versuchsingenieur und Konstrukteur für Versuchsanlagen. Soweit es sich jetzt übersehen läßt, kommt eine Weiterbeschäftigung auf Ihrem bisherigen Arbeitsgebiet nicht in Frage.

Abb. 222

Mit den vorstehenden Regelungen erkläre ich mich einverstanden: +
Johannes Winkler

+ Nur bitte ich, bei 1 u. 3 den Termin in 30.9.39 zu ändern, da die Entscheidung kaum bis zum 30.6. zu erwarten ist und eine finanzielle Belastung durch diese Änderung für Sie nicht entsteht.

Abb. 223, Quelle: Deutsches Museum München; Nachlass Winkler

Der Flugzeugbau, Stammwerk Dessau schreibt am 10.7.1939 an Winkler in Braunschweig Folgendes:

IHRE ZEICHEN	IHRE NACHRICHT VOM	UNSERE NACHRICHT VOM	UNSER ZEICHEN	TAG
			Gefo-G Ra/Kö	10.7.1939

Betreff:

Wir beziehen uns auf die mit Ihnen getroffene Vereinbarung bezüglich Ihrer Tätigkeit in der Luftfahrt-Forschungsanstalt Hermann Göring in Braunschweig - unser Schreiben vom 13.4.39 - und bitten, nachdem die Beurlaubung am 30. vorigen Monats abgelaufen ist, um Mitteilung, ob nunmehr Ihre Übernahme in die Forschungsanstalt entgültig geregelt ist. Wir bitten um Ihre umgehende Rückäusserung, damit wir Ihre Arbeitspapiere per 30.6.1939 abschliessen und Ihnen übermitteln können.

Abb. 224

Dabei geht es bereits um die Übermittlung der Arbeitspapiere. Am 25.7.1939 ordnet die JFM AG Winkler auf seinen Wunsch bis zum 30.9.1939 als „ohne Gehalt“ beurlaubt ein (siehe Abb. 225).

IHRE ZEICHEN | IHRE NACHRICHT VOM | UNSERE NACHRICHT VOM | UNSERE ZEICHEN Gefo-G Ra/Kö | TAG 25.7.1939

Betreff: Ihr Dienstverhältnis

Auf Ihr Schreiben vom 15.7.1939 teilen wir Ihnen mit, dass wir auf Ihren Wunsch hin Sie bis zum 30.9.1939 als ohne Gehalt beurlaubt führen. Wir hoffen, dass dann eine endgültige Klärung erfolgen kann und sehen Ihrer entsprechenden Mitteilung bis zu diesem Zeitpunkt entgegen.

Heil Hitler!
Junkers Flugzeug- und -Motorenwerke
Aktiengesellschaft

Abb. 225

Am 23.10.1939 geht es um die Rücküberweisung von 140,--RM für den Monat Juli (siehe Abb. 226).

IHRE ZEICHEN | IHRE NACHRICHT VOM | UNSERE NACHRICHT VOM | Bei Antwort stets angeben UNSERE ZEICHEN FSD Gefo- Ra/Ldk. | TAG 23.10.1939

Betreff: Ihr Dienstverhältnis.

Wir nehmen Bezug auf Ihren bisher geführten Schriftwechsel und fragen an, ob eine endgültige Klärung Ihrer Übernahme von der Luftfahrt-Forschungsanstalt Hermann Göring in nächster Zeit erfolgt, oder ob infolge der jetzigen Lage eine Entscheidung vorerst nicht zu erwarten ist.

Wie Ihnen vermutlich bei der Überprüfung Ihrer Bankabrechnung aufgefallen sein wird, ist der Zuschuss -Betrag von brutto RM 140.--, der für die Monat April bis einschliesslich Juni zu zahlen war, auch für Monat Juli überwiesen wurde, sodass wir um Rückerstattung dieses Betrages bitten.

Auch müsste unabhängig von der endgültigen Regelung Ihres Dienstverhältnisses die Frage geklärt werden, ob wir oder die Luftfahrt-Forschungsanstalt in Zukunft Ihre Arbeitspapiere führt.

Abb. 226

Johannes Winkler überwies am 9.11.1939 die zu viel gezahlten 130,09 RM.

JOHANNES WINKLER
INGENIEUR

Telephon: Dessau 2738
Postscheck: Magdeburg 577

Braunschweig-Qerum,den 9.Nov.1939.
Bevenroderstr.143.
Ruf 8753.

Junkers Flugzeug- und Motorenwerke A.G.
Flugzeugstammwerk

Dessau.

Auf Ihr Schreiben vom 23.v.M. (FSD Gefo-Ra/Ldk) überwies ich Ihnen vor einigen Tagen den für Juli zu viel gezahlten Betrag von 130,08 RM.

Über meine endgiltige Übernahme durch die Luftfahrtforschungsanstalt Hermann Göring ist noch immer keine Entscheidung gefallen. Da ich jedoch im Hinblick auf die drohende Kriegsgefahr meinen Wohnsitz auch für meine Familie im August von Dessau nach Braunschweig verlegt habe, ist mit einer Rückehr nach Dessau auch dann nicht zu rechnen,wenn ein Eintritt in die Forschungsanstalt nicht zustande kommen sollte.

Bei dieser Sachlage würde ich auch keinen besonderen Wert darauf legen,dass meine Arbeitspapiere weiterhin bei Ihnen geführt werden. Die Rückzahlung Ihres Zuschusses im 2.Quartal,wie bereits früher erwähnt,würde ich jedoch nur vornehmen,wenn und sobald ich von der DFL in das Angestellten-Verhältnis übernommen werde, zurzeit werde ich hier als freier selbständiger Mitarbeiter geführt.

Abb. 227

Auf der folgenden Seite befindet sich eine Aufstellung über die Tätigkeit von Johannes Winkler vom 1.1.1930 bis 1945 aus dem Fragebogen der britischen Behörden.

Von *From*	Bis *To*	Anstellung *Position*	Art der Tätigkeit *Duties*	Arbeitgeber *Employer*	Grund für Beendigung des Dienstverhältnisses *Reasons for Cessation of Service*
1.1.30	Febr. 1931	Ingenieur	Forschung	Forsch. Anst. prof. Junkers Dessau	[illegible]
März 31	Okt. 32	selbständig	Forschung	selbständig	"
Nov. 32	11.8.33	arbeitslos			
11.8.33	30.6.39	Ingenieur	Forschung	Junkers Flugzeugwerke Dessau	[illegible]
1.7.39	31.3.41	selbständig	Forschung	(für Luftfahrtforsch. Anst. Braunschweig)	[illegible]
1.4.41	30.6.45	Abt. Leiter	Forschung	Luftfahrtforsch. Anst. Braunschweig	Feindbesetzung
1.7.45	31.7.45	ohne Anstellung			
1.8.45	heute	Abteilung wissenschaftl. Berater		Royal Air Force [illegible]	[illegible]

E. EINKOMMEN … E. INCOME

Abb. 228

Der Brief vom 9.11.1939 beinhaltet drei wesentliche Aussagen:

- In der LFA ist immer noch keine Entscheidung über die endgültige Übernahme erfolgt.
- Winkler hat auch für die Familie wegen der drohenden Kriegsgefahr (!) Wohnsitz von Dessau nach Braunschweig verlegt.
- Er wird in LFA als freier selbständiger Mitarbeiter geführt.

Johannes Winkler hat in seiner Aufstellung für die britischen Behörden fixiert, dass er ab dem 1.7.1939 in der LFA in Braunschweig gearbeitet hat.

Ein weiterer Beleg dafür ist seine Aufstellung über die Gehaltsentwicklung von 1939 bis 1944.
Demnach betrug sein Gehalt 1933 bei den Junkers-Flugzeugwerken (!) 500 RM. Per 1.1.1937 betrug sein Gehalt 600,- RM, das sich bis 1938 auf 710 RM erhöhte. Sein Einstieg bei der Luftfahrtforschungsanstalt (LFA) begann mit 740,- RM und erhöhte sich bis 1944 auf 947,- RM.
Aus dem Organigramm der JFM 1936 ist eindeutig zu erkennen, dass es eine selbständige Forschungsanstalt „Prof. Junkers“ ab 1936 nicht mehr gegeben hat und die Erinnerung von August Lichte ihn selbst getäuscht hat.
Unter Prof. Mader arbeiten jetzt die Patentabteilung unter Wagenseil, das Konstruktionsbüro Motoren unter Gastersstädt, die Werkstoffforschung unter Steudel, der Versuchsbau unter Singer und unter Mader direkt der Entwicklungsprüfstand.
Das vorläufig letzte Schreiben der JFM ist aus dem Jahr 1941. Aus der nicht reproduzierbaren Kopie ist jedoch nur der Tag, aber nicht der Monat lesbar. Interessant ist, dass Winkler erst 1941 von der JFM seine Unterlagen zugeschickt bekommen hat. Aus dem Briefkopf ist ersichtlich, dass

- die letzte Arbeitsstelle von Johannes Winkler im Flugzeugbau/Stammwerk Dessau Kobü-Ströte v. Dp. (von Doepp) angesiedelt war.
- Johannes Winkler in der LFA Braunschweig zunächst ohne die Dessauer Unterlagen gearbeitet hat.

Aus dem Text geht folgendes hervor:
- Mit Datum vom 24.4.1941 sind an Winkler ein Satz Akten, Zeichnungen und Versuchsmodelle über die LFA abgegangen.
- Die Übergabe erfolgt leihweise unter ausdrücklichen Eigentumsvorbehalt zu treuen Händen.
- Winkler wird ermächtigt, sie für die dortige Forschungsarbeit zu verwenden.
- Falls Winkler seine jetzigen Beziehungen zur LFA löst, behält sich die JFM/Flugzeugbau vor, anders über die Unterlagen zu disponieren.

Sollten sich im Verlauf Ihrer Arbeiten auch die Möglichkeit einer wirtschaftlichen Verwertung der Ergebnisse zeigen, so behalten wir uns eine weitere Regelung der daraus entstehenden Fragen vor.

Aus dem letzten Satz ist zu entnehmen, dass mit großer Wahrscheinlichkeit eine Einverständniserklärung von Winkler erwartet wird. Soweit zur letzten Phase der Tätigkeit von Johannes Winkler in der JFM AG und der nochmalige Beweis für die hohe Wertschätzung von Johannes Winkler durch seinen Abteilungsleiter Philipp von Doepp, der dieses Schreiben rechts unten unterschrieben hat.
Über die Forschungsarbeit von Johannes Winkler in der LFA Braunschweig liegen vereinzelte Dokumente vor, die zu einem späteren Zeitpunkt ausgewertet werden.

9. Bisherige internationale und nationale Würdigungen des technischen Erbes von Johannes Winkler

Trotz zahlreicher internationaler und nationaler Würdigungen blieb Johannes Winkler als früher Raketenpionier und Theoretiker der Raumfahrt relativ unbekannt. Als Hauptursache dafür wird sein früher Tod im Jahre 1947 angesehen. Im Gegensatz zu anderen Raumfahrtpionieren konnte er nicht über seine ehemals geheimen Ideen und praktischen Erfolge in der Öffentlich-

Abb. 229 : Benennung eines Mondkraters auf der Rückseite durch die Internationale Astronomische Union im August 1970; Koordinaten: 42 N, 179 W, WAC_GL180

keit berichten. Sogar seine Berichte an die britischen Behörden 1947 blieben weitgehend unbeachtet. Weitere Ursachen sind die lückenhaften und mit Fehlern behafteten Erinnerungen von Rudolf Engel. Er hat andererseits dafür gesorgt, dass im Deutschen Museum die Raketen HW 1und HW 2 fast im Original ausgestellt wurden und sein Nachlass dort eingesehen werden kann. Auch stammen von ihm einige international beachteten Artikel. Die internationalen Würdigungen sind die Benennung eines Kraters auf der Mondrückseite, die auch anderen Raketenpioniere erhalten haben und die Aufnahme in die Space Hall of Fame.

Abb. 230: Informationsstand über Johannes Winkler in der Space Hall of Fame im USA-Staat New Mexico. Quelle des Fotos: Privatarchiv Dr. Guder

Der Text der Würdigung von Johannes Winkler befindet sich auf Seite 272 der Biografie von Rudolf Guder „Astris..." und lautet:
Johannes Winkler, who built and flew the first liquid-propellant Rocket in Europe, was a German engeneer, working at the Junkers airkraft company when he became interested in rockets. In 1927, he became one of the three founders of the German Rocket Society, and was ist first president. From 1927-29 he was the editor and publisher of „The Rocket", the first joumal of rocketry and astronautics. With the financial assistance of an industrialist and manufacturer, he designed, built and flew the first liquid-propellant Rocket in Europe. After his successfull flight, he continued to work at Junkers and joining the Aeronautical Research Institute in 1937. He died of a stroke Dec. 27, 1947.

Ausgewählte nationale Würdigungen des technischen Erbes von J. Winkler

A) Ehrentafel am ehemaligen Wohnhaus der Familie Winkler in Braunschweig

Johannes Winkler

geb. 29.05.1897 • gest. 27.12.1947
Von September 1939 bis zu seinem Tode im Dezember 1947 lebte hier, im Hause Bevenroder Straße 143, der deutsche Raumfahrtpionier Johannes Winkler. Er liegt auf dem Querumer Friedhof begraben.
Johannes Winkler wurde im Jahr 1897 in Bad Carlsruhe in Schlesien geboren. Er studierte Maschinenbau und Theologie in Danzig, Breslau und Leipzig. Naturwissenschaft und Technik, insbesondere jedoch die Erforschung von technischen Voraussetzungen für den Weltraumflug, wurden Johannes Winklers Hauptbetätigungsfeld. 1927 gab er die Zeitschrift „Die Rakete" heraus und gründete den „Verein für Raum-

schiffahrt E. V." in Breslau und wurde dessen erster Vorsitzender.
Seine 1928 an der Technischen Hochschule in Breslau durchgeführten systematischen Messungen zu Schubverläufen an Feststoffraketen verhalfen zu der Erkenntnis, dass nur Triebwerke mit flüssigen Treibstoffen die für die Raumfahrt notwendigen Schubkräfte und Laufzeiten entwickeln könnten. 1929 holte der Flugzeug-Konstrukteur Prof. Hugo Junkers Johannes Winkler aufgrund seiner wissenschaftlichen Veröffentlichungen als Ingenieur an die Versuchsanstalt nach Dessau.
Die Entwicklung einer senkrecht startenden Rakete ist Johannes Winklers bleibendes Verdienst in der Raumfahrtgeschichte. Am 14. März 1931 gelang ihm mit seiner HW1 auf dem Exerzierplatz bei Dessau-Großkühnau der erste Flüssigkeitsraketenflug in Europa. Weitere Experimente folgten. Der Start seiner größeren und leistungsfähigeren Rakete HW 2 schlug 1932 jedoch fehl und konnte wegen fehlender Mittel nicht wiederholt werden.
In Folge einer Tätigkeit an der Deutschen Forschungsanstalt für Luftfahrt (DFL) ließ sich Winkler mit seiner Frau und den zwei Töchtern 1939 in Braunschweig nieder.
Nach dem Ende des Zweiten Weltkrieges verfasste Johannes Winkler für die Britische Royal Air Force Berichte zu seinen Forschungen in der Raketentechnik.
Sein Einsatz für die Raketenforschung erfuhr international dadurch eine Würdigung, dass im Jahre 1970 ein Krater auf der erdabgewandten Seite des Mondes nach ihm benannt wurde. Auch die „International Space Hall of Fame" in Alamogordo/ New Mexico ehrte Johannes Winkler im Jahre 1976 durch eine Aufnahme in ihre Reihen.
Für die Förderung der Tafelrealisierung im Stadtraum danken die Projektpartner dem Stadtbezirksrat Wabe-Schunter, der Arbeitsgemeinschaft Querumer Vereine und Körperschaften sowie dem Arbeitskreis Braunschweiger Luftfahrtgeschichte.

Abb. 231: Das ehemalige Wohnhaus der Familie Winkler mit einer Ehrentafel in Braunschweig, Quelle des Fotos: Autor

B) Die Ausstellung über die Raketen von Johannes Winkler im Deutschen Museum München 1996

Rudolf Guder berichtet über die Entstehung der Raketen-Ausstellung wie folgt[99]

Die Raketenteile lagen nach dem Umzug der Familie Winkler bis 1955 auf dem Dachboden des Hauses Bevenroder Straße 143. Nach dem vergeblichen Versuch, diese Raketen an der Technischen Hochschule Braunschweig restaurieren zu lassen wurden die Einzelteile von Tochter Elisabeth 1955 nach München ins Deutsche Museum geschickt wo sie in einem Magazinkeller lagerten, bis Horst Engel sie dort entdeckte und in Ottobrunn mit einer Gruppe von Lehrlingen restaurieren ließ.

Nachdem sie zunächst ziemlich unattraktiv im Museum herumstanden, stehen sie jetzt nach der Einrichtung einer neuen Abteilung für Luft- und Raumfahrt in einer repräsentativen Wandvitrine.

bb. 232

Abb. 233: *Die Modelle HW 1 und HW 2 wurden zeitweise auch im Hermann-Oberth-Museum in Feucht ausgestellt. Quelle: Privatarchiv Dr. Guder*

C) Die Dauerausstellung Johannes Winkler in Peenemünde 2021

Abb. 234

Abb. 235

Ein Teil des Museums im ehemaligen Kraftwerk Peenemünde ist der Geschichte der Raumfahrt gewidmet. Hier wird neben K. E. Ziolkowski, Hermann Obert, Max Valier unter anderen auch Johannes Winkler gewürdigt, wie die obigen Fotos zeigen. Zu sehen sind die Titelbilder einiger Exemplare seiner Zeitschrift „Die Rakete“ und Fotos der Dessauer Raketen HW 1 und HW 2.

D) Die Würdigungen des technischen Erbes von Johannes Winkler in Dessau-Roßlau seit 1981

Die geänderte politische Lage in der DDR ermöglichte seit 1981 eine stärkere Zuwendung zu herausragenden Persönlichkeiten in Wissenschaft und Technik seit den 1930er Jahren.
Ein erstes Kolloquium zu Johannes Winkler hat 1982 in Dessau stattgefunden, doch liegen dazu bisher keine weiteren Unterlagen vor. Eine weitere Aktivität war die Enthüllung einer Ehren-

tafel am ehemaligen Wohn haus der Familie Winkler in der Brunnenstraße 70. Die kurze Rede bei der Enthüllung der Ehrentafel hielt Alfred Krüger.

Abb. 236: Das Wohnhaus der Familie Winkler in Dessau-Ziebigk 1930 – 1939 mit der Ehrentafel 1981, Quelle: MZ vom 15.3.2001 und „Astris" Seite 275

Abb. 237: Die Ehrentafel am Haus in der Brunnenstraße 70

Ein erster Höhepunkt war das Kolloquium zum 125. Geburtstag von Professor Hugo Junkers am 3.2.1984 im Bauhaus Dessau mit einer ausführlichen Würdigung von Johannes Winkler

Aus obigem Anlass fand 1984 im Bauhaus Dessau das erste Kolloquium statt, das vor allem dem Wirken von Prof. Hugo Junkers gewidmet war. Darin eingeordnet war ein Vortrag von Helmut Erfurth, den er zusammen mit Dr. Harald Kunze von der Friedrich-Schiller-Universität Jena vorbereitet hatte. Dieser Vortrag ist Bestandteil einer Broschüre, die von der Urania Dessau besorgt worden war.

Generell kann dazu festgestellt werden, dass dieser Vortrag heute noch lesenswert ist, da er das damalige Wissen über das technische Erbe Johannes Winkler richtig widerspiegelt.

Neue Details sind vor allem bekannt geworden durch die Auswertung der Biografie von Rudolf Guder, die Versuchsprotokolle der Forschungsanstalt Prof. Junkers 1929/1931 und den Briefwechsel Johannes Winkler/Hugo A. Hückel, um einige Beispiele zu nennen. Gegenüber dem Text 1984 ist vor allem hervorzuheben, dass bereits 1914 in der Versuchsanstalt Prof. Junkers in Aachen Versuche mit Pulverraketen für das Kaiserliche Kriegsministerium vorgenommen worden sind. Zweitens ist die Ergänzung wichtig, dass sich auch Johannes Winkler in der Zeitschrift „Die Rakete“ mit der Gasturbine auseinandergesetzt hat. Interessant sind die Ausführungen über die „Geheime Kommandosache“ aus dem Jahr 1943, in der auf Details der Versuche in der Forschungsanstalt hingewiesen wird.

Am 30.5.1987 fand das 2. Interdisziplinäre Kolloquium zu Fragen der Raumfahrtforschung in Dessau statt, worüber bisher außer einigen Postalien keine Unterlagen vorliegen. Interessant sind jedoch eben diese Postalien, die aus diesem Anlass herausgebracht wurden. (Siehe Abb. 240 bis Abb. 243)
1997 wurde das 3. Kolloquium zur Raumfahrtforschung anlässlich des 100. Geburtstages von Johannes Winkler durchgeführt, über das in der „Mitteldeutschen Zeitung“ vom 2.6.1997 ausführlich berichtet wurde. Das Kolloquium wurde vom Heimatbund durchgeführt und von der Daimler-Benz Aerospace AG München sowie vom Förderverein Technikmuseum „Hugo Junkers“ unterstützt. Vertreter der Deutschen Gesellschaft für Luft- und Raumfahrt war Karlheinz Rohrwild. Er würdigte die Arbeit der Freizeithistoriker, kritisierte aber auch gleichzeitig die Geschichtsforschung der Raumfahrt in Deutschland.[100]
Geprägt wurde das Kolloquium auch durch den Besuch der beiden Kinder von Johannes Winkler (siehe Abb. 238). Frau Guder sprach über die technischen Leistungen ihres Vaters, ging aber auch auf seine Gedanken zur Bekämpfung der Arbeitslosigkeit ein. Erstmals wurden dabei in Dessau die Filmsequenzen vom ersten Start der HW 1 vorgeführt.

Aus der MZ vom 10.12.2007 erfahren wir, dass 2007 das 5. Kolloquium zur Raumfahrtforschung stattgefunden hat. Helmuth Erfurth schilderte in seinem Vortrag die teilweisen abenteuerlichen Bedingungen mit den Tests in Wohngebieten und dem

Abb. 238: Die Winkler-Töchter Elisabeth Guder (rechts) und Dietlinde Zill vor dem ehemaligen Wohnhaus in der Brunnenstraße 70 im Jahr 1997. Quelle: MZ-Foto: Hans-Peter Berth

Transport der HW 1 mit dem Taxi. Träger der Veranstaltung war der Förderverein des Technikmuseums. Der damalige Vereinsvorsitzende Peter Kuras erklärte: „Wir betreiben keine Grabpflege, sondern hoffen, einen Beitrag für die Zukunft zu leisten." Das gilt auch heute noch so!

Abb. 239: Fotoschau im Technikmuseum Hugo Junkers in Dessau-Roßlau

Einige Postalien anlässlich der Kolloquien in Dessau

Abb. 240, Quelle: Astris, Seite 275

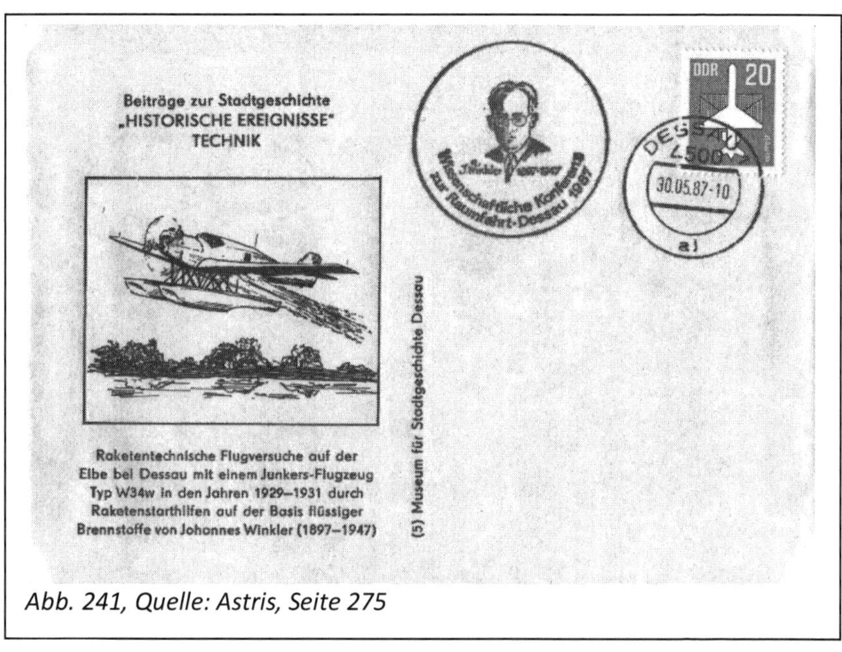

Abb. 241, Quelle: Astris, Seite 275

Abb. 242, Quelle: Astris, Seite 275

Abb. 243, Quelle: Astris, Seite 275

Abb. 244: Dieses Foto entstand 2015 im Zusammenhang mit der Eröffnung der Dauerausstellung zu Johannes Winkler im Technikmuseum „Hugo Junkers" Dessau-Roßlau. Enkel und Urenkel von Johannes Winkler an der Startstelle, der HW 1. Foto: Autor.

Nach einer Pause von acht Jahren wurde 2015 mit der Eröffnung einer neuen Dauerausstellung im Technikmuseum „Hugo Junkers" ein neuer Anfang gefunden (siehe Abb. 245).

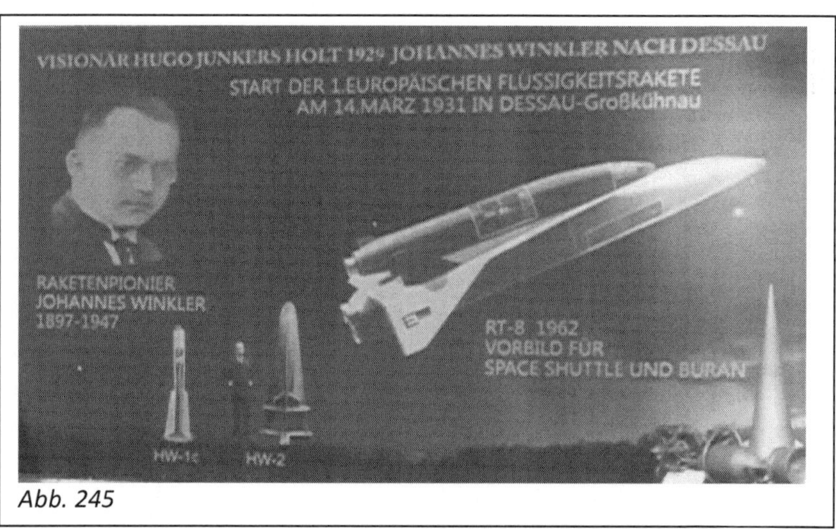

Abb. 245

Nachfolgend erfolgte die Herstellung der äußeren Form und der inneren Struktur der HW 2 durch Roland Bissot, Siegfrid Röder und Wilfried Mühlisch 2015/16 (siehe Abb. 246 und Abb. 247). Dort existiert jetzt eine AG „Raketenpionier Johannes Winkler“. Neben dem Ausbau der Dauerausstellung setzte eine intensive Forschungsarbeit ein, die dem Ziel diente, die theoretischen Beiträge von Johannes Winkler zur Raketentheorie und seine praktischen Erfolge mit Dokumenten, Zeichnungen und Fotos zu vertiefen. Diese Arbeit, deren Zwischenergebnisse in Dessau, Berlin und Feucht, aber auch auf dem Internationalen Kongress in Bremen 2018 vorgetragen wurden, sind vorläufig abgeschlossen.

Ausgewählte Erkenntnisse sind in dem vorliegen Buch des Machtwortverlages enthalten. Die Forschung geht aber weiter und wird noch überraschende Informationen über die frühen Raketenforscher hervorbringen.

Abb. 246: Die drei Erbauer der äußeren Form der HW 2.

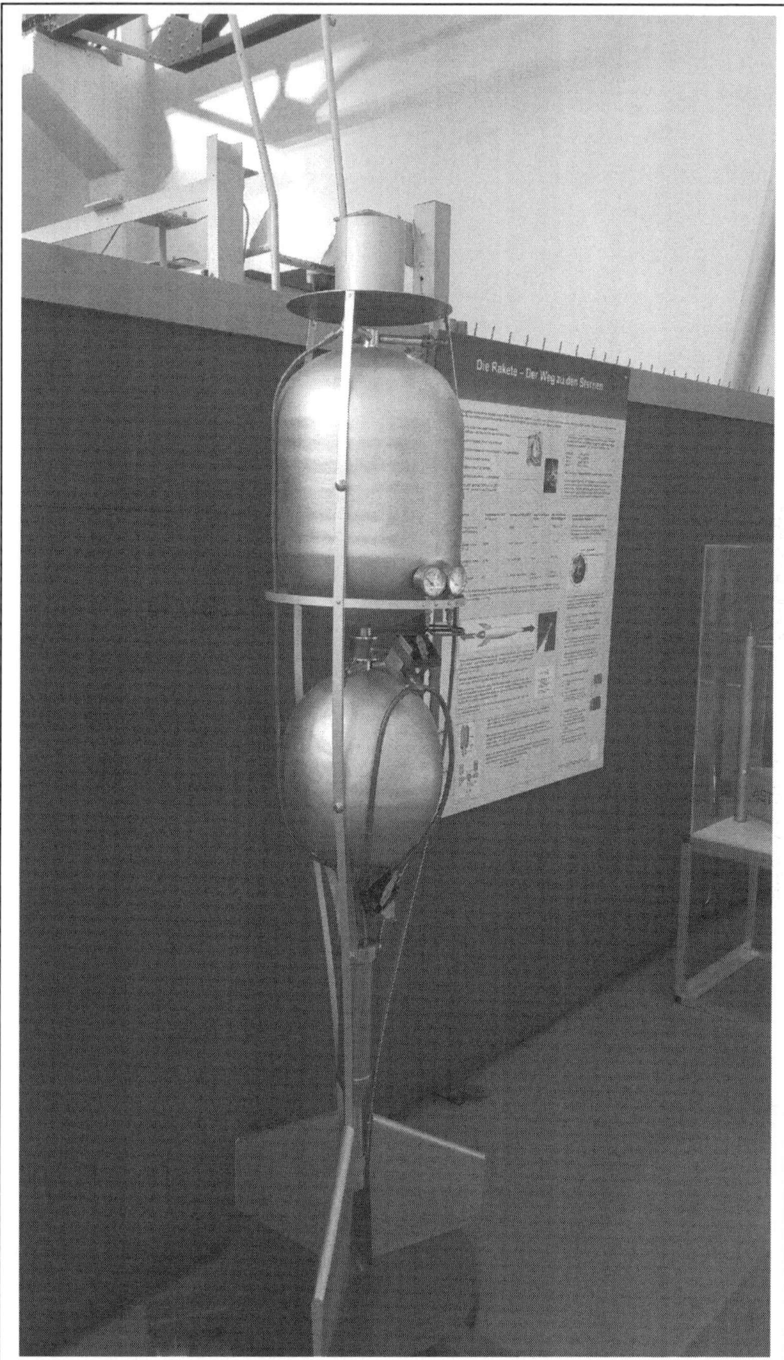

Abb. 247: Die innere Struktur der HW 2 im Technikmuseum, erbaut von Herrn Mühlisch.

E) Der Raketenflugplatz Berlin – „Daedalus“

Im Internet befindet sich unter den vorgenannten Kennwörtern eine lesenswerte Zusammenstellung der Leistungen einzelner früher Raketenpioniere, darunter Johannes Winkler. Eine interessante Rubrik ist der Button „Behauptungen über angebliche Erfindungen Winklers“. Allerdings fehlen dort die Hinweise zu den Quellen dieser Behauptungen.

Nachwort: Wanderer zwischen Glauben und Wissenschaft – Der religiöse und politische Werdegang von Johannes Winkler

Johannes Winkler stand lange Zeit unter den Eindrücken des Krieges und seiner Verwundung. Daraus erklärt sich auch nach Meinung des Autors, dass er einerseits seinen Glauben an Gott vertiefte, andererseits meinte, dass „die Menschheit der Vollendung“ entgegengehen muss.

Seine Gedanken sind sehr deutlich in einem Aufsatz vom 20.11.1918 enthalten, der teilweise in „Astris“ abgedruckt ist. Rudolf Guder wertete 2002 den Aufsatz so:

Dieser zeigt erschreckend, wie ich meine, (zu) welchen ideologisch-nationalistischen Übersteigerungen die damalige Jugend fähig war, selbst wenn man einschränkend voraussetzt, daß um die Note willen auch daran gedacht wurde, was die Lehrer - üblicherweise glühende Nationalisten - hören wollten.

Guder wertete den Aufsatz vor allem als Zeitdokument, dem sich der Autor anschließt. Dabei ist zu beachten, dass Winkler schwerverletzt aus dem Krieg zurückkehrte.

Da nur noch wenige Exemplare von „Astris“ auf dem Markt sind, werden daraus hier einige Passagen zitiert:[101]

Das Thema des Aufsatzes: Welchen Segen hat die allgemeine Wehrpflicht für Deutschland?

A. Von allen irdischen Wesen ist der Mensch das höchste. Die Menschheit ist noch nicht das, was sie durch die Vernunft sein soll, aber sie geht ihrer Vollendung entgegen.

B. Gegen die Unvernunft gibt es kein andres Mittel als den Kampf. Der Segen der allgemeinen Wehrpflicht besteht darin, daß sie die Menschheit der Vollendung näher bringt, denn I. sie bietet Deutschland die Möglichkeit, deutsches Wesen in der Welt durchzusetzen, II. sie fördert die Vollendung der Menschheit innerhalb des Staates.

C. Die Kirche leitet die Erziehung des Menschen vom tiefsten Grunde aus. In ihrem gegenwärtigen Zustande aber ist sie nicht geeignet, die Menschheit zur Vollkommenheit zu führen. Sie wird eine Änderung

erfahren müssen, wenn deutsches Wesen einmal die Welt beherrschen soll.

Unter B) stehen folgende Aussagen:
Gegen die Unvernunft gibt es nur ein Mittel, den Kampf. Die Hauptgegensätze in Europa sind England und Deutschland. Auf englischer Seite würde man als Triebfeder unersättlichen Machthunger sehen. Auch der englische Hochmut wäre wenig geeignet, die Menschheit ihrem Ziel näher zu bringen. In Deutschland würden die leitenden Stellen den Kampf gegen England aufnehmen, um deutsches Wesen der Welt zu erhalten. Dazu würden gehören Aufrichtigkeit, ungekünsteltes Wesen und reine Selbstlosigkeit. Der bloße Gedanke, daß etwas Geordnetes da sei, gibt ihm seinen unerschütterlichen Gottesglauben. Das wäre die Grundlage seines rastlosen Tätigkeitsdranges. Die Arbeit würde er als seinen Lebenszweck erkennen und die Weltgesetze erforschen. Die Arbeit sei ihm ein Gottesdienst, nicht ein Mittel, um Reichtum zu erringen... „Der Segen der allgemeinen Wehrpflicht besteht also einerseits darin, daß wir durch sie deutsches Wesen durchbringen können." Andererseits fördere die Wehrpflicht die Vollendung der Menschheit. Sie hätte zum Ziel, ihm körperliche Kraft und Geschicklichkeit zu geben. Der Hauptpunkt wäre aber die Erziehung zur Hingabe an eine größere Aufgabe. „So gibt die allgemeine Wehrpflicht den Anstoß zu Erkenntnissen, zu denen der Einzelne vielleicht nie in seinem Leben gekommen wäre...

Unter C) stehen folgende Gedanken:
Das gleiche Ziel wie die militärische Erziehung haben Schulen und Kirche. Die Kirche könne jedoch den Menschen in seinem Innersten wenig befriedigen. Sie verschütte die Wahrheit mit Formen und Dogmen. Sie wäre daher so kraftlos. Es ist eine unserer höchsten Aufgaben, die Kirche wieder zu Ehren zu bringen.

Er vertiefte sich derart in diese Überlegungen, dass er damals auch „Erleuchtungen" gehabt hätte.

Man kann sicher davon ausgehen, dass derartige Gedanken im Ausgang des Krieges viele Deutsche hatten. Trotzdem weitete sich der Kieler Matrosenaufstand aus, stürzte die deutsche Monarchie und führte am 14.8.1919 zur Gründung der Weimarer Republik (Annahme der Verfassung).
Wie aus dem Brief an Albert Einstein vom 30.8.1947 hervorgeht, hatte Winkler 1918-1922 keine Probleme, über seine Relativitätstheorie wiederholt Vorträge zu halten. Er gesteht aber zu, dass das im 3. Reich nicht mehr möglich gewesen war, er jetzt aber wieder mit derartigen Vorträgen beginnen will.[102]
Eine Antwort von Einstein ist bisher nicht bekannt.
Noch kurz vor Aufnahme seines Theologiestudiums schreibt er in „Gedanken für einen bevorstehenden Briefwechsel mit einem Theologen...“:

Ich werde mich daher der Technik zuwenden und mich bemühen, Ingenieur zu werden. Die Zukunft liegt wohl recht verschleiert vor uns und sichere Pläne kann man gar nicht fassen. Ich bin fest überzeugt, daß Sie meine Zieländerung verstehen, ich verlange von Ihnen kein Geständnis. Es steht aber auch fest, daß ich mich stets beschafigen werde mit der Frage: Wie bringen wir den Menschen das Vertrauen zur Kirche zurück? Es ist schon so erschwert und fast zur Unmöglichkeit gemacht, denn auch, wenn die Kirche eine Änderung erfahren hat, der schlechte Ruf in dem sie einmal steht, bleibt bestehen. Ich bin kein revolutionärer Mensch, aber wo es Not tut bin ich dafür, denn nur eine große Operation, bei der jeder merkt, worum es sich handelt, kann hier noch helfen.

Johannes Winkler söhnte sich durch sein Studium der Theologie offenbar teilweise mit der Evangelisch-lutherischen Kirche aus und begann 1922 seine Arbeit als Rendant in der Leitung des Oberkirchenkollegiums in Breslau.
Das Thema seiner Examensarbeit lautete:

Die Anschauung des Christen von der Natur und ihr Verhältnis zur wissenschaftlichen Naturerkenntnis in der Gegenwart.

Bei der Darstellung der wissenschaftliche Naturerkenntnis in der Gegenwart steht er lt. Guder auf der Höhe der Zeit. Er behandelt die Relativitätstheorie Einsteins so ausführlich, dass seine Begeisterung dafür deutlich wird. Das gelte auch für die damals aktuelle Atomtheorie. Im Gegensatz dazu bliebe der Teil über die Anschauungen des Christen von der Natur recht farblos.[103]

Guder resümiert, dass die Examensarbeit das bis dahin prägnanteste Dokument von Winklers Zwiespältigkeit bezüglich von Glauben und Wissenschaft sei. Er vertieft seine Einblicke 1934/35 in „FROWI – Gelehrte Unterhaltungen" und in seinen Memoiren 1944, insbesondere im Teil 2.

Seine Heirat mit der Tochter des verstorbenen Direktors des Oberkirchenkollegiums 1926 trug sicher ebenfalls zu einer gewissen Aussöhnung mit der Kirche bei. Im gleichen Jahr erfuhr seine Zuwendung zu Fragen von Wissenschaft und Technik durch die Auseinandersetzung mit der Astronomie und der Raumfahrt nach dem Lesen der Romane von Otto Willi Gail eine weitere Dimension.[104] Davon ausgehend nahm er 1926 auch die Korrespondenz mit Hermann Oberth auf. 1927 und 1931 begann Winkler wieder in Breslau bzw. Berlin ein Teilstudium im Maschinenbau.

Der Umzug nach Dessau und die Aufnahme der Arbeit bei den Junkers-Werken 1929 waren nicht das Ende seiner Verbindung zur Evangelisch-Lutherischen Kirche. Seine Kinder berichten darüber in „Astris":

Wir hatten in Dessau nur alle vier Wochen Gottesdienst, da kam ein Pastor aus Halle, Pastor Brachmann. Wir gingen immer in die Stadt in einen Gemeinderaum zum Gottesdienst. Wenn wir nachher zurückgingen, bekamen wir Kinder bei einem Café ein Stück Kuchen, nach Wunsch Liebesknochen oder Windbeutel. Wenn kein Gottesdienst war, hielt unser Vater zu Hause eine kleine Andacht und las aus einem Buch eine Predigt vor. Auf dem Klavier spielte er auch Choräle, und wir haben dazu gesungen. Auch in der Gemeinde war er aktiv. Er begleitete den Got-

tesdienst auf dem Harmonium. Vorher stellte er die Abendmahlsgeräte auf und verwahrte sie nachher wieder. Ich glaube wir hatten bei jedem Gottesdienst Abendmahl.

Johannes Winkler radikalisierte sich offensichtlich mit der aufkommenden nationalsozialistischen Bewegung.

Er schreibt jedoch am 12.6.1933 an den neuen Reichskanzler ohne erkennbare Emotionen[105]

Hochverehrter Herr Reichskanzler.

Indem ich mich auf den wiederholt geäußerten Wunsch auf Mitarbeit aller Glieder der Volksgemeinschaft am Wiederaufbau berufe, gestatte ich mir, anbei einen Vorschlag zur Errichtung einer Wirtschaftsüberwachungssteile zu überreichen, der auch geeignet ist, ohne die Gefahr einer Inflation heraufzubeschwören, die Arbeitslosigkeit in kürzester Frist zu überwinden und in Zukunft zu verhindern, sodaß uns der Kulturfortschritt nicht mehr zum Schaden wird, sondern dass wir uns desselben freuen können. Ist es unbescheiden, wenn ich darum bitte, mir diesen Gedanken, falls er zur Durchführung kommt, zu honorieren? Ich erbitte das Honorar nicht für mich, sondern für meine Forschungen, die wie das bei allen in vorderster Linie stehenden Kulturschöpfungen der Fall ist, zunächst als Zuschussunternehmen unter größten persönlichen Opfern in Gang gebracht werden müssen, und die nach mit vieler Mühe geschaffenen Ansätzen immer wieder von der Krise aufs empfindlichste gestört werden. Vielleicht ist es möglich, meinen bei dem Luftfahrtministerium vorliegenden Antrag, der sich auf das Strahlmotorflugzeug bezieht, zu befürworten, denn mit der Schaffung der Wirtschaftsüberwachungsstelle werden für kulturelle Zwecke große Geldmittel frei. Es wäre mir lieb, wenn ich im Laufe einer Woche einen kurzen vorläufigen Bescheid erhalten könnte, weil ich den Gedanken sonst gern für ein Preisausschreiben verwenden möchte.

Mit dem Ausdruck größter Hochachtung und Verehrung ganz ergebenst J. Winkler

Eine inhaltliche Bewertung dieses Schreibens zu einer Wirtschaftsüberwachungsstelle kann hier nicht vorgenommen werden. Auffallend sind die selbstbewusste Ausdrucksweise und das Fehlen der neuen Grußformel.
Die Haltung zur neuen nationalsozialistischen Reichsregierung unter Adolf Hitler wird wenige Tage später aus dem Schreiben an Andre Hirsch sichtbar (siehe Abb. 248 und Abb. 249).
Johannes Winkler vermeidet im Teil 1 eine Wertung der Tatsache, dass die Kämpfer gegen den aufkommenden Faschismus und die Angehörigen des jüdischen Volkes zu leiden haben. Er bringt sogar zum Ausdruck, dass er zu diesem Zeitpunkt das nur als natürliche Folge der vorhergehenden politischen Auseinandersetzungen angesehen hat. Ihm waren natürlich die Berichte aus dem „Anhalter Anzeiger" und anderen Zeitungen über die Verhaftung der Führungsspitze der SPD in Deutschland und in Dessau bekannt (siehe Abb. 250).
Der Autor hat sich damit in seinen beiden Büchern über Gerhart Seger und seiner Familie ausführlich auseinandergesetzt.[106]
Was die Förderung der Wissenschaften betrifft, hoffte Winkler natürlich auf eine Finanzierung seiner Arbeit entweder direkt, wie er in seinem Brief an Hitler zum Ausdruck brachte, bzw. indirekt über die Junkers-Werke. Ob ihm dabei bewusst war, dass es dabei um Forschung zur Aufrüstung gehen wird, muss ihm klar gewesen sein. Seine Arbeit diente dann nicht mehr seinem Credo „Astris – zu den Sternen".
Aus der so von Rudolf Guder genannten Biografie geht hervor, dass Winkler in der Folgezeit mehreren nationalsozialistischen Organisationen beigetreten ist. Er beruft sich dabei auf den Befragungsbogen der Alliierten. Winkler macht darin die in Abb. 251 aufgeführten Angaben.

Johannes Winkler

Ingenieur

Dessau-Z, den 25. Juni 1933.
Brunnenstr. 70.

Herrn Louis André Hirsch

Paris.

Sehr geehrter Herr Hirsch.

Für Ihren Brief vom 22.ds. und die offene Aussprache, die mich Sie als Mensch ganz besonders schätzen lässt, danke ich Ihnen bestens. Wir haben in Deutschland die Diktatur, damit müssen sich fast 50 % unseres Volkes abfinden. Diejenigen, welche früher den Kanzler bekämpften, haben jetzt naturgemäss zu leiden, keineswegs etwa nur die Angehörigen des jüdischen Volkes. Aber auch diejenigen, welche den Kanzler ablehnen, können ihm die Bewunderung für die politische Grosstat ohnegleichen nicht versagen und fühlen sich dennoch unter der starken Führung geborgen. Ohne diese starke Führung hätte die Entwicklung tatsächlich Formen annehmen können, wie sie in den Greuelmärchen im Ausland vielfach geschildert wurden, und was die Wissenschaft betrifft, so glaube ich, dass sie unter dem neuen Regime besser gedeihen wird als bisher, wenn es auch im einzelnen anders scheinen mag.

Andererseits kann ich rein psychologisch Ihre Einstellung zur Frage der Finanzierung meines Buches völlig verstehen, unter normalen Verhältnissen würde meine persönliche Grosszügigkeit, die ich bei der Finanzierung meiner sehr kostspieligen technischen Versuche gezeigt habe, gewiss eine ähnliche Grosszügigkeit bei Ihnen ausgelöst haben, wie sie ja in der Stiftung des Preises zum Ausdruck kommt. Ich hatte für die Finanzierung meines Buches nur an Sie oder Herrn Esnault-Pelterie gedacht, nicht an den von Ihnen gestifteten Preis, es würde ja ein Jahr bis dahin vergehen, und ob mein Buch gerade für das Preisausschreiben geeignet ist, ist keineswegs sicher, denn meine Leistung liegt in der praktischen Entwicklung des Strahlmotors und der Flüssigkeitsrakete zu einer tatsächlich arbeitenden Maschine, das kommt in einem Buche oft schlechter zur Geltung als die reine Theorie, ich weiss aber, dass nur die durch das Experiment bestätigte Theorie den eigentlichen Wert ausmacht, und würde mich nicht einmal gern an einem so ungleichen Wettbewerb beteiligen.

Ich habe nun vor, die Arbeit in gekürzter Form in der Zeitschrift DIE RAKETE zu veröffentlichen falls sich eine genügend breite Grundlage für ihr erneutes Erscheinen finden lässt. Morgen gehen die

Abb. 248

Werbekarten gemäss dem beiliegenden Muster hinaus, es würde mich freuen, wenn ich auch Sie als Bezieher begrüssen könnte.

Würden Sie die Liebenswürdigkeit haben, den beiliegenden Brief an Herrn Esnault-Pelterie weiterzuleiten, wenn Sie an ihn schreiben. Ich danke Ihnen für alle Mühe, der Sie sich durch diese Korrespondenz unterzogen haben, und verbleibe

mit dem Ausdruck meinen vorzüglichsten Hochachtung

Ihr ergebenster

J. Winkler.

bb. 249

bb. 250: Verhaftung von Führungsmitgliedern der Dessauer SPD und KPD. Rechts oben ›urde Seger mit einem Kreuz X versehen. Quelle: Stadtarchiv Dessau

	Mitglied Member: Ja Yes	Mitglied Member: Nein No	Dauer der Mitgliedschaft Period of Membership	Dienstrang Ämter bekleidet Offices Held or Rank	Dauer Period
1. Gliederungen *Formations*					
(a) SS		nein	-/-	-/-	—
(b) SA		nein	-/-	-/-	—
(c) HJ		nein	-/-	-/-	—
(d) NSDStB		nein	-/-	-/-	—
(e) NSD		nein	-/-	-/-	—
(f) NSF		nein	-/-	-/-	—
(g) NSKK		nein	-/-	-/-	—
(h) NSFK		nein	-/-	-/-	—
(i) Fördernde Mitglieder zu a	ja		Juli 33 bis Aug. 39	keinen	—
zu h	ja		Febr. 38 " 1945	keinen	—
2. Angeschlossene Verbände *Affiliated Organizations*					
(a) Reichsbund d. deut. Beamten		nein			
(b) DAF einschl. KdF	ja		1.6.36 bis 1945	keinen	—
(c) NSV	ja		1.4.34 bis 1945	Blockwalter	4 Jahre
(d) NSKOV		nein	-/-	-/-	—
(e) NS-Bund deut. Technik		nein	-/-	-/-	—

Abb. 251

Rudolf Guder fasst die Angaben wie folgt zusammen und kommentiert:[107]

Aus dem Fragebogen der Militärregierung vom 21. 2. 46 gehen die weiteren Kontakte Johannes Winklers zu Organisationen des Nationalsozialismus hervor:

Förderndes Mitglied der SS		Juli 33 bis August 39
NSFK	(NS Fliegerkorps)	Februar 1938 bis 1945
NSV	(NS Volkswohlfahrt)	1.4.34 bis 1945
DAF	(Deutsche Arbeitsfront)	1. 6. 36 bis 1945

Da die Bewerbungsunterlagen bzw. das Austrittsgesuch im ersten Fall nicht vorliegen, ist eine individuelle Bewertung dieser Vorgänge nicht möglich.-

Rudolf Guder verweist mit Nachdruck in „Astris“ auf „Frowi – Gelehrte Unterhaltungen“, eine fiktive Gesprächsrunde über fünf Abende, in der Winkler seine Anschauungen über „Gott und die Welt“ diskutiert. Wie Guder betont, erläutert ein Protagonist, in dem Winkler selbst unschwer zu erkennen ist, ver-

schiedene Themen. Die unvollständigen (!) Auszüge daraus nehmen in „Astris" 13 Seiten ein.
Für die politische Haltung von Johannes Winkler 1933/35 ist der 5. Abend von besonderer Bedeutung, da er hier artikuliert, wie er Hitler als denjenigen ansieht, der die Einheit der Kirche herstellen kann.
Dazu jetzt der folgende Auszug:

Es muß zunächst der große Rahmen geschaffen werden, der den Glaubenssatz zur Grundlage hat: Das deutsche Volk ist gottgläubig. Ich glaube, daß eine Abstimmung auf dieser Grundlage eine fast 100%ige Wahrheit ergeben würde, wie wir das von den sonstigen Abstimmungen gewöhnt sind. Und zur Pflege dieses Glaubenssatzes könnte eine Kultusgemeinschaft gegründet werden. Innerhalb dieser großen Kultusgemeinschaft sollte dann noch eine spezifisch christliche Kultusgemeinschaft geschaffen werden, die als weiteren Inhalt ihrer Verkündigung die Botschaft des Christentums hätte, daß Gott vor etwa 2000 Jahren aus seiner Verborgenheit herausgetreten ist und in der Person Christi über die Erde gegangen ist, um der Menschheit zu sagen, wie er sich das Verhältnis zwischen ihr und Gott denkt und der für alle Zeiten eine Amnestie bewirkt hat, die in der Sprache des Christentums Erlösung heißt. Mit diesem kurzen christlichen Glaubenssatz soll es genug sein, jede weitere Detailierung muß vermieden werden. Aber diesem Glaubenssatz soll voll und ganz zustimmen, wer sich der christlichen Kirche anschließt. Alle anderen Kirchen werden in Deutschland aufgelöst. Damit würde der Weg zu einer Einheit frei, und wenn das Christentum jetzt seine Stunde erkennt und warm und zeitgemäß für seinen Glaubenssatz zu werben beginnt, ich glaube, daß es in nicht zu ferner Zeit einen großen Teil unseres deutschen Volkes gewonnen haben wird.
Sie sind kein schlechter Phantast.
Und doch gibt es nur diesen Weg, das vom Führer gesteckte Ziel einer einheitlichen Deutschen Kirche zu erreichen. Wer es anders versucht, wird Schiffbruch erleiden und die Verwirrung noch größer machen.

Ich fürchte bloß, es wird das nicht gemacht werden. Wer weiß. Wenn dadurch der Zerrissenheit unseres Volkes in Konfessionen ein Ende gemacht wird. Aber darüber haben wir nicht zu entscheiden.-

Danach deuten drei Pünktchen an, dass in „Astris" eine Aussparung vorgenommen wurde, die auch eine Gesamtbewertung sehr erschwert. Soweit aber die Grundannahme von Guder richtig ist, dass hier Winkler seine Grundauffassungen wiedergibt, ist festzustellen, dass er zu diesem Zeitpunkt zumindest ein Sympathisant der „Deutschen Christen" gewesen ist.

Dazu folgende Kurzinformation aus Wikipedia vom 6.12.2021
Die Deutschen Christen (DC) waren eine häretische, rassistische, antisemitische und am Führerprinzip orientierte Strömung im deutschen Protestantismus, die diesen von 1932 bis 1945 an die Ideologie des Nationalsozialismus angleichen wollte.
Sie wurde 1931 als eigene Kirchenpartei in Thüringen gegründet und gewann 1933 die Leitung einiger Landeskirchen in der Deutschen Evangelischen Kirche (DEK). Mit ihrer Gleichschaltungspolitik und dem Versuch, durch die Übernahme des Arierparagraphen in die Kirchenverfassung Christen jüdischer Herkunft als Judenchristen auszuschließen, löste sie den Kirchenkampf mit anderen evangelischen Christen aus. Diese gründeten daraufhin im Mai 1934 die Bekennende Kirche, die die Deutschen Christen als Häretiker betrachtete und aus der Kirchengemeinschaft ausschloss.[108]

Die Mitgliedschaft von Johannes Winkler in der NSDAP am 1.5.1937

Rudolf Guder reflektiert die Mitgliedschaft von Johannes Winkler in der NSDAP nur in Verbindung mit seiner Entnazifizierung 1947.[109] Er geht dabei auch auf die zeitweise Verwechselung mit einem anderen Johannes Winkler ein, der in der V 1-Fertigung gearbeitet hatte. Der hatte jedoch die Mitgliedsnummer der NSDAP 4.045.114.[110]

Name: Winkler Johannes
Ingenieur Beruf: Geborene: Verehlichte:
Geb.-Datum: 29.5.97 Geb.-Ort: Carlsruhe/Schlesien
Nr.: 5719973 Aufn.: 1. 5. 37
Aufnahme beantragt am: 20.6.37
Wiederaufn. beantragt am: genehm.:
Austritt:
Gelöscht:
Ausschluß:
Aufgehoben:
Gestrichen wegen:
Zurückgenommen:
Abgang zur Wehrmacht:
Zugang von
Gestorben:
Bemerkungen:

Wohnung: Dessau-Ziebigk, Brunnenstr. 70
Ortsgr.: Dessau-Ziebigk Gau: Magdb. Anh.
Monatsmeldg. Gau: Ma.-Anh. Mt. 8.39 Bl. 27
Lt. RL./ vom
Wohnung: Br. Bevenrodeerstr. 143
Ortsgr.: Braunschweig Gau: Südhan.-Br.
Monatsmeldg. Gau: Mt. Bl.
Lt. RL./ vom
Wohnung:
Ortsgr.: Gau:
Monatsmeldg. Gau: Mt. Bl.
Lt. RL./ vom
Wohnung:
Ortsgr.: Gau:
Monatsmeldg. Gau: Mt. Bl.
Lt. RL./ vom
Wohnung: Südhan.-Br. an
Ortsgr.: Gau:

Abb. 252 Quelle: Bundesarchiv; BA (ehem BDC) NSDAP Gaukarten

Durch eine Anfrage beim Bundesarchiv kam der obige Mitgliedsausweis ans Tageslicht. Demnach trat Johannes Winkler aus Breslau am 1.5.1937 in die NSDAP ein. Auffallend ist jedoch dabei, dass sein Antrag erst am 30.6.1937 vorlag. Es kann also durchaus sein, dass zum „Tag der Arbeit 1937" die kooperative Mitgliedschaft einer Gruppe der JFM durchgesetzt wurde (siehe Abb. 252), Winkler jedoch erst zwei Monate später den Antrag abgegeben hat. Da der Antrag nicht vorliegt, kann eine individuelle Bewertung des Vorganges nicht vorgenommen werden.

Es kann vermutet werden, dass der Anlass für die kooperative Mitgliedschaft im Zusammenhang mit einer erstmaligen Verleihung eines Titels „Nationalsozialistischer Musterbetrieb" steht. Die Einordnung von Unternehmen als „Nationalsozialistischer Musterbetrieb" durch die Reichsarbeitskammer erfolgte seit

1937. Die Verleihung dieses Titels an die JFM wurde jedoch erst 1938 durchgeführt.
Im Mai 1940 wurden auch die Heinkel Flugzeugwerke als „Nationalsozialistischer Musterbetrieb“ betitelt.

Trotz der Mitgliedschaft in den oben genannten NS-Organisationen bleibt Johannes Winkler der Kirche verbunden. Eine fundierte Bewertung dieser Tatsache ist allerdings nicht möglich, da nicht alle Kirchen in Deutschland und in Dessau nationalsozialistisch gesteuert waren.

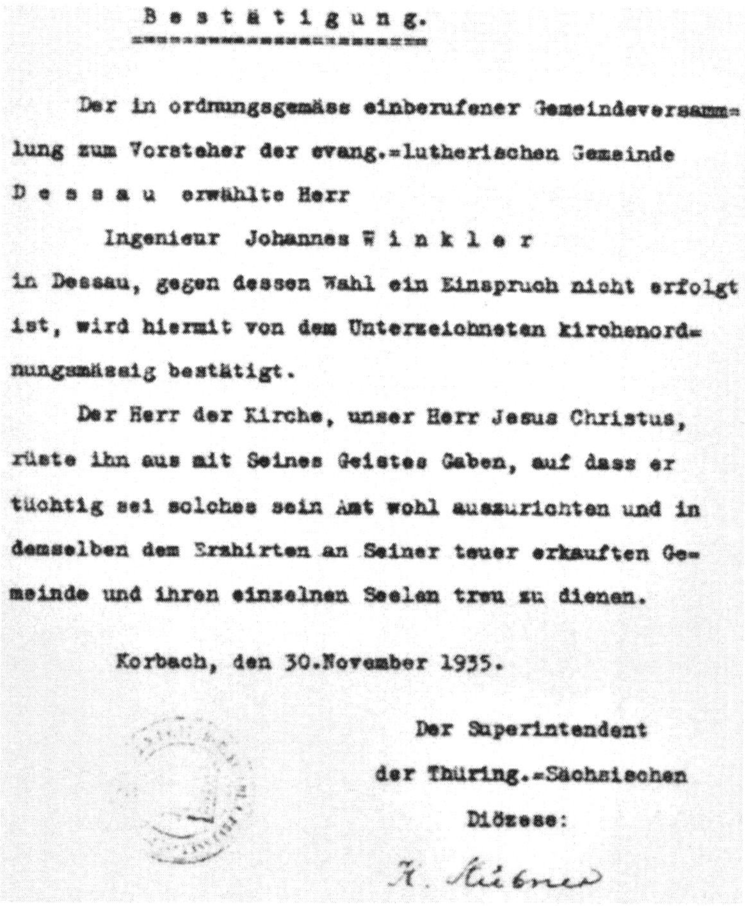

B e s t ä t i g u n g.

Der in ordnungsgemäss einberufener Gemeindeversammlung zum Vorsteher der evang.-lutherischen Gemeinde D e s s a u erwählte Herr

Ingenieur Johannes W i n k l e r

in Dessau, gegen dessen Wahl ein Einspruch nicht erfolgt ist, wird hiermit von dem Unterzeichneten kirchenordnungsmässig bestätigt.

Der Herr der Kirche, unser Herr Jesus Christus, rüste ihn aus mit Seines Geistes Gaben, auf dass er tüchtig sei solches sein Amt wohl auszurichten und in demselben dem Erzhirten an Seiner teuer erkauften Gemeinde und ihren einzelnen Seelen treu zu dienen.

Korbach, den 30.November 1935.

Der Superintendent
der Thüring.-Sächsischen
Diözese:

Abb. 253

Am 30.11.1935 wurde Winkler trotz der finanziellen Schwierigkeiten mit dem Oberkirchenkollegium in Breslau zum Gemeindevorsteher der Gemeinde Dessau erwählt. Davon zeugt die Bestätigung, die bereits in „Astris“ auf Seite 101 zu finden ist (siehe Abb. 253).

Über die folgende Verbindung zur Evangelisch-Lutherischen Kirche in Braunschweig berichtet Rudolf Guder wie folgt:[111]

Nachdem sich die Familie in Dessau zur altlutherischen Kirche gehalten hatte, weil auch dort die preußische Union die offizielle Kirche (Staatskirche?) war, kam man in Braunschweig in eine lutherische Kirche, der auch mehrere Verwandte angehörten, darunter mehrere Pastoren. Ein Vorfahr seiner Frau, Christof Berndt, war als Pastor mit vielen Kindern von Schlesien dahin „ausgewandert“. Dessen Vorfahren waren als Salzburger Lutheraner vor den Repressionen, denen sie in der Diaspora ausgesetzt waren, nach Schlesien geflohen. Dort waren sie Mitglieder der altlutherischen Kirche geworden, als Friedrich-Wilhelm III von Preußen eine Union zwischen Lutheranern und Reformierten verfügt hatte.

In Braunschweig-Querum wurde Johannes Winkler bald in den Kirchenvorstand gewählt und blieb darin bis zu seinem Tode. Das war in der Zeit des Nationalsozialismus nicht unbedingt opportun, für ein - wenn auch nominales - Parteimitglied und Angehörigen der Luftfahrtforschungsanstalt Hermann Göring.

Abb. 254

Auf den beiden Folgeseiten berichten seine beiden Kinder über den Kirchenalltag und R. Guder zitiert eine Passage aus den Memoiren von Johannes Winkler aus dem Jahr 1944.
Guder verweist unter (Lit. 19,4) allgemein auf Schriften im DM München, Archiv.

Elisabeth:

Wir gingen ja sonntags in die Kirche, und wußten, daß die Nazis uns dabei immer beobachteten. Aber unser Vater ging mit uns trotzdem an den Fenstern der Ortsgruppenleitung vorbei, von wo unser Kirchgang beobachtet werden konnte. Wir dachten, vielleicht tun sie ihm nichts, weil er für die Forschung so wichtig ist. Aber gesprochen haben wir nicht darüber.

Dietlinde:

Es hat uns keiner was getan, während oder weil wir in die Kirche gingen. Es war ja auch nicht verboten, in die Kirche zu gehen, aber es gehörte schon ein bißchen Mut dazu, das trotzdem zu machen.

Elisabeth:

Einmal waren unsere Eltern die einzigen in der Kirche. Da haben sie zu Probst Ernesti gesagt, er brauchte für sie beide den Gottesdienst nicht zu halten. Er war einverstanden, und so gingen sie wieder nach Hause.

Nicht zu ermitteln war, wie Johannes Winklers Einstellung zur Religion sich seit seiner Jugendzeit vor und während seines Theologiestudiums gewandelt hat. Seine Frau und seine Töchter jedenfalls waren sicher, daß er immer ein überzeugter Lutheraner gewesen war. Erst die Lektüre der weiter vorn kommentierten Jugendschriften (Lit. 19,4) relativierte diese Überzeugung. Es scheint jedoch sicher, daß er schon in Dessau und bestimmt in Braunschweig seine radikalen Jugendüberzeugungen mindestens relativiert hat. Im 2. Teil seiner Memoiren blitzt hier und da noch ein wenig davon auf, aber im ganzen wirkt seine Argumentation ruhiger, gelassener. Ich möchte das mit einigen Zitaten aus dem 2. Teil der Memoiren belegen. Es sind Teile fiktiver Gespräche zwischen Professor K., in dessen Gestalt er selbst unschwer zu erkennen ist, dessen Frau, und Dr. G., dem Versuchsleiter.

Es soll ja Leute geben, die diese sichtbare Welt für das Ein und Alles halten, daß sie sich von selbst entwickelt habe, indem immer das Bessere, Lebensfähigere sich im Kampf ums Dasein erhalten und fortgepflanzt hat.

Daß dieses Prinzip wirksam ist, läßt sich kaum bestreiten. Aber daß dieses Prinzip diese Welt ausreichend und allein erklärt, ist für mich ein unvollziehbarer Gedanke. Gerade als Ingenieur weiß man, daß nichts von selbst entsteht, daß die Dinge sich selbst überlassen höchstens verfallen, daß es vielmehr sehr folgerichtiger Arbeit bedarf, um neue Dinge zu schaffen. Das Prinzip, daß immer das Beste sich erhält und Bestand hat, das weniger Gute ausgemerzt wird, ist unsrer Arbeit ja nicht fremd. Ich schätze, daß dies in der Weltschöpfung auch nicht viel anders ist. ...

Zwingend beweisen läßt sich hier nichts, aber so einfach, wie es sich einige denken mit der Entwicklungstheorie, ist es bestimmt nicht. Meine Berufserfahrung nötigt mir die Überzeugung ab, es steht ein denkender schöpferischer Wille hinter der Schöpfung. ...

Und wie kompliziert ist zum Beispiel unser Auge gebaut, und was vermag es gegenüber einem künstlichen Auge zu leisten. Obwohl wir das Beispiel vor uns haben, sind wir doch nicht imstande, es nachzubauen und etwa ein Flugzeug damit auszurüsten, um den Piloten zu ersparen. Unmöglich sagt mir mein Verstand, daß dies in dem relativ kurzen Zeitraum von 2 Milliarden Jahren ohne einen gestaltenden Willen entstanden ist. So bildet sich im Laufe der Jahre eine Überzeugung heraus und die heißt: Hinter dieser zweckmäßigen und schönen Welt steht ein denkender Geist, unerkennbar für unsere Sinne. Und das dürfte auch die Überzeugung des größten Teiles der kulturell hochstehenden Menschen sein. ...

Abb. 255

Es ist der Nachteil einer zweitausendjährigen Kirchengeschichte, daß sie eine genormte Überzeugung gebildet hat, sie hatte lange genug Zeit dazu. Zu einer echten Überzeugung gehört jedoch, daß man sie sich selber gebildet hat. Wo diese Voraussetzung fehlt, empfindet man die fertige genormte Überzeugung als dogmatisch. Wenn jeder 2000 Jahre Zeit hätte, würde er auch zu dieser Überzeugung kommen. Es ist dies wie bei einem umfangreichen mathematischen Ergebnis, das man aus Zeitmangel auf Grund der Vertrauenswürdigkeit der Verfasser glaubt. Wirklich überzeugend ist es nur, wenn man es auch selbst eingesehen hat.

...

Das christliche Bekenntnis ist in erster Linie Bekenntnis der organisierten Kirche, sie muß sagen können, was in ihr geglaubt wird, auch in vielen Einzelheiten. Es ist für die Pastoren verbindlich, er kann nichts gegen das Bekenntnis der Kirche lehren. Das einzelne Gemeindeglied an das Bekenntnis der Kirche zu binden, ist wohl Zweck der kirchlichen Arbeit, was jedoch nicht immer gelingt. Insofern besteht da für den Einzelnen die Freiheit von der genormten Überzeugung.

...

So verschieden ist das nun im Leben, je nach dem Pfarrer und dem eigenen Temperament. Ich glaube, daß man der Psyche der männlichen Jugend in den meisten Fällen nicht genügend gerecht wird, und es wird höchste Zeit, dieses Übel abzustellen.

...

Es hat zum Beispiel doch viel Wahrscheinlichkeit für sich, daß der unserer Erkenntnis entzogene Gott, wenn er sich den Menschen zu erkennen geben will, das nicht in einer Phantasiegestalt tut, sondern Menschengestalt annimmt und mit menschlicher Sprache zu den Menschen spricht. Das christliche Bekenntnis spricht in ängstlicher Anlehnung an die Berichte vom Sohn Gottes. Wir können uns wohl die Freiheit erlauben, von Gott selbst zu sprechen, der Menschengestalt angenommen hat. Das Bild vom Sohn Gottes will wohl nur zum Ausdruck bringen, daß Gott dabei gleichzeitig im Weltregiment auch verbleiben mußte.

...

Jedenfalls sind erzwungene Bekenntnisse bedenklich, weil sie zu Feigheit und Unwahrhaftigkeit erziehen. Sie sind schädlich, wie man sehr deutlich erkennen kann. Ein großer Teil der Abneigung gegen das Christentum ist auf die Vergewaltigung der Meinung zurückzuführen, und es wird höchste Zeit, daß auch die führenden Kirchenmänner in diesem Punkte klarsehen."

In seiner theologischen Examensarbeit und in den „Gelehrten Unterhaltungen" sind weitere Aspekte seiner Wandlung enthalten. Beide Schriften wurden weiter oben kommentiert.

Winklers Memoiren – eine der biographischen Quellen

Nachdem er 1943 einen leichten Schlaganfall erlitten hatte, fuhr er vom 28. 8. bis 24. 9. 1944 zur Kur nach Bad Oeynhausen. Dort schrieb er seine Memoiren nieder, die heute eine unschätzbare Quelle für die Abfassung einer Biographie bilden.

Im Vorwort erklärt er einem andern, wahrscheinlich fiktiven Kurgast (oder einem Arzt), warum er zur Kur geschickt worden ist:

Abb. 256

Im Archiv Ingenhaag/HORM wurden persönliche Notizen von Johannes Winkler vom 8.5.1941 gefunden, die er möglicherweise seinem Fragebogen zum Eintritt in die DAF entnommen hat. Er trat, wie aufgeführt am 1.6.1936 der DAF bei (siehe Abb. 257). Da nur wenigen bekannt ist, was die DAF gewesen war, folgen hier einige Informationen, die Wikipedia am 5.12.2021 entnommen wurden.

Die Deutsche Arbeitsfront (DAF) war in der Zeit des Nationalsozialismus der Einheitsverband der Arbeitnehmer und Arbeitgeber mit Sitz in Berlin (ab 1935 im Dienstgebäude Hohenzollerndamm in Berlin-Wilmersdorf.

Die DAF wurde am 10. Mai 1933 nach Zerschlagung der Freien Gewerkschaften gegründet. Deren Vermögen wurde zugunsten der DAF beschlagnahmt und das Streikrecht abgeschafft. Sämtliche Berufsverbände der Angestellten und der Arbeiter wurden mit dem Gesetz zur Ordnung der nationalen Arbeit vom 20. Januar 1934 zusammengeführt; die DAF wurde der mit Abstand größte NS-Massenverband. Im Oktober 1934 wurde die DAF offiziell der NSDAP angeschlossen. Sie war nach dem Führerprinzip bis hinab zum Blockwart organisiert und unterstand dem Reichsorganisationsleiter der NSDAP Robert Ley, der als „eine Art Treuhänder der Volksgemeinschaft" fungierte. An die Stelle einer gewerkschaftlichen Interessenvertretung kam die Erziehung von Arbeitnehmern und Unternehmern im Sinne der NS-Ideologie. Gegliedert in 18 Reichsbetriebsgemeinschaften (später 16 Fachämter) und 33 Gauwaltungen, bestand die DAF bis Mai 1945 mit zuletzt 22 Millionen Mitgliedern. Nur wer arbeitsfähig war, hatte einen Wert; ausgeschlossen waren alle Menschen, die nach NS-Kriterien als Juden oder „jüdische Mischlinge ersten Grades" klassifiziert wurden und aus anderen Gründen als „minderrassig" oder auch aus politischen Gründen als „gemeinschaftsunfähig" galten. Zwangsarbeit war zugleich Teil der Verfolgungspraxis.

Mit dem Kontrollratsgesetz Nr. 2 vom 10. Oktober 1945 wurde die Deutsche Arbeitsfront verboten und ihr Eigentum beschlagnahmt.

Mit den Kontrollratsgesetzen Nr. 40 vom 30. Novem-

ber 1946 und Nr. 56 vom 30. Juni 1947 wurden die nationalsozialistischen Betriebs- und Dienstgemeinschaften abgeschafft.

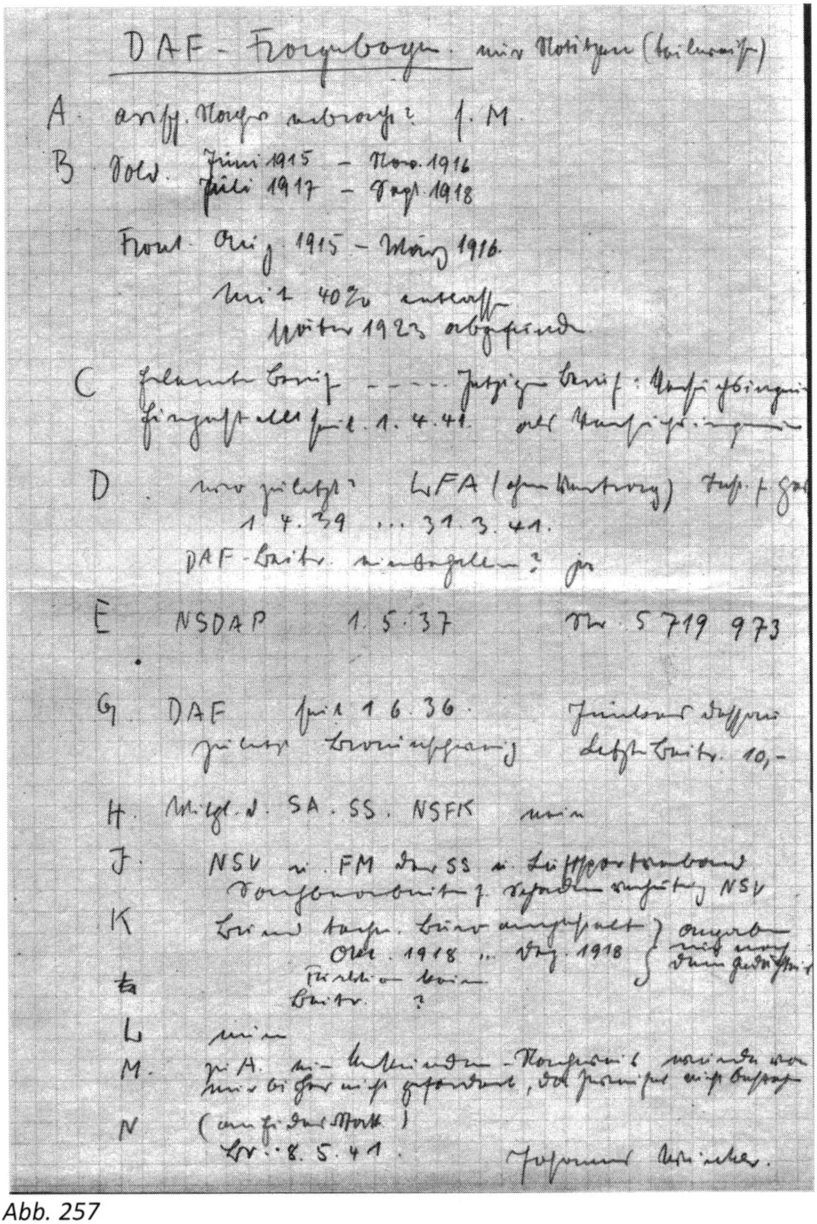

DAF - Fragebogen mit Notizen (teilweise)

A. [illegible] f. M.

B. Sold. Juni 1915 – Nov. 1916
Juli 1917 – Sept. 1918

Front. Krieg 1915 – März 1916.
mit 40% entlassen
Winter 1923 abgefunden

C [illegible] seit 1. 4. 41 [illegible]

D. [illegible] LFA ([illegible]) [illegible]
1. 4. 39 ... 31. 3. 41.
DAF-Beitr. [illegible]? ja

E NSDAP 1. 5. 37 Nr 5 719 973

G. DAF seit 1. 6. 36 [illegible] 10,-

H. Mitgl. d. SA. SS. NSFK nein

J. NSV u. FM der SS u. [illegible] NSV

K [illegible] 1918 [illegible] 1918 [illegible]

L nein

M. [illegible]

N ([illegible])
[illegible] 8. 5. 41 [illegible]

Abb. 257

Der Wert der Notizen ist eingeschränkt, da der Fragebogen in seiner Struktur nicht vorliegt.
Die in den Notizen enthaltenen Angaben bestätigen vorherige Angaben.

Rudolf Guder über Johannes Winkler nach 1945[112]

Die Siegermächte begannen nach Kriegsende, unterstützt von der neuen deutschen Verwaltung, zu prüfen, wer sich zu aktiv am nationalsozialistischen Unrecht, dem Terror und den dabei verübten Verbrechen beteiligt hatte. Das geschah ab dem 5.3.1946 auf der Grundlage des Gesetzes zur Befreiung vom Nationalsozialismus und Militarismus zunächst in der amerikanischen Zone.[113] Der populäre Begriff dafür war „Entnazifizierung". Die englische und die französische Zone schlossen sich alsbald an. Erhalten ist noch Winklers „Meldebuch" aus dieser Zeit, das zeigt, dass diese Entnazifizierung auch für die „kleinen Fische" sehr bürokratisch geschah.
Auch Johannes Winkler wurde am 8. 8.47 nach ***Berufung gegen Ihre Entfernung (Ausschließung) Einreihung durch den deutschen Überprüfungsausschuss in Braunschweig in die Kategorie IV der Anlage 1 zur Verordnung Nr. 79 der Militärregierung eingereiht und Ihnen die nachstehenden Beschäftigungsbeschränkungen auferlegt worden sind:***
a)darf sich nicht als Wahlkandidat aufstellen lassen
b) Eigentums- und Kontensperre werden nicht auferlegt
c) darf die britische Zone nicht ohne Erlaubnis verlassen.
Sie haben sich binnen 2 Wochen seit Zugehen dieses Einreihungsbescheides unter Vorlage derselben, Ihres Personalausweises, sowie von 10 Abzügen eines aus neuerer Zeit stammenden Lichtbildes von Ihnen bei der deutschen Polizeibehörde Braunschweig zu melden, bei der eine Eintragung gemacht und Ihnen ein polizeiliches Meldebuch ausgehändigt werden wird. Vermerk: Die Größe jedes Lichtbildes hat 3,5

X 2,5 cm zu betragen. 5 Abzüge von vorn/5 Abzüge im Profil.

Rudolf Guder schreibt dazu:
Die deutsche Bürokratie funktionierte auch unter den Besatzungsmächten in alter Umständlichkeit und Penibilität – wenigstens den „Mitläufern" gegenüber, während bei den schwerwiegenderen Fällen bald viele Augen zugedrückt wurden, so daß zum Beispiel ein Kommentator der Rassengesetze später ein wichtiger Mitarbeiter Adenauers werden konnte, ein anderer, der viele Zwangsarbeiter beim Bau der V 2 „verheizt" hatte, in den USA zu Ehren kam. Manche, das muß auch gesagt werden, aber wurden hart bis zur Todesstrafe bestraft.-

Guder erläutert: ***Winkler musste diese Meldebuch kurze Zeit führen, da er ja 1937 noch bei Junkers, kooperativ in die NSDAP eingetreten war.***

LICHTBILD

Von vorn | Von der Seite

Unterschrift des Inhabers Johannes Winkler

KATEGORIE | | IV |

Anweisungen an den Inhaber:

1. Die KATEGORIE, in die Sie eingereiht worden sind, ist aus der Eintragung an der oben dafür vorgesehenen Stelle ersichtlich.
2. Ein Abdruck der auf die Kategorien III und IV anwendbaren BESTIMMUNGEN nach der Verordnung Nr. 79 der Militärregierung befindet sich auf den Seiten 16—18 dieses Meldebuches.
3. Ein Abdruck der zu obiger Verordnung erlassenen ANWEISUNG Nr. 1 mit den BESCHRÄNKUNGEN und BEDINGUNGEN, welche auf die in die Kategorien III und IV eingereihten Personen Anwendung finden, befindet sich auf den Seiten 19 und 20 dieses Meldebuches.
4. Auf Anweisung der deutschen Polizei müssen Sie Ihre Unterschrift und einen Abdruck Ihres rechten Zeigefingers an den dafür vorgesehenen

ii

Vornamen JOHANNES

Zuname WINKLER

Angenommene Namen (alias)

Beruf INGENIEUR

Anschrift Braunschweig, Bevenroder Straße 143

Geburtstag und -ort 29.5.1897 Carlsruhe / Oppeln

Größe 1.63

Gestalt schlank

Haare dunkelblond

Augen braun

Körperliche Entstellungen, Kennzeichen, Narben, etc. Rechtes Bein verkürzt, Brillenträger

Fingerabdruck (rechter Zeigefinger)

Personalausweis Nummer AF 624 321

Stellen des Meldebuches abgeben. Im übrigen dürfen von Ihnen Eintragungen, Änderungen oder Streichungen irgendwelcher Art in diesem Buche NICHT vorgenommen werden. Anschriftänderungen werden von der deutschen Polizei an den dafür auf den Seiten 2 und 3 des Buches vorgesehenen Stellen eingetragen.
5. Dieses Meldebuch darf nicht in die Hände eines Unbefugten gelangen. Diebstahl oder Verlust desselben muß der deutschen Polizei sofort gemeldet werden.

WARNUNG. Alle in diesem Meldebuch enthaltenen, auf die KATEGORIE, in die Sie eingereiht sind, anwendbaren BESTIMMUNGEN, BESCHRÄNKUNGEN und BEDINGUNGEN sind zu beachten. Zuwiderhandlungen werden strafrechtlich verfolgt.

1

Abb. 258: 1. und 2. Seite eines Meldebuches, aus der Entnazifizierungszeit

Letzte Bemerkungen über Johannes Winkler ab 1945

Rudolf Guder schildert in „Astris“ einige Episoden nach 1945.[114] Wie fast alle Deutschen erlebte die Familie Winkler nach 1945 eine Zeit der Not, die mit der Beschaffung von Lebensmitteln einherging. Zur Absicherung der Ernährung gab es zwar Bestände aus dem ehemaligen Proviantamt, doch wurde auch Pachtland auf dem Flugplatz für den Anbau von Kartoffeln und Gemüse erworben. Außerdem wurden Hühner und Kaninchen gehalten. Johannes Winkler arbeitet vom 1.8.1945 bis Januar 1947 für die „Royal Airforce“, zunächst als Angestellter, dann auf Honorarbasis.

Abb. 259: Das letzte Foto von Johannes Winkler 1947

Ab 20.8.1947 durfte er die LFA nicht mehr betreten.
Am 25.11.1947 füllte er einen Fragebogen für den Beitritt in der Wirtschaftsvereinigung Selbständiger Ingenieure Niedersachsens aus, da er am 6.10.1947 einen Ingenieurbetrieb eröffnet hatte. Außerdem hielt er öffentliche Vorträge zu Thema „Von der Atombombe zu Weltraumschiff", der von den Britischen Behörden zu genehmigen war und dem Autor vorliegt. Sein letzter Vortrag sollte am 18.3.1948 stattfinden, doch verstarb Johannes Winkler am 27.12.147. Seine Ehefrau hatte die Möglichkeit, bis zu ihrem Tod am 7.8.1967 die ersten Erfolge der Raumfahrt zu erleben. Beide fanden ihre letzte Ruhestätte auf dem Friedhof in Querum.

Abb. 260: Johannes Winklers Grab

Abb. 261: Grab der Eheleute Winkler

Anlagen

Anlagenverzeichnis

Anlage 1: Überblick über die ersten Gasturbinen in Europa

Ein Blick in die Vergangenheit

- 1791 wurde in England das erste Patent über eine Gasturbine erteilt (John Barber)
- Erste Versuche wurden 1904 nach den Entwürfen des Berliners Franz Stolze durchgeführt, jedoch ohne Erfolg
- Erste stromproduzierende Gasturbine 1905 in Paris (Marcel Armengaud, Charles Lemale), η 2-3%, P_{el} 6-10 kW
- Holzwarth-Gasturbine ab 1908 – 20 kW, 3000 U/min, 7 bar Verbrennungsgasdruck
- 30/40er Jahre des letzten Jahrhunderts: Entwicklung der Flugtriebwerke bewirkt Fortschritt bei Gasturbinen
- 1939: BBC präsentiert erste marktreife Industriegasturbine: 4 MWel – η 17,4% - Einsatz im E-Werk Neuchatel (bis 2002 als Notstromaggregat in Betrieb)

Versuchsanlage Holzwarth

Quellen: Deutsches Museum, München, Wikipedia

Abb. 262

Anlage 2: Ein Lebenslauf von Hugo A. Hückel nach 1917

Mein Lebenslauf

Familienname Hückel Vornamen Hugo August Theodor
(Rufname unterstreichen)

* am 9.8.1899 in Neutitschein, Landstraße 36 (Hindenburgstr. 50)

~ am 3.9.1899 in (Kirche) zu Hause

Staatsangehörigkeit deutsch Bekenntnis evang. Beruf Hutfabrikant

∞ am 14.1.1928 in Troppau Trauung (Kirche) evang. Pfarrkirche

Gestalt (Größe) 174 cm Augen blau Haar dunkelblond

Besondere körperliche Merkmale keine

Neigungen (Liebhabereien) Technisch-wissenschaftl.

Lebenslauf
(Schulzeit, berufliche Ausbildung, besondere Ereignisse, Reisen, Teilnahme am öffentlichen Leben, Pflege von Wissenschaft, Kunst, Sport u. dgl.)

Ich wurde am 9.8.1899 in Neutitschein, Landstraße 36 (später Hindenburgstr. 50) geboren. Den Unterricht der 3 ersten Volksschulklassen empfing ich zu Hause und trat nach der 5. Kl. in die Realschule ein. Diese Anstalt verließ ich des Krieges wegen schon im Februar 1917 um unmittelbar darauf zum Telegrafen-Regiment in St. Pölten einzurücken. Nach einjähriger Ausbildung war ich marschbereit für Feltre (Südtirol). Am Tage vor meiner Abreise erkrankte ich an Blinddarmentzündung. Mein Leiden wurde zu spät erkannt, sodass ich das Krankenlager erst nach 7 Wochen verlassen konnte und im Anschluss daran einen 6-monatigen Rekonvaleszenzurlaub erhielt, während welcher sich an der Operationsstelle ein Bruch bildete. Dies bedingte meine Frontdienstuntauglichkeit. Deshalb ließ ich mich sofort operieren um die ersehnte Frontdiensttauglichkeit wieder zu erlangen. Als

Abb. 263: Lebenslaufs von Hugo A. Hückel nach 1917

Anlage 3: Der Lebenslauf von Hugo A. Hückel aus dem Jahr 1934/35

Mein Lebenslauf

Familienname Hückel	*Vornamen* Hugo August Theodor	
* *am* 9.8.1899	*in* Neutitschein, Landstaße 36	
Staatsangehörigkeit deutsch	*Bekenntnis* evangelisch	
		Beruf Hutfabrikant
oo am 14.1.1928	*in* Troggsau	*Trauung (Kirche)* evang. Pfarrkirche
Gestalt (Größe) 174 cm	*Augen* blau	*Haar* dunkelblond
besondere körperliche Merkmale	keine	
Neigungen:	technisch-mechanisch	

Lebenslauf

Ich wurde am 9.8.1899 in Neutitschein, Landstraße 36 geboren. Den Unterricht der 3 ersten Volksschulklassen empfing ich zu Hause und trat nach der 5. Klasse in die Realschule ein. Diese Anstalt beendete ich des Krieges wegen schon im Februar 1917 um unmittelbar darauf zum Telegraphen-Regiment in St. Pölten einzurücken. Nach einjähriger Ausbildung war ich marschbereit für Feltre (Südtirol). Am Tage vor meiner Abreise erkrankte ich an Blinddarmentzündung. Mein Leiden wurde zu spät erkannt, sodass ich das Krankenlager erst nach 7 Wochen verlassen konnte und im Anschluss daran eine 6-monatige Rekonvaleszenz verordnet erhielt, während welcher sich an der Operationsstelle ein Bruch bildete. Dies bedingte meine Frontuntauglichkeit. Deshalb ließ ich mich sofort operieren, um die ersehnte Frontdiensttauglichkeit wieder zu erlangen. Als dies der Fall war, war der Zusammenbruch erfolgt. Was in meinen Kräften lag, hatte ich getan

um im Weltkrieg ebenso wie Millionen anderer Volksgenossen das Vaterland zu verteidigen. Das Schicksal hat es nicht gewollt.
Nach Beendigung des Krieges trat ich die Technische Hochschule Wien ein und beendete mein Studium nach Ablegung der 2. Hauptprüfung als Ingenieur der Elektrotechnik im Jahre 1923. Hierauf begann meine Tätigkeit in der Hutfabrik an fast sämtlichen Maschinen während zweier Jahre erwarb ich mir jene Kenntnisse, die von einem Geschäftsführer unserer Firma verlangt werden. Ich vervollständigte diese sodann durch Studien in den Vereinigten Staaten von Nordamerika, war ich im August 1926 bis April 1927 in den Fabriken von Stetson (Philadelphia), Crofut & Knopps (South Norwalk, Conn.) u. Max Lachlau (Danberry, Conn.) praktizierte.
Nach meiner Rückkehr verlobte ich mich, die Hochzeit sollte im Herbst stattfinden. Eine Erkrankung zwang mich, den Termin zu verschieben. Nach scheinbarer Genesung heiratete ich im Jänner 1928. Mein Leiden verschlimmerte sich jedoch ständig u. Ich musste im Jänner 1929 die Heilstätten Leysin (Schweiz) aufsuchen. Die tuberkulöse Wirbel- und Beinerkrankung, um die es sich handelte, war erst im Jahre 1934 ausgeheilt nachdem das Bein auf operativem Wege versteift wurde. Von diesem Jahre ab konnte ich meinen Beruf wieder ausführen.

Anlage 4: Bericht in Teilstücken über die Forschungstätigkeit von Johannes Winkler vom Januar 1939 (Seite 1-3 bzw. Seite 1 in einer Variante b und eine neue Seite 2)

Siehe folgende Seiten

JUNKERS FLUGZEUG-
UND MOTORENWERKE A.G.
Konstruktionsbüro

Dessau, den 10. Jan.1939

Bericht über die Rückstoßerarbeiten

des Herrn Winkler bei Junkers.

Auf Grund der in den Jahren 1927/28 stattgefundenen öffent=
lichen Debatte über den Rückstoßantrieb wurde auch in der For=
schungsanstalt Prof.Junkers durch Herrn v.Doepp, dem Leiter der
Abteilung Strömungstechnik, geprüft, inwieweit der Rückstoßan=
trieb für Flugzeuge zu verwenden ist insbesondere waren es die
ersten Transozeanflüge, die einen kurzen, kräftigen, wenig Gewicht
beanspruchenden Antrieb für den Start der überlasteten Maschinen
forderten. Als erstes Ziel wurde daher die Entwicklung eines
Startrückstoßers für Wasserflugzeuge ins Auge gefaßt. Nach vor=
angegangenen Prüfstandversuchen wurden im Sommer 1929 einige
Startversuche mit Pulverraketen an einer W 33 durchgeführt, die
die günstige Wirkung auf den Startvorgang zeigten. Auf Grund
der guten Versuchsergebnisse entstanden bald darauf die ersten
Entwürfe für einen mit Benzin, Sauerstoff und Wasser betriebenen
Modellrückstoßer, dessen wesentliches Merkmal eine durch Ring=
spalte erzeugte, durch die Betriebsstoffe gebildete Flüssigkeits=
haut an der Brennraumwand war, eine Anordnung die später zum
Patent angemeldet wurde, und die im Prinzip, wenn auch mit mancher
Abwandlung, erhalten geblieben ist.

Durch die erwähnten Startversuche im Sommer 1929 wurde Herr
Winkler, der durch die Gründung einer Vereinigung und die Her=
ausgabe einer populären Zeitschrift für die Fragen des Rückstoß=
antriebes bei Junkers aufmerksam und trat im Herbst 1929 als
Sachbearbeiter für die Rückstoßer-Entwicklung in die Forschungs=
anstalt Prof.Junkers ein. Im März 1930 wurde erstmalig ein steti=
ger Verbrennungsprozeß an dem Modell erzielt. Bis zum Herbst
1930 wurde mit dem Modell im Normalbetrieb 20 kg, in einem Falle
bis 50 kg Rückstoß erreicht. Die Impulsausbeute ließ noch zu
wünschen übrig, sie kam kaum über 100 skg/kg hinaus. Im Anschluß
daran wurden noch orientierende Modellversuche für einen lager=
fähigen Rückstoßer, der mit Äthan und Stickoxydul betrieben werden
sollte, ausgeführt, die die Eignung von N_2O als Sauerstoffträger
erwiesen, der Brennstoff wechselte. Auf Grund der am Modell mit
hohem Baugewicht gesammelten Erfahrungen wurde ein Startrück=
stoßer für 250 kg Rückstoß gebaut, der mit Äthylen und Stick=
oxydul betrieben wurde und schon ein für den Startrückstoßer
tragbares Baugewicht besaß. Beim ersten Probelauf explodierte
der Brennraum dieses Startrückstoßers.

Im Frühjahr 1931 schied Herr Winkler infolge der sich ver=
schärfenden Wirtschaftskrise aus der Forschungsanstalt Prof.
Junkers aus und arbeitete selbständig weiter, wobei er von be=
freundeter Seite finanziell unterstützt wurde. Im August 1933
trat er wieder als Sachbearbeiter für die Rückstoßer-Entwicklung
beim Flugzeugwerk ein. Es wurde zunächst ein Startrückstoßer
für 300 kg Rückstoß und 3000 skg Impuls gebaut und am Prüfstand
erprobt, der mit flüssigem Methan bezw. Propan und flüssigem
Sauerstoff betrieben wurde. Die Impulsausbeute war ebenfalls

Abb. 264: Seite 1a des Lebenslaufs von 1939

Dessau, den 4.Jan.1939

Bericht über die Rückstoßerarbeiten des Herrn Winkler bei Junkers.

Auf Grund der in den Jahren 1927/28 stattgefundenen öffentlichen Debatte über den Rückstoßantrieb wurde auch in der Forschung anstalt Prof.Junkers durch Herrn v. Doepp, dem Leiter der Abteilung Strömungstechnik, geprüft, inwieweit der Rückstoßantrieb für Flugzeuge zu verwenden ist. Als erstes Ziel wurde die Entwicklung eines Startrückstoßers für Wasserflugzeuge ins Auge gefaßt. Nach vorangegangenen Prüfstandversuchen wurden im Sommer 1929 einige Startversuche mit Pulverraketen an einer W 33 durchgeführt, die die günstige Wirkung auf den Startvorgang zeigten. Auf Grund der guten Versuchsergebnisse entstanden bald darauf die ersten Entwürfe für einen mit Benzin, Sauerstoff und Wasser betriebenen Modellrückstoße dessen wesentliches Merkmal eine durch Ringspalte erzeugte, durch die Betriebsstoffe gebildete Flüssigkeitshaut an der Brennraumwand war,eine Anordnung die später zum Patent angemeldet wurde, und die im Prinzip, wenn auch mit manchen Abwandlungen erhalten geblieben ist.

Durch die erwähnten Startversuche im Sommer 1929 wurde Herr Winkler, der durch die Gründung einer Vereinigung und die Herausgabe einer populären Zeitschrift für die Fragen des Rückstoßantrieb bereits öffentlich hervorgetreten war, auf die Rückstoßerarbeiten bei Junkers aufmerksam und trat im Herbst 1929 als Sachbearbeiter für die Rückstoßer-Entwicklung ein. Im März 1930 wurde erstmalig ein stetiger Verbrennungsprozeß an dem Modell erzielt. Bis zum Herb 1930 wurde mit dem Modell im Normalbetrieb 20 kg, in einem Falle bis 50 kg Rückstoß erreicht. Die Impulsausbeute ließ noch zu wünschen übrig, sie kam kaum über 100 skg/kg hinaus.Im Anschluß daran wurden noch orientierende Modellversuche für einen lagerfähigen Rückstoßer, der mit Äthan und Stickoxydul betrieben werden sollte, ausgeführt, die die Eignung von N_2O als Sauerstoffträger erwiesen, der Brennstoff wechselte. Auf Grund der am Modell mit hohem Baugewicht gesammelten Erfahrungen wurde ein Startrückstoßer für 250 kg Rückstoß gebaut, der mit Äthylen und Stickoxydul betrieben wurde und schon ein für den Startrückstoßer tragbares Baugewicht besaß. Beim ersten Probelauf explodierte der Brennraum dieses Startrückstoßers.

Im Frühjahr 1931 schied Herr Winkler infolge der sich verschärfenden Wirtschaftskrise aus der Forschungsanstalt Prof. Junkers aus und arbeitete selbständig weiter, wobei er von befreundeter Seite finanziell unterstützt wurde. Im August 1933 trat er wieder als Sachbearbeiter für die Rückstoßer-Entwicklung beim Flugzeugwerk ein. Es wurde zunächst ein Startrückstoßer für 300 kg Rückstoß und 3000 skg Impuls gebaut und am Prüfstand erprobt, der mit flüssigem Methan bezw. Propan und flüssigem Sauerstoff betrieben wurde. Die Impulsausbeute war ebenfalls noch niedrig (ca 100 skg/kg) auch neigte dieser Rückstoßer u. a. wegen der schlechten Zündfähigkeit des Methans zu Explosionen. Die letzte schwere Explosion ereignete sich im Januar 1935, bei der Herr v. Doepp eine schwere Kopfverletzung davontrug.

bb. 265: Seite 1 Variante b

noch niedrig (ca 100 skg/kg), auch neigte dieser Rückstosser u.a. wegen der schlechten Zündfähigkeit des Methans zu Explosionen.

Zu erwähnen sind aus diesem Zeitabschnitt noch orientierende Modellversuche mit gasförmigem Wasserstoff und Sauerstoff,die eine Impulsausbeute von 295 skg/kg ergaben, die Verbrennung war ruhig. Von Versuchen mit flüssigem Wasserstoff wurde der schweren Beschaffbarkeit wegen abgesehen.

Infolge der inzwischen eingetretenen Erhöhung der Anforderungen an die Flugleistungen lag es nahe,z.B. Jagdflugzeuge mit Raketenantrieb zu bauen,wobei der Startrückstosser nur als Übungsstufe angesehen wurde. Konnte man sich bei dem Startrückstosser mit einer mässigen Impulsausbeute und einem relativ hohen Baugewicht begnügen,so rückte nunmehr die Frage eines extrem niedrigen Baugewichts bei höchster Impulsausbeute in den Vordergrund. Bei den für dieses Projekt erforderlichen grossen Kräften musste schon aus Gründen des Platzbedarfs mit einer Unterteilung der Rückstosserkraft gerechnet werden. Es wurdezunächst das kleinste Teilstück gewählt, das mit Rücksicht auf die Ausführbarkeit der Einlassdüsen noch realisierbar erschien. Die systematischen Versuche mit diesem Teilstück für 5 kg Rückstoss begannen im Herbst 1935. Im Laufe eines Jahres gelang es,durch die Einführung einer kleinen Menge Zündwasserstoff,durch Variieren der Brennraumlänge und des Brennraumdurchmessers,der Düsenlänge,Düsenerweiterung und des Düsen-Profils,sowie durch genaueste Regulierung des Gemischs die Impulsausbeute auf den als erforderlich erachteten Wert von 180 skg/kg zu steigern. Durch Hinzunahme einer Aussenkühlung konnten Versuche von über 3 Minuten Dauer durchgeführt werden. Das Baugewicht hingegen ließ sich noch nicht auf den gewünschten Wert herunterdrücken,weil das erprobte Teilstück grösser ausfiel und statt der gewünschten zwei Betriebsstoffzuführungen für Methan und Sauerstoff,deren vier notwendig waren. Die plattenförmige Gestaltung des Gesamtbrennraums stieß bei dieser komplizierten Form des Einzelelementes auf konstruktive Schwierigkeiten.

Infolgedessen wurde für die weiteren Versuche eine etwas grössere Einheit gewählt,die in grösserer Zahl an einen Verteiler einzeln angeschlossen werden konnte. Bei diesem Übergang zur 100 kg- Einheit wurde die Belegschaft Ende 1936 von 1 Ingenieur und 2 Mechanikern auf 2 Ingenieure und 4 Mechaniker erhöht. Die Versuche mit der 100- kg Einheit begannen Anfang 1937. Im Frühjahr 1937 war die 100 kg-Einheit soweit entwickelt,dass eine geschlossene Maschine mit 3 Einheiten à 100 kg und einem Gesamtimpuls von 3000 skg als Startrückstosser hergestellt und erprobt werden konnte. Dieser Startrückstosser wurde im Sommer 1937 auf einem Lastwagen montiert,und es wurden damit einige Fahrten allein mit Rückstosskraft ausgeführt,die ein Zeichen sind für die bis dahin erlangte hohe Betriebssicherheit.Das Gewicht der Apparatur war schon relativ niedrig,die Impulsausbeute lag noch bei 150 skg/kg, erreichte also noch nicht die Werte wie bei der

Abb. 266: Seite 2 zu Seite 1 Variante a; neue Anschlussseite 3 fehlt

Zu erwähnen sind aus diesem Zeitabschnitt noch orientierende Modellversuche mit gasförmigem Wasserstoff und Sauerstoff, die eine Impulsausbeute von 295 skg/kg ergaben, die Verbrennung war ruhig. Von Versuchen mit flüssigem Wasserstoff wurde der schweren Beschaffbarkeit wegen abgesehen.

Durch die oben erwähnte schwere Explosion wurde die Aufmerksamkeit weiterer Kreise auf die Rückstoßer-Entwicklung bei Junkers gelenkt, denen der Startrückstoßer als ein zu bescheidenes Ziel erschien. Infolgedessen änderte sich die Zielsetzung. Es sollten die Konstruktions-Unterlagen für ein Raketen-Jagdflugzeug geschaffen werden, wobei der Startrückstoßer nur als Übungs-Stufe angesehen wurde. Konnte man sich bei dem Startrückstoßer mit einer mäßigen Impulsausbeute und einem relativ hohen Baugewicht begnügen, so rückte nunmehr die Frage eines extrem niedrigen Baugewichts bei höchster Impulsausbeute in den Vordergrund. Bei den für dieses Projekt erforderlichen großen Kräften mußte schon aus Gründen des Platzbedarfs mit einer Unterteilung der Rückstoßerkraft gerechnet werden. Es wurde zunächst das kleinste Teilstück gewählt, das mit Rücksicht auf die Ausführbarkeit der Einlaßdüsen noch realisierbar erschien. Die Versuche mit diesem Teilstück für 5 kg Rückstoß begannen im Herbst 1935 . Im Laufe eines Jahres gelang es, vor allem durch die Einführung einer kleinen Menge Zündwasserstoff, die Impulsausbeute auf den als erforderlich erachteten Wert von 180 skg/kg zu steigern. Durch Hinzunahme einer Außenkühlung konnten Versuche von über 3 Min. Dauer durchgeführt werden. Das Baugewicht hingegen ließ sich noch nicht auf den gewünschten Wert herunterdrücken, weil das erprobte Teilstück größer ausfiel und statt der gewünschten zwei Betriebsstoffzuführungen für Methan und Sauerstoff, deren vier notwendig waren. Die plattenförmige Gestaltung des Gesamtbrennraums stieß bei dieser komplizierten Form des Einzelelementes auf konstruktive Schwierigkeiten.

Infolgedessen wurde für die weiteren Versuche eine etwas größere Einheit gewählt, die in größerer Zahl an einen Verteiler einzeln angeschlossen werden konnte. Bei diesem Übergang zur 100 kg-Einheit wurde die Belegschaft Ende 1936 von 1 Ingenieur und 2 Mechanikern auf 2 Ingenieure und 4 Mechaniker erhöht. Die Versuche mit der 100 kg-Einheit begannen Anfang 1937. Im Frühjahr 1937 war die 100 kg-Einheit soweit entwickelt, daß eine geschlossene Maschine mit 3 Einheiten à 100 kg und einem Gesamtimpuls von 3000 skg als Startrückstoßer hergestellt und erprobt werden konnte. Dieser Startrückstoßer wurde im Sommer 1937 auf einen Lastwagen montiert, und es wurden damit einige Fahrten allein mit Rückstoßkraft ausgeführt, die ein Zeichen sind für die bis dahin erlangte hohe Betriebssicherheit. Das Gewicht der Apparatur war schon relativ niedrig, die Impulsausbeute lag noch bei 150 skg/kg, erreichte also noch nicht die Werte wie bei der 5 kg-Einheit. In der Folgezeit wurde die Impulsausbeute auf 170 skg/kg gesteigert und im Winter erstmalig eine Dauererprobung (10 Versuche mit je 3 Einheiten) durchgeführt.

Nach dieser Dauerprüfung wurde die Belegschaft im Frühjahr 1938 auf 6 Ingenieure und 15 Werkstattkräfte erhöht. Es wurde ein großer Rückstoßer für 1000 bis 2000 kg Rückstoß und

bb. 267: Anlage 1 Seite 2

- 3 -

30ooo skg Impuls hergestellt, der mit 10 bezw. 20 Einheiten à 100 kg betrieben werden sollte, doch sollte auch untersucht werden, ob mit einer 1000 kg-Einheit sich Vorteile für das Baugewicht ergeben. Eine 1000 kg-Einheit wurde in den Monaten Juni bis August 1938 erprobt und damit ein Rückstoß bis 800 kg erzeugt. Die Impulsausbeute war jedoch niedrig (ca 120 skg/kg). Das Gewicht des Brennraums je kg Rückstoß konnte trotz höherer Beanspruchung des Materials mit der 100 kg-Einheit kaum kon= kurrieren, sodaß der Gedanke 10 Einheiten à 100 kg zu verwenden wieder in den Vordergrund rückte. Zuvor jedoch sollte die Impuls= ausbeute der 100 kg-Einheit noch auf die Werte wie bei der 5 kg-Einheit gesteigert werden, was schon nach kurzer Zeit gelang Im September wurden mit einer Impulsausbeute von über 190 skg/kg die Werte der 5 kg-Einheit erheblich überschritten, es wurden 94 $^{o}/_{o}$ der bei dem verwendeten Gemisch und Betriebsdruck ohne Dissoziation möglichen Impulsausbeute erreicht. Es war dies kein einmaliges Ergebnis, sondern bei unveränderter Anordnung lag die Impulsausbeute stets über 190 skg/kg. Es wurde sodann noch das Gewicht des Brennraums durch sparsamste Bauweise auf die Hälfte reduziert und auch damit im Oktober 1938 eine Impuls= ausbeute von über 190 skg/kg als Dauerergebnis erhalten. Damit war die Entwicklung der 100 kg-Einheit zu einem vorläufigen Abschluß gekommen. Das verwendete Gemisch bestand aus 1 kg Benzin + 3,5 kg Flüssigsauerstoff und 2,5 kg Wasser. Der Betriebsdruck war ca 20 ata. Das Gewicht des Brennraums war 2,5 $^{o}/_{o}$ vom Rück= stoß. In Verbindung mit dem großen Rückstoßer war das Gewicht der mit dem Rückstoß gehenden Teile 4 $^{o}/_{o}$ vom Rückstoß, das Gewicht der mit dem Betriebsstoff gehenden Teile 30 $^{o}/_{o}$ vom Betriebsstoff. Damit waren laboratoriumsmäßig die Konstruktions- bedingungen nicht nur für einen wirtschaftlich arbeitenden Startrückstoßer sondern auch für das Raketen-Jagdflugzeug ge= schaffen. Es wurde nun dazu übergegangen, das Aggregat von 10 Brennräumen zu bauen, da wurden die Arbeiten plötzlich auf= gelöst, weil eine Unterstützung der Rückstoßer-Entwicklung durch das Amt nicht zu erlangen war.

Abb. 268: Anlage 1 Seite 3, passend zu obiger Seite

Anlage 5: Ein Lebenslauf von Johannes Winkler ohne Datum, vermutlich nach 1945

Lebenslauf Johannes Winkler.

Geboren 29.5.1897 zu Carlsruhe in Schlesien. 1909-1911 Besuch der Realschule zu Oppeln, 1911-1915 des humanistischen Gymnasiums zu Liegnitz. 1915 als Kriegsfreiwilliger Teilnahme am Kriege gegen Rußland, 1916 schwer verwundet (Oberschenkel). 1918 Abitur und Beginn des Studiums (Maschinenbau) an der Technischen Hochschule zu Danzig, weitere Semester an der Technischen Hochschule und Universität Breslau und Leipzig, Abschluß des Studiums 1922.

1918 während der Semesterferien im Konstruktionsbüro der Kaiserlichen Werft in Danzig im U-Bootbau tätig. 1929-1931 Entwicklung eines Startrückstoßers für Flugzeuge in der Forschungsanstalt Professoor Junkers in Dessau. 1931-1933 Entwicklung einer Höhenrakete für flüssige Treibstoffe, selbständig, unter finanzieller Unterstützung von befreundeter Seite. 1933-1939 Entwicklung des Rückstoßantriebes für Flugzeuge bei Junkers-Flugzeug- und Motorenwerke AG. Flugzeugstammwerk Dessau. 1939-1945 Bearbeitung von Spezialaufgaben des Rückstoßantriebes in der Luftfahrtforschungsanstalt Hermann Göring in Braunschweig.

Neben dem Hauptarbeitsgebiet bestand von jeher Neigung für Astronomie, Optik und Photographie. Letztere fand ihren sichtbaren Ausdruck in der Entwicklung eines grundlegend neuen Belichtungsmessers (vergl. Winkler: Optimale Belichtung und die elektrischen Belichtungsmesser, in der Zeitschrift Die Meßtechnik 1943 Haft 9), das Patent wurde 1944 von Zeiss-Ikon übernommen.

bb. 269: Lebenslauf von Winkler ohne Datum

Literaturverzeichnis

1. Allgemeine historische Monografien und Artikel über die Weimarer Republik

Bracher, Karl Dietrich; Sauer, Wolfgang; Schulz, Gerhard; „Die nationalsozialistische Machtergreifung"; Studien; Westdeutscher Verlag, Köln und Opladen 1962

Tooze, Adam „Ökonomie der Zerstörung – Die Geschichte der Wirtschaft im Nationalsozialismus" Siedler Verlag München 2007

Winkler, Heinrich August: „Der Weg in die Katastrophe" Verlag J. H. W. Dietz Nachf. 1987

Winkler, Heinrich August; „Weimar 1918 – 1933"; Verlag C. H. Beck München 1993

Winkler, Heinrich August; „Der lange Weg nach Westen" Band 2 Bonn 2005

Zentner, Christian; „Adolf Hitlers Mein Kampf", Eine kommentierte Auswahl; 21. Auflage 2011; Ullstein Buchverlag GmbH Berlin

Ohne; „Anhalt im Dienste des Führers"; herausgegeben vom anhaltischen Staatsministerium Dessau 1937

2. Monografien, Sammelwerke und Artikel über die Junkers-Werke und die Luftfahrt

Blunck, Richard; „Hugo Junkers, der Mensch und das Werk"; Wilhelm Limpert Verlag Berlin 1940

Budraß, Lutz; „Flugzeugindustrie und Luftrüstung in Deutschland 1918 – 1945"; Droste Verlag Düsseldorf 1998

Charlton, Martyn; „Junkers Aircraft"; Kelsey Media; 2013 July

Engelmann, Horst „Die Entfernung Prof. Hugo Junkers von seinen Werken" Dessauer Kalender 1984

Fiedermann, Angela; Heß Torsten; Jaeger, Markus; „Das Konzentrationslager Mittelbau Dora – Ein historischer Abriss" Westkreuzverlag; 1993

Groehler, Olaf; „Geschichte des Luftkriegs 1910 bis 1970“; Militärverlag der DDR; 1975

Groehler, Olaf; „Hugo Junkers – Legende und Wirklichkeit“ In: Wolfgang Sellenthin (Hrsg.): Fliegerkalender der DDR 1985. Militärverlag der DDR, Berlin 1984

Haus, Rainer; „Pionierleistung von Junkers: Imagebroschüre 1913“; Dessauer Kalender 2014

Haus, Rainer; „Junkers auf der Ausstellung „Das Gas“ München 1914; Dessauer Kalender 15

Hälbing, Eberhard; „Junkers Flugzeugbau und Flugzeug Motoren Werke“, Dessau, Germany 1944-1945; Verlag Rockstuhl Bad Langensalza; 1. Auflage 2019

Hinze, Winfried; „Vor 90 Jahren – Die Atlantiküberquerung der Junkers W 33 im Jahr 1928“ Dessauer Kalender 2018

Hofmann, Angelika; „Leben für die Technik – enge Mitarbeiter von Hugo Junkers. Teil 2: Otto Reuter (1866 – 1922)“; Dessauer Kalender 2013

Hofmann, Angelika; „Dokumente zur Firmengeschichte der Junkerswerke – Geschichte des Junkers-Motorenbaus Teil 1: Motorenentwicklung 1888-1897“ Dessauer Kal. 2017

Hofmann, Angelika; „Dokumente zur Firmengeschichte der Junkerswerke – Geschichte des Junkers-Motorenbaus Teil 2: Motorenentwicklung 1897 – 1910“ Dessauer Kal. 2018

Hofmann, Angelika; Dokumente zur Firmengeschichte der Junkerswerke Teil 4: „Geschichte des Kaloriferwerkes“ Dessauer Kalender

Hofmann, Angelika; „Als das Auto fliegen lernte – Die Geschichte der Junkers F 13“; Lauverlag & Handel KG; Reinbek 2020

Ittner, Stefan; „Dieselmotoren für die Luftfahrt – Innovation und Tradition im Junkers-Flugmotorenbau bis 1933“; Aviatic Verlag GmbH; 1996

Koos, Volker; „Heinkel – Raketen- und Strahlflugzeuge“; Aviatic Verlag GmbH 2008

Koelle, Dietrich E., Sacher Peter, Herbert Grallert; „Deutsche Raketenflugzeuge und Raumtransporter-Projekte“: Bernhard & Graefe in der Mönch Verlagsgesellschaft mbH, Bonn 2007

Kreißler, Frank; „Ein Leben für die Technik – Enge Mitarbeiter von Hugo Junkers“ Teil 1: Otto Knick (1865 – 1921), Dessauer Kalender 2012

Kreißler, Frank; „Leben für die Technik – enge Mitarbeiter von Hugo Junkers“; Teil 3: Emil Wergien (1867 – 1943); Dessauer Kalender 2016

Lindbergh, Charles A.; „Kriegstage 1938 – 1945“; Verlag Fritz Molden; 1972

Lorenz, Holger; „Die Geschichte der Junkers-Flugzeugwerke“; Biografien rund um Junkers; Memento vom 6. Februar 2012 im Internet Archiv

Michels, Jürgen; Werner, Jochen; „Luftfahrt Ost 1945 – 1990“; Bernard & Graefe Verlag; 1994

Miertsch, Wolfgang; „Vom Lilienthalgleiter zur fliegenden Anneliese“; Anhaltische Verlagsgesellschaft mbH 1991

Müller, Reinhard; „Junkers Flugtriebwerke (Benzinmotoren, Flugdiesel, Strahltriebwerke)“; Aviatic Verlag; 2006

Nowarra, Heinz J.; Die deutsche Luftrüstung 1933 – 1945; Bernhard & Graefe Verlag 1988

Pollog, Carl Hanns; „Ein Leben als Erfinder und Pionier“: Carl Reisner Verlag Dresden 1930

Sagner, Reinhard; „Die Raketenforschungen durch Prof. Junkers – ein Beitrag zum technischen Erbe von Hugo Junkers und Johannes Winkler“; Dessauer Kalender 2017

Schmitt, Günter, Thomas Hofmann, Angelika Hofmann: „Junkers und seine Flugzeuge“, 2. Auflage, Transpress VEB Verlag für Verkehrswesen, Berlin 1986; westdeutsche Ausgabe: „Hugo Junkers und seine Flugzeuge“, Motorbuch Verlag, Stuttgart 1986

Schmitt, Günter; Schwipps, Werner: „Pioniere der frühen Luftfahrt“, Gondrom Verlag, Bindlach 1995

Schmitt, Günter; „Hugo Junkers – Ein Leben für die Technik"; Aviatic Verlag 1991; Seite 106 ff
Schröck, Rudolph; „Das Doppelleben des Charles A. Lindberg"; Wilhelm Heyne Verlag; München 2005
Streit, Kurt W.; „Geschichte der Luftfahrt"; Sigloch Edition Künzelsau, ohne Jahresangabe
Stüwe, Botho; „Die Erprobungsstelle der Luftwaffe für geheime Fernlenkwaffen und deren Entwicklungsgeschichte"; Bechtle Verlag, Esslingen 1995, sowie: Bechtermünz Verlag; genehmigte Lizenzausgabe für Weltbild-Verlag GmbH, Augsburg 1998
Wagner, Wolfgang: „Hugo Junkers Pionier der Luftfahrt – seine Flugzeuge". (Die deutsche Luftfahrt; Band 24). Bernard & Graefe Verlag, Bonn 1996
Wissmann, Gerhard; „Geschichte der Luftfahrt von Ikarus bis zur Gegenwart"; VEB Verlag Technik Berlin 1960; bearbeitete Auflage 1979
Wissmann, Gerhard; „Zur Geschichte des Junkers-Flugzeugwerkes in Fili bei Moskau (Konzessionsbetrieb) in den Jahren 1922 bis 1925…"; Dissertation im Juli 1964; verteidigt am 19.3.1976
Zindel, Ernst; „Die Geschichte und Entwicklung des Junkers-Flugzeugbau von 1910 bis 1945 und bis zum endgültigen Ende 1970"; Deutsche Gesellschaft für Luft- und Raumfahrt Köln 1979

3. Monografien, Sammelwerke und Artikel von bzw. über Johannes Winkler und andere Raketenpioniere

Barth, Hans; „Hermann Oberth – Vater der Raumfahrt", Bechtle Verlag Esslingen, 1991
Barth, Hans; „Hermann Oberth – Briefwechsel" Band 1 (1979) und 2 (1984); Kriterion Verlag Bukarest
Blenk, Hermann; „Die Luftfahrtforschungsanstalt Hermann Göring – ein Beitrag zur Geschichte" 1941; Deutsches Zentrum für Luft – und Raumfahrt e.V.

Both, Wolfgang; „Winklers Förderer und Berater Hugo A. Hückel“; Tagungsband des HORM 2016

Both, Wolfgang/**Tilgne**r, Michael; „Wie entstand das berühmte Gruppenfoto in der Chemisch-Technischen Reichanstalt?“ in Tagungsband des HORM 2017

Both, Wolfgang; „Die Erprobung der HW 2 auf dem Raketenflugplatz Berlin“ in Tagungsband des HORM 2017

Both, Wolfgang; „Walter Hohmann – Baustatik und Himmelsmechanik“; Kolloquium HORM; Tagungsband 2018

Both, Wolfgang; „Walter Hohmann – Baustatiker und Himmelsmechaniker“; Walter Hohmann-Sternwarte Essen e. V. 2019

Both, Wolfgang; „Zum Verhältnis Oberth – Nebel“ in Tagungsband des HORM 2019

Both, Wolfgang; „Raketenpilot Heinisch und die Magdeburger Pilotenrakete 1933“; Raumfahrthistorisches Kolloquium **2019** im Hermann-Oberth-Museum Feucht – HORM; Tagungsband 2018 bzw. Raumfahrthistorisches Kolloquium **2019** in der Archenholdsternwarte Berlin

Both, Wolfgang; „Kulturaufgabe Weltraumschiff – Die Geschichte des Vereins für Raumschiffahrt“; Klaus Kellner Verlag Bremen; 2020

Bode, Volkhard; Kaiser, Gerhard; „Raketenspuren – Peenemünde 1936 – 1996“; Ch. Links Verlag 1996

von Braun, Wernher; „Konstruktive, theoretische und experimentelle Beiträge zu dem Problem der Flüssigkeitsrakete“; Dissertation vorgelegt am 16.4.1934; veröffentlicht 1959 in: Sonderheft 1 der Deutschen Gesellschaft für Weltraumforschung e.V.

von Braun, Wernher; „Vorspiel zur Weltraumfahrt“; 1953 aus: „Stationen im Weltraum“; S. Fischer Verlag; Frankfurt am Main 1953

Buedeler, Werner; „Geschichte der Weltraumfahrt“; Sigloch Edition; Künzelsau 1979; 2. Auflage ca. 1982

Brügel, Werner; „Männer der Rakete". Sammelband; Eigendarstellung „Ing. Johannes Winkler"; Verlag Hachmeister & Thal; Leipzig; September 1933
Dornberger, Walter, Generalmajor Dr. Ing. e.h.; „Denkschrift – Die Eigenentwicklung des Heereswaffenamtes auf dem Raketengebiet 1930 – 1943"; Geheime Kommandosache 1943
Dornberger, Walter; „Peenemünde – die Geschichte der V-Waffen" Ullstein Verlag; 13. Auflage 2003
Engel, Rolf; „Vom Raketenwagen zur Raketenforschung"; Manuskript vom 1.3.1932
Engel, Rolf; „Bemerkungen zur Frage der Stufenraketen" aus: Bericht über den VII. Internationalen Astronautischen Kongress; Rom 17.-22 9.1956
Engel, Rolf; „Feststoffantriebe 1936 – 1945" aus: „Die Deutsche Luftfahrt – Buchreihe über die Entwicklungsgeschichte der deutschen Luftfahrttechnik" Bernard & Graefe Verlag 1987
Engel, Rolf, „Die geschichtliche Entwicklung der Raketentechnik", Manuskript, 01.01.1932
Engel, Rolf; „Stand der Weltraumforschung und eventuelle zukünftige Anwendung im militärischen Bereich" Studie für: Bölkow GmbH, Ottobrunn, Mai 1965
Engel, Rolf; Die Entwicklung von regenerativ gekühlten Flüssigkeitsraketentriebwerken in Österreich und Deutschland zwischen 1926 und 1936"; Manuskript vom 27.6.1968 (gültige Fassung) mit der Unterschrift von Irene Sänger-Bredt; Deutsches Museum München auch in: Smithsonian Annals of Flight Number 10; First Steps toward Space, aber mit einem Zeithorizont 1926-42;
Engel, Rolf; „Johannes Winkler – ein Mann der ersten Stunde"; Bericht über das DGLR-HOG-Symposium „Geschichte der Luft- und Raumfahrt" am 22. September 1978 in Darmstadt; Deutsche Gesellschaft für Luft- und Raumfahrt Köln; 1978; auch in: History of Rocketry und Astronautics

Epple, Philipp; „Berechnung der Steighöhe der HW 2 mittels numerischer Strömungssimulation“ in Tagungsband des HORM 2017

Epple, Philipp; Steppert, Michael; „Berechnung der Oberth´schen Kegeldüse mittels numerischer Strömungssimulation“ in Tagungsband des HORM 2019

Epple, Philipp; „Anmerkungen zum Werk „Neue Verfahren zur Berechnung der Dissoziation von Verbrennungsgasen in Raketen von Johannes Winkler“; Fakultät Maschinenbau und Automobiltechnik; Hochschule für angewandte Wissenschaften Coburg; 21.6.19

Epple, Philipp; „Anmerkungen zum Werk „Zusammengesetzte Raketen“ von Johannes Winkler vom 4.1.2021

Essers, Ilse; „Max Valier – ein Vorkämpfer der Weltraumfahrt 1895 – 1930“; VDI Verlag Düsseldorf 1968

Freeman, Marsha; „Hin zu neuen Welten – Die Geschichte der deutschen Raumfahrtpioniere“; Dr. Böttiger Verlags-GmbH; Wiesbaden 1995

Gartmann, Heinz; „Raketen von Stern zu Stern“; LOT-Verlag Worms 1949

- „Vom Feuerpfeil zum Weltraumschiff“; Andermann München/Wien 1953
- „Raketen“; Stuttgart; Kosmos 1956
- „Sonst stünde die Welt still. Das große Ringen um das Neue“; Econ, Düsseldorf 1957 (Geschichte der neuzeitlichen Technik)
- *„Träumer – Forscher – Konstrukteure. Das Abenteuer der Weltraumfahrt“*; Econ, Düsseldorf ca. 1955 (U.a. zu Konstantin E. Ziolkowski, Robert Goddard, Herrmann Oberth, Max Valier, Rudolf Nebel, Reinhold Tilling, Johannes Winkler, Eugen Sänger, Helmut von Zborowski, Wernher von Braun, 336 Seiten, 40 Bildtafeln); Weltraum-ABC. Econ, Düsseldorf 1958

Guder, Rudolf; „Johannes Winkler – der frühe Grundlagenforscher“; Vorausexemplar der Biografie des Fördervereins Peenemünde 1997

Guder, Rudolf; „Astris – zu den Sternen, Der Raketenpionier Johannes Winkler"; Eine Biografie nach den Quellen; Eigenverlag 2002
Guder, Rudolf; „Der Briefwechsel zwischen Johannes Winkler und Hugo A. Hückel" in der Transkription in Maschinenschrift; unveröffentlicht
Günzel, Karl Werner; „Raketenpionier Klaus Riedel"; Hüpke & Sohn; Weserland Verlag Holzminden; 1989; verwendet wird hier der Reprint 2005 vom Elbe-Dnjepr-Verlag.
Hoffmann, Horst; Die Deutschen im Weltraum – Zur Geschichte der Kosmosforschung in der DDR", edition ost; Berlin 1998. Darin „Auf einem Hinterhof in Dessau" Seite 75
Hopmann, Helmut; „Schubkraft für die Raumfahrt"; Stedinger Verlag Lemwerder, 1999
Horeis, Heinz/Alexander Hornik, „Rolf Engel – Raketenbauer der ersten Stunde"; TU München 1992
Ingenhaag, Karl-Heinz; „Johannes Winkler" Kurzbiographien aus der Luft- und Raumfahrt in Luft- und Raumfahrt 1/1981
Irving, David; „Die Geheimwaffen des Dritten Reiches", Sigbert Mohn Verlag Gütersloh
Jack, Uwe; „Pionier der Raketentechnik – Hellmuth Walter"; Tagungsband des 17.Tages der Raumfahrt im Hermann-Oberth-Museum Feucht
Jack,Uwe; „Flieger Revue 56/2015", Seite 102
Jelnina, Tanja; „Zur Wirkungsgeschichte der Arbeiten K. E. Ziolkowskis auf dem Gebiet der Raumfahrt"; Hermann-Oberth-Museum Feucht
Jelnina, Tanja; „Die Geschichte der Flüssigkeitsrakete HW 1 von Johannes Winkler als Gegenstand der Quellenforschung"; HORM-Tagungsband 2011
Jelnina, Tanja; „Friedrich Wilhelm Sander – ein vergessener Raketenpionier"; Artikel

Käsmann, Ferdinand C. W.; „1932 bei Junkers entworfen: Der erste Raketenjäger der Welt"; Luft- und Raumfahrt 5 und 6/2011

Körner, Horst; „Stärker als die Schwerkraft – Vom Werden und den Zielen der Raumfahrt"; Urania Verlag Leipzig Jena 1960. Darin: Johannes Winkler; Seite 113 bis 124

Kunze, Harald; „Johannes Winkler – ein Vorkämpfer der Raumfahrt"; Fliegerrevue 4/1981

Kunze, Harald; „Zur Zusammenarbeit von Hugo Junkers und Johannes Winkler" in NTW Schriftenreihe für Geschichte der Naturwissenschaften Technik und Medizin 1984/4

Lauer, Christopher; „Raketenentwicklung am Heereswaffenamt zwischen 1930 und 1937 unter besonderer Berücksichtigung der Rolle Wernher von Brauns"; Masterarbeit an der TU Berlin – Fakultät I: Geisteswissenschaften; WS 2020/2021

Ley, Willy; „The End oft he Rocket Society"; Astounding – Science Fiction; September 1943

Ley, Willy; „Grundriss einer Geschichte der Rakete"; Hachmeister & Thal Leipzig; 1932

Michels, Jürgen; „Peenemünde und seine Erben in Ost und West – Entwicklung und Weg der deutschen Geheimwaffe"; Bernard & Graefe Verlag; 1997

Nagel, Günter; „Feststoffraketen des 3. Reiches": Tagungsband 2018 des Kolloquiums des Hermann-Oberth-Museums Feucht

Nagel, Günter; „Geheimdissertationen zur Raketentechnik" (1930 – 1945); Tagungsband 2019 des Kolloquiums der Hermann-Oberth-Museum Feucht

Nebel, Rudolf; „Raketenflug"; Elbe-Dnjepr-Verlag; Reprint 2002;

Nebel, Rudolf; „Die Narren von Tegel – Ein Pionier der Raumfahrt erzählt"; Droste Verlag Düsseldorf 1972

Neufeld, Michael J., „Die Rakete und das Reich – Wernher von Braun, Peenemünde und der Beginn des Raketenzeitalters"; Brandenburgisches Verlagshaus 1997

Oberth, Hermann; „Die Rakete zu den Planetenräumen"; Verlag Oldenbourg 1923
Oberth, Hermann; „Wege zur Raumschifffahrt"; Oldenbourg Verlag 1929
Päch, Susanne; „Rolf Engel – Fifty Years of Actvity in Rocketry an Space Flight"; Spaceflight vom 22.6.1980; Institut für die Geschichte der Wissenschaft der Universität München
Przybilski, Olaf; Spurensuche Band 10: „Das Geheimnis der deutschen Raketen und raketengetriebenen Fluggeräte"; Podzun-Pallas Verlag GmbH; 2002
Przybilski, Olaf; „Raketentriebwerke aus dem deutschen Heereswaffenamt" Band 1: Vermischungsstrategien bei der Injektorenentwicklung in Kummersdorf"; Bod – Books on Demand; Norderstedt 2014
Ransom, Stephen, Cammann, Hans-Hermann; „Me 163 – Rocket Interceptor revised Edition"; Crécy Publishing Ltd. 2021;
Riedel, Walter; „Die Entwicklungsarbeiten mit Flüssigkeits-Raketen bei der Firma Heylandt in Berlin-Britz (1930 – 1933)"
Rohrwild, Karlheinz; „Johannes Winkler – Hermann Oberth – Chronik eines Schriftwechsels" 4. Winkler-Kolloquium in Dessau, 17. – 18.4.2001 in Dessau
Rohrwild, Karlheinz; „Verein für Raumschiffahrt (VfR) – Chronik eines Vereins" vom 23.6.01
Rohrwild, Karlheinz; „Die Geschichte der Oberth´schen Kegeldüse" Artikel vom 11.6.2004
Rohrwild, Karlheinz; „Die Geschichte der Oberth-Rakete von 1929" vom 10.9.2017
Rohrwild/Both/Sagner; „The Correspondence between the Rocket Pioneers Johannes Winkler and Hugo A. Hückel"; 69. International Astronautical Congress, Bremen 2018; Vortrag, Druck folgt demnächst
Rauschenbach, Boris; „Über die Erde hinaus – eine Biografie – Hermann Oberth 1894 – 1989" Dr. Böttinger Verlags-GmbH 1995; Seite 106

Sagner, Reinhard; „Triebwerke und Raketen von Johannes Winkler und Raketenforschung von Prof. Junkers in der Versuchsanstalt Aachen“ in: Tagungsband des HORM 2016

Sagner, Reinhard; „Die Raketenforschung von Prof. Junkers in der Versuchsanstalt Aachen 1914 – 1917“; in: Tagungsband des HORM 2016

Sagner, Reinhard; „Johannes Winkler in den Junkers-Werken ab 1933 bzw. in der Luftfahrtforschungsanstalt Braunschweig ab1939“; Tagungsband HORM **2017**;

Sagner, Reinhard; „Inhaltsübersicht über den Report von Johannes Winkler an die britischen Behörden 1947 über „Neuere Verfahren zur Berechnung der **Gasdissoziation** von Verbrennungsgasen in Raketen“ (Reports and Translations No. 159); Tag der Raumfahrtgeschichte; Tagungsband HORM 2018

Sagner, Reinhard; „Die Raketenforschungen durch Prof. Junkers – ein Beitrag zum technischen Erbe von Hugo Junkers und Johannes Winkler“ Dessauer **Kalen**der 2017

Sagner, Reinhard; „Johannes Winkler in der „Deutschen Jugendzeitschrift“ und in der Zeitschrift bzw. im Vereinsorgan „Die Rakete“ – Überblick 1927 – 1929“ Dessauer Kalender 2019 bzw. Artikel im Tagungsband 2018 des HORM

Sagner, Reinhard; „Der Briefwechsel zwischen Hermann Oberth und Johannes Winkler von 1926 – 1930“; Tag der Raumfahrtgeschichte 2019; Tagungsband des HORM

Sänger, Eugen; „Raketenflugtechnik“; Verlag von R. Oldenbourg; 1933

Sänger, Eugen; „Vorläufige Vorschläge zur Entwicklung eines europäischen Raumflugzeuges“ Manuskript des Hausberichtes

Sänger, Hartmut E.M „Ein Leben für die Raumfahrt – Erinnerungen an Prof. Dr. Ing. Eugen A. Sänger“; Stedinger Verlag, Lemwerder 2006

Stache, Peter; „Raketen – eine internationale Umschau“; transpress VEB Verlag für Verkehrswesen Berlin; 1981

Stache, Peter; „Sowjetische Raketen: Im Dienste von Wissenschaft und Verteidigung"; Militärverlag der DDR 1987
Thiel, Karen; „Leben und Wirken des Raketenwissenschaftlers Walter Thiel"; Deutschen Luft- und Raumfahrtkongress 2013
Tilgner, Michael; „Der REP-Hirsch-Preis"; Tagungsband 2018 des Kolloquiums des Hermann-Oberth-Museums Feucht
Trobas, Karl; Raketen, „Raketenpost, Postraketen – der österreichische Raketenpionier Friedrich Schmiedl"; herausgegeben von Werner Emig; RM – Druck- & Verlag; 1992
Uhl, Matthias; Rückkehr der Deutschen – Wertung ihrer Mitarbeit am sowjetischen Raketenprogramm"; Artikel
Valier, Max; „Der Vorstoß in den Weltraum, eine technische Möglichkeit" Verlag R. Oldenbourg 1925
Valier, Max; „Raketenfahrt – eine technische Möglichkeit"; Oldenbourg Verlag 1928
Winkler, Johannes; Seine Beiträge in der Zeitschrift „Die Rakete" enthalten in obigen Artikeln im Tagungsband des Hermann-Oberth-Museums Feucht, im Dessauer Kalender und in www.winkler-raketenforschung.de
Winkler, Johannes; „Ing. Johannes Winkler"; in: Brügel, Werner; „Männer der Rakete" Sammelband; Eigendarstellung Verlag Hachmeister & Thal; Leipzig; September 1933
Winkler, Johannes; „Frowi – Gelehrte Unterhaltungen; teilweise veröffentlicht in „Astris..."; Seite 222 ff
Winkler, Johannes; „Memoiren – Menschen im Weltraum"; unvollendetes Manuskript; teilweise veröffentlicht in „Astris..."; Seite 247 ff
Winkler, Johannes; „Der Strahlmotor 1932", unvollendetes Manuskript; veröffentlicht mit DGLR-Bericht 89-06 mit einem Geleitwort von Prof. Dr.-Ing Harry O. Ruppe
Winkler, Johannes; „Neuere Verfahren zur Berechnung der **Gasdissoziation** von Verbrennungsgasen in Raketen" (Reports and Translations No. 159); Deutsches Museum München

Winkler, Johannes; „Zusammengesetzte Rakete"; Monografie VIII 6.; veröffentlicht durch die Deutsche Gesellschaft für Luft- und Raumfahrt Köln; 1981; Herausgeber: Karl-Heinz Ingenhaag
Winkler, Johannes; Versuchsprotokolle der Forschungsanstalt Prof Junkers 1929 – 1931; 1933/34; unveröffentlicht (Nachlass Winkler im Deutschen Museum München)
Winkler, Johannes; Versuchsprotokolle und Berichte aus seiner Tätigkeit an der Luftfahrtforschungsanstalt Braunschweig 1939 bis 1945; unveröffentlicht (Nachlass Winkler im Deutschen Museum München und Archiv Ingenhaag im Hermann-Oberth-Museum Feucht)
Winkler, Johannes; „Von der Atombombe zum Weltraumschiff"; Manuskript, genehmigt von „Military Government Stadtkreis Hannover; Deutsches Museum München
Ohne; „Fallschirm, Flugzeug, Zeppelin – Ein Buch vom Fliegen"; Franckh´sche Verlagshandlung, Stuttgart; 1931
Ohne; „Wunder mit Kalkül – Die Peenemünder Fernwaffenprojekte als Teil des deutschen Rüstungssystems"; Historisch-Technisches Museum Peenemünde; Ch. Links Verlag, Berlin 2016
Ohne; „Chronik des Werkes Trauen der EADS Space Transportation; Raumfahrthistorisches Museum Bremen e. V. und Stedinger Verlag Lemwerder
Ohne; „Mitarbeiter berichten aus gemeinsamer Tätigkeit zum 60. Geburtstag von Prof. Otto Mader"; September 1940
Ohne; „Erinnerungen und Gedächtnis" 2007 Aspekte einer Anhaltischen Technikgeschichte"; Förderverein Technikmuseum Dessau „Hugo Junkers" e. V.; Juni 2007; darunter Seeber, Engelbert; „Leben und Arbeiten eines Besessenen – Johannes Winkler und die Winkler-Rakete"
Ohne; „Junkers Historische Imagebroschüre 1913
Ohne; „Abschlussbericht zum Gutachten der DFVLR zum Vorschlag der Fa. OTRAG für ein wirtschaftliches Trägersystem hinsichtlich des technischen Konzeptes, dessen Durchführbarkeit

und Kostenschätzungen"; Bericht-Nr.: DFVLR/B-PT – TE 26 – 4.239/75
Ohne; „Stationen im Weltall"; Sammelband; S. Fischer Verlag; Frankfurt am Main 1953
Ohne; „Wunder mit Kalkül – Die Peenemünder Fernwaffenprojekte als Teil des deutschen Rüstungssystems"; Ch. Links Verlag, Berlin 2016

4. Weitere Quellen

Deutsches Museum München: Nachlass Winkler
Hermann-Oberth-Museum Feucht: Archiv Ingenhaag/HORM

5. Bücher und Artikel über den Freistaat Anhalt und die Stadt Dessau im 20. Jahrhundert

Ahlfeld, Hugo; „Entwicklung und Stand des Bankwesens in Anhalt" Dissertation 1927 Rostock
Bergfeld, Paul; „Die Fürstenabfindung in Anhalt 1925/26"; Hausarbeit zum Staatsexamen Geschichte 1961; unveröffentlicht
Brückner, F.; „Häuserbücher der Stadt Dessau"
Dorrmann, Michael; „Eine Fabrik für Neuerungen – die Revolution von 1848, die Entwicklung Dessaus zur Industriestadt und die Unternehmen von Prof. Hugo Junkers"; aus: Schauplatz vernünftiger Menschen; Kultur und Geschichte in Anhalt/Dessau; 2005
Friedrich, Holger; „Tivoli – das erste Volkshaus der Dessauer Arbeiterklasse" Dessauer Kalender 1985
Hein, Bernhard; „Entwicklung und Stand der anhaltischen Industrie"; gekürzte und mit Bildern versehener Neudruck der Originalausgabe 1933; Funkverlag Bernhard Hein e.K. 2012
Herlemann, Beatrix; „Wir sind geblieben, was wir waren, Sozialdemokraten – Das Widerstandsverhalten der SPD im Parteibezirk Magdeburg-Anhalt gegen den Nationalsozialismus 1930 – 1945"; mdv Mitteldeutscher Verlag Halle (Saale) 2001

Hesse, Fritz; „Erinnerungen“ Teil 1 und 2; Anhaltische Verlagsgesellschaft mbH Dessau 1995
Kupfer, Torsten; „Sozialdemokratie im Freistaat Anhalt 1918 – 1933“; Böhlau Verlag Weimar Köln Wien; 1996 und „Der Weg zum Bündnis – Entschieden Liberale und Sozialdemokraten in Dessau und Anhalt im Kaiserreich“ Verlag s. o., 1998
Kupfer, Torsten; „Umfeldbedingungen und Aufstieg der anhaltischen NSDAP“ Seite 176ff in: „Politisch, soziale und kulturelle Konflikte in der Geschichte von Sachsen-Anhalt“; mdv Mitteldeutscher Verlag Halle/Saale 1999
Kreißler, Frank; „Dessau bis 1900 – 800 Jahre Dessau-Roßlau“; Mitteldeutscher Verlag GmbH 2015
Seger, Gerhart; „Oranienburg – Erster authentischer Bericht eines aus dem Konzentrationslager Geflüchteten“ Verlagsanstalt Graphia Karlsbad 1934
Seger, Gerhart; „Reisetagebuch eines deutschen Emigranten“ Europa – Verlag 1936
Sagner, Reinhard; „Gerhart Seger 1923 – 1933“; Funkverlag Dessau 2012
Sagner, Reinhard; „Gerhard Seger und Familie 1933 bis 1943“; Funkverlag Dessau 2014
Sagner, Reinhard; „Gerhart Seger, der linke Rebell in der SPD“, Dessauer Kalender 2015
Sagner, Reinhard; „Die Entwicklung des Konsumvereins für Dessau und Umgebung bis 1929“ Dessauer Kalender 2020
Thöber, Wolfgang, Schöbe, Lutz, Klausur der Moderne. Das Bauhaus in Dessau; Dessauer Kalender 2002
Regener, Ralf; „Der Sturz der Askanier 1918 in Anhalt“ Funkverlag Dessau; 2013
Scheiffele, Walter; „ein Kraftfeld der moderne – Bauhaus – junkers – sozialdemokratie“; form + zweck verlag, berlin; 2003
Ulbrich, Bernd G.; „Dessau im 20. Jahrhundert – 800 Jahre Dessau-Roßlau“; Mitteldeutscher Verlag GmbH; 2013

Voigt, Fritz; „Die Entwicklung und der Stand der anhaltischen Industrie“; Ed. Klinz Buchdruck-Werkstätten Halle (S.) 1933
Unbekannt, „Heinrich Deist – ein vergessener Ministerpräsident der Sozialdemokratie“, in: Beiträge zur Geschichte der Arbeiterbewegung Band 41; Seite 78
Ohne, „Zwischen Wörlitz und Mosigkau“; Schriftenreiche zur Geschichte der Stadt Dessau
Ohne, „775 Jahre Dessau (dissowe 1213 – Dessau 1988)“
Ohne, Dessau – Wörlitz – Aufklärung und Frühklassik; „Zierde und Inbegriff des 18. Jahrhunderts“; Stekovics Verlag 2013n

Danksagung

Nach einer Forschungsarbeit von sechs Jahren auf den Spuren von Johannes Winkler kommt man mit vielen Instituten und Persönlichkeiten in Verbindung, die sich gegenüber dem frühen Raketenpionier durchaus aufgeschlossen verhalten haben. Falls ich an dieser Stelle jemanden nicht erwähne, vergessen ist keine Hilfe und Unterstützung.

An erster Stelle möchte ich das Technikmuseum Hugo Junkers in Dessau erwähnen, das der Ausgangspunkt für meine Recherchen gewesen ist. Im Technikmuseum arbeiten seit Jahren Freunde der Technikgeschichte, um den Luftfahrtpionier Prof. Junkers zu würdigen. Große Höhepunkte in den letzten Jahren waren der Nachbau der F 13 und zuletzt der J 1, dem ersten Ganzmetallflugzeug ohne eine äußere Verspannung der Flügel. Die Beharrlichkeit der aktiven Mitglieder des Fördervereins waren für mich immer ein Ansporn für meine eigenen Recherchen. Großen Dank gilt vor allem Peter Schenke, dem Leiter der Arbeitsgruppe. Besonders hervorheben möchte ich auch Wilfried Mühlisch, Wolfgang Bissot und Siegfrid Röder, die großen Anteil am Aufbau der Dauerausstellung zu Johannes Winkler haben. Eine wesentliche Rolle hat Frau Angelika Hofmann gespielt, die es mir ermöglicht hat, unkompliziert in einige Versuchsprotokolle der Forschungsanstalt Prof. Junkers Einblick zu nehmen und mich mit Literatur und zweckdienlichen Hinweisen versorgte.

Zu Dank verpflichtet bin ich auch dem Stadtarchiv Dessau/Roßlau und seinem Leiter, Herrn Dr. Kreißler, der es mir ermöglicht hat, Zwischenergebnisse meiner Recherchen dort vorzutrage bzw. im Dessauer Kalender zu veröffentlichen. Ohne die Unterstützung der großen Technikmuseen in Deutschland kann keine größere Forschung zu technischen Fragen erfolgen. An erster Stelle stand hierbei für mich das Deutsche

Museum in München, vor allem das Archiv unter Leitung Dr. Matthias Röschner (vormals Dr. Füßl) und dem Hermann-Oberth-Raumfahrtmuseum in Feucht (HORM) unter Leitung von Karlheinz Rohrwild, dem Technikmuseum in Berlin und dem Historischen Museum in Peenemünde. Besonders hervorheben möchte ich die großzügige Bereitstellung von Dokumenten durch das HORM, das damit bewusst die Möglichkeit gegeben hat, die Rolle der Junkers-Werke bei der Entwicklung der deutschen Raketentechnik bis 1938 herauszuarbeiten.
In Feucht war es möglich, tief in die Geschichte der frühen Raketenpioniere einzusteigen und auf ein Kollektiv von Historikern zu treffen, die intensiv an der historischen Aufbereitung der Anfänge der Raketentechnik arbeiten. Auf den dortigen Kolloquien waren der Gedankenaustausch mit Dr. Wolfgang Both und Herrn Michael Tilgner immer eine Bereicherung. In diese Gruppe der Unterstützer gehört auch die Archenhold-sternwarte in Berlin Treptow, die pro Jahr eine Veranstaltung zur Raumfahrtgeschichte unter Leitung des inzwischen verstorbenen Prof. Herrmann durchführt und einen intensiven Informationsaustausch ermöglicht.

Last but not least ist die Forschungsarbeit der Nachfahren von Johannes Winkler zu erwähnen. Bekannt ist das Interesse der beiden Töchter, die nicht nur einmal in Dessau waren, um sich an altvertrauter Stelle für die Würdigung ihres Vaters einzusetzen. Rudolf Guder hat sehr viel Zeit eingesetzt, um sich der historischen Aufbereitung des Lebens von Johannes Winkler zu nähern. Ihm verdanken wir die erste Biografie nach den Quellen und die Transkription des handschriftlichen Schriftwechsels zwischen Johannes Winkler und Hugo A. Hückel in Maschinenschrift. Wie wertvoll diese Arbeit ist, zeigt sich bei der Aufbereitung der Versuchsprotokolle von Winkler in der Forschungsanstalt. Durch Dr. Ullrich Guder und Claudio Krentel wurde es mir und Dr. Wolfgang Both möglich, vor allem die Geschichte der HW 1und HW 2 neu zu bewerten.

Dank gilt auch Herrn Kasten Lückemeyer als Inhaber des Machtwortverlags, der es ermöglicht hat, innerhalb kurzer Zeit in einem regen Gedankenaustausch die Druckfahnen zu erstellen und der Druckerei zuzuführen.

Meiner Frau danke ich für ihre Geduld und das Verständnis für die zeitaufwendige Rechercheaarbeit.

Hamburg im März 2022

Literaturhinweis

Der **Machtwortverlag** bedankt sich für die Lektüre des vorliegenden Buches und verweist den interessierten Leser auf die folgende weitere Publikation, die ebenfalls das Thema „Johannes Winkler“ behandelt.

Astris – zu den Sternen

Der Raketenpionier
Johannes Winkler

ISBN 978-3-86761-176-3

Inhaltsangabe: *Johannes Winkler. Raketenpionier der 30er Jahre. Leider heute fast vergessen. Informationen über ihn waren bisher spärlich gesät. Im Jahre 2002 trug sein Schwiegersohn alle ihm zugänglichen Informationen über Winkler zusammen und fasste sie in dem Buch „Astris – zu den Sternen“ zusammen. Er veröffentliche sein Werk jedoch nur in kleiner Stückzahl im Selbstverlag.*
Mit der oben gezeigten Ausgabe steht der breiten Leserschaft erstmals eine Verlagsausgabe dieser Biografie zur Verfügung.

Endnoten

[1] Der im Buchtitel verwendete Begriff „Junkers-Werke“ bezieht demzufolge die 1936 gegründete Junkers-Flugzeug- und Motorenwerke AG – JFM mit ein.

Anmerkungen zu Kapitel 1

[2] China gilt als Ursprungsland der Raketentechnik. Dort wurden im 14. Jahrhundert Pulverraketen sowohl als Stufenraketen als auch gebündelt zur Anwendung gebracht. Skizzen dazu siehe Kapitel 2, Seite 8 und 9
[3] Sagner, Reinhard; „Information über die Raketenforschung von Prof. Junkers in der Versuchsanstalt Aachen 1914/1915“; Kolloquium 2016 im Hermann-Oberth-Museum Feucht
[4] Die Gründungsgeschichte des VfR ist unter anderem nachzulesen in: Rudolf Guder, „Astris – zu den Sternen“ 2002; Seite 56 – 67; Außerdem: Karlheinz Rohrwild; „Verein für Raumschiffahrt – Chronik eines Vereins“; 2001 und Both Wolfgang; „Kulturaufgabe Weltraumschiff“; Kellner Verlag 2020;
[5] Eine Originalausgabe der genannten Zeitschriften ist auch im Stadtarchiv Dessau-Roßlau archiviert.
[6] Essers, Ilse; „Max Valier“, VDI Verlag 1968; Seite 146
[7] Nähere Informationen dazu befinden sich im Kapitel 2, Seite 22.
[8] Sagner, Reinhard; „Der Briefwechsel zwischen Hermann Oberth und Johannes Winkler von 1926 – 1930“, Kolloquium 2019 im HORM Feucht
[9] Die Grundidee zum Gegenspritze wird erstmals von Oberth in einem Brief vom 3.7.1928 erwähnt. Winkler, der damals noch sehr unter dem Einfluss von Oberth stand, schloss sich damals offenbar diesen Gedankengängen an.
[10] Deutsches Museum München

Anmerkungen zu Kapitel 2

[11]Rohrwild, Karlheinz; „Johannes Winkler – Hermann Oberth…“ Artikel 2001;
[12] Rohrwild, Karlheinz; „Johannes Winkler – Hermann Oberth…“ Artikel 2001; Seite 10
[13] Die vollständige Auflage der Zeitschrift „Die Rakete“ incl. Vorgänger befindet sich im Stadtarchiv Dessau-Roßlau und ist eine Schenkung von Dr. Guder, Lüneburg
[14] Wir wissen heute, dass noch viele Jahre und sehr viel Geld vonnöten waren, um in den Weltraum zu gelangen. Wir sehen aber bei dem Artikel, dass die heute gängige Unterscheidung zwischen Triebwerke und Rakete damals auch bei Winkler nicht vorgenommen wurde, wie der Originalartikel zeigt.
[15] Siehe auch Fazit der Brennstoffentwicklung im Kapitel 4.

[16] Winkler selber verweist auf den Urheber dieser Berechnungen, die er allen empfiehlt, die sich mit den Grundlagen der Astronomie vertraut machen wollen. „Die Grundlagen für die Methode der speziellen Störungen findet man in übersichtlicher Form in dem Buche von Julius Bauschinger: Die Bahnbestimmung der Himmelskörper, Verlag Wilhelm Engelmann, Leipzig, das jedem, der mit den Grundlagen den Grundlagen der Astronomie vertrau werden will, sehr empfohlen werden kann..."
[17] Der Hintergrund der Versuche wird in einem Bericht von Philipp von Doepp vom 8.8.1929 dargelegt, der sich im folgenden Kapitel 3 befindet.
[18] Von den beiden Patenten wurde nur das von Oberth ohne Diskussion bestätigt. Das Winkler-Patent wurde abgelehnt. Der Grundgedanke des Gegenspritzens wurde durch verschieden Forschergruppen weltweit verfolgt, setzte sich aber nicht durch.
[19] Zur Anmeldung eines Patentes von Johannes Winkler werden im folgenden Kapitel 4 Ausführungen erfolgen.
[20] Derartige Versuche wurden lt. Protokoll auch in den Junkers-Werken am 16.5.1929 und 28.5.1929 durchgeführt.
[21] Ein Überblick über die Veröffentlichungen in der Zeitschrift „Die Rakete" wurde 2019 im Dessauer Kalender veröffentlicht.

Anmerkungen zu Kapitel 3

[22] In „Astris" befinden sich auf den Seiten 25 bis 32 mehrere Beispiele seiner damaligen Auffassungen.
[23] Es liegen keine Aussagen darüber vor, ob Johannes Winkler eine Anregung dafür von einer anderen Person erhalten hat.
[24] Rohrwild, Karlheinz; „Johannes Winkler – Hermann Oberth – Chronik eines Briefwechsel" auf dem 4. Winkler-Kolloquium in Dessau 2001
[25] Guder, R.; „Astris..."; Seiten 72 f
[26] Guder, R.; „Astris..." Seiten 102 und 103
[27] Archiv Bernd Junkers, Coswig
[28] Quelle: Deutsches Museum, Nachlass Winkler

Anmerkungenzu Kapitel 4

[29] Bundesarchiv – R4607-735
[30] Das Bewerbungsschreiben von Nebel ist auf Seite 14 des Artikels von Wolfgang Both wiedergegeben.
[31] Aus dieser Passage wird nicht deutlich, dass bereits vorher Kegeldüsen gebrannt haben. Es liegen auch keine Berichte dazu vor.

[32] Der Start der ersten europäischen Flüssigkeitsrakete durch Johannes Winkler am 14.3.1931 in Dessau wird nicht erwähnt. Dafür jedoch der missglückte Start der HW 2 am 6.10.1932 drei Seiten später.
[33] Przybilski, Olaf; „Vermischungsstrategien bei der Injektorenentwicklung in Kummersdorf"; BoD Norderstedt 2014 sowie Karlheinz Rohrwild; Die Kegeldüse; Artikel 2004
[34] Winklers Versuche mit Benzin und flüssigem Sauerstoff erbrachten am 6.3.1930 einen Durchbruch. Er schrieb an Hückel: „Der Druck im Verbrennungsraum war absolut konstant, er folgte nur der Bewegung der Ventile. Der Rückstoß betrug ein Mehrfaches des Rückstoßergewichtes."
[35] Aus den Versuchsprotokollen der Forschungsanstalt Prof. Junkers resultiert, dass Winkler vor dem 17.9.1930 einen Schub von ca. 20 kp erreicht hat.
[36] Oberth verteilt dieses Schreiben an RA Wurm und R. Nebel (Artikel Rohrwild 2001; Seite 38)
[37] Rudolf Guder erklärt dazu, dass für diesen Verzicht in Winklers Nachlass keine Unterlagen vorliegen.
[38] Damit wird deutlich, dass Winkler für die Herausgabe der Zeitschrift und den Vorsitz im Verein keine Vergütung vereinbart hatte.
[39] Die Ergebnisse von Winkler in den Junkers-Werken werden durch ein Diagramm verdeutlicht. So wurde bei einem gleichen Druck von 20 atü bei 7 mm eine Leistung von 10 kg, bei 15 mm von 50 kg erzielt. Der Trend ging zu großen Durchmessern und hohen Drücken. Dazu alleine wurden 10 Versuche durchgeführt.
[40] Schmitt, Günter; „Hugo Junkers – ein Leben für die Technik"; Aviatic Verlag 1991; Seite 38ff
[41] Das Versuchsprotokoll ist bereits in „Astris..." auf der Seite 94 abgebildet.
[42] Guder, Rudolf; „Astris..." Seite 106
[43] R. Guder informiert, dass ab November 1933 im waschenden Umfang Zahlungen an das „OKC" (Oberkirchenkollegium) vorgenommen wurden. Sie betrugen zunächst 25 RM, dann 50 RM. Zum Schluss gingen auch drei größere Zahlungen ein. Die Restzahlung erfolgte am 8.11.1938.
[44] Bemerkenswert ist, dass für Winkler die Patente von Hermann Oberth keine Rolle spielen.
[45] Diese Zeichnung ist nicht überliefert. Die zwischenzeitlich entdeckte Zeichnung gibt zwar den Antrieb der HW 1 wieder, hat aber nicht den Detailreichtum, der zu der Beschreibung der Arbeitsweise passt.
[46] Siehe Horeis, Heinz; „Rolf Engel..."; Seite 35
[47] Von wesentlicher Bedeutung ist nach Auffassung des Verfassers die Aufzählung der Wissenschaftler im Klappentext, die den Schriftleiter Dietrich E.

Kölle, Stuttgart beraten haben: U. T. Bödewadt, Rom, F. Cap, Innsbruck, A. Dadieu, Stuttgart, A. Ehmert, Weißenau, J. Eugster, Bern, H. Gartmann, Bad Soden, P. Goercke, Wiesbaden, E. H. Graul, Marburg (Lahn), H. Gröttrup, Pforzheim, R. Merten, Krefeld, A. Meyer, Köln, W. Pilz, München, E. Sänger, Stuttgart, I. Sänger-Bredt, Stuttgart.

[48] Vermutlich muss es heißen „mathematische" Beziehungen.

[49] HORM/Nachlass Ingenhaag/Winkler Bild 411 vom 17.10.1938

Anmerkungen zu Kapitel 5

[50] Nachfolgend geht es primär um die Entwicklung des Prüfapparates HW 1, da Fragen des Triebwerkes incl. Kühlsystem bereits im vorhergehenden Abschnitt im Zusammenhang mit den anderen Triebwerken von Winkler behandelt wurden.

[51] Dieses Zitat in Verbindung mit den vorliegenden Protokollen der Versuchsanstalt „Prof. Junkers" Dessau widerlegt die Behauptung von Rolf Engel über die Angst von Winkler, Versuche durchzuführen.

[52] Fotos zu dem ersten Start der HW 1 sind wegen der schlechten Qualität nur im e-book enthalten.

[53] R. Goddard beschäftigte sich ab 1916 mit Flüssigkeitsraketen und führte am 6.12.1925 seinen ersten Brennversuch durch. Sein erster erfolgreicher Raketenstart erfolgte am 16.3.1926 mit einer Weite von 50 m und einer Höhe von 14 m (90 sec.). Im Oktober 1930 erzielte eine neue Rakete eine Höhe von 610 m und 800 km/h. Seine Rakete durchbrach am 8.3.1935 mit 1125 km/h die Schallmauer und am 28.3.1935 erreichte eine kreiselstabilisierte Rakete eine Höhe von 1.460 m und eine Weite von 4.000 m.

[54] Die Erstveröffentlichung erfolgte am 16.3.1931 ebenfalls im Anhalter Anzeiger.

[55] Es ist nicht nachvollziehbar, dass Horeis 1992 schreibt, dass bei der HW 1 mit komprimiertem Stickstoff gearbeitet wurde. Siehe Horeis, Heinz, „Rolf Engel – Raketenbauer der ersten Stunde" Seite 30

[56] Brügel, Werner; „Männer der Rakete – Johannes Winkler"; Seite 105

[57] Winkler geht am 7.6.1931 in dem Brief an Hückel auf die Brennversuche vom 9.5. und 16.5.1931 sowie auf die 3 Diagramme ein und informiert, dass die Versuche mit der Zusatzdüse gemacht wurden.

[58] Briefe an Hugo A. Hückel vom 24.3.1931, 8.4.1931 und 27.4.1931.

Anmerkungen zu Kapitel 6

[59] Die Zeichnung befindet sich im Ausdruck des Briefes vom 20.1.1930, gehört inhaltlich ab zum Brief von Hugo A. Hückel vom 14.11.1930.

[60] In der vorliegenden Kurzfassung der Entwicklung der Dessauer Raketen wird wegen der besseren Lesbarkeit auf die Wiedergabe und Auswertung mathematischer Berechnungen verzichtet. Sie sind in dem e-book zu diesem Thema oder später in dem Buch über die wissenschaftlichen Beiträge von Winkler (Hückel) zur Raketentheorie enthalten.

[61] Die im Kästchen enthaltenen Werte wurden der Broschüre von Heinz Horeis 1992, Seite 37 entnommen, da sie allgemein bekannt sind. Sie stimmen aber nicht in allen Punkten mit den Angaben aus dem Briefwechsel Winkler/Hückel überein. Das betrifft unter anderem: den Rückstoß (065w) und das Treibstoffgewicht (27.9.1931)

[62] Gemeint ist das Unterluch gemäß Auszug aus einer zeitgenössischen Karte.

[63] Spionage durch Nebel und Co.: 31.8.1931, 8.11.1931,14.12.1931 und 15.3.1932

[64] Junkers-Patente: 18.8.1931, 26.8.1931, 31.8.1931, 8.9.1931

[65] HW 2 Schwachstellen: vor allem 30.5.1932 mit den Kleinarbeiten zur Fertigstellung

[66] Schreiben vom 19.8.1931

[67] Briefe vom 7.6.1931, 15.6.1931, 26.8.1931, 27.9.1931, 4.11.1931, 4.12.1931 und andere zur Messapparatur

[68] Brief vom 19.8.1931

[69] Dichtigkeit Hähne/Ventile: 7.10.1931, 7.2.1931, 15.2.1931, 28.2.1931, 7.3.1931, 13.6.1931, 27.6.1931 und andere

[70] Briefe vom 28.2.1931, 24.3.1931, 15.1.1932, 1.2.1932, 8.2.1932 und 5.3.1932 zur Methangewinnung.

[71] Brief vom 14.12.1931

[72] Engel, Rolf; „Die geschichtliche Entwicklung der Raketentechnik“ 1.1.1932; Seite 17ff bzw. Horeis, Heinz; Hornik, Alexander; „Rolf Engel – Raketenbauer der ersten Stunde“; RT-KB 92/01; Seite 35

[73] Der Brief von Hückel vom 8.9.1932 belegt, dass es Hückel immer wieder möglich war, Geldbeträge „lockerzumachen“. Der Brief bewegt sich zwischen Hoffnung und Zweifel! Er bringt aber auch zu Tage, dass weitere zwei Briefe nicht überliefert sind (Winkler-Brief vom 5.8. und Hückel-Brief vom 1.9.2932).

[74] Diese Information ist in der Schlesischen Zeitung vom 18.8.1932 enthalten.

[75] Horeis, Heinz; Hornik, Alexander; „Rolf Engel – Raketenbauer der ersten Stunde“; Lehrstuhl für Raumfahrttechnik der Technischen Universität München; 1992 Seite 36ff. Diese Schilderung konnte bisher nicht verifiziert werden.

[76] Ein solcher Brief ist nicht überliefert. Tatsache ist jedoch, dass Winkler seit 1930 mit André Hirsch im Briefwechsel stand und der möglicherweise bis 1933 aufrechterhalten wurde. Aus dem Jahr 1933 liegt zumindest ein weiteres Schreiben von Winkler an A. Hirsch vor. Siehe dazu Teil 3 der vorliegenden Studie.

[77] Es ist zu bezweifeln, dass Engel zu diesem Zeitpunkt von den Versuchen in Kummersdorf West informiert war.

[78] Für diese Version liegen keine Dokumente vor, doch der Umzug zur Frischen Nehrung funktionierte.

[79] Horeis, Heinz; Hornik, Alexander; „Rolf Engel – Raketenbauer der ersten Stunde“; Lehrstuhl für Raumfahrttechnik der Technischen Universität München; 1992;

[80] Im ursprünglichen Text, der auch für den IAC-Artikel übernommen wurde, steht eine Höhe des Apparates von 6 – 7 km. Bei dieser Angabe handelst es sich wohl um einen Schreibfehler!

[81] Dieses Zitat wurde bereits im Abschnitt Kühlung im Teil 4 verwendet, da es in einem Satz zu beiden Sachverhalten eine grundsätzliche Information beinhaltet.

Anmerkungen zu Kapitel 7

[82] In dem folgenden Brief taucht der Begriff „freiwilliger Arbeitsdienst“ auf, der nicht allgemein bekannt ist. Unter Wikipedia am 16.12.2021 finden sich dazu Ausführungen, aus denen zwei Passagen entnommen wurden.
Der Freiwillige Arbeitsdienst (FAD) war ein 1931 eingeführtes öffentlich gefördertes Beschäftigungsprogramm der Reichsanstalt für Arbeitsvermittlung und Arbeitslosenversicherung der Weimarer Republik. Junge, arbeitslose Menschen sollten sich freiwillig in einem Arbeitslager zusammenfinden, um von hier aus für eine befristete Zeit einer Tätigkeit nachzugehen, die für die Allgemeinheit einen Nutzen stiftete und andererseits den Betroffenen das Gefühl gab, gebraucht zu werden. Am 16. Juli 1932 erfolgte die Bestellung des Geheimen Regierungsrats und Präsidenten der Reichsanstalt für Arbeitsvermittlung und Arbeitslosenversicherung Friedrich Syrup als Reichskommissar für den freiwilligen Arbeitsdienst...
Die Wurzeln des FAD lagen in der ersten Nachkriegszeit, als die Forderung nach einem „Ersatz für die verloren gegangene Erziehungsschule des Heeres“ erhoben wurde. Politischen Nachdruck erhielt dieser Gedanke jedoch

erst durch die immense Zunahme der Arbeitslosigkeit nach 1929. Die Rechtsparteien, darunter die NSDAP, hatten seit Beginn der Weltwirtschaftskrise nachdrücklich eine Arbeitsdienstpflicht gefordert; der FAD war somit ein politisches Zugeständnis der Regierung des Reichskanzlers Heinrich Brüning an die Rechte.

[83] Wolfgang Both informiert 2020 über folgende Einzelheiten in seinem Buch „Kulturaufgabe Weltraumschiff" auf Seite 241.

[84] Der Brief reflektiert außerdem noch andere Themen und ist von zentraler Bedeutung.

[85] Guder, Rudolf; „Astris..."; Seite 186f

[86] Guder, Rudolf; „Astris..."; Seite 192

[87] Wenn Winkler tatsächlich richtungsweisende Vorschläge für sein weiteres Vorgehen entgegennehmen wollte, kann es nicht sein, dass am gleichen Tag bereits das Schreiben an das Luftfahrtministerium abgegangen ist.

[88] Der Brief vom 17.6.1933 liegt dem Autor nicht vor.

[89] Eine Kopie des Briefes ist im e-book über die Dessauer Raketen enthalten

[90] Both, Wolfgang; „Kulturaufgabe Weltraumschiff – Die Geschichte des Vereins für Raumschiffahrt"; Klaus Kellner Verlag Bremen 2020; Seite 90

[91] Es ist nicht bekannt, dass Winkler diese Behauptung irgendwann bewiesen bzw. wiederholt hat. Ausschließen kann man grundsätzlich nicht, dass Engel nebenbei für Dritte arbeitete.

Anmerkungen zu Kapitel 8

[92] Bemerkenswert ist, dass die Studie nur von Philipp von Doepp unterzeichnet ist.

[93] Der Bericht 7592 liegt nicht vor.

[94] Dieser Text wurde am 17.12.2021 Wikipedia entnommen und leicht gekürzt. Interessante Details über die Ernst Heinkel und seine Werke sind auch enthalten in: „Wunder mit Kalkül" vom Historisch-Technischen Museum Peenemünde, darunter Seite 108-110.

[95] Der obige Text wurde am 17.12.2021 Wikipedia entnommen. Dazu gibt es folgende weitere Literaturhinweise: a) Jack, Uwe; „Pionier der Raketentechnik – Hellmuth Walter"; Tagungsband des 17. Tags der Raumfahrtgeschichte im Hermann-Oberth-Museum, Feucht; 2016; b) Ransom, Stephen, Hans-Hermann Camann; „Me 163 – Rocket Interceptor"; englisch; Crecy Publishing Ltd. 2021.

[96] Der schrittweise Aufbau der Beziehungen von Johannes Winkler zur LFA wird anschließend dargestellt.

[97] Die Transkription lautet: „Zwar ist noch nicht das letzte Wort gesprochen, aber es ist immerhin nicht ausgeschlossen, dass ich dort nicht mehr zurückkann.“ Dank an Frau Hofmann!

[98] Details über die Entwicklung der Luftfahrtforschung in Deutschland sind unter anderem nachzulesen in: „Wunder mit Kalkül“; Ch. Links Verlag in Zusammenarbeit mit dem Historisch-Technischen Museum Peenemünde; Seite 112. Demnach wurde die Deutsche Forschungsanstalt 1936 gegründet und hatte 1945 ca. 1.500 Beschäftigte.

[99] Guder, Rudolf; „Astris...“ Seite 274

[100] Die DGLR veröffentlichte 1981 den wissenschaftlichen Beitrag von Johannes Winkler „Zusammengesetzte Rakete“ und 1989 das unvollendete Manuskript „Der Strahlmotor“ in der Fassung 1932.

Anmerkungen zum Nachwort

[101] Guder, Rudolf; „Astris...“; Selbstverlag, 2002; Seite 26/27

[102] Guder Rudolf; „Astris...“; Selbstverlag 2002; Seite 264.

[103] Guder, Rudolf; „Astris...“; Selbstverlag 2002; Seite 37

[104] Guder, Rudolf; „Astris...“; Seite 48

[105] Guder, Rudolf; „Astris...“; Seite 189

[106] Sagner, Reinhard; „Gerhart Seger – radikaler Pazifist und konsequenter Sozialdemokrat – Gerhart Seger in Deutschland bis 1933“ sowie: „Gerhart Seger und Familie 1933 bis 1934 – Mechanismus des Terrors“; Funk Verlag Bernhard Hein e. K.; 2012 bzw. 2014

[107] Guder, Rudolf; „Astris...“; Seite 260

[108] Siehe dazu auch: Sagner, Reinhard in: „Gerhart Seger und seine Familie 1933 bis 1934“ Abschnitt 4.2. „Evangelische Kirchenpolitik und NSDAP in Anhalt/Dessau“; Seiten 156 bis 164

[109] Guder, Rudolf; „Astris...“; Seite 259

[110] Als Literaturquelle wird dafür im Verzeichnis angegeben: Eisfeld, Rolf; „Mondsüchtig“ Reinbek 1996

[111] Guder, Rudolf; „Astris...“; Seite 245

[112] Guder, Rudolf; „Astris...“; Selbstverlag 2002; Seite 259ff

[113] Guder bezieht seine Angaben aus: Nach Meyers Jahrhundertreport, siehe Lit. 16)

[114] Guder Rudolf; „Astris...“; Abschnitt „Nach dem Kriege“; Seite 254 – 270